全国二级建造师执业资格考试

创/新/教/材

水利水电工程管理与实务

全国二级建造师执业资格考试用书编写组　组编

哈尔滨工程大学出版社
Harbin Engineering University Press

内 容 简 介

本书主要根据考试大纲要求，从水利水电工程施工的实践出发，在紧扣法规、标准及规范的基础上，针对常用的水利水电工程施工技术和施工管理相关知识进行编写，旨在加强考生对理论知识的掌握，提高考生解决工程管理与施工难题的能力。全书通过图文并茂的形式，对考试内容进行解读，并精心编写了具有代表性的"专家解读"和"典型例题"模块，对重点、难点和延伸的知识点进行多层次的专项解读，旨在帮助考生更好地理解和掌握知识点，使考生能在有限的时间内科学、有效地备考。

图书在版编目(CIP)数据

水利水电工程管理与实务 / 全国二级建造师执业资格考试用书编写组组编. — 哈尔滨 ：哈尔滨工程大学出版社，2023.9

全国二级建造师执业资格考试创新教材

ISBN 978-7-5661-3896-5

Ⅰ. ①水… Ⅱ. ①全… Ⅲ. ①水利水电工程 - 工程管理 - 资格考试 - 自学参考资料 Ⅳ. ①TV

中国国家版本馆 CIP 数据核字(2023)第 157855 号

水利水电工程管理与实务

SHUILI SHUIDIAN GONGCHENG GUANLI YU SHIWU

选题策划 李惊宇
责任编辑 张 彦
封面设计 天 一

出版发行 哈尔滨工程大学出版社
社　　址 哈尔滨市南岗区南通大街 145 号
邮政编码 150001
发行电话 0451-82519328
传　　真 0451-82519699
经　　销 新华书店
印　　刷 河南黎阳印务有限公司
开　　本 787 mm × 1 092 mm　1/16
印　　张 24
字　　数 614 千字
版　　次 2023 年 9 月第 1 版
印　　次 2023 年 9 月第 1 次印刷
定　　价 58.00 元

http://www.hrbeupress.com

E-mail:heupress@hrbeu.edu.cn

编写组成员

主　编　李　辉　闫　超

主　审　毋祎祎　贾小静

参　编　王　菲　张　谦　杨　飞　赵丽敏

戴梦婷　李惊宇　杨海霞　鲁　婷

图书使用说明

一、图书特色

全书采用双色印刷，并结合“组织结构图 + 表格总结对比 + 专家解读 + 典型例题”等多种形式，有针对性而又不失详尽地解读考点，给考生提供多层次、新视角的全新解读，帮助考生备考。同时，对本系列图书中的难点、重点、易考点进行解读，使之易懂、易学、易掌握。

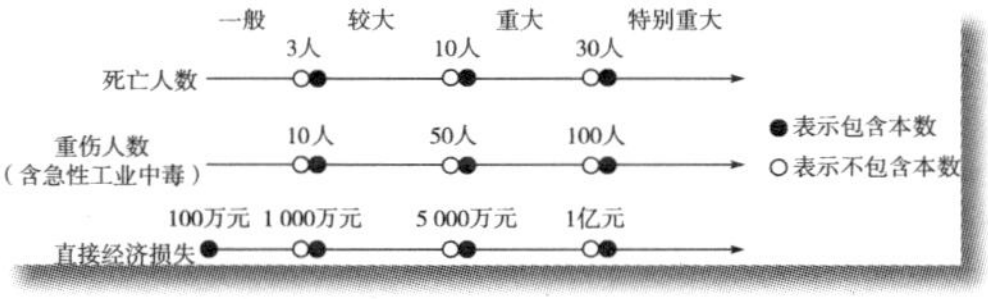

→ 把知识点转化为组织结构图，内容更清晰，层次更分明

类型	竞争性成本计划	指导性成本计划	实施性成本计划
依据	招标文件中的合同条件、工程量清单等	合同价	项目实施方案、施工预算（主要）
编制时间	工程项目投标及签订合同阶段	选派项目经理阶段	项目施工准备阶段
所属类别	估算成本计划（较粗略）	预算成本计划	预算成本计划

← 采用表格总结对比，知识点可纵向、横向贯通，学习更全面

专家解读

组织措施一般与人员和组织结构模式，以及工作流程和体系相关。经济措施一般与钱相关。技术措施一般与施工方案和施工方法相关。管理措施一般与合同和控制相关。

→ 多层次、多方位、新视角解读，打破难点

典型例题

【单选题】建设工程项目决策期管理工作的主要任务是（　　）。

A.确定项目的定义　　B.明确项目管理团队

C.实现项目的投资目标　　D.实现项目的使用功能

A。【解析】工程建设项目生命周期包括决策阶段、实施阶段和使用阶段。其中，决策阶段管理工作的主要任务是确定项目的定义，实施阶段管理工作的主要任务是实现项目的目标（费用、进度、质量目标）。

← 以题代点、知识巩固，掌握考题特点

链接

根据《建设工程施工合同（示范文本）》，基准日期后，法律变化导致承包人在合同履

包

提示

数量指标的关键词是“××指标”，质量指标的关键词是“××降低率”，效益指标的关键词是“××降低额”。对项目管理机构进行成本管理绩效考核的主要依据是成本计划确定的各类指标。

→ 多维创新复习模块，分块学习灵活记忆

二、增值服务

为全面地帮助考生复习备考，我们特向购买本系列图书的考生提供特色增值服务（视频课程、在线题库、思维导图、电子资料），让考生在进行本系列图书学习的同时可以通过观看视频、线上做题（“天一网校”APP）等方式，实现线上线下有效备考。

获取方法

1 视频课程

2 在线题库

5 考前模拟卷（考前 1 个月上线）

扫描封面二维码→刮开涂层获取激活码→输入激活码→选择相应科目激活→激活成功

3 思维导图

4 新增考点解读（每年 1 月左右上线）

6 考前冲刺手册（考前 1 个月上线）

注册并登录 https://www.tianyiwangxiao.com→点击“资料”→选择“建筑工程”下的“二级建造师”→获取相应科目导图和资料

学习方式

“天一网校”小程序

扫描上方小程序码→在“课程目录”中看课做题

“天一网校”APP

扫描上方二维码下载“天一网校”APP→在“我的”中看课做题

“天一网校”网页端

https://www.tianyiwangxiao.com

登录上方网址→点击“我的课程”→在“学习中心”中看课做题

目录

Contents

2F310000 水利水电工程施工技术

2F311000 水利水电工程建筑物及建筑材料

2F311010 水利水电工程建筑物的类型及相关要求

一、水利水电工程建筑物的类型

水利水电工程建筑物是指为达到防洪、发电、灌溉、供水等目的而修建的，用以控制和支配水流的建筑物。水利水电工程建筑物的类型一般包括岩基上的重力坝、土石坝、堤防、其他类型坝、水闸、河岸溢洪道、无压引水建筑物、有压引水建筑物、水电站厂房、水泵与泵站等。

（一）岩基上的重力坝

1. 工作原理

重力坝在水压力及其他荷载的作用下，主要依靠自重在滑动面上产生的抗滑力来抵消坝前水压力以满足稳定性的要求，同时依靠坝体自重在水平截面上产生的压应力来抵消由水压力引起的拉应力以满足强度的要求。

2. 类型

根据筑坝材料的不同，重力坝可分为混凝土重力坝和浆砌石重力坝。其中，混凝土重力坝按坝高分为低坝、中坝、高坝，坝高在 30 m 以下为低坝，坝高在 30 ~ 70 m（含 30 m 和 70 m）为中坝，坝高在 70 m 以上为高坝；按混凝土的施工方式可分为浇筑式混凝土重力坝和碾压式混凝土重力坝。

根据坝体结构形式的不同，重力坝可分为实体重力坝、宽缝重力坝和空腹重力坝。其中，实体重力坝按横缝处理方式可分为悬臂式重力坝、铰接式重力坝和整体式重力坝。

根据坝体是否过水，重力坝可分为溢流重力坝和非溢流重力坝。

3. 总体布置

重力坝轴线宜布置成直线。地形和地质条件不容许的，也可布置成折线或曲线。

坝体布置应结合枢纽布置全面考虑，合理安排泄洪、供水、发电、灌溉、航运、排沙、排漂、过鱼等建筑物的布置，避免相互干扰。宜首先考虑泄洪建筑物的布置，使其顺应河势，下泄水流不致冲淘坝基和其他建筑物的基础及岸坡，并使其流态和冲淤不致影响其他建筑物的使用。

4. 坝顶高程及布置

坝顶高程应高于水库最高静水位。坝顶上游防浪墙顶的高程应高于波浪顶高程，其与正常蓄水位或校核洪水位的高差可由下列公式计算，应选择两者中防浪墙顶高程的高者作为最低高程。

$$\Delta h = h_{1\%} + h_z + h_c$$

式中　Δh——防浪墙顶至正常蓄水位或校核洪水位的高差，m；

$h_{1\%}$——累计频率1%的波高，m，按照有关规定计算；

h_z——波浪中心线至正常蓄水位或校核洪水位的高差，m，按照有关规定计算；

h_c——安全加高，按表1-1采用。

表1-1　安全加高 h_c　　单位：m

相应水位	坝的级别		
	1级	2级	3级
正常蓄水位	0.7	0.5	0.4
校核洪水位	0.5	0.4	0.3

坝顶布置应综合考虑交通、闸门、启闭设备、操作检修、电气设备、监测和消防等布置要求。

坝顶布置应结合工程的建筑总体规划，与周围环境相协调。

5. 荷载及其组合

作用在坝上的荷载可分为基本荷载和特殊荷载，荷载计算应符合相关规定：

（1）基本荷载包括下列内容：坝体及其上永久设备自重；正常蓄水位、设计洪水位时大坝上游面、下游面的静水压力；扬压力；淤沙压力；正常蓄水位或设计洪水位时的浪压力；冰压力；土压力；设计洪水位时的动水压力；其他出现机会较多的荷载。

（2）特殊荷载包括下列内容：校核洪水位时大坝上游面、下游面的静水压力；校核洪水位时的扬压力；校核洪水位时的浪压力；校核洪水位时的动水压力；排水失效时的扬压力；地震荷载；其他出现机会很少的荷载。

链接

混凝土重力坝所受荷载中，扬压力包含由于上、下游水头差引起的渗透压力及下游水深引起的浮托力。

混凝土重力坝抗滑稳定及坝体应力计算的荷载组合应分为基本组合和特殊组合。上文所列的各款荷载的组合应按规定确定，必要时应考虑其他可能的不利组合。

6. 坝体构造

（1）坝顶。

非溢流坝段的坝顶宽度应根据剖面设计要求确定，并不宜小于4.0 m。坝顶路面应具有横向坡度和排水设施。严寒地区，横向坡度应适当加大。

专家解读

坝顶交通要求规定新建的混凝土重力坝坝顶宽度不宜小于4.0 m，对于已建的或拟加固的混凝土重力坝可仍沿用3.0 m的规定。

防浪墙宜采用与坝体连成整体的钢筋混凝土结构，墙身有足够的厚度以抵抗波浪及漂浮物的冲击，在坝体横缝处应留伸缩缝，并设止水，墙身高度可取1.2 m。坝顶下游侧宜设置相当于栏杆作用（挡墙）的其他防护措施。

溢流坝顶应设置坝顶工作桥、交通桥。坝顶上的桥梁可采用装配式钢筋混凝土结构或预应力钢筋混凝土结构，桥下应有足够的净空。

坝顶用作公路时，公路侧的人行道宜高出坝顶路面0.3 m。

（2）坝内廊道及通道。

坝内廊道设置应满足基础灌浆、排水、安全监测、检查维修、运行操作、坝内交通、施工期的需要等多种用途与要求。

高坝、中坝内必须设置基础灌浆廊道。基础灌浆廊道的纵向坡度应缓于45°；两岸坡度陡于45°的，基础灌浆廊道可分层布置并用竖井连接。基础廊道内应在高程较低部位设置集水井。基础灌浆廊道底板混凝土厚度不宜小于3.0 m。

坝体内设置多层廊道时，层间高差为20～40 m，与坝体接缝灌浆分区相适应，并应在上层、下层廊道间设置通道。放置引张线的廊道宜在同一高程上呈直线布置。坝内廊道与其他孔洞的距离应通过应力分析确定，不宜小于3.0～5.0 m，并应防止开裂贯通。纵向廊道的上游壁离上游坝面的最小距离，应满足防渗要求（宜为0.05～0.10倍坝面作用水头）且不小于3.0 m。严寒地区，在坝顶附近设置观测等廊道的，距坝顶及坝面距离应满足防冻要求。

下游最高水位以上的下游坝面，宜分层设置坝后交通桥，每层间隔与坝身孔洞和廊道布置相协调，必要时设置垂直通道。廊道通向坝外的进出口，应设保安保温门。在泄洪和施工度汛时，应有防止廊道进水的措施。大型工程的高坝宜设置不少于2座电梯及便梯，中坝可视需要设置电梯。闸门井及闸墩等处应设置爬梯。两岸下游坝面附近，宜随地形设置人行走道。

坝内廊道断面宜标准化，宜采用城门洞形或矩形，沿横缝设置的横向廊道可用三角形顶、平底断面。

基础灌浆廊道的断面尺寸，应根据钻灌机具尺寸及工作要求确定，宽度可取2.5～3.0 m，高度可取3.0～3.5 m。较长的基础灌浆廊道，可设置若干灌浆机房。其他廊道的尺寸亦应能保证完成其功能且可自由通行，其宽度不宜小于1.2 m，高度不宜小于2.2 m。

廊道内应有足够的照明设施和良好的通风条件，并宜设置应急照明。坡度较陡的长廊道，应分段设置安全平台及扶手。

宜分区考虑廊道排水，高于下游高水位的廊道宜采用自排方式排向下游，低于下游高水位的廊道宜集中排向集水井。廊道可设不小于0.3%的底坡。廊道两侧排水沟断面可采用300 mm×300 mm，底坡不小于0.3%。

链接

混凝土重力坝排水廊道一般布置在靠近坝体上游侧，便于检查坝体。

(3)坝体分缝及灌浆。

纵横缝的划分应根据坝基地形地质条件、坝体布置、坝体断面尺寸、温度应力和施工条件等因素通过技术经济比较确定,并应符合下列要求:

①横缝间距宜为15~20 m。横缝间距超过22 m或小于12 m时,应做论证。

②纵缝间距宜为15~30 m。块长超过30 m应严格温度控制。条件允许时,宜采用通仓浇筑,但对高坝应有专门论证,并应防止施工期和蓄水以后上游面产生深层裂缝。

专家解读

重力坝分缝的作用是为了满足混凝土浇筑施工要求,避免因为地基不均匀沉降和温度发生变化而导致坝体出现裂缝。除了上述的横缝、纵横,重力坝分缝还包括水平工作缝,它们的主要作用如下。

①横缝:其作用是减小温度应力、适应地基不均匀变形,以满足施工要求。

②纵缝:其作用是减小施工期的温度应力、适应混凝土的浇筑能力。常在平行坝轴线方向设置纵缝,将一个坝段分成几个坝块,待坝体降到稳定温度后再进行接缝灌浆。

③水平工作缝:其作用是对分层施工的新老混凝土之间进行接缝,是临时性的。

坝内或坝后布置厂房,坝内布置压力钢管、泄水孔、导流底孔以及坝顶布置溢流表孔的,横缝间距应与其相适应。岸坡坝段宜在地形突变或转折处设置横缝。

横缝作为伸缩缝或沉陷缝的,缝面应不设键槽,不灌浆。

下列情况的横缝宜采用全部或部分灌浆:

①位于陡坡上的坝段或坝体承受侧向荷载,其侧向稳定或应力不能满足要求,需将相邻坝段连接成整体。

②河谷狭窄,经过技术经济比较后认为选用整体式重力坝有利。

③地震设计烈度在8度以上或有其他特殊要求的,需将大坝连接成整体,提高大坝的抗震性能。

纵缝可采用竖缝形式,缝面应设置键槽,并埋设灌浆系统进行灌浆。纵缝也可在某个高程采用半圆管、廊道等进行并缝,如延伸至坝面,应与坝面垂直相交。

纵(横)缝灌浆缝面应用止浆片分隔成若干区,每一灌浆区的面积可为200~400 m^2,其高度可为10~15 m。

接缝灌浆时坝体温度宜采用坝体稳定温度,提高灌浆温度或采用超冷灌浆应经专门论证。灌浆时间宜在低温季节,实体坝段高温季节进行坝体接缝灌浆时应加强坝体表面保温措施。纵缝灌浆完成后,应待水泥浆结石达到预期强度,水库才可蓄水。

纵(横)缝同一灌浆区的进、出浆管口以及排气管出口等,应集中于廊道或平台附近。纵(横)缝的灌浆压力应根据应力及变形条件确定,层顶压力可取0.1~0.3 MPa。当同一坝段有数条纵缝时,各纵缝间灌浆进度宜相同,或先灌下游纵缝。各横缝间灌浆进度也宜相同。

同一坝段纵缝相邻浇筑块水平施工缝应错开。廊道以上的水平施工缝离廊道顶应不小于1.5 m;当水平施工缝与城门洞形廊道顶拱相交时,可以1:1.5~1:1.0的坡度与直墙连接。

中坝、低坝的纵缝采用斜缝的,可不做灌浆处理。

提示

混凝土坝的类型除重力坝外，还有拱坝和支墩坝等。其具体内容详见2F311010其他类型坝的讲解。

（二）土石坝

1. 工作原理

土石坝是土石材料的堆筑物，主要利用土石颗粒之间的摩擦、黏聚特性和密实性来维持自身的稳定、抵御水压力和防止渗透破坏。

2. 类型

根据施工方法的不同，土石坝可分为：

（1）碾压式土石坝（应用最为广泛）。碾压式土石坝是指用土、堆石、砂砾石等当地材料填筑，并将土石料分层碾压而成的坝。碾压式土石坝按坝高可分为低坝、中坝和高坝，高度在30 m以下为低坝；高度在30~70 m为中坝；高度在70 m以上为高坝。碾压式土石坝按土料在坝体中的配置和防渗体所用的材料又可分为均质坝、土质防渗体分区坝和非土质材料防渗体坝。非土质材料防渗体坝按其位置又可分为心墙坝和面板坝。

（2）抛填式堆石坝。抛填式堆石坝是指堆石支承体用抛填方式进行施工的堆石坝。

（3）水力冲填坝。水力冲填坝是指借助水力完成土料的开采、运输和填筑全部工序而建成的坝。

（4）定向爆破堆石坝。定向爆破堆石坝是指利用炸药定向爆破作用，将两岸或一岸爆碎的岩石按预定方向抛落在坝体位置堆筑成坝，再在上游筑黏土或沥青混凝土斜墙等防渗层的堆石坝。

专家解读

均质坝是指坝体断面不分防渗体和坝壳，绝大部分由一种土料组成的坝，是低坝、中坝常用的坝型。均质坝整个坝体（除排水设施外）采用渗透性较小的土料，其坝体本身就是防渗体。土质防渗体分区坝是指坝体断面由土质防渗体及若干透水性不同的土石料分区构成，可分为心墙坝、斜墙坝以及其他不同形式的土质防渗体分区坝，是高坝、中坝最常用的坝型。非土质材料防渗体坝是指防渗体由混凝土、沥青混凝土或土工膜组成，而其余部分由土石料构成的坝。

3. 坝体结构

（1）坝体分区。

坝体分区设计应根据坝体各区功能和就地取材、挖填平衡的原则，经技术经济比较后确定。坝体各种不同材料应有明确的分区。对各区材料的性质和施工压实要求等应有具体的可供考核、检验和进行质量评定的技术指标。

均质坝宜分为坝体、排水体、反滤层和护坡等区。土质防渗体分区坝宜分为防渗体、反滤层、过渡层、坝壳、排水体、护坡、压坡和盖重等区。沥青混凝土和土工膜防渗体分区坝宜分为防渗体、垫层、过渡层、坝壳、排水体和护坡等区。

当采用风化料或软岩筑坝时，坝表面宜设保护层，保护层的垂直厚度应不小于1.50 m。

坝体分区设计宜研究围堰与坝体相结合的可能性。

链接

土石坝的基本剖面形状是梯形,其组成部分包括坝坡、坝顶、防渗体、坝体排水、地基处理等。其中,土石坝防渗体的主要作用有降低浸润线、减少通过坝体的渗流量、增加下游坝坡的稳定性、减少通过坝基的渗流量、降低渗透坡降、防止渗透变形等。

(2)坝坡。

坝坡应根据坝型、坝高、坝的等级、坝体和坝基材料的性质、坝所承受的荷载以及施工和运用条件等因素,经技术经济比较后确定。

均质坝、土质防渗体分区坝、沥青混凝土面板或心墙坝及土工膜心墙或斜墙坝坝坡,可参照已建坝的经验或近似方法初步拟定,经稳定计算后确定。

当因坝基抗剪强度低,坝体不满足深层抗滑稳定要求时,宜采用在坝坡脚压坡的方法提高其稳定性。地震设计烈度为Ⅷ度、Ⅸ度时,坝顶附近处上游、下游局部坝坡可放缓,可采用加筋堆石、表面钢筋网或大块石堆筑等加固措施。

下游坝坡宜至少设置一道坝顶至坝脚的步梯,步梯净宽度不宜小于1.50 m,步梯两侧宜设栏杆。

当坝基地形地质条件或筑坝土石料沿坝轴线方向不相同时,坝坡确定应符合下列规定:

①根据分坝段稳定计算成果确定相应的坝坡。

②当各坝段采用不同坡度的断面时,每一坝段的坝坡根据该坝段中最大断面来选择。

③坝坡不同的相邻坝段设渐变段。

(3)坝顶超高。

坝顶在水库静水位以上的超高应按下列公式确定:

$$y = R + e + A$$

式中 y——坝顶超高,m;

R——最大波浪在坝坡上的爬高,m,可按有关规定计算;

e——最大风壅水面高度,m,可按有关规定计算;

A——安全加高,m,按表1-2确定。

表1-2 安全加高A值

单位:m

坝的级别		1级	2级	3级	4级、5级
正常运用条件		1.50	1.00	0.70	0.50
非常运用条件	山区、丘陵区	0.70	0.50	0.40	0.30
	平原、滨海区	1.00	0.70	0.50	0.30

(4)坝顶构造。

坝顶宽度应根据构造、施工、运行管理和抗震等因素确定,高坝的坝顶宽度可选用10~15 m,中坝、低坝可选用5~10 m,地震设计烈度为Ⅷ度、Ⅸ度时坝顶宜加宽。坝顶不应作为公共交通道路,确有必要时,应进行专门论证。

坝顶道路面层材料宜采用密实的砂砾石、碎石、单层砌块或沥青混凝土等柔性材料。坝体沉降基本稳定后,坝顶可采用混凝土路面。

坝顶面可向上游、下游侧或下游侧放坡,坡度宜根据降雨强度在2%~3%选择,并应做好向下游的排水系统。

坝顶上游侧宜设防浪墙，墙顶应高于坝顶1.00～1.20 m，墙底应与防渗体紧密结合。

防浪墙应满足下列要求：

①应具有要求的强度和耐久性，不透水。

②应设置伸缩缝和止水，伸缩缝宽度和止水形式应满足坝体变形要求。

③结构尺寸应根据稳定、强度计算确定。

④地震区应核算防浪墙的动力稳定性。

坝顶宜按照运行管理、应急抢险等要求设置照明设施和停车场地。

中坝、高坝坝顶下游侧和不设防浪墙的上游侧，宜设栏杆、护栏等安全防护措施。

坝顶结构与布置应经济实用，建筑艺术处理应美观大方，并与周围环境相协调。

(5)防渗体。

土质防渗体分区坝的防渗体断面尺寸应根据下列因素研究确定：

①防渗土料的塑性、抗渗和抗裂性能等。

②防渗土料的数量和施工难易程度。

③防渗体下面坝基的性质及处理措施。

④防渗土料与坝壳材料单价比值。

⑤地震设计烈度为Ⅷ度、Ⅸ度的坝，防渗体厚度适当加厚。

土质防渗体断面应满足渗透比降、下游浸润线和渗透流量的要求。土质防渗体应自上而下逐渐加厚，顶部的水平宽度不宜小于3.0 m；底部厚度，斜墙不宜小于水头的1/5，心墙不宜小于水头的1/4。

土质防渗体顶部高程确定应符合下列规定：

①防渗体顶部在正常运用条件静水位以上的超高，斜墙坝不应低于0.60 m，心墙坝不应低于0.30 m。

②防渗体顶部不应低于非常运用条件的静水位。

③应核算波浪爬高高度的影响。

④当土质防渗体顶部设有防浪墙时，防渗体顶部高程对于本项①～③款的要求可适当降低，但不应低于正常运用条件的静水位。

⑤土质防渗体顶部应预留竣工后沉降超高。

土质防渗体顶部和土质斜墙上游应设保护层。保护层厚度应不小于该地区的冻结和干裂深度，还应满足施工的需要。土质斜墙上游保护层的填筑标准应和坝体相同，其坡度应满足稳定要求。

(6)反滤层和过渡层。

坝的反滤层应符合下列要求：

①使被保护土不发生渗透变形。

②渗透性大于被保护土，能通畅地排出渗透水流。

③不致被细粒土淤塞失效。

土质防渗体与坝壳、与坝基透水层之间以及下游渗流出逸处，应设置反滤层。

链接

沿渗流方向分层设置反滤，反滤料粒径应由小到大排列。

下游坝壳与坝基透水层接触区，与岩基中发育的断层破碎带、裂隙密集带接触部位，应设反滤层。土质防渗体分区坝的坝壳内不同性质的材料分区之间，宜满足反滤要求。防渗体下游和渗流出逸处的反滤层，在防渗体出现裂缝的情况下土颗粒不应被带出反滤层。

土质防渗体分区坝过渡层设置，应根据防渗体与坝壳材料变形特性差异大小，以及反滤层厚度能否满足相邻两侧材料变形协调功能要求确定。当防渗体与坝壳料之间的反滤层总厚度满足过渡要求时，可不设过渡层。不满足过渡要求时，应加厚反滤层或增设过渡层。

土质防渗体分区坝坝壳为堆石时，过渡层应采用连续级配，最大粒径不宜超过 300 mm，顶部水平宽度不宜小于 3.00 m，可采用等厚度或变厚度。

在填筑过程中，反滤层应与相邻坝体分区同步上升，且不应有明显的颗粒分离和压碎现象。

(7)坝体排水。

土石坝排水体应能降低浸润线和孔隙压力，改变渗流方向，防止渗流出逸处产生渗透变形，保护坝坡土不产生冻胀破坏。

坝体排水应满足下列要求：

①能自由地向坝外排出渗入坝体的全部渗透水。

②按反滤要求设计。

③便于监测和检修。

坝体排水可在下列形式中选择：

①坝体内排水，包括下列形式：竖式排水，可选择直立式排水、上倾或下倾式排水等形式；水平排水，可选择坝体不同高程的水平排水层，坝底部的褥垫式排水、网状排水带、排水管等形式。

②棱体排水。

③贴坡排水。

④综合型排水，可选择上述两种或多种组合。

坝体排水形式的选择，应结合坝基排水的需要及形式，根据下列情况，经技术经济比较后确定：

①坝型、坝体填土和坝基土的性质，以及坝基的工程地质和水文地质条件。

②下游水位高低及其持续时间，以及泥沙淤积影响。

③施工情况及排水体的材料。

④筑坝地区的气候条件。

专家解读

以往考试中经常考查棱体排水和贴坡排水，其排水体具体特点如下：

①棱体排水体，可以降低坝体浸润线，防止坝坡土的渗透破坏和冻胀，在下游有水条件下可防止波浪淘刷(保护下游坝脚)，还可与坝基排水相结合，在坝基强度较大时，可以增加坝坡的稳定性，是均质坝常用的排水设备，但需要的块石较多，造价较高，且与坝体施工有干扰，检修较困难。

②贴坡排水体，可以防止坝坡土发生渗透破坏，保护坝坡免受下游波浪淘刷，与坝体施工干扰较小，易于检修，但不能有效地降低浸润线。要防止坝坡冻胀，需要将反滤层加厚到超过冻结深度。贴坡排水顶部应高于坝体浸润线的逸出点。

均质坝宜选用竖式排水，底部宜设水平排水将渗水引出坝外。

下游坝壳用弱透水材料填筑的分区坝，反滤层和过渡层可作为竖式排水，底部宜设水平排水将渗水引出坝外。当反滤层和过渡层不能满足排水要求时，可加厚过渡层或增设排水层。

均质坝和坝壳用弱透水料填筑的土石坝，当需要降低坝体内的孔隙压力时，可在上游、下游坡不同高度设置坝体水平排水层。其设置位置、层数和厚度应根据计算确定，最小厚度不宜小于 0.30 m。

当下游坝壳采用弱透水的软岩堆石或砂砾石填筑时，宜在坝壳与岸坡之间设置排水体。

棱体排水顶部高程应按下列规定确定：

①1 级坝、2 级坝，超出最高下游水位的高度应不小于 1.00 m。

②3 级坝和 4 级、5 级的中坝、高坝，超出最高下游水位的高度应不小于 0.50 m。

③应超过波浪沿坡面的爬高。

④坝体浸润线距坝面的距离应大于该地区的冻深。

棱体排水顶部宽度应根据施工条件及检查观测需要确定，并不宜小于 1.00 m。在棱体上游坡脚处不应出现锐角。棱体排水示意图见典型例题。

贴坡排水顶部高程高于坝体浸润线出逸点的高度应按下列规定确定：

①1 级坝、2 级坝不应小于 2.00 m。

②3 级坝和 4 级、5 级的中坝、高坝不应小于 1.50 m。

③应超过波浪沿坡面的爬高。

④应满足坝体浸润线在该地区的冻深以下。

贴坡排水底脚应设置排水沟或排水体，材料应满足防浪护坡的要求。贴坡排水示意图见典型例题。

典型例题

【单选题】下列示意图中，表示土坝排水棱体常用断面形式的是(　　)。

A. 

B. 

C. 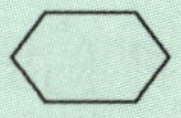

D. 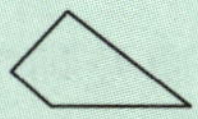

B。**【解析】**土石坝棱体排水和贴坡排水常用的断面形式分别如下图所示。

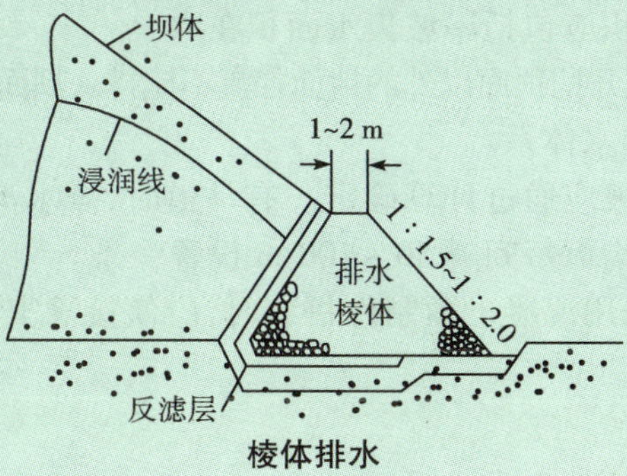

棱体排水

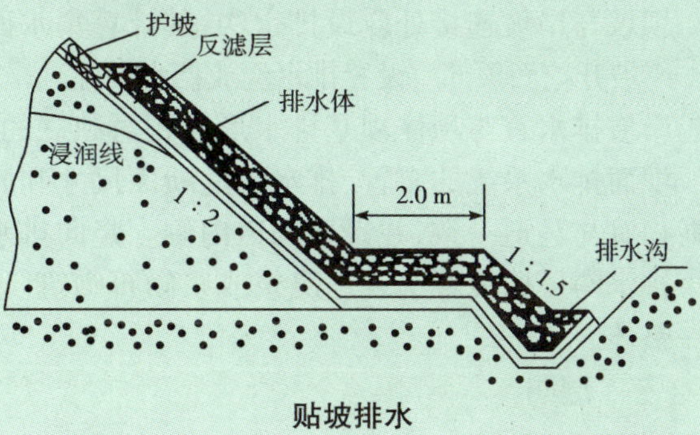

贴坡排水

典型例题

【多选题】关于土石坝坝体排水设施的说法,正确的有(　　)。

A. 贴坡排水顶部应高于坝体浸润线的逸出点

B. 贴坡排水可有效降低浸润线

C. 棱体排水不能降低浸润线

D. 棱体排水可保护下游坝脚

E. 坝体排水构造中反滤层材料粒径沿渗流方向应从小到大排列

ADE。【解析】贴坡排水体不能有效地降低浸润线。要防止坝坡冻胀,需要将反滤层加厚到超过冻结深度。故选项 B 错误。棱体排水体,可以降低坝体浸润线,防止坝坡土的渗透破坏和冻胀,在下游有水条件下可防止波浪淘刷。故选项 C 错误。

(8)护坡。

坝表面为土、砂、砂砾石、软岩、风化料等材料时应设专门护坡,堆石坝可采用堆石材料中的粗颗粒料或超径石做护坡。

护坡的形式、厚度及材料粒径应根据坝的等级、运用条件和当地材料等情况,考虑下列因素经技术经济比较后确定:消减风浪;防止波浪淘刷;防止顺坝水流冲刷;抵抗漂浮物和冰层的撞击、挤压;防止冻胀、干裂,以及蚁、鼠等动物破坏;防止雨水冲刷、大风侵蚀等。

提示

上述需要考虑的因素也是护坡的主要作用。

护坡可选择下列一种或多种形式。

①上游护坡可采用下列形式:堆石和抛石;干砌石或混凝土预制块;浆砌石;现浇的混凝土或钢筋混凝土板;水泥土护坡。

②下游护坡可采用下列形式:干砌石、卵砾石或碎石;钢筋混凝土或浆砌石框格内填石或植草;堆石和抛石;草皮或生态护坡。

(9)坝面排水。

坝面排水应包括坝顶、坝坡、坝肩及坝下游岸坡等部位的集水、截水和排水措施。除干砌石或堆石、抛石护坡外,均应设坝面排水。

坝坡与岸坡连接处应设排水沟,其计算集水面积应包括岸坡集水面积在内。

岸坡开挖面顶部应设置排水沟或挡水设施。岸坡开挖顶面以外的地面径流不应排入坝面。

岸坡排水宜与坝体坝基排水形成相对独立的排水体系。

坝面排水系统的布置、排水沟的断面尺寸和底坡应通过计算确定。有马道时,排水沟设置高程宜与马道一致,并设于马道内侧。竖向排水沟可每间隔 50 ~ 100 m 设置一条。

排水沟可用混凝土现场浇筑或浆砌石砌筑。采用混凝土预制件拼装时,应使接缝牢固、成一整体。

(三)堤防

1. 工作原理

堤防在河堤约束洪水后,将洪水限制在行洪道内,使同等流量的水深增加,行洪流速增大，有利于泄洪、排沙。堤防还可以抵挡风浪及抗御海潮。

2. 类型

堤防的类型如表 1-3 所示。

表 1-3 堤防的类型

分类依据	类型
修筑位置	河堤、江堤、湖堤、海堤以及水库、蓄滞洪区低洼地区的围堤等
功能	干堤、支堤、子堤、遥堤、隔堤、行洪堤、防洪堤、围堤、防浪堤等
建筑材料	土堤、石堤、土石混合堤和混凝土防洪墙等

3. 堤基处理

堤基处理应根据堤防工程级别、堤高、堤基条件和渗流控制要求，选择经济合理的方案。

堤基处理应符合下列要求：

(1)渗流控制应保证堤基及背水侧堤脚外土层的渗透稳定。

(2)堤基应满足静力稳定要求，按抗震要求设计的堤防还应满足抗震动力稳定要求。

(3)竣工后堤基和堤身的总沉降量和不均匀沉降量不应影响堤防的安全和运用。

堤基处理应探明堤基中的暗沟、古河道、塌陷区、动物巢穴、墓坑、窑洞、坑塘、井窖、房基、杂填土等隐患，并应采取处理措施。

4. 堤身设计

(1)一般规定。

堤身的结构设计应经济实用、就地取材、便于施工和维护，并应满足防汛和管理的要求。

堤身设计应依据堤基条件、筑堤材料及运行要求分段进行。堤身各部位的结构与尺寸，应经稳定计算和技术经济比较后确定。

土堤堤身设计应包括堤身断面布置、填筑标准、堤顶高程、堤顶结构、堤坡与戗台、护坡与坡面排水、防渗与排水设施等。防洪墙设计应包括墙身结构形式、墙顶高程和基础轮廓尺寸及防渗、排水设施等。

通过古河道、堤防决口堵复、海堤港汊堵口等地段的堤身断面，应根据水流、堤基、施工方法及筑堤材料等条件，结合各地的实践经验，经专门研究后确定。

(2)筑堤材料与填筑标准。

土料、石料及砂砾料等筑堤材料的选择，应符合下列规定：

①均质土堤的土料宜选用黏粒含量为 10% ~35%、塑性指数为 7 ~20 的黏性土，且不得含植物根茎、砖瓦垃圾等杂质；填筑土料含水率与最优含水率的允许偏差为 ±3%；铺盖、心墙、斜墙等防渗体宜选用防渗性能好的土；堤后盖重宜选用砂性土。

②砌墙及护坡的石料应质地坚硬，冻融损失率应小于 1%，石料外形应规整，边长比宜小于 4。护坡石料粒径应满足抗冲要求，填筑石料最大粒径应满足施工要求。

③垫层和反滤层的砂砾料宜为连续级配、耐风化、水稳定性好。砂砾料用于反滤时含泥量宜小于 10%。

下列土不宜作堤身填筑土料，当需要时，应采取相应的处理措施：

①淤泥类土、天然含水率不符合要求或黏粒含量过多的黏土。

②冻土块、杂填土。

③水稳定性差的膨胀土、分散性土等。

土堤的填筑标准应根据堤防级别、堤身结构、土料特性、自然条件、施工机具及施工方法等因素，综合分析确定。

黏性土土堤的填筑标准应按压实度确定。压实度值应符合下列规定：

①1 级堤防不应小于 0.95。

②2 级和堤身高度不低于 6 m 的 3 级堤防不应小于 0.93。

③堤身高度低于 6 m 的 3 级及 3 级以下堤防不应小于 0.91。

无黏性土土堤的填筑标准应按相对密度确定，1 级、2 级和堤身高度不低于 6 m 的 3 级堤防不应小于 0.65，堤身高度低于 6 m 的 3 级及 3 级以下堤防不应小于 0.60。有抗震要求的堤防应按现行行业标准《水工建筑物抗震设计规范》的有关规定执行。

用石渣料作堤身填料时，其固体体积率宜大于 76%，相对孔隙率不宜大于 24%。

决口堵复、港汊堵口、水中筑堤、软弱堤基上的土堤，设计填筑标准应根据采用的施工方法、土料性质等条件，并结合已建成的类似堤防工程的填筑标准分析确定。

(3)堤顶高程。

堤顶高程应按设计洪水位或设计高潮位加堤顶超高确定。设计洪水位应按现行行业标准《水利工程水利计算规范》的有关规定计算。设计高潮位应按有关规定计算。堤顶超高应按下式计算：

$$Y = R + e + A$$

式中 Y——堤顶超高，m；

R——设计波浪爬高，m，可按有关规定计算确定；

e——设计风壅水面高度，m，可按有关规定计算确定；对于海堤，当设计高潮位中包括风壅水面高度时，不另计；

A——安全加高值，按有关规定确定，m。

流冰期易发生冰塞、冰坝的河段，堤顶高程除应按上述公式计算外，尚应根据历史凌汛水位和风浪情况进行专门分析论证后确定。

当土堤临水侧堤肩设有防浪墙时，防浪墙顶高程计算应与上述堤顶高程计算相同，但土堤顶面高程应高出设计水位 0.5 m 以上。

(4)土堤堤顶结构。

堤顶宽度应根据防汛、管理、施工、构造及其他要求确定。堤顶宽度，1 级堤防不宜小于 8 m；2 级堤防不宜小于 6 m；3 级及以下堤防不宜小于 3 m。

回车场、避车道、存料场可在堤顶设计宽度以外设置，其具体布置及尺寸可根据需要确定。上堤坡道的位置、坡度、顶宽、结构等可根据需要确定。临水侧上堤坡道宜顺水流方向布置。

堤顶路面结构应根据防汛、管理的要求，并结合堤身土质、气象、是否允许越浪等条件进行选择。堤顶应向一侧或两侧倾斜，坡度宜采用 2% ~3%。

防浪墙可采用浆砌石、混凝土等结构形式。防浪墙净高不宜超过 1.2 m，埋置深度应满足稳定和抗冻要求。风浪大的海堤、湖堤的防浪墙临水侧可做成反弧曲面。防浪墙应设置变形缝,并应进行强度和稳定性核算。

(5)堤坡与戗台。

堤坡应根据堤防级别、堤身结构、堤基、筑堤土质、风浪情况、护坡形式、堤高、施工及运用条件,经稳定计算确定。1 级、2 级土堤的堤坡不宜陡于 1:3。

戗台应根据堤身稳定、管理、排水、施工的需要分析确定。堤高超过 6 m 时,背水侧宜设置戗台,戗台的宽度不宜小于 1.5 m。

风浪大的堤段临水侧宜设置消浪平台,其宽度可为设计浪高的 1 ~2 倍,且不宜小于 3 m。消浪平台应采用浆砌大块石、竖砌条石、混凝土等进行防护。

(6)护坡与坡面排水。

护坡的结构形式应安全实用、便于施工和维护。对不同堤段或同一坡面的不同部位可选用不同的护坡形式。

临水侧护坡的形式应根据风浪大小、近堤水流、潮流情况,结合堤防级别、堤高、堤身与堤基土质等因素确定。通航河流船行波作用较强烈的堤段应分析船行波的作用和影响。背水侧护坡的形式应根据当地的暴雨强度、越浪要求,并结合堤高和土质情况确定。

土堤堤坡宜采用草皮等生态护坡;受水流冲刷或风浪作用强烈的堤段,临水侧坡面可采用砌石、混凝土等护坡形式。

护坡的结构尺寸可按有关规定进行计算。高度低于 3 m 的堤防,其护坡结构尺寸可按已建同类堤防选定。

砌石、混凝土等护坡与土体之间应设置垫层。垫层可采用砂、砾石或碎石、石渣和土工织物,砂石垫层厚度不应小于 0.1 m。风浪大的堤段的护坡垫层可适当加厚。

浆砌石、混凝土等护坡应设置排水孔,孔径可为 50 ~100 mm,孔距可为 2 ~3 m,宜呈梅花形布置。浆砌石、混凝土护坡应设置变形缝。

专家解读

护坡设置变形缝是为适应护坡的沉降和温度变形。

砌石、混凝土护坡在堤脚、戗台、消浪平台两侧或改变坡度处,均应设置基座,堤脚处基座埋深不宜小于 0.5 m,护坡与堤顶相交处应牢固封顶,封顶宽度可为 0.5 ~1.0 m。

海堤临水侧可采用斜坡式、陡墙式或复合式防护形式,并应根据堤身、堤基、堤前水深、风浪大小以及材料、施工等因素经技术经济比较确定。陡墙式护坡宜采用重力挡土墙结构,其断面尺寸应由稳定和强度计算确定。砌置深度不宜小于 1.0 m,墙与土体之间应设置过渡层,过渡层可由砂砾、碎石或石渣填筑,其厚度可为 0.5 ~1.0 m。复合式护坡宜结合变坡设置平台,平台的高程应根据消浪要求确定。

风浪强烈的海堤临水侧坡面的防护宜采用混凝土或钢筋混凝土异形块体,异形块体的结构及布置可根据消浪的要求,经计算确定。重要堤段应通过试验确定。

高于 6 m 的土堤受雨水冲刷严重时,宜在堤顶、堤坡、堤脚以及堤坡与山坡或其他建筑物结合部设置排水设施。

平行堤轴线的排水沟可设在戗台内侧或近堤脚处。坡面竖向排水沟可每隔 50 ~100 m 设置一条,并应与平行堤轴向的排水沟连通。排水沟可采用混凝土或砌石结构,其尺寸与底坡坡度可由计算或结合已有工程的经验确定。

(7)防渗与排水设施。

堤身防渗的结构形式应根据渗流计算及技术经济比较合理确定。堤身防渗宜采用均质土堤形式,也可采用心墙、斜墙或其他防渗墙形式。防渗材料可采用黏土、混凝土、沥青混凝土、土工膜等材料。堤身排水可采用深入背水坡脚或贴坡滤层。滤层材料可采用砂、砾料或土工织物等材料。

堤身的防渗体应满足渗透稳定以及施工与构造的要求。

堤身的防渗与排水体的布设应与堤基防渗与排水设施统筹布置,并应使堤身防渗和堤基防渗紧密结合。

防渗体的顶部应高出设计水位0.5 m。

土质防渗体的断面应自上而下逐渐加厚。顶部的水平宽度不宜小于1 m,底部厚度不宜小于堤前设计水深的1/4。砂、砾石排水体的厚度或顶宽不宜小于1 m。

土质防渗体的顶部和斜墙的临水侧应设置保护层。保护层的厚度不应小于当地冻结深度。

采用土工膜作为堤身防渗材料时,可用斜向或垂直铺塑形式,土工膜与土工织物的使用应符合现行国家标准《土工合成材料应用技术规范》的有关规定。

堤身采用贴坡排水时,排水体的顶部应高出浸润线出逸点0.5~1.0 m。

(8)防洪墙。

城市、工矿区等修建土堤受限制的地段,可采用防洪墙。防洪墙宜采用钢筋混凝土结构,当高度不大时,可采用混凝土或浆砌石结构。

防洪墙可采用重力式、悬臂式、扶臂式、加筋式、空箱式等结构形式。

防洪墙应按规定进行抗倾、抗滑和地基整体稳定计算。地基稳定、承载力、变形不满足要求时,应对地基进行加固或调整防洪墙基础尺寸。地基加固可采取置换、复合地基、桩基等措施。

防洪墙应满足强度和抗渗要求。结构强度计算应按现行行业标准《水工混凝土结构设计规范》的有关规定执行。钢筋混凝土、混凝土、浆砌石等材料建筑的防洪墙,其底部的渗流计算可用改进阻力系数法。

防洪墙基础埋置深度应满足抗冲刷和冻结深度的要求。

防洪墙应设置变形缝,钢筋混凝土墙缝距宜为15~20 m,混凝土及浆砌石墙宜为10~15 m。地基土质、墙高、外部荷载、墙体断面结构变化处,应增设变形缝,变形缝应设止水。

5. 护岸工程设计

河岸受水流、潮汐、风浪作用可能发生冲刷破坏影响堤防安全时,应采取防护措施。护岸工程的设计应统筹兼顾、合理布局,并宜采用工程措施与生物措施相结合的方式进行防护。

护岸工程可选用下列形式:坡式护岸;坝式护岸;墙式护岸;其他形式护岸。

护岸工程的结构、材料应符合下列要求:应坚固耐久,抗冲刷、抗磨损性能应强;适应河床变形能力应强;应便于施工、修复、加固;应就地取材,并应经济合理。

（四）其他类型坝

1. 拱坝

（1）工作原理。

拱坝是固接于基岩的空间壳体结构，属于高次超静定结构，有较高的超载能力，在平面上呈凸向上游的拱形，其拱冠剖面呈竖直的或向上游凸出的曲线形，坝体结构既有拱作用又有梁作用，其所承受的水平荷载大部分通过拱的作用传给两岸岩体，小部分通过梁的作用传至坝底基岩，坝体的稳定主要依靠两岸拱端岩体来支承，并不是靠坝体自重来维持。

（2）类型。

拱坝的类型如表 1-4 所示。

表 1-4　拱坝的类型

分类依据	类型
坝高	①低坝：坝高 30 m 以下为低坝。 ②中坝：坝高 30～70 m（含 30 m 和 70 m）为中坝。 ③高坝：坝高 70 m 以上为高坝
厚高比	①薄拱坝：厚高比小于 0.20 为薄拱坝。 ②中厚拱坝：厚高比 0.20～0.35 为中厚拱坝。 ③厚拱坝（或称重力拱坝）：厚高比大于 0.35 为厚拱坝
拱弧半径和拱中心角	①单曲拱坝：单曲拱坝又称为定外半径定中心角拱坝。 ②双曲拱坝：双曲拱坝又可分为变外半径等中心角拱坝和变外半径变圆心拱坝

（3）布置。

拱坝宜修建在河谷较狭窄、地质条件较好的岩基坝址上。拱坝轴线应选择在河谷两岸较完整厚实的山体上。

拱坝布置应根据坝址地形、地质、水文等自然条件和枢纽综合利用等要求，以及泄洪方式、枢纽建筑物布置、工程施工等因素，经技术经济比较确定。

2. 橡胶坝

（1）工作原理。

橡胶坝的坝袋充水（或充气）后，作用在坝体上的水压力，通过锚固螺栓传递到混凝土基础底板上，使坝袋得以稳定。不需要挡水时，放空坝袋内的水（或气），便可恢复原有河渠的过流断面。

（2）类型。

橡胶坝的类型如表 1-5 所示。

表 1-5　橡胶坝的类型

分类依据	类型
坝型	帆式橡胶坝、袋式橡胶坝和钢柔混合结构式橡胶坝。其中，袋式橡胶坝较为常用
充胀介质	充水式橡胶坝、充气式橡胶坝和气水混合式橡胶坝
安装形式	直墙式橡胶坝和斜坡式橡胶坝
锚固形式	锚固橡胶坝和无锚固橡胶坝。其中，锚固橡胶坝按布置方式又可分为单线锚固橡胶坝和双线锚固橡胶坝

(3)组成。

橡胶坝的组成部分包括上游连接段、下游连接段和坝袋段(主体)。

①上游连接段。主要包括铺盖、上游翼墙、上游护坡、上游护底、上游防冲槽,作用是平稳而均匀地将上游水流引入坝袋段。

②下游连接段。主要包括护坦(消力池)、海漫、下游翼墙、下游护坡、下游防冲槽,作用是保证水流过坝后不产生淘刷。

③坝袋段。主要包括坝底板、坝袋、边墩(岸墙)、中墩(多跨式),作用是挡水、调节水位和控制过水流量。

3. 支墩坝

(1)工作原理。

支墩坝是利用水重和自重在坝基面产生的摩擦力来抵抗水平水压力维持稳定。

(2)类型。

根据结构形式的不同,支墩坝可分为单支墩坝和双支墩坝。

根据挡水面板形状的不同,支墩坝可分为平板坝(面板为平板状)、连拱坝(面板为一系列连续拱)和大头坝(面板由支墩上游面扩宽加厚成头部形)。前两者为轻型坝,后者为大体积坝。

①平板坝:面板是一钢筋混凝土板,以特定的形式与支墩连接。面板与支墩的连接形式有简支式、连续板式和悬臂式三种,简支式能适应地基和温度变形,采用最多。

②连拱坝:挡水面由一系列拱形面板组成,受力条件优,能充分利用材料强度,对地基要求高。

③大头坝:由扩大的支墩头部起挡水作用,能充分利用材料强度,对地基的适应性好。

专家解读

平板坝适用于40 m以下的中、低坝,连拱坝和大头坝适用于中、高坝。

(3)组成。

支墩坝的组成部分包括一系列独立的支墩和挡水面板,支墩顺坝轴线排列,上游面设挡水面板,遮断河谷,形成挡水面。

(五)水闸

1. 工作原理

水闸主要依靠闸门控制水流,具有挡水和泄(引)水的双重功能,关闭闸门,可以拦洪、挡潮、抬高水位,以满足上游取水或通航的需要;开启闸门,可以泄洪、排涝、冲沙、取水或根据下游用水需要调节流量。

2. 类型

根据承担任务的不同,水闸可分为节制闸、进水闸、分洪闸、排水闸、挡潮闸、排沙闸、排冰闸和排污闸等。

根据闸室结构形式的不同,水闸可分为开敞式水闸、胸墙式水闸、涵洞式水闸和双层式水闸。其中,涵洞式水闸常用于穿堤取水或排水的水闸,洞内水流可以是有压或者是无压的。

根据过闸流量的不同，水闸可分为大型水闸、中型水闸和小型水闸。

3. 组成

水闸的组成部分包括上游连接段、闸室（主体）和下游连接段，如图 1-1 所示。

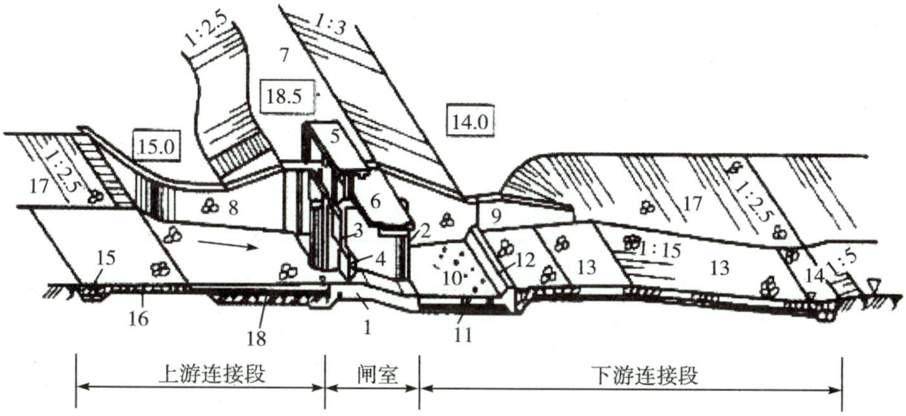

1—闸室底板；2—闸墩；3—胸墙；4—闸门；5—工作桥；6—交通桥；7—堤顶；8—上游翼墙；9—下游翼墙；10—护坦；11—排水孔；12—消力坎；13—海漫；14—下游防冲槽；15—上游防冲槽；16—上游护底；17—上、下游护坡；18—铺盖

图 1-1 水闸的组成

（1）上游连接段。一般包括上游翼墙、铺盖、上游护底、上游两岸护坡和上游防冲槽等。

（2）闸室。一般设有底板、闸门、启闭机、闸墩、胸墙、工作桥、交通桥等。

（3）下游连接段。一般包括护坦（包括消力池）、海漫、下游翼墙、下游两岸护坡和下游防冲槽等。

水闸各组成部分的作用如表 1-6 所示。

表 1-6 水闸各组成部分的作用

组成		作用
上游连接段	上游翼墙	引导水流平顺而均匀的进闸，并兼有挡土及侧向防渗作用
	铺盖	增加防渗长度，减小底板扬压力，同时也可以防止上游河底冲刷
	上游护底、上游护坡和上游防冲槽	保护两岸土质、河床及铺盖头部不受冲刷
闸室（主体）	底板	其为闸室的基础，承受闸室全部荷载，并较均匀地传递给地基，还有防冲、防渗等作用
	闸门	挡水和控制下泄水流
	闸墩	分隔闸孔并支承闸门、工作桥等上部结构
	胸墙	挡水作用
	工作桥	用于工作人员安装、操作启闭机
	交通桥	连接两岸交通

（续表）

组成		作用
下游连接段	护坦	消能、防冲
	海漫	进一步消除护坦出流的剩余动能、扩散水流、调整流速分布、防止河床受冲
	下游翼墙	引导水流出闸，使水流均匀扩散，并兼有挡土及侧向防渗作用
	下游护坡	保护两岸土质不受冲刷
	下游防冲槽	海漫末端的防护设施，避免冲刷向上游扩展

链接

上游连接段的整体作用是引导水流平稳地进入闸室，同时具有防冲、防渗和挡土等作用；下游连接段的整体作用是消能、扩散水流。

4. 闸室布置

水闸闸室布置应根据水闸挡水、泄水条件和运行要求，结合地形、地质等因素确定，做到结构安全可靠、布置紧凑合理、施工方便、运用灵活、经济美观。

闸室结构应根据泄流特点和运行要求，选用开敞式、胸墙式、涵洞式或双层式等结构形式。整个闸室结构的重心宜与闸室底板中心相接近，且偏高水位一侧。闸室结构形式宜按下列原则选用：

(1)闸槛高程较高、挡水高度较小的水闸，可采用开敞式；泄洪闸或分洪闸也可采用开敞式；有排漂、排冰或通航要求的水闸，宜采用开敞式。

(2)闸槛高程较低、挡水高度较大的水闸，可采用胸墙式或涵洞式；挡水水位高于泄水运用水位，或闸上水位变幅较大，且有限制过闸单宽流量要求的水闸，也可采用胸墙式或涵洞式。

(3)面层溢流和底层泄流的水闸，可采用双层式；因闸室结构受力或闸门布置需要时，也可采用双层式。

开敞式和胸墙式闸室结构宜根据地基条件及受力情况等选用整体式或分离式。涵洞式和双层式闸室结构不宜采用分离式。

专家解读

整体式闸室结构是在闸墩中间设顺水流向永久缝（沉降缝、伸缩缝），将多孔水闸分成若干闸段，每个闸段一般由2～4个完整的闸孔组成。这种结构适用于地质条件较差、可能产生不均匀沉降的地基。分离式闸室结构是在闸室底板上设顺水流向永久缝（沉降缝、伸缩缝），将多孔水闸分为若干闸段，每个闸段呈倒T形或倒∏形。这种结构适用于地质条件较好、承载能力较大的地基。

水闸闸顶计算高程应根据挡水和泄水运用情况确定。挡水时，闸顶高程不应低于水闸正常蓄水位或最高挡水位加波浪计算高度与相应安全加高值之和；泄水时，闸顶高程不应低于设计洪水位或校核洪水位与相应安全加高值之和。

闸室底板形式应根据地基、泄流等条件选用平底板、低堰底板或折线底板，并宜符合下列规定：

(1)闸室底板宜采用平底板；在松软地基上且荷载较大时，也可采用箱式平底板。

(2)当需要限制单宽流量而闸底建基高程不能抬高，或因地基表层松软需要降低闸底建基高程，或在多泥沙河流上有拦沙要求时，可采用低堰底板。

(3)在坚实或中等坚实地基上，当闸室高度不大，但上、下游河(渠)底高差较大时，可采用折线底板，其后部可作为消力池的一部分。

闸室底板厚度应根据闸室地基条件、作用荷载及闸孔净宽等因素，经计算并结合构造要求确定。

专家解读

闸室底板通常是等厚度的，也可以采用变厚度，后者在地基较坚实的情况下，有利于改善底板的受力条件，例如加大闸墩墩基部位的厚度，减小跨中部位的厚度。对于大、中型水闸，闸室平底板厚度可以取闸孔净宽的1/8～1/6，其值为1.0～2.0 m，最小厚度一般不小于0.7 m。

闸墩结构形式应根据闸室结构抗滑稳定性和闸墩纵向刚度要求确定，宜采用实体式。对设置大型弧形闸门的闸墩，也可采用预应力混凝土结构。闸墩的外形轮廓设计应满足过闸水流平顺、侧向收缩小、过流能力大的要求。上游墩头可采用半圆型，下游墩头宜采用流线型。

闸墩厚度应根据闸孔孔径、受力条件、结构构造要求和施工方法等确定。平面闸门闸墩门槽处最小厚度不宜小于0.4 m。

工作闸门门槽应设在闸墩水流较平顺部位，其宽深比宜取1.6～1.8。根据管理维修需要设置的检修闸门，其门体与工作闸门之间的净距离不宜小于1.5 m。当设有两道检修闸门槽时，闸墩和底板应满足检修期的结构强度要求。

闸室胸墙结构可根据闸孔孔径和泄水要求选用板式或板梁式，并应符合下列规定：

(1)孔径小于或等于6 m时可采用板式，孔径大于6 m时宜采用板梁式。

(2)胸墙顶宜与闸顶齐平。胸墙底高程应根据孔口泄流量要求计算确定。胸墙上游面底部宜为流线型或圆弧型。

(3)胸墙厚度应根据受力条件和边界支承情况计算确定。

(4)胸墙底位于水位变动区时，应采取措施防止气囊发生。对于受风浪冲击力较大的水闸，胸墙上应留有排气孔。

(5)胸墙与闸墩的连接方式可根据闸室地基、温度变化条件、闸室结构横向刚度和构造要求等采用简支式或固支式。当永久缝设置在底板上时，不应采用固支式。

专家解读

在闸室顶部设置胸墙结构，其作用主要是减小闸门高度，从而减轻闸门质量和启闭机吨位。

5. 防渗排水布置

铺盖长度根据闸基防渗需要确定，宜采用上、下游最大水位差的3～5倍。铺盖厚度应按下列要求采用：

（1）混凝土或钢筋混凝土铺盖最小厚度宜大于 0.4 m，其顺水流向的永久缝缝距可采用 8 ~ 20 m，靠近翼墙的铺盖缝距宜采用小值。缝宽可采用 2 ~ 3 cm。

（2）黏土铺盖的厚度应根据铺盖土料的允许水力坡降值计算确定，其前端最小厚度宜大于 0.6 m，逐渐向闸室方向加厚。铺盖上面应设保护层。

（3）防渗土工膜厚度应根据作用水头、膜下土体可能产生裂隙宽度、膜的应变和强度等因素确定，但宜大于 0.5 mm。土工膜上应设保护层。

（4）在寒冷和严寒地区，混凝土或钢筋混凝土铺盖应适当减小永久缝缝距，黏土铺盖应适当加大厚度，并应避免冬季暴露于大气中。

链接

铺盖与底板接触的一端可采用沉降缝将其分开，并在缝内设止水。下面以典型例题的形式对水闸板桩设置位置进行讲解。

在闸室下游一定长度的河岸边坡要进行保护。护坡形式有浆砌石、干砌石、混凝土板。护坡坡脚与海漫、防冲槽的连接处要有可靠连接，如设置防淘墙等。

典型例题

【单选题】下列示意图中，水闸板桩设置合理的是（　　）。

A. 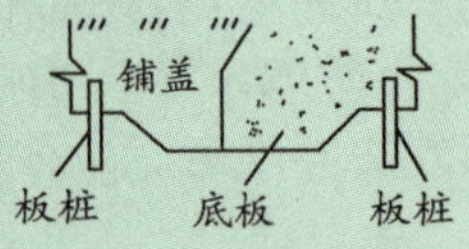

B. 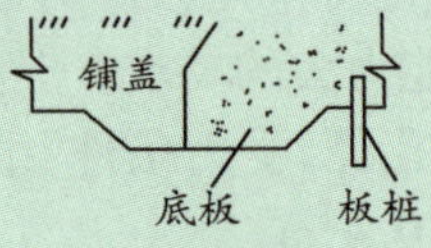

C. 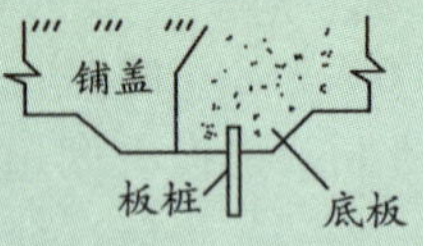

D. 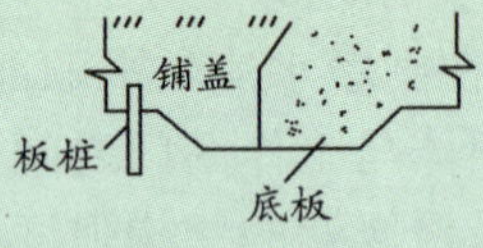

C。**【解析】**水闸中的板桩一般设在上游侧，与闸底板连接，有紧贴前缘和嵌入凹槽两种形式。其可以延长渗径长度，降低闸室底板的扬压力。

（六）河岸溢洪道

1. 工作原理

溢洪道属于防洪设备，通常筑在水坝的一侧，像一个大槽，当水库里水位超过安全限度时，水就从溢洪道向下游流出，防止水坝被毁坏。

2. 类型

根据泄洪标准和运用情况的不同，溢洪道可分为正常溢洪道和非常溢洪道。正常溢洪道用以宣泄设计洪水；非常溢洪道用于宣泄非常洪水。

根据所在位置的不同，溢洪道可分为河床式溢洪道和岸边溢洪道。河床式溢洪道经由坝身溢洪；岸边溢洪道按结构形式又可分为正槽溢洪道、侧槽溢洪道、井式溢洪道和虹吸溢洪道。

3. 组成

溢洪道的组成部分包括进水渠、控制段、泄槽、消能防冲设施及出水渠等。

（1）进水渠。其主要功能是进水，兼有调整水流使之均匀的作用。

(2)控制段。其主要作用是控制泄量(下泄流量),包括控制堰(闸)和与两岸的连接建筑。

(3)泄槽。其是控制段后的泄水槽。

(4)消能防冲设施。其主要用以耗散水流能量并衔接下游水流。

(5)出水渠。在水流不能直接泄入原河道而造成危害时,常采用出水渠加以连接。

专家解读

进水渠和出水渠是根据地形条件来布置的,有些工程不一定设置。控制段、泄槽及消能防冲设施则是每个正常溢洪道工程不可缺少的。

(七)无压引水建筑物

1. 无压进水口

无压进水口,是无压引水(无压引水式电站、灌区建筑物)的首部建筑物。特点是进水口水流为无压流。无压进水口分为有坝取水进水口和无坝取水进水口。无坝取水不能充分利用河流资源,很少采用,所以无压进水口一般采用的是有坝取水。

有坝开敞式进水口的组成建筑物一般有拦河低坝(拦河闸)、进水闸、冲沙闸及沉沙池等。

开敞式进水口无论是有坝还是无坝取水,进水口位置都应尽可能选在河流的凹岸,以防水流挟带的大量泥沙和漂浮物在进水口前回旋淤积。如处理不当,可能造成河道变形,危及建筑物的正常运行。为此,进水口位置选在河床较稳定河段的凹岸,以便引进河表层清水,防止进水口前淤积泥沙。

2. 渠道工程

(1)渠道横、纵断面设计。

渠道的横断面形状,一般采用梯形,它便于施工,并能保证渠道边坡的稳定,也可以采用矩形,如图1-2所示。渠道的断面尺寸,一般应根据使用要求,通过水力计算确定。设计时应根据设计流量设计,按照加大流量校核。

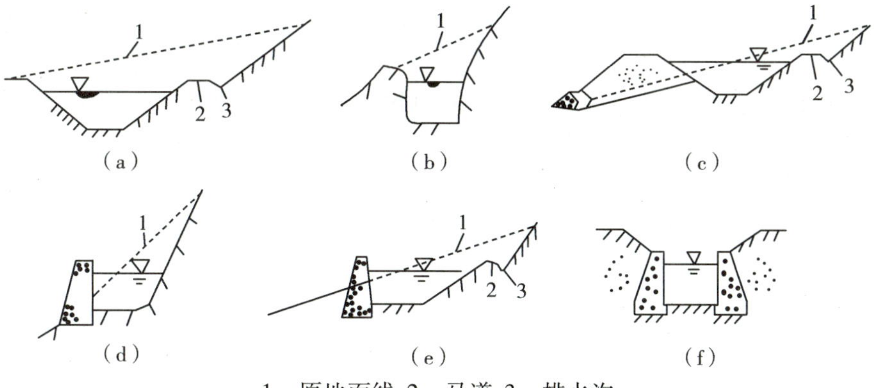

1—原地面线;2—马道;3—排水沟

图1-2 渠道横断面图

提示

渠道横断面的形式除了梯形、矩形，还有弧形底梯形、弧形坡脚梯形、复合形、U 形、城门洞形、箱形、圆形和正反拱形等。

渠道纵断面设计主要内容一般包括确定渠道纵坡、正常水位线、最低水位线、最高水位线、渠底高程线、渠道沿程地面高程线和堤顶高程线。

(2)动力渠道类型。

渠道是最简单的无压引水道。水电站的引水渠道输送发电流量和集中落差，称为动力渠道。

动力渠道根据其水力特征，可分为自动调节与非自动调节渠道两类：

①自动调节渠道。其渠堤顶高度沿渠长不变，渠底以一定坡度沿渠延伸，渠末不设溢流堰。

②非自动调节渠道。其渠堤顶高度沿渠长降低，与渠底坡度一致，渠道末端压力前池中设有泄水建筑物，如溢流堰等。溢流堰可限制渠末水位，保证下游用水。这种渠道的工程量较小，当渠道较长，上游水位变化范围较大，或者电站停止运行而渠道仍需向下游供水时，宜采用非自动调节渠道。

(3)防渗渠道基槽施工。

新建填方渠道，填筑前应清除填筑范围内的草皮、树根、淤泥、腐殖土和污物，刨松基土表面，适当洒水湿润，然后摊铺选定的土料，分层压实。每层铺土厚度，机械压实时，不应大于 30 cm；人工夯实时，不应大于 20 cm。土料含水量应按最优含水量控制。

新建半挖半填渠道的填筑部位，应利用挖方土料按要求进行填筑，达到密实、稳定。在开挖和填筑施工中，宜避免扰动挖方基槽土的结构。

已建渠道改建为防渗渠道时，其基槽的填筑，应提前停水，使土风干，或采用抽排、翻晒等方法降低基土含水量。应清除杂草、泥土淤积等杂物。小型渠道，宜将全渠填满至设计高程后，再按设计开挖至防渗层铺设断面。大、中型渠道，宜采用局部填筑补齐的方法进行填筑。填筑面宽度应较设计尺寸加宽 50 cm，将原渠坡挖成台阶状，再填筑新土，新老土应结合紧密。

挖方渠槽、填方渠槽和已建渠道改建工程中将原渠槽填筑到设计高程时，应按设计定好渠线中心桩，测量好高程，定好两侧开挖线。采用机械或人工开挖法施工时，先粗略开挖至接近渠底，再将中心桩移至渠底，重新测量高程后挖完剩下的土方。然后每隔 5 ~ 10 m 挖出标准断面，在两个标准断面间拉紧横线，按横线从上至下边挖边刷坡，并用断面样板逐段检查，反复修整，直至符合设计要求。

半挖半填渠道基槽的开挖，应先开挖基槽并按设计预留足够厚度的土层，再将渠道两岸填方部分填筑至设计高程，然后整修渠槽达到设计要求。

已建渠道改建为防渗渠道时，采用局部填筑补齐法填筑的渠道基槽的开挖，仅挖去填筑时加宽 50 cm 的部分土体，然后修整渠道基槽达到设计要求。

石质渠基槽宜用人工开挖。开挖时应采取微量爆破等措施，不要造成渠基裂缝或稳定性下降。开挖好的渠道基槽，应尺寸准确，满足设计要求。

(4)浆砌石防渗结构施工。

砌筑顺序应符合下列要求:

①梯形明渠,宜先砌渠底后砌渠坡。砌渠坡时,应从坡脚开始,由下而上分层砌筑;U形和弧形明渠、拱形暗渠,应从渠底中线开始,向两边对称砌筑。

②矩形明渠,可先砌两边侧墙,后砌渠底;拱形和箱形暗渠,可先砌侧墙和渠底,后砌顶拱或加盖板。

③各种明渠,渠底和渠坡砌完后,应及时砌好封顶石。

石料砌筑应符合下列要求:

①砌筑前应洒水润湿,石料应冲洗干净。

②浆砌料石和块石,应干摆试放分层砌筑,座浆饱满。每层铺水泥砂浆厚度,料石宜为2~3 cm;块石宜为3~5 cm。随铺浆随砌石。块石缝宽超过5 cm时,应填塞小片石。

③卵石可采用挤浆砌筑,也可干砌后用水泥砂浆或细砾混凝土灌缝。

④浆砌石板应保持砌缝密实平整,石板接缝间的不平整度不应超过1 cm。

浆砌料石、块石、卵石和石板,宜在砌筑砂浆初凝前勾缝。勾缝应自上而下用砂浆充填、压实和抹光。浆砌料石、块石和石板宜勾平缝;浆砌卵石宜勾凹缝,缝面宜低于砌石面1~2 cm。

3. 压力前池

压力前池又称压力池或前池,位于动力渠道的末端,是水电站引水建筑物与水轮机压力管道的连接建筑物。

压力前池的组成部分包括:前室及进水室;压力墙;泄水建筑物;冲沙、拦冰及排冰建筑物。

压力前池的作用包括:分配水流;平稳水压,平衡水量;挡阻污物和泥沙;在电站停机时可向下游供水,满足下游用水部门的需要;保护压力管道进水口在冬季不受冰凌的阻塞或损坏。

4. 桥梁

桥梁是重要的交叉建筑物,在灌排渠系规划中应用极为广泛。渠道上的桥梁,其荷载标准一般低于公路桥梁,但随着农村经济建设的发展,在设计时应适当考虑提高其荷载标准。

根据用途的不同,桥梁可分为公路桥和农桥(渠道上的桥梁)。

根据荷载的不同,桥梁可分为生产桥、拖拉机桥和低标准公路桥。

根据结构形式和受力特点的不同,桥梁可分为梁式桥、拱式桥和桁架拱式桥。

桥面是直接承受荷载的部分,主要包括行车道板、桥面铺装、人行道、栏杆、变形缝、排水设施等。

5. 渡槽

渡槽是渠道跨越河、沟、渠、路或洼地的明流架空交叉建筑物。渠道通过进出口建筑物与槽身相连接,槽身置于支承结构上,槽身重及槽中水重通过支承结构传给基础,再传至地基。

根据槽身断面形式的不同,渡槽可分为U形槽、矩形槽、抛物线形槽和圆管槽等。

根据支承结构的不同,渡槽可分为梁式渡槽、拱式渡槽、斜拉式渡槽和桁架式渡槽。其中,梁式渡槽又可分为简支梁式、单悬臂梁式、双悬臂梁式和连续梁式。

链接

梁式渡槽的槽身断面形式主要有U形和矩形两类。其中,U形槽身适应15~20 m的跨度;简支矩形槽身适应8~15 m的跨度。在进行梁式渡槽槽身断面形式选择时,一般应考虑水力条件、结构受力条件、施工条件及通航要求等因素;一般大流量渡槽,多采用矩形断面;中小流量可采用矩形,也可采用U形断面。拱式渡槽通常在岩基上建设,或者采用沉井基础或桩基础,其主要承重结构为主拱圈,主要承受轴向压力,拱内弯矩较小。

渡槽的组成部分主要包括槽身、支承结构、基础及进出口建筑物等。

渡槽不仅能够输送渠水,还可以用于排洪、排沙、通航和导流等。渡槽一般适用于河、渠相对高差较大,河道岸坡较陡,洪水流量较大的情况。与倒虹吸管相比,渡槽具有水头损失小、便于管理运用及可通航等优点,是渠系交叉建筑物中采用最多的一种形式。

6. 倒虹吸管

倒虹吸管属于交叉建筑物,是指设置在渠道与河流、山沟、谷地、道路等相交叉处的压力输水管道。其管道的特点是两端与渠道相接,而中间向下弯曲。与渡槽相比,倒虹吸管具有结构简单、造价较低、施工方便等优点,但是,输水时水头损失较大,运行管理不如渡槽方便。

根据管路埋设情况及高差的不同,倒虹吸管可分为竖井式、斜管式、曲线式和桥式四种。

倒虹吸管一般分为进口段、管身段和出口段三部分:

(1)进口段。进口段主要由渐变段、进水口、拦污栅、闸门、工作桥、沉沙池及退水闸等部分组成。进口段的轮廓应当平顺,以减少水头损失,并应满足稳定、防冲和渗流等要求。

(2)管身段。管路的布置和构造,主要内容包括管身断面、材料选择,管壁厚度、管段长度确定,分缝止水、泄水冲沙孔、进人孔以及支承结构等。应根据流量大小、水头高低、运用要求、管路埋设情况、高差的大小及经济效益等因素,综合进行考虑。

(3)出口段。出口段主要包括出水口、闸门、消力池、渐变段等。其布置形式与进口段相似。

专家解读

倒虹吸管常用的材料主要有混凝土、钢筋混凝土、预应力钢筋混凝土、铸铁和钢材等。对于水头小于3 m的矩形或城门洞形小型管道,也可采用砖、石等材料砌筑。

(1)混凝土管。其适用于较低水头,一般为4~6 m,有时也可达10余米。为了防止管身裂缝以及接缝处严重漏水现象经常发生,应严格把握材料强度、施工技术及质量等因素。

(2)钢筋混凝土管。其适用于较高水头,一般为30 m左右,可达50~60 m,管径通常不大于3 m。管壁厚度的初步拟定,可根据管径和作用水头进行考虑。

(3)预应力钢筋混凝土管。其适用于高水头,与钢筋混凝土管相比,管壁厚度稍薄,弹性较好、不透水性和抗裂性好,能够充分发挥材料的性能。

(4)铸铁管与钢管。其多用于高水头地段,这种形式耗用金属材料较多。

7. 涵洞

涵洞是设于路基下的排水孔道，通常由基础、洞身、洞口组成。

洞身形成过水孔道的主体，其作用是一方面保证水流通过；另一方面也直接承受荷载压力和填土压力，并将其传递给基础。洞身构造包括沉降缝和截水环等。

洞口是洞身、路基、河道三者的连接构造物，其作用是一方面使涵洞与河道顺接，使水流进出顺畅；另一方面确保路基边坡稳定，免受水流冲刷。

根据建筑材料的不同，涵洞可分为砖涵、石涵、混凝土涵和钢筋混凝土涵。

根据构造形式的不同，涵洞可分为圆管涵、拱涵、盖板涵和箱涵。

根据填土情况的不同，涵洞可分为明涵和暗涵。

根据水力性能的不同，涵洞可分为无压力式涵洞、半压力式涵洞和压力式涵洞。

8. 跌水

跌水是指使上游渠道水流自由跌落再平顺流入下游渠道的建筑物。

根据上、下游渠道间跌差（上下游水位差）的大小，跌水可分为单级跌水和多级跌水。一般单级跌水的跌差小于 3 ~ 5 m，超过此值时，宜采用多级跌水。二者的构造基本相同。

跌水的结构组成部分主要包括进口连接段、跌水口、跌水墙、消力池和出口连接段等。

9. 陡坡

陡坡是指使上游渠道水流沿急流明槽下泄平顺流入下游渠道的建筑物。

根据地形条件和落差的大小，陡坡也可以布置成单级或多级。其中，多级陡坡往往建在落差较大且有变坡或有台阶地形的渠段上。

陡坡的结构组成部分主要包括进口连接段、控制堰口、陡坡段、消力池和出口连接段。陡坡的各部分构造与跌水基本相同，主要区别是陡坡段代替了跌水墙。

在陡坡段水流速度较高，因此应做好进口和陡坡段的布置，以使下泄水流平稳、对称且均匀地扩散，以利于下游的消能和防冲。

链接

桥梁、渡槽、倒虹吸管、涵洞、跌水、陡坡均属于渠系建筑物。渠系建筑物是在渠道系统上为了控制、分配、测量水流，通过天然或人工障碍，保证渠道安全运用而修建的建筑物的总称。渠系建筑物的类型可分为下列六种：

(1) 交叉建筑物，如渡槽、桥梁、倒虹吸管、隧洞、涵洞。

(2) 控制建筑物，如分水闸、节制闸、防洪闸、挡潮闸、退水闸。

(3) 连接建筑物，如跌水、陡坡、跌井。

(4) 排洪建筑物，如排洪槽（桥）、渠下涵洞、溢流侧堰、虹吸溢流堰、平交式排洪建筑物。

(5) 交通建筑物，如农桥、交通涵洞。

(6) 量水建筑物，如各种量水设施和兼有量水作用的渠系建筑物的总称。

（八）有压引水建筑物

1. 有压进水口

有压进水口又称深式进水口或潜没式进水口，是指流道均淹没于水中，并始终保持满流状态，具有一定的压力水头的进水口。有压引水式水电站和坝后式水电站的进水口大都属于这种类型，其后常接有压隧洞或管道，适用于从水位变幅较大的水库中取水。

有压进水口的类型主要取决于水电站的开发和运行方式、引用流量、枢纽布置要求以及地形地质条件等因素，可分为竖井式、墙式、塔式、坝式四种主要类型。

有压进水口应根据运用条件设置拦污设备、闸门及启闭设备、通气孔以及充水阀等主要设备。

2. 水工隧洞

水工隧洞是指为满足水利水电工程各项任务而设置的隧洞。

根据功能的不同，水工隧洞可分为泄洪隧洞、引水发电和尾水隧洞、灌溉和供水隧洞、放空和排沙隧洞以及施工导流隧洞等；根据隧洞内水流状态的不同，水工隧洞可分为有压隧洞和无压隧洞。

水利枢纽中的泄水隧洞主要包括下列三个部分：

(1)进口段。其位于隧洞进口部位，用以控制水流，包括拦污栅、进水喇叭口、闸门段及渐变段等。

(2)洞身段。其用以输送水流。一般都需进行衬砌。

(3)出口段。其用以连接消能设施。无压泄水隧洞的出口仅设有门框，有压隧洞的出口一般设有渐变段及工作闸门室。而用于水电站引水的隧洞末端通常与平水建筑物相连，无专门的出口段。

链接

引水隧洞在线路选择时，隧洞线路宜顺直，其转弯半径不宜小于洞径(或洞宽)的5倍，转角宜小于60°，弯曲段首尾宜设直线段，其长度宜大于5倍洞径(或洞宽)。引水隧洞中一般要设置两道闸门：一道是工作闸门，用来调节流量和封闭孔口，能在动水中启闭；一道是检修闸门，设置在进口，用来挡水，以便检修工作闸门或隧洞。

3. 坝下涵管

坝下涵管是指埋设在土石坝下面的洞形和管形过水建筑物，也可称为坝下涵洞或坝下埋管。

在土石坝水库枢纽中，当由于两岸地质条件或其他原因，不宜开挖隧洞时，可以采用坝下设涵管的方法来满足泄、放水的要求。坝下涵管结构简单、施工方便、造价较低，故在小型水库工程中应用较多。

根据过流形态的不同，涵管可分为具有自由水面的无压涵管、满水的有压涵管和闸门前段满水但门后具有自由水面的半有压涵管。其管身断面形式有圆形、圆拱直墙形(城门洞形)、箱形等。

4. 压力管道

压力管道是指从水库、前池或调压室向水轮机输送水量的管道，其一般特点是坡度陡，内水压力大，承受水锤的动水压力，而且靠近厂房，因此它必须是安全可靠的。万一发生事故，也应有防止事故扩大的措施，以保证厂房设施和运行人员的安全。

根据材料的不同，压力管道可分为钢管、钢筋混凝土管和钢衬钢筋混凝土管。其中，钢管具有强度高、防渗性能好等优点，常用于大中型水电站。水电站压力钢管有三种主要形式：布置在地面以上的称为明钢管；布置于坝体混凝土中的称为坝内钢管；埋设于岩体中的称为地下埋管。

(1)明钢管。

明钢管一般敷设在一系列的支墩上,底面高出地表不小于0.6 m,这样使管道受力明确,管身离开地面也易于安装、维护和检修。在管道的转弯处设镇墩,在两镇墩之间设伸缩节。

明钢管的进口处常设置平面钢闸门,以便在压力管道发生事故或检修时用以切断水流。明钢管上的附件有伸缩节、通气阀、人孔和排水管等。

(2)坝内钢管。

钢管在坝体内有两种埋设方式,一种是将钢管在坝体内用软垫层与坝体混凝土分开;另一种是将钢管直接埋置在坝体混凝土中。

(3)地下埋管。

地下埋管是指埋设于岩体中并在管道和岩壁间充填混凝土的钢管。地下埋管虽然增加了岩石开挖和混凝土衬砌的费用,但与明钢管相比,往往可以缩短压力管道的长度,省去支承结构,在坚固的岩体中,可利用围岩承担部分内水压力,从而减小钢衬的厚度,节约钢材。此外,地下埋管位于地下,受气候等外界影响较小,运行安全可靠,在我国大中型水电站中应用较广。

地下埋管有竖井、斜井和平洞三种布置形式。

链接

地下埋管衬砌混凝土的强度等级不应低于C20。其平洞、斜井应进行顶拱回填灌浆,灌浆压力不宜小于0.2 MPa。钢管和岩石联合受力的地下埋管应进行钢管与混凝土、混凝土与岩石之间的接缝灌浆,灌浆压力宜采用0.2 MPa。地下埋管的围岩宜进行固结灌浆,灌浆压力不宜小于0.5 MPa。

5. 调压室

调压室是指在较长的压力引水(尾水)道与压力管道之间修建的,用以降低压力管道的水锤压力和改善机组运行条件的水电站建筑物。调压室利用扩大的断面和自由水面反射水锤波,将有压引水系统分成两段:上游段为有压引水隧洞,下游段为压力管道。

根据调压室的功用,调压室应满足以下基本要求:

(1)调压室的位置应尽量靠近厂房,以缩短压力管道的长度。

(2)能较充分地反射压力管道传来的水锤波。调压室对水锤波的反射越充分,越能减小压力管道和引水道中的水锤压力。

(3)调压室的工作必须是稳定的。在负荷变化时,引水道及调压室水位的波动应该迅速衰减,达到新的恒定状态。

(4)正常运行时,水头损失要小。为此调压室底部和压力管道连接处应具有较小的断面面积,以减小水流通过调压室底部的水头损失。

(5)工程安全可靠,施工简单方便,造价经济合理。

根据水电站不同的条件和要求,调压室可以布置在厂房的上游或下游,在有些情况下,在厂房的上下游都需要设置调压室而成双调压室系统。调压室在引水系统中的布置有上游调压室(引水调压室)、下游调压室(尾水调压室)、上下游双调压室系统和上游双调压室系统四种基本方式。

调压室的基本结构形式有简单式调压室、阻抗式调压室、双室式调压室、溢流式调压室和差动式调压室。在某些情况下，还可采用气垫式调压室。

（九）水电站厂房

水电站一般由引水建筑物、平水建筑物、进水口和厂区枢纽等建筑物组成。水电站厂房是水电站主要建筑物之一，是将水能转换为电能的综合工程设施。

根据枢纽布置和结构特点的不同，水电站厂房可分为地面式厂房（包括河床式、坝后式和岸边式）、地下式厂房（包括全地下式、半地下式和窑洞式）、坝内式厂房、溢流式厂房（包括厂顶溢流式和厂前挑流式）。

水电站厂房的组成部分主要包括主厂房、副厂房、主机间、安装间等。

(1)主厂房是指装设水轮发电机组及其辅助设备，供发电运行及安装检修作业用的建筑物。

(2)副厂房（辅助厂房）是指装设配电变电设备、控制操作设备、水机辅助设备、通信设备等以及为检修、试验、生活、管理等使用的房间。

(3)主机间是指水电站厂房内布置水轮发电机组和各种辅助设备的场所。

(4)安装间是指主厂房中供机组和其他机电设备组装、检修、装卸用的场所。

厂区布置应根据地形、地质、环境条件，结合整个枢纽的工程布局，与城乡建设规划相协调，按下列原则进行：

(1)合理布置主厂房、副厂房、主变压器场地、开关站、高低压引出线、进厂交通、发电引水及尾水建筑物等，使水电站运行安全、管理和维护方便。

(2)妥善解决厂房和泄洪、排沙、通航、鱼道等建筑物布置及运用的相互协调，避免干扰，保证水电站安全和正常运行。

(3)综合考虑厂区防洪、排水、消防等安全措施及检修的必要条件。

(4)少征或不征用耕地，保护天然植被，保护环境，保护文物。

(5)做好厂区建筑环境总体规划及主要建筑物的建筑艺术处理。

(6)统筹安排运行管理所必需的生产辅助设施。

(7)综合考虑施工程序、施工导流及首批机组发电投运的工期要求，优化各建筑物的布置。

（十）水泵与泵站

1. 水泵

水泵是输送和提升液体的机器，是一种能量转换的机械，它把原动机的机械能转化为输送液体的动能或势能。

(1)工作参数。

水泵的工作参数见表1-7。

表1-7　水泵的工作参数

工作参数	单位	定义
流量 Q	L/s、m³/s、m³/h	水泵在单位时间内所输送液体的体积
扬程 H	m	单位质量液体通过水泵后能量的增值，即单位能的增值
功率	kW	单位时间内水泵所做的功，可分为有效功率和轴功率

（续表）

工作参数	单位	定义
效率 η	_	水泵的有效功率与轴功率之比
转速 n	r/min	水泵叶轮的转动速度
允许吸上真空高度 H_S	mH_2O	水泵在标准状况下(20 ℃,一个标准大气压,即 101.325 kPa)运转时,水泵所允许的最大吸上真空度
汽蚀余量	m	水泵进口处,单位质量液体所具有超过饱和蒸汽压力的富余能量

注:铭牌扬程(设计扬程、额定扬程) > 工作扬程 > 实际扬程(净扬程)。铭牌效率即最高效率。

(2)类型。

根据工作原理的不同,水泵可分为叶片式水泵(靠叶片高速旋转传递能量)、容积式水泵(靠工作时容积大小往复变化传递能量)和其他类型水泵。叶片式水泵包括离心泵(单级单吸式离心泵、单级双吸式离心泵、多级式离心泵、自吸式离心泵)、轴流泵、混流泵(蜗壳式混流泵、导叶式混流泵)等;容积式水泵包括活塞式往复泵、转子泵等;其他类型水泵包括螺旋泵、射流泵(又称水射器)、水锤泵、水轮泵以及气升泵等。

链接

轴流泵按叶片可调节角度可分为全调节式轴流泵、半调节式轴流泵和固定式轴流泵;按泵轴安装方式可分为立式轴流泵、卧式轴流泵和斜式轴流泵,其结构基本相同,目前使用较多的是立式轴流泵。轴流泵、混流泵的特点是大流量、低扬程;往复泵的特点是小流量、高扬程。离心泵的特点介于两者之间。

下面以典型例题的形式对水泵内的能量损失的内容进行讲解。

典型例题

【多选题】水泵内的能量损失包括(　　)。

A. 渗漏损失　　B. 电力损失

C. 水力损失　　D. 容积损失

E. 机械损失

CDE。【解析】水泵是一种能量转换的机器,在能量转换过程中定会伴随能量的损失,其转换的量度就是效率。水泵内的能量损失包括容积损失(指泵的泄漏所造成的损失)、机械损失(指由泵轴与轴承之间、泵轴与填料函之间以及叶轮盖板外表面与液体之间产生的摩擦而引起的能量损失)和水力损失(指黏性液体流经叶轮通道和蜗壳时产生的摩擦阻力以及在泵局部处因流速和方向改变引起的环流和冲击而产生的局部阻力)三部分。

2. 泵站

泵站是指能提供有一定压力和流量的液压动力和气压动力的装置,是排灌泵站的进水、出水、泵房等建筑物的总称。

(1)类型。

根据相对位置的不同,泵站可分为地面式泵站、地下式泵站和半地下式泵站。

根据建站目的的不同,泵站可分为灌溉泵站、排水泵站、灌排结合泵站、供水泵站、加压泵站、多功能泵站等。其中,灌溉泵站、排水泵站、灌排结合泵站在水利工程中最为常用。

泵站进出水建筑物主要包括引渠、前池及进水池、出水管道、出水池及压力水箱。当水流含沙量较大时,还应在进水口前增设拦沙设施、沉沙池和冲沙口门等建筑物。根据水流进流方向的不同,可将泵站前池分为正向进水前池和侧向进水前池等;根据水流出流方向的不同,可将泵站出水池分为正向出水池和侧向出水池等。

根据结构形式的不同,泵站泵房可分为固定式泵房和移动式泵房。固定式泵房又可分为块基型泵房、分基型泵房、干室型泵房和湿室型泵房;移动式泵房又可分为缆车型泵房和囤船型泵房。

(2)总体布置。

泵站的总体布置应包括泵房,进、出水建筑物,变电站,枢纽其他建筑物和工程管理用房,内外交通、通信以及其他维护管理设施的布置。

二、水利水电工程等级划分及特征水位

为保证水利水电工程及其下游(或保护区)人民生命财产的安全和工程效益的正常发挥,根据我国经济社会和科学技术发展水平,制定《水利水电工程等级划分及洪水标准》。水利水电工程中等级划分及洪水标准除应符合《水利水电工程等级划分及洪水标准》规定外,尚应符合国家现行有关标准的规定。

(一)水利水电工程等别

水利水电工程的等别,应根据其工程规模、效益和在经济社会中的重要性,按表1-8确定。

表1-8　水利水电工程分等指标

工程等别	工程规模	水库总库容/10^8 m^3	防洪			治涝	灌溉	供水		发电
			保护人口/10^4 人	保护农田面积/10^4 亩	保护区当量经济规模/10^4 人	治涝面积/10^4 亩	灌溉面积/10^4 亩	供水对象重要性	年引水量/10^8 m^3	发电装机容量/MW
Ⅰ	大(1)型	≥10	≥150	≥500	≥300	≥200	≥150	特别重要	≥10	≥1 200
Ⅱ	大(2)型	<10,≥1.0	<150,≥50	<500,≥100	<300,≥100	<200,≥60	<150,≥50	重要	<10,≥3	<1 200,≥300
Ⅲ	中型	<1.0,≥0.10	<50,≥20	<100,≥30	<100,≥40	<60,≥15	<50,≥5	比较重要	<3,≥1	<300,≥50

（续表）

工程等别	工程规模	水库总库容/10^8 m^3	防洪			治涝	灌溉	供水		发电
			保护人口/10^4 人	保护农田面积/10^4 亩	保护区当量经济规模/10^4 人	治涝面积/10^4 亩	灌溉面积/10^4 亩	供水对象重要性	年引水量/10^8 m^3	发电装机容量/MW
Ⅳ	小(1)型	<0.1，≥0.01	<20，≥5	<30，≥5	<40，≥10	<15，≥3	<5，≥0.5	一般	<1，≥0.3	<50，≥10
Ⅴ	小(2)型	<0.01，≥0.001	<5	<5	<10	<3	<0.5		<0.3	<10

注：a. 水库总库容指水库最高水位以下的静库容；治涝面积指设计治涝面积；灌溉面积指设计灌溉面积；年引水量指供水工程渠首设计年均引（取）水量。1 亩 = 666.67 m^2。

b. 保护区当量经济规模指标仅限于城市保护区；防洪、供水中的多项指标满足 1 项即可。

c. 按供水对象的重要性确定工程等别时，该工程应为供水对象的主要水源。

对综合利用的水利水电工程，当按各综合利用项目的分等指标确定的等别不同时，其工程等别应按其中最高等别确定。

（二）水工建筑物级别

1. 一般规定

水利水电工程永久性水工建筑物的级别，应根据工程的等别或永久性水工建筑物的分级指标综合分析确定。

综合利用水利水电工程中承担单一功能的单项建筑物的级别，应按其功能、规模确定；承担多项功能的建筑物级别，应按规模指标较高的确定。

失事后损失巨大或影响十分严重的水利水电工程的 2 ~ 5 级主要永久性水工建筑物，经论证并报主管部门批准，建筑物级别可提高一级；水头低、失事后造成损失不大的水利水电工程的 1 ~ 4 级主要永久性水工建筑物，经论证并报主管部门批准，建筑物级别可降低一级。

对 2 ~ 5 级的高填方渠道、大跨度或高排架渡槽、高水头倒虹吸等永久性水工建筑物，经论证后建筑物级别可提高一级，但洪水标准不予提高。

当永久性水工建筑物采用新型结构或其基础的工程地质条件特别复杂时，对 2 ~ 5 级建筑物可提高一级设计，但洪水标准不予提高。

穿越堤防、渠道的永久性水工建筑物的级别，不应低于相应堤防、渠道的级别。

2. 水库及水电站工程永久性水工建筑物级别

水库及水电站工程的永久性水工建筑物级别，应根据其所在工程的等别和永久性水工建筑物的重要性，按表 1-9 确定。

表 1-9　永久性水工建筑物级别

工程等别	主要建筑物	次要建筑物
Ⅰ	1	3
Ⅱ	2	3

（续表）

工程等别	主要建筑物	次要建筑物
Ⅲ	3	4
Ⅳ	4	5
Ⅴ	5	5

水库大坝按上述规定为 2 级、3 级，如坝高超过表 1-10 规定的指标时，其级别可提高一级，但洪水标准可不提高。

表 1-10　水库大坝提级指标

级别	坝型	坝高/m
2	土石坝	90
	混凝土坝、浆砌石坝	130
3	土石坝	70
	混凝土坝、浆砌石坝	100

水库工程中最大高度超过 200 m 的大坝建筑物，其级别应为 1 级，其设计标准应专门研究论证，并报上级主管部门审查批准。

当水电站厂房永久性水工建筑物与水库工程挡水建筑物共同挡水时，其建筑物级别应与挡水建筑物的级别一致，按表 1-9 确定。当水电站厂房永久性水工建筑物不承担挡水任务、失事后不影响挡水建筑物安全时，其建筑物级别应根据水电站装机容量按表 1-11 确定。

表 1-11　水电站厂房永久性水工建筑物级别

发电装机容量/MW	主要建筑物	次要建筑物
≥1 200	1	3
<1 200，≥300	2	3
<300，≥50	3	4
<50，≥10	4	5
<10	5	5

3. 拦河闸永久性水工建筑物级别

拦河闸永久性水工建筑物的级别，应根据其所属工程的等别按表 1-9 确定。

拦河闸永久性水工建筑物按表 1-9 规定为 2 级、3 级，其校核洪水过闸流量分别大于 5 000 m^3/s、1 000 m^3/s 时，其建筑物级别可提高一级，但洪水标准可不提高。

4. 防洪工程永久性水工建筑物级别

防洪工程中堤防永久性水工建筑物的级别应根据其保护对象的防洪标准按表 1-12 确定。当经批准的流域、区域防洪规划另有规定时，应按其规定执行。

表 1-12 堤防永久性水工建筑物级别

防洪标准/[重现期(年)]	≥100	<100,≥50	<50,≥30	<30,≥20	<20,≥10
堤防级别	1	2	3	4	5

涉及保护堤防的河道整治工程永久性水工建筑物级别,应根据堤防级别并考虑损毁后的影响程度综合确定,但不宜高于其所影响的堤防级别。

5. 灌溉工程永久性水工建筑物级别

灌溉工程中的渠道及渠系永久性水工建筑物级别,应根据设计灌溉流量按表 1-13 确定。

表 1-13 灌溉工程永久性水工建筑物级别

设计灌溉流量/($m^3 \cdot s^{-1}$)	主要建筑物	次要建筑物
≥300	1	3
<300,≥100	2	3
<100,≥20	3	4
<20,≥5	4	5
<5	5	6

6. 供水工程永久性水工建筑物级别

供水工程永久性水工建筑物级别,应根据设计流量按表 1-14 确定。供水工程中的泵站永久性水工建筑物级别,应根据设计流量及装机功率按表 1-14 确定。

表 1-14 供水工程的永久性水工建筑物级别

设计流量/($m^3 \cdot s^{-1}$)	装机功率/MW	主要建筑物	次要建筑物
≥50	≥30	1	3
<50,≥10	<30,≥10	2	3
<10,≥3	<10,≥1	3	4
<3,≥1	<1,≥0.1	4	5
<1	<0.1	5	5

注:a. 设计流量指建筑物所在断面的设计流量。
b. 装机功率指泵站包括备用机组在内的单站装机功率。
c. 泵站建筑物按分级指标分属两个不同级别时,按其中高者确定。
d. 由连续多级泵站串联组成的泵站系统,其级别可按系统总装机功率确定。

承担县级及以上城市主要供水任务的供水工程永久性水工建筑物级别不宜低于 3 级;承担建制镇主要供水任务的供水工程永久性水工建筑物级别不宜低于 4 级。

7. 临时性水工建筑物级别

水利水电工程施工期使用的临时性挡水、泄水等水工建筑物的级别,应根据保护对象、失事后果、使用年限和临时性挡水建筑物规模,按表 1-15 确定。

表 1-15　临时性水工建筑物级别

级别	保护对象	失事后果	使用年限/年	临时性挡水建筑物规模	
				围堰高度/m	库容/10^8 m^3
3	有特殊要求的 1 级永久性水工建筑物	淹没重要城镇、工矿企业、交通干线或推迟工程总工期及第一台(批)机组发电,推迟工程发挥效益,造成重大灾害和损失	>3	>50	>1.0
4	1 级、2 级永久性水工建筑物	淹没一般城镇、工矿企业或影响工程总工期和第一台(批)机组发电,推迟工程发挥效益,造成较大经济损失	≤3,≥1.5	≤50,≥15	≤1.0,≥0.1
5	3 级、4 级永久性水工建筑物	淹没基坑,但对总工期及第一台(批)机组发电影响不大,对工程发挥效益影响不大,经济损失较小	<1.5	<15	<0.1

当临时性水工建筑物根据表 1-15 中指标分属不同级别时,应取其中最高级别。但列为 3 级临时性水工建筑物时,符合该级别规定的指标不得少于两项。

利用临时性水工建筑物挡水发电、通航时,经技术经济论证,临时性水工建筑物级别可提高一级。

失事后造成损失不大的 3 级、4 级临时性水工建筑物,其级别经论证后可适当降低。

(三)洪水标准

1. 水库及水电站工程永久性水工建筑物洪水标准

对土石坝,如失事后对下游将造成特别重大灾害时,1 级永久性水工建筑物的校核洪水标准,应取可能最大洪水(PMF)或重现期 10 000 年一遇;2 ~ 4 级永久性水工建筑物的校核洪水标准,可提高一级。

对混凝土坝、浆砌石坝永久性水工建筑物,如洪水漫顶将造成极严重的损失时,1 级永久性水工建筑物的校核洪水标准,经专门论证并报主管部门批准,可取可能最大洪水(PMF)或重现期 10 000 年标准。

水电站厂房永久性水工建筑物洪水标准,应根据其级别,按表 1-16 确定。河床式水电站厂房挡水部分或水电站厂房进水口作为挡水结构组成部分的洪水标准,应与工程挡水前沿永久性水工建筑物的洪水标准一致。

表 1-16　水电站厂房永久性水工建筑物洪水标准

水电站厂房级别		1	2	3	4	5
山区、丘陵区/[重现期(年)]	设计	200	100 ~ 200	50 ~ 100	30 ~ 50	20 ~ 30
	校核	1 000	500	200	100	50
平原、滨海区/[重现期(年)]	设计	100 ~ 300	50 ~ 100	20 ~ 50	10 ~ 20	10
	校核	1 000 ~ 2 000	300 ~ 1 000	100 ~ 300	50 ~ 100	20 ~ 50

链接

水电站副厂房、主变压器场、开关站、进厂交通设施等的洪水标准,应按表 1-16 确定。

当水库大坝施工高程超过临时性挡水建筑物顶部高程时,坝体施工期临时度汛的洪水标准,应根据坝型及坝前拦洪库容,按表 1-17 确定。根据失事后对下游的影响,其洪水标准可适当提高或降低。

表 1-17 水库大坝施工期洪水标准

坝型	拦洪库容/10^8 m^3			
	≥10	<10,≥1.0	<1.0,≥0.1	<0.1
土石坝/[重现期(年)]	≥200	100~200	50~100	20~50
混凝土坝、浆砌石坝/[重现期(年)]	≥100	50~100	20~50	10~20

水库工程导流泄水建筑物封堵期间,进口临时挡水设施的洪水标准应与相应时段的大坝施工期洪水标准一致。水库工程导流泄水建筑物封堵后,如永久泄洪建筑物尚未具备设计泄洪能力,坝体洪水标准应分析坝体施工和运行要求后按表 1-18 确定。

表 1-18 水库工程导流泄水建筑物封堵后坝体洪水标准

坝型		大坝级别		
		1	2	3
混凝土坝、浆砌石坝/[重现期(年)]	设计	100~200	50~100	20~50
	校核	200~500	100~200	50~100
土石坝/[重现期(年)]	设计	200~500	100~200	50~100
	校核	500~1 000	200~500	100~200

2. 防洪工程永久性水工建筑物洪水标准

防洪工程中堤防永久性水工建筑物的设计洪水标准,应根据其保护区内保护对象的防洪标准和经批准的流域、区域防洪规划综合研究确定,并应符合下列规定:

(1)保护区仅依靠堤防达到其防洪标准时,堤防永久性水工建筑物的洪水标准应根据保护区内防洪标准较高的保护对象的防洪标准确定。

(2)保护区依靠包括堤防在内的多项防洪工程组成的防洪体系达到其防洪标准时,堤防永久性水工建筑物的洪水标准应按经批准的流域、区域防洪规划中堤防所承担的防洪任务确定。

防洪工程中河道整治、蓄滞洪区围堤、蓄滞洪区内安全区堤防等永久性水工建筑物洪水标准,应按经批准的流域、区域防洪规划的要求确定。

3. 临时性水工建筑物洪水标准

临时性水工建筑物洪水标准,应根据建筑物的结构类型和级别,按表 1-19 的规定综合分析确定。临时性水工建筑物失事后果严重时,应考虑发生超标准洪水时的应急措施。

表 1-19　临时性水工建筑物洪水标准

建筑物结构类型	临时性水工建筑物级别		
	3	4	5
土石结构/[重现期(年)]	20～50	10～20	5～10
混凝土、浆砌石结构/[重现期(年)]	10～20	5～10	3～5

临时性水工建筑物用于挡水发电、通航，其级别提高为 2 级时，其洪水标准应综合分析确定。

封堵工程出口临时挡水设施在施工期内的导流设计洪水标准，可根据工程重要性、失事后果等因素，在该时段 5～20 年重现期范围内选定。封堵施工期临近或跨入汛期时应适当提高标准。

（四）水库的特征水位和库容

水库在不同时期有不同任务，为满足兴利要求和保证防洪安全，需要一些控制性的水位和库容。特征水位和库容是指决定水库调节能力，起限定作用的水位和库容。

1. 特征水位

校核洪水位指水库遇到校核洪水时，在坝前达到的最高水位。它是水库在非常运用情况下允许临时达到的最高洪水位，是确定大坝坝顶高程及进行大坝安全校核的主要依据。

设计洪水位指水库遇到设计洪水时，在坝前达到的最高水位。它决定了设计洪水情况下的上游洪水淹没范围。

防洪高水位指遇下游防洪保护对象的设计洪水时，在坝前达到的最高水位。只有水库承担下游防洪任务时，才需确定这一水位。可采用相等下游防洪标准的各种典型洪水，按拟定的防洪调度方式，自防洪限制水位开始进行水库调洪计算求得。

防洪限制水位（又称汛期限制水位）指水库在汛期允许兴利蓄水的上限水位，也是水库在汛期防洪运用时的起调水位。防洪限制水位，可根据洪水特性、防洪要求和水文预报条件，在汛期不同时段分期拟定。

正常蓄水位（又称正常高水位、设计蓄水位、兴利水位）指水库在正常运用的情况下，为满足兴利要求应在开始供水时蓄到的最高水位。它决定水库的规模、效益、调节方式，也在很大程度上决定水工建筑物的尺寸、形式和水库的淹没损失，是水库最重要的特征水位。

死水位指水库在正常运用情况下，允许降落的最低水位。水库在正常运用时，一般不能低于死水位。

2. 库容

静库容指坝前某一特征水位水平面以下的水库容积。

总库容指校核洪水位以下的水库静库容。它是水库兴建的总规模，可作为划分水库工程等别及建筑物级别、确定工程安全标准的重要依据。

调洪库容指校核洪水位至防洪限制水位之间的水库容积。

防洪库容指防洪高水位至防洪限制水位之间的水库容积。其用以控制洪水，满足水库下游防护对象的防洪要求。

兴利库容(又称有效库容、调节库容)指正常蓄水位至死水位之间的水库容积。其用以调节径流,按兴利要求提供水库的供水量或水电站的流量。

死库容(又称垫底库容)指死水位以下的水库容积。死库容的水量除遇到特殊的情况外,不直接用于调节径流。其一般用于容纳水库淤沙,抬高坝前水位和库区水深,在正常运用中不调节径流,也不放空。

水库特征水位和库容的关系如图 1-3 所示。

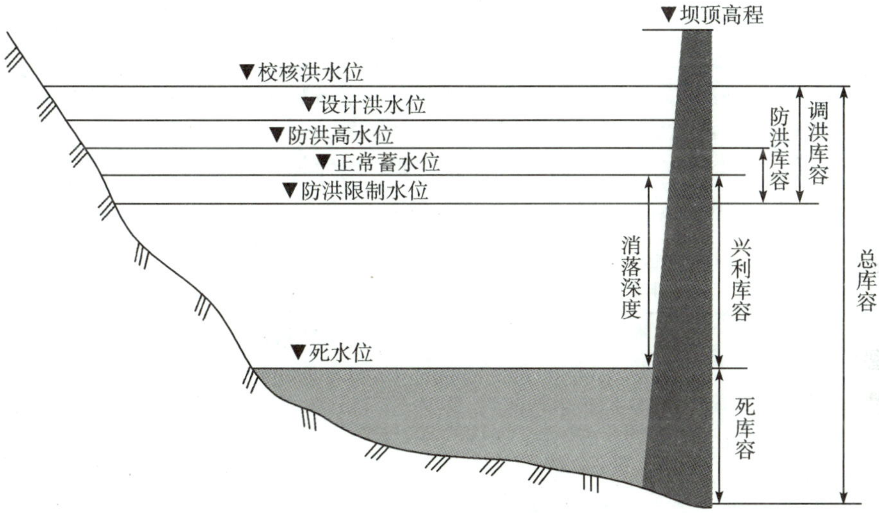

图 1-3 水库特征水位和库容的关系

提示

注意区分水库的特征水位与堤防工程的特征水位。堤防工程的特征水位包括设计(保证)水位、警戒水位和设防(防汛)水位。其中,设计(保证)水位是指堤防工程设计采用的防洪最高水位。

三、水利水电工程合理使用年限及耐久性

(一)工程合理使用年限

水利水电工程及其水工建筑物合理使用年限是指水利水电工程及其水工建筑物建成投入运行后,在正常运行使用和规定的维修条件下,能按设计功能安全使用的最低要求年限。

水利水电工程等别和建筑物级别划分应根据工程的规模、效益及其重要性分别按《水利水电工程等级划分及洪水标准》《灌溉与排水工程设计标准》和《调水工程设计导则》等相关标准的规定执行。

水利水电工程合理使用年限,应根据工程类别和等别按表 1-20 确定。对综合利用的水利水电工程,当按各综合利用项目确定的合理使用年限不同时,其合理使用年限应按其中最高的年限确定。

表 1-20　水利水电工程合理使用年限　　单位：年

工程等别	工程类别					
	水库	防洪	治涝	灌溉	供水	发电
Ⅰ	150	100	50	50	100	100
Ⅱ	100	50	50	50	100	100
Ⅲ	50	50	50	50	50	50
Ⅳ	50	30	30	30	30	30
Ⅴ	50	30	30	30	—	30

注：工程类别中水库、防洪、治涝、灌溉、供水、发电分别表示按水库库容、保护目标重要性和保护农田面积、治涝面积、灌溉面积、供水对象重要性、发电装机容量来确定工程等别。

水利水电工程各类永久性水工建筑物的合理使用年限，应根据其所在工程的建筑物类别和级别按表 1-21 的规定确定，且不应超过工程的合理使用年限。当永久性水工建筑物级别提高或降低时，其合理使用年限应不变。

表 1-21　水利水电工程各类永久性水工建筑物的合理使用年限　　单位：年

建筑物类别	建筑物级别				
	1	2	3	4	5
水库壅水建筑物	150	100	50	50	50
水库泄洪建筑物	150	100	50	50	50
调（输）水建筑物	100	100	50	30	30
发电建筑物	100	100	50	30	30
防洪（潮）、供水水闸	100	100	50	30	30
供水泵站	100	100	50	30	30
堤防	100	50	50	30	20
灌排建筑物	50	50	50	30	30
灌溉渠道	50	50	50	30	20

注：水库壅水建筑物不包括定向爆破坝、橡胶坝。

当泄洪、调（输）水、发电、过坝等建筑物与壅水建筑物共同挡水时，其挡水部分建筑物的合理使用年限应按同级别壅水建筑物的规定执行。

1 级、2 级永久性水工建筑物中闸门的合理使用年限应为 50 年，其他级别的永久性水工建筑物中闸门的合理使用年限应为 30 年。

水工建筑物中各结构或构件的合理使用年限可不同，次要结构和构件或需要大修、更换的构件的合理使用年限可比主体结构的合理使用年限短，缺乏维修条件的结构或构件的使用年限应与工程的主体结构的合理使用年限相同。

（二）耐久性设计要求

建筑物耐久性是指在设计确定的环境作用和规定的维修、使用条件下，建筑物在合理使用年限内保持其适用性和安全性的能力。

1. 一般要求

水利水电工程及其水工建筑物耐久性设计应包括下列内容：

(1)明确工程及其水工建筑物的合理使用年限。

(2)确定建筑物所处的环境条件。

(3)提出有利于减轻环境影响的结构构造措施及材料的耐久性要求。

(4)明确钢筋的混凝土保护层厚度、混凝土裂缝控制等要求。

(5)提出结构的防冰冻、防腐蚀等措施。

(6)提出解决水库泥沙淤积的措施。

(7)提出耐久性所需的施工技术要求和施工质量验收要求。

(8)提出正常使用运行原则和管理过程中需要进行正常维修、检测的要求。

水工建筑物的耐久性设计应根据其合理使用年限和所处的环境条件进行。对同一建筑物中的不同部位，如所处的局部环境条件不同，可分别进行耐久性设计。

水工建筑物耐久性设计应有利于减轻环境对其侵蚀破坏，减轻高速水流、风沙对建筑物表面的冲刷、气蚀、磨损作用以及振动、疲劳等因素对结构的影响。

水工建筑物所处的侵蚀环境条件可按表1-22分为五个类别。

表1-22 水工建筑物所处的侵蚀环境类别

环境类别	环境条件
一	室内正常环境
二	室内潮湿环境；露天环境；长期处于水下或地下的环境
三	淡水水位变化区；有轻度化学侵蚀性地下水的地下环境；海水水下区
四	海上大气区；轻度盐雾作用区；海水水位变化区；中度化学侵蚀性环境
五	使用除冰盐的环境；海水浪溅区；重度盐雾作用区；严重化学侵蚀性环境

注：a. 海上大气区与浪溅区的分界线为设计最高水位加1.5 m；浪溅区与水位变化区的分界线为设计最高水位减1.0 m；水位变化区与水下区的分界线为设计最低水位减1.0 m；重度盐雾作用区为离涨潮岸线50 m内的陆上室外环境；轻度盐雾作用区为离涨潮岸线50～500 m内的陆上室外环境。

b. 冻融比较严重的二类、三类、四类环境条件下的建筑物，可将其环境类别分别提高为三类、四类、五类。

2. 构造要求

保证水利水电工程结构耐久性的必要构造要求应包括下列措施：

(1)应隔绝或减轻环境因素对混凝土、钢结构、水工金属结构、土石结构等的作用。

(2)应控制混凝土结构、土石结构的裂缝和结构构造缝、间隙。

(3)应为钢筋提供足够厚度的混凝土保护层，为钢结构、水工金属结构提供足够厚度的防腐层和合适的防腐蚀措施。

结构的形状、布置和构造应有利于避免水、水汽和有害物质在结构表面的积聚。结构外形应力求简单，并有利于减轻荷载作用或约束变形、外加变形下产生的应力集中与约束应力。

施工缝、变形缝、诱导缝等的设置宜避开局部环境作用不利的部位，有利于防止有害物质的渗入。

混凝土结构在不同环境条件下钢筋主筋、箍筋和分布筋的混凝土保护层厚度应满足钢筋防锈、耐火以及与混凝土之间黏结力传递的要求，且混凝土保护层厚度设计值不应小于钢筋的公称直径，同时也不应小于粗骨料最大粒径的1.25倍。

3. 材料要求

水利水电工程建筑物材料应根据其所处的环境条件和合理使用年限确定。除满足稳定、强度、变形、渗流等要求外，还应符合耐久性要求。

对于合理使用年限为50年的水工结构，配筋混凝土耐久性的基本要求宜符合表1-23的要求。

表1-23　配筋混凝土耐久性基本要求

环境类别	混凝土最低强度等级	最小水泥用量/（$kg \cdot m^{-3}$）	最大水胶比	最大氯离子含量/%	最大碱含量/（$kg \cdot m^{-3}$）
一	C20	220	0.60	1.0	不限制
二	C25	260	0.55	0.3	3.0
三	C25	300	0.50	0.2	3.0
四	C30	340	0.45	0.1	2.5
五	C35	360	0.40	0.06	2.5

注：a. 配置钢丝、钢绞线的预应力混凝土构件的混凝土最低强度等级不宜小于C40；最小水泥用量不宜少于300 kg/m^3。

b. 当混凝土中加入优质活性掺合料或能提高耐久性的外加剂时，可适当减少最小水泥用量。

c. 桥梁上部结构及处于露天环境的梁、柱构件，混凝土强度等级不宜低于C25。

d. 预应力混凝土构件中的氯离子含量不宜大于0.06%。

e. 水工混凝土结构的水下部分，不宜采用碱活性骨料。

f. 有抗冻要求的结构构件，混凝土的最大水胶比应按《水工建筑物抗冰冻设计规范》的规定执行。

g. 炎热地区的海水水位变化区和浪溅区，混凝土的各项耐久性基本要求宜按表中的规定适当加严。

对于合理使用年限为100年的水工结构，混凝土耐久性基本要求除应满足表1-23的规定外，尚应符合下列要求：

(1)混凝土强度等级宜按表1-23的规定提高一级，并复核抗冻等级要求。

(2)混凝土中的氯离子含量不应大于0.06%。

(3)未经论证，混凝土不应采用碱活性骨料。

(4)在使用过程中，应定期维护。

合理使用年限为20年、30年的水工结构混凝土强度等级宜与合理使用年限为50年的水工结构一致。合理使用年限为150年的水工结构混凝土强度等级应作专门论证。

冷加工钢筋不宜作为预应力筋使用，也不宜作为按塑性设计构件的受力主筋。公称直径不大于6 mm的冷加工钢筋作为受力钢筋时，不应在合理使用年限超过50年的构件中使用。同一构件中的受力钢筋，宜使用同材质的钢筋。

预应力混凝土结构材料应满足下列要求：

(1)锚索材料可根据锚固工程的性质、锚固部位、工程规模，选择高强度、低松弛的预应力钢绞线、钢丝、无黏结预应力筋、精轧螺纹钢筋或普通预应力钢筋。当采用超高强预应力材料时，锚夹具应与其相匹配。

(2)对于后张预应力管道，应采用水泥基浆体填充，并根据施工工艺合理控制浆体的流动度、泌水率、体积稳定性和强度等指标。

(3)处于三类、四类、五类环境中的预应力混凝土构件，宜采用密封和防腐性能良好的孔道管。

混凝土坝、碾压混凝土坝等大体积混凝土材料应满足下列要求：

(1)应采用合适的混凝土原材料，提高混凝土的密实性，改善混凝土性能。应优先选用中热硅酸盐水泥或发热量较低的硅酸盐水泥。

(2)混凝土水胶比根据混凝土分区或部位宜按表1-24确定。碾压混凝土的水胶比应小于0.70。

表1-24　大坝混凝土最大水胶比

气候分区	大坝混凝土分区或部位				
	水上	水位变化区	水下	基础	抗冲
严寒和寒冷区	0.55	0.45	0.50	0.50	0.45
温和区	0.60	0.50	0.55	0.55	0.45

(3)基础混凝土强度等级不应低于C15，过流表面混凝土强度等级不应低于C30。碾压混凝土坝表层混凝土强度等级不应低于$C_{180}15$，上游面防渗层混凝土强度等级不应低于$C_{180}20$且宜优先采用二级配碾压混凝土。

对可能发生碱骨料反应的混凝土，宜采用掺加活性掺合料作为抑制措施。掺合料的种类、掺量应通过抑制试验确定，宜采用大掺量矿物掺合料。单掺磨细矿渣粉的掺量不宜少于50%，单掺粉煤灰掺量不宜少于20%，并应降低水泥和矿物掺合料中的碱含量和粉煤灰中的游离氧化钙含量。

土石结构材料应具有抗风化、抗环境侵蚀的耐久性能。

水工金属结构材料应满足下列要求：

(1)水工金属结构应根据受力状况、环境条件及工作部位、工作性质、运行方式及可更换条件等不同情况选择金属材料及材质，满足结构的合理使用年限和耐久性要求。

(2)闸门承重结构应根据闸门工作条件和工作计算温度选用符合质量要求的钢材。

(3)焊接结构母材应保证良好的焊接性能。

(4)承受动载的焊接结构钢材应具有相应计算温度冲击试验的合格保证。

4. 不同侵蚀环境条件下的设计要求

混凝土结构的耐久性设计中，碳化环境条件下，应控制大气作用下混凝土碳化引起的钢筋锈蚀；冻融环境条件下，应控制混凝土遭受长期冻融循环作用引起的损伤；氯化物环境（包括海水、盐雾、除冰盐环境）条件下，应控制氯离子引起的钢筋锈蚀；化学腐蚀环境条件下，应控制混凝土遭受化学腐蚀性物质长期侵蚀引起的损伤。

当地材料填筑的堤、坝结构应具有防渗、排水、抗风化和抗冲刷的长期性能。

水工金属结构应根据环境条件进行防腐蚀设计，提出防腐蚀措施。

合理使用年限为50年的水工结构钢筋的混凝土保护层厚度不应小于表1-25所列值。合理使用年限为20年、30年时,其保护层厚度应比表1-25所列值适当降低;合理使用年限为100年时,其保护层厚度应比表1-25所列值适当增加;合理使用年限为150年时,其保护层厚度应专门研究确定。

表1-25 混凝土保护层最小厚度

单位:mm

项次	构件类别	环境类别				
		一	二	三	四	五
1	板、墙	20	25	30	45	50
2	梁、柱、墩	30	35	45	55	60
3	截面厚度不小于2.5 m的底板及墩墙	—	40	50	60	65

注:a. 直接与地基接触的结构底层钢筋或无检修条件的结构,保护层厚度应适当增大。
b. 有抗冲耐磨要求的结构面层钢筋,保护层厚度应适当增大。
c. 混凝土强度等级不低于C30且浇筑质量有保证的预制构件或薄板,保护层厚度可按表中数值减小5 mm。
d. 钢筋表面涂塑或结构外表面敷设永久性涂料或面层时,保护层厚度可适当减小。
e. 严寒和寒冷地区受冰冻的部位,保护层厚度还应符合《水工建筑物抗冰冻设计规范》的规定。

专家解读

根据《混凝土结构耐久性设计标准》,钢筋的混凝土保护层是指从混凝土表面到钢筋公称直径外边缘之间的最小距离;对后张法预应力筋,为套管或孔道外边缘到混凝土表面的距离。上述所称的钢筋包括纵向钢筋、箍筋和分布钢筋。

合理使用年限为50年的水工建筑物结构和构件的混凝土抗冻等级应根据气候分区、冻融循环次数、表面局部小气候条件、水分饱和程度、结构构件重要性和检修条件等按《水利水电工程合理使用年限及耐久性设计规范》要求选定。在不利因素较多时,其抗冻等级可提高一级。当合理使用年限大于或小于50年时,应根据水工结构的环境条件、混凝土强度等级、混凝土保护层厚度等因素综合确定混凝土抗冻等级。

2F311020 水利水电工程勘察与测量

一、水利水电工程地质相关工作

(一)工程地质观测工作

水利水电工程地质观测工作的任务是掌握地下水、边坡变形、采空区地面沉降、断裂活动性和水库诱发地震的动态变化规律,为查明有关工程地质条件、评价相关工程地质问题提供资料。

地下水、边坡变形、采空区地面沉降、断裂活动性观测和水库诱发地震监测应符合下列要求:

(1)观测网及观测点应在收集工作区已有水文气象、地形地质资料和相应勘察阶段工程地质测绘的基础上布设。

(2)观测工作宜随勘察阶段的深入不断完善,逐步加密观测点且宜一点多用。

(3)观测手段可根据需要逐步实现观测自动化。

观测工作应满足下列要求：

(1)依据观测数据进行渗流和稳定相关参数的反分析。

(2)检验工程地质模型和结论的正确性。

(3)通过工程地质观测资料的初步分析，对可能危及工程安全的不稳定岸坡、边坡、采空区地面沉降、断裂活动性以及可能发生的水库诱发地震问题随时做出预测预报。

工程地质观测工作宜根据勘察大纲的要求编制观测方案。观测方案宜包括观测目的、内容、方法、布置、频率、精度要求及资料整理与分析等内容。

观测仪器、设备应符合国家标准和行业标准，稳定可靠、先进实用、便于维护，并应按计量认证的相关要求进行计量检测。

观测网、点的布置应充分考虑工程的后期利用。

（二）施工地质工作

为规范水利水电工程施工地质工作程序，明确施工地质工作内容、方法与技术要求，保证施工地质工作质量，制定《水利水电工程施工地质规程》，2021 年 10 月 1 日起施行。

施工地质工作应自工程开工起至竣工验收止，贯穿工程施工全过程。

水利水电工程施工地质工作应收集施工揭露的地质情况，检验和复核前期地质勘察成果，预测、预报可能出现的地质问题，进行工程地质评价，提出工程处理措施和优化设计建议。

施工地质工作应包括下列主要内容：进行地质巡视与观测；进行取样与试验；编录施工揭露的地质现象，检验、复核、修正前期地质勘察成果；进行地质预报，及时提出对工程地质问题的处理建议；进行地基、围岩、边坡、防渗与排水、水库库区、料场等工程的地质评价，并参与验收；提出工程运行期间与地质相关的监测工作建议；编制施工地质报告、竣工工程地质报告。

施工地质工作宜遵循下列基本程序：编制施工地质工作大纲；开展现场施工地质工作；编发施工地质简报，进行地质预报，提出地质建议；参加与地质有关的工程处理、安全监测等方案研究；参加与地质有关的验收；资料整编与成果编制。

施工地质工作大纲应包括下列内容：工程概况、前期地质勘察结论；任务来源、目的及要求；工作依据、内容、方法和技术要求；计划工作量、进度安排、资源配置；质量环境职业健康安全措施；提交成果等。

施工地质人员应熟悉工程的地质情况和设计方案，工作中应及时与设计、监理、施工等相关单位协调沟通。

施工单位应根据地质要求及时清理和冲洗建基面、洞室围岩、工程边坡及特定部位的开挖面，标示桩号和高程，并为施工地质作业提供必备的工作条件。

施工地质人员进行地质巡视与观测时，应及时填写施工地质巡视卡和施工地质日志。

地质编录宜采用可视化地质编录法、方格网法、丈量法或视距法。

地质预报与建议应采用书面形式及时向有关单位提出，情况紧急时可先做口头预报。书面材料应系统编号、统一格式。

施工过程中，新揭露的地质条件发生重大变化、可能遇到重大地质问题时，应及时提出专项勘察研究或隧洞超前地质预报的建议。

施工地质单位应按规定参加与地质有关的工程验收。

施工地质工作期间，应及时整编施工地质资料，编写施工地质成果报告；施工地质工作结束后，应及时进行施工地质资料分类整编、归档。

链接

施工地质工作应遵循的原则包括全程跟踪、动态控制、信息管理、及时反馈。

（三）水文地质勘察工作

水文地质勘察是指为查明一个地区的水文地质条件而进行的野外和室内水文地质工作，主要包括水文地质测绘、勘探、物探、试验、观测等。水文地质条件是指表征地下水形成、分布、运动以及水质、水量等特征的地质环境。

水文地质勘察一般情况下应与工程地质勘察合并进行，在灌区、可能发生严重渗漏和大面积浸没的地区、水文地质条件复杂地区应进行专门性的水文地质勘察。当施工过程中发现实际水文地质条件与预计情况相比较明显变化并可能引起相应工程设计方案重大调整或工程运行期间出现严重水文地质问题时，也可根据需要，进行专门性水文地质勘察；专门性水文地质勘察工作的勘察阶段，应与《水力发电工程地质勘察规范》的规定一致。

二、水利水电工程地质结构

（一）结构面

结构面是切割岩体的各种地质界面的统称，是一些具有一定方向，延展较广、较薄的二维地质界面，如层面、沉积间断面、节理、裂隙、裂缝、断层等，也包括较薄的软弱夹层。结构面的特征是影响结构面强度及其他性能的重要因素。

层面、节理、裂隙、裂缝、断层等结构面的空间位置定义为结构面的产状。结构面的产状由走向、倾向和倾角三个要素表示，如图 1-4 所示。并且，层面的产状还代表所在岩层的产状，即表示所在岩层的空间位置。

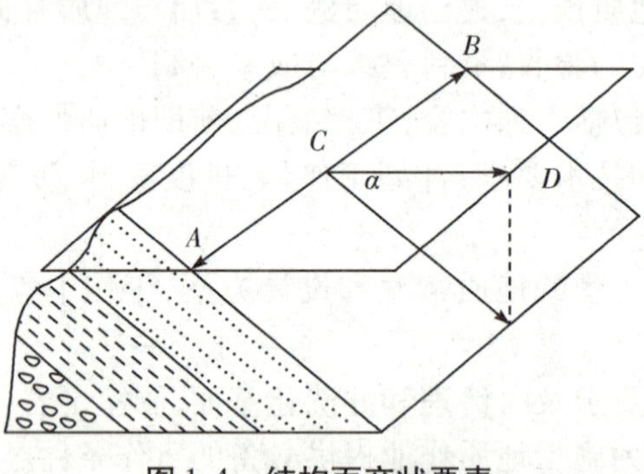

图 1-4　结构面产状要素

（1）结构面的走向（图 1-4 中 *AB*）：即结构面在空间延伸的方向，用结构面与水平面交线即走向线的方位角或方向角表示。走向线两端延伸方向均是走向，虽相差 180°，但是表示的是同一走向。

（2）结构面的倾向（图 1-4 中 *CD*）：即结构面在空间的倾斜方向，用垂直走向顺倾斜面向下引出的一条射线对水平面投影的指向。

（3）结构面的倾角（图 1-4 中 α）：即结构面在空间倾斜角度的大小，用结构面与水平面所夹的锐角表示。

另外，近似平面的坡面和壁面的空间位置，也可这样用其走向、倾向、倾角表示。

链接

倾角可以用地质罗盘测量，结果应以倾向的方位角和倾角表示。其中，方位角为从正北开始顺时针的方向量。比如，用地质罗盘测得岩层面倾向为南偏东30°，倾角为60°，则其倾向应为150°，因此表示为150∠60。

（二）地质构造

地质构造是指组成地壳的岩层和岩体在地球的内外应力作用下发生的变形或位移，形成的几何体，或残留下的形迹。具体表现为岩石的褶皱、断裂、劈理及其他面状、线状构造，对水工建筑物地基的稳定性和渗漏性有直接影响。

1. 水平构造和单斜构造

水平构造是虽经构造变动的沉积岩层仍基本保留形成时的原始水平产状的构造。先沉积的老岩层在下，后沉积的新岩层在上。

单斜构造是原来水平的岩层，在受到地壳运动的影响后，产状发生变动形成岩层向同一个方向倾斜的构造。这种产状往往是褶曲的一翼、断层的一盘，或者是局部地层不均匀上升或下降形成的。

2. 褶皱构造

褶皱构造是组成地壳的岩层，受构造力的强烈作用，使岩层形成一系列波状弯曲而未丧失其连续性的构造，它是岩层产生的塑性变形。绝大多数褶皱是在水平挤压力作用下形成的，但也有少数是在垂直力或力偶作用下形成的。褶皱构造在层状岩层中常见，在块状岩体中则很难见到。

褶曲是褶皱构造中的一个弯曲，两个或两个以上褶曲的组合构成褶皱构造，每一个褶曲都有核部、翼、轴面、轴及枢纽等几个褶曲要素。褶曲的基本形态是背斜和向斜，如图1-5所示。背斜褶曲是岩层向上拱起的弯曲，以褶曲轴为中心向两翼倾斜。当地面受到剥蚀而露出有不同地质年代的岩层时，较老的岩层出现在褶曲的轴部，从轴部向两翼，依次出现的是渐新的岩层。向斜褶曲是岩层向下凹的弯曲，其岩层的倾向与背斜相反，两翼的岩层都向褶曲的轴部倾斜。当地面遭受剥蚀，在褶曲轴部出露的是较新的岩层，向两翼依次出露的是较老的岩层。

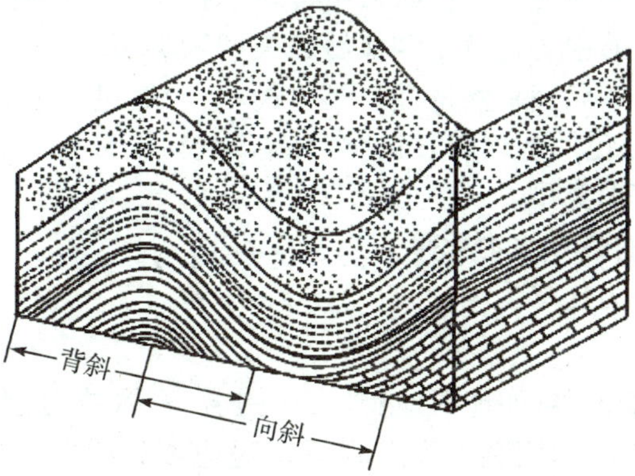

图1-5 背斜与向斜

3. 断裂构造

断裂构造是构成地壳的岩体,受力作用发生变形,当变形达到一定程度后,使岩体的连续性和完整性遭到破坏,产生各种大小不一的断裂,它是地壳上层常见的地质构造,其分布很广,特别在一些断裂构造发育的地带,常成群分布,形成断裂带。根据岩体断裂后两侧岩块相对位移的情况,将其分为裂隙和断层两类。

(1)裂隙:也称为节理,是存在于岩体中的裂缝,是岩体受力断裂后两侧岩块没有显著位移的小型断裂构造。根据成因,裂隙一般分为构造裂隙和非构造裂隙两类。

(2)断层:是岩体受力作用断裂后,两侧岩块沿断裂面发生显著相对位移的断裂构造。断层一般由断层面和破碎带、断层线、断盘、断距四个部分组成。根据断层两盘相对位移的情况,可分为正断层、逆断层、平移断层,如图1-6所示。正断层是上盘沿断层面相对下降,下盘相对上升的断层;逆断层是上盘沿断层面相对上升,下盘相对下降的断层;平移断层是由于岩体受水平扭应力作用,使两盘沿断层面发生相对水平位移的断层。

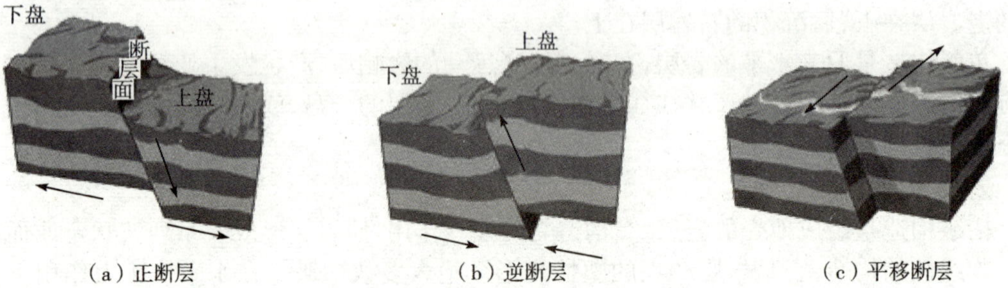

图1-6 断层的类型

提示

应通过识图判断出断层的类型,简单记为"上盘向下即为正,上盘向上即为逆"。

三、水利水电工程地质条件分析

(一)土的渗透变形判别

土的渗透变形特征应根据土的颗粒组成、密度和结构状态等因素综合分析确定。

(1)土的渗透变形宜分为流土、管涌、接触冲刷和接触流失四种类型。

(2)黏性土的渗透变形主要是流土和接触流失两种类型。

(3)对于重要工程或不易判别渗透变形类型的土,应通过渗透变形试验确定。

土的渗透变形判别应包括下列内容:

(1)判别土的渗透变形类型。

(2)确定流土、管涌的临界水力比降。

(3)确定土的允许水力比降。

(二)边坡稳定分析

影响边坡稳定的因素很多,如地形地貌、岩性构造、岩体结构、水的作用、地应力、人为因素、地震作用等。其中,水的作用和人类工程活动对边坡失稳影响最大,水的作用中暴雨所引起的边坡变形破坏所占比例最大,而人类开挖活动在所有诱发因素中所占比例最大。

边坡变形破坏应根据表 1-26 进行分类。

表 1-26 边坡变形破坏分类

变形破坏类型		变形破坏特征
崩塌		边坡岩体坠落或滚动
滑动	平面型	边坡岩体沿某一结构面滑动
	弧面型	散体结构、碎裂结构的岩质边坡或土坡沿弧形滑动面滑动
	楔形体	结构面组合的楔形体,沿滑动面交线方向滑动
蠕变	倾倒	反倾向层状结构的边坡,表部岩层逐渐向外弯曲、倾倒
	溃屈	顺倾向层状结构的边坡,岩层倾角与坡角大致相似,边坡下部岩层逐渐向上鼓起,产生层面拉裂和脱开
	侧向张裂	双层结构的边坡,下部软岩产生塑性变形或流动,使上部岩层发生扩展、移动张裂和下沉
流动		崩塌碎屑类堆积向坡脚流动,形成碎屑流

专家解读

边坡变形破坏类型中,倾倒、溃屈属于表层蠕变;侧向张裂属于深层蠕变。除上表中变形破坏类型外,松弛张裂、松动、剥落等也属于边坡变形破坏的类型。其中,松弛张裂的变形破坏特征是土体裂隙张开,且无明显相对位移。

(三)软土勘察要求

1. 软土勘察内容

软土勘察应包括下列内容:

(1)查明软土分布区表层硬壳层的性状、厚度及下卧硬土层或基岩的埋深与起伏状况。

(2)查明软土的有机质含量。

(3)调查降水、开挖、回填、堆筑、打桩等对软土强度和压缩性的影响以及在类似软土上已建工程的建筑经验。

2. 软土地质分析

软土基坑工程施工时,主要存在的地质问题有边坡失稳和基坑降排水。对于边坡失稳,通常采用的防治措施有设置边坡护面和基坑支护、采取合理坡度、降低地下水位等。对于基坑降排水,通常采用的方法有明排法和人工降水法(管井法、井点法)。

管井法降低地下水位时,需先设管井,管井通常由下沉钢井管组成,在缺乏钢管时也可用预制混凝土代替。井管通常用射水法下沉,当土层中夹有硬黏土、岩石时,需配合钻机钻孔。管井法适用于:厚度小于 5 m 的基岩裂隙和岩溶含水层;厚度大于 5 m 的第四系含水层;渗透系数宜大于 1 m/d 的含水层。

井点法和管井法不同,它把井管和水泵的吸水管合二为一,简化了井的构造,便于施工。井点法降低地下水位的设备,根据其降深能力分为轻型井点(浅井点)和深井点等。深井点与轻型井点不同,它的每一根井管上都装有扬水器,因此它不受吸水高度的限制,具有较大的降深能力。深井点有喷射井点和压气扬水井点。在渗透系数小于 1 m/d 的黏土或淤泥中降低地下水位时，比较有效的方法是电渗井点降水。此外，还有真空井点。

链接

真空井点布设时，当真空井点孔口至设计降水水位的深度不超过 6 m 时，宜采用单级真空井点；当大于 6 m 且场地条件允许时，可采用多级真空井点降水，多级井点上下级高差宜取 4 ~5 m。

四、水利水电工程施工测量工作

（一）基本规定

施工测量工作应包括下列内容：

（1）根据工程施工总布置图和有关测绘资料，布设施工控制网。

（2）针对施工各阶段的不同要求，进行建筑物轮廓点的放样及其检查工作。

（3）提供局部施工布置所需的测绘资料。

（4）进行施工期间的外部变形观测。

（5）进行收方测量及工程量计算。

（6）单项工程完工时，应对水工建筑物过流部位、重要隐蔽工程、建筑物的各种重要孔（洞）的几何形体以及金属结构与机电设备安装工程等进行竣工测量。

施工平面、高程控制网系统，宜与规划设计阶段的坐标、高程系统一致，也可根据需要建立与规划设计阶段有换算关系的施工坐标、高程系统，大中型水利水电工程的施工平面及高程控制网应与邻近国家控制点进行联测，小型水利水电工程的施工平面及高程控制网宜与邻近国家控制点进行联测，其联测精度不低于本工程首级控制的要求。对相对平面、高程精度要求高的工程部位可在施工整体控制的基础上单独建立专用控制网。

施工测量开展前，作业单位应收集设计文件和施工图纸，根据施工图纸和地形地质条件，按照成本、质量、进度三大控制进行优化设计，提出施工测量方案。

专家解读

施工测量是指工程施工阶段进行的测量工作。施工放样是指工程施工时，按照设计和施工要求，将设计的建筑物或构筑物的平面位置、高程测设到实地的测量工作。

（二）平面控制测量

平面控制网宜布设为全球定位系统（GPS）网、三角形网或导线网。GPS 网、三角形网和导线网应按二等、三等、四等、五等划分。各种等级、各种类型的平面控制网，均可选为首级网。

平面控制网的精度指标和布设密度，应根据工程规模及建筑物对放样点位的精度要求确定。

平面控制网的布设等级，应根据地形条件和放样需要决定，宜为 1 ~2 级。但无论采用何种梯级布网，其最末级平面控制点相对于同级起始点或邻近高一级控制点的点位中误差不应大于 ±10 mm。

链接

在测量时，测量结果与实际值之间的差值叫误差。测量误差主要分为系统误差、随机误差（偶然误差或不定误差）、粗大误差三大类。

平面控制网的起始点，宜选在坝轴线或主要建筑物附近，以使最弱点相对远离坝轴线或放样精度要求较高的地区。

平面控制网技术设计，应根据建筑物总体布置、施工区的地形特征及施工放样精度要求确定，并搜集下列相关资料：

（1）施工区现有地形图和必要的地质资料。

（2）规划设计阶段布设的平面和高程控制网成果。

（3）枢纽建筑物平面总布置图。

（4）相关的测量规范、测量技术报告和招投标文件资料。

对于直线形建筑物，应在其主轴线或其平行线的两端布点并宜纳入平面控制网内。

技术设计时应针对工程施工的精度和放样要求，进行网形的精度估算，确定最优方案。

平面控制网，应与工程项目规划设计阶段布设的稳定控制网点建立联系。将观测边长投影到测区主施工高程面上，采用平面直角坐标系统进行计算。

（三）高程控制测量

高程控制网是施工测量的高程基准，其等级划分为二等、三等、四等、五等。首级高程控制网的等级应根据工程规模、范围和放样精度来确定。

链接

目前我国采用的高程起算统一基准是1985国家高程基准。

高程控制网测量可采用水准测量、光电测距三角高程测量或GPS拟合高程测量等方法。

布设高程控制网时，首级网应布设成环形网，加密网宜布设成附合路线或结点网。

施工高程系统应与规划勘测设计阶段的高程系统相一致，首级网应与国家水准点联测，其联测等级不低于四等水准测量的技术要求。对相对高程精度要求高的工程部位可建立专用的高精度高程控制网，可布设成局部二等、三等水准网。

高程控制测量的精度应满足下列要求：最末级高程控制点相对于首级高程控制点的高程中误差，对于混凝土建筑物不应大于 ±10 mm，对于土石建筑物不应大于 ±20 mm。

在施工区以外布设较长距离的高程路线时，通过设计决定高程测量等级，精度指标及线路长度应按规定的相应等级精度指标进行设计。对于水工隧洞高程控制测量的精度要求应按相关规定执行。

（四）地形测量

施工阶段的地形测量主要用于场地布置、建设用地、工程量计算、建基面验收、场内交通工程等。

在符合设计和施工要求情况下采用放大图进行地形测量时，应采用小一级比例尺地形图放大，精度要求较低的地形图宜按小一级比例尺地形图的精度施测。

同一测区相同比例尺地形图不应采用两种基本等高距，地形图基本等高距选择应符合相关要求。

链接

地形图比例尺可分为小比例尺（如1∶1 000 000、1∶500 000、1∶250 000）、中比例尺（如1∶100 000、1∶50 000、1∶25 000）和大比例尺（如1∶10 000、1∶5 000、1∶2 000、1∶1 000、1∶500）。

（五）水工建筑物施工放样准备与方法

1. 一般规定

施工放样工作前应完成下列工作：收集施工区平面和高程控制成果及放样相关资料；详细查阅工程设计图纸，了解设计要求与现场施工需要；放样数据的准备；放样方案的编制；测量仪器和工具的检验、校正等。

对设计图纸中的有关数据和几何尺寸，应认真进行检核，确认无误后方可作为放样的依据。

应按正式设计图纸和文件（包括修改通知）进行放样，不应凭口头通知或未经批准的图纸进行放样。

使用的平面和高程控制网，应进行全部或部分的检测。控制网点密度不能满足放样需要时，应进行加密。

所有放样点线，均应有检核条件，现场取得的放样和检核资料，应进行复核，确认无误后，方可交付使用。

放样结束后，应向使用单位提供书面的放样成果单。

链接

施工放样应遵循由整体到局部、先控制后碎部的原则，由建筑物主轴线确定建筑物细部相对位置，测设细部的精度应比测设主轴线的精度高，各细部的测设精度要求不一样。

2. 放样数据的准备和方案编制

放样前应根据设计图纸和有关数据及使用的控制点成果计算放样数据，绘制放样草图。所有数据、草图均应经两人独立计算校核。用电算程序计算放样数据时，应核对原始数据输入的正确性。

应将施工区域内的平面和高程控制点、轴线点、测站点等测量成果，以及设计图纸中的各种坐标（桩号）、方位、尺寸等数据编制成放样数据手册，供放样人员使用。

现场放样所取得的测量数据，应记录在规定的放样手簿中，所有栏目填写完整，字体清晰，不应任意涂改。应填写下列内容：

（1）工程部位、放样日期、观测员、记录员及检查员姓名。

（2）放样点所使用的控制点名称、坐标和高程成果、设计图纸编号和使用数据来源。

（3）放样数据和草图。

（4）放样过程中的实测资料。

（5）放样时所使用的主要仪器型号和出厂编号。

施工放样工作开展之前，应编制施工放样方案，方案的编制宜包括下列内容：工程概况；技术依据；已有资料（控制点、高程基点）分析；控制点检测与加密；放样方法、技术要求、放样作业程序；放样点精度估算；人员及仪器设备配置；质量、安全、环境保证体系和具体措施；成果资料整理与提交要求。

对局部精密施工放样，宜单独做专门技术设计。

3. 平面位置放样方法

应根据放样点位的精度要求，现场作业条件和拥有的仪器设备，选择适用的放样方法。

平面放样方法包括极坐标法、轴线交会法、两点角度前方交会法、测角侧方交会法、单三角形法、测角后方交会法、三点测角前方交会法、测边交会法、边角交会法。

距离测量应符合下列规定：

（1）每边观测始末读记气象数据，取始末平均值用于气象改正计算。

（2）测点需要测定高程时，仪器高和棱镜（觇牌）高量取至毫米。

（3）所测边长应加入加常数、乘常数、气象、倾斜、投影等各项改正。

（4）当边长大于300 m时，应加入球气差改正。

4. 高程放样方法

根据放样点高程精度要求和现场的作业条件选择放样方法。高程放样可采用水准测量法、光电测距三角高程法、GPS－RTK 高程测量法等。

GPS－RTK 放样点高程检查可采用光电测距三角高程、水准测量等方法。检测高差较差不应大于 $\pm 40\sqrt{L}$（L 为检测路线长度，km，不足 1 km 时按 1 km 计算）。

对于高程放样中误差应不大于 ±10 mm 的部位，应采用水准测量法，并应符合下列要求：

（1）放样点离等级高程点应不超过0.5 km。

（2）测站的视距长度应不超过150 m，前后视距差应小于50 m。

（3）宜采用附合水准路线。

采用光电测距三角高程法时，应加入地球曲率的改正，并校核相邻点的高程。

高层建筑物、竖井的高程传递，可采用光电测距三角高程法和钢带尺传递法进行。

5. 仪器、工具的检验

施工放样使用的仪器应定期进行检验和校正：

（1）经纬仪的三轴误差、指标差、光学对中误差应经常检验和校正。

（2）水准仪的 i 角应经常检测和校正。

（3）GPS 仪器、全站仪和数字水准仪应按相关规定检验，仪器内设参数不应随意改动。

（4）光电测距仪的加常数、乘常数和周期误差一般每年检定 1 次。仪器使用中注意偏调误差，及时检校。若仪器有异常现象或受到剧烈震动，应随时进行检校。

使用工具的检验应包括下列内容：

（1）钢带尺应通过检定，建立尺长方程式。

（2）水准标尺应测定红黑面常数差和标尺零点差。当常数差超过标称值 1.0 mm 时，应采用实测常数差。当标尺的零点差超过 0.5 mm 时，应进行尺底面的修理或在高差中改正。

（3）塔尺应检查底面及结合处误差。

(4)垂球应检查垂球尖与吊线是否同轴。

(5)通风式干湿温度计、气压计每年送检1次。

(6)对中杆应检查棱镜中心与对中杆中心是否在同一铅垂线上。用于对中杆垂直的气泡应经常检查。

五、水利水电工程施工测量仪器的使用

(一)经纬仪

经纬仪是测量工作中的主要测角仪器，由望远镜、水平度盘、竖直度盘、水准器、基座等组成。

经纬仪按精度分为精密经纬仪和普通经纬仪；按读数设备分为光学经纬仪和游标经纬仪；按轴系构造分为复测经纬仪和方向经纬仪。

DJ6 经纬仪是一种广泛使用在地形测量、工程及矿山测量中的光学经纬仪，主要由水平度盘、照准部和基座三大部分组成。

链接

除 DJ6 经纬仪之外，还包括 DJ07 经纬仪、DJ1 经纬仪、DJ2 经纬仪和 DJ30 经纬仪。其中“D”代表“大地测量”；“J”代表“经纬仪”。

水平角测量中，水平角是指过空间两条相交方向线所作的铅垂面间所夹的二面角，角值为0°～360°。水平角的大小与地面点的高程无关。测角的方法有回测法和全圆测回法。运用回测法时，一个测站只需要测两个方向；运用全圆测回法时，一个测站需要测的方向要多于两个。

垂直角测量中，垂直角是指在同一铅垂面内，某目标方向的视线与水平线间的夹角，也称竖直角或高度角，角值为0°～±90°。视线与铅垂线的夹角称为天顶距，角值为0°～180°。当视线在水平线以上时垂直角称为仰角，角值为正；当视线在水平线以下时垂直角称为俯角，角值为负。由此可知测角仪器经纬仪还必须装有一个能铅垂放置的度盘——竖直度盘，或称竖盘。

(二)水准仪

利用水准仪进行水准测量是精密测量高程的主要方法。水准仪由望远镜、调整手轮、圆水准器、微调手轮、水平制动手轮、管水准器、水平微调手轮和脚架等部分组成。

水准仪按结构可分为微倾水准仪、自动安平水准仪、激光水准仪和数字水准仪（又称电子水准仪）；按精度可分为精密水准仪（适用于精密工程和一、二等水准测量，如 DS05、DS1）和普通水准仪（适用于普通工程和三、四等水准测量，如 DS3、DS10）。

水准测量的原理是利用水准仪提供的水平视线，读取竖立于两个点上的水准尺上的读数，来测定两点间的高差，再根据已知点高程计算待定点高程。

链接

双面水准尺的尺长一般为3 m，两根尺为一对。在视线高度不变的情况下，同一根水准尺的红面和黑面读数之差应等于常数4.687 m和4.787 m，这对常数称为尺常数，用K表示。

水准仪的使用包括水准仪的安置、粗平、瞄准、精平、读数五个步骤:

(1)安置。安置是将仪器安装在可以伸缩的三脚架上并置于两观测点之间。

(2)粗平。粗平是使仪器的视线粗略水平,利用脚螺旋置圆水准气泡居于圆指标圈之中。

(3)瞄准。瞄准是用望远镜准确地瞄准目标。

(4)精平。精平是使望远镜的视线精确水平。

(5)读数。用十字丝,截读水准尺上的读数。

链接

采用经纬仪和水准仪测量时,常出现的误差有观测误差、仪器误差和外界条件影响造成的误差等。其中,观测误差是指使用测量仪器的过程中由于观测者主观所引起的误差,属于误差的主要来源,包括照准误差、整平误差、估读误差、对中误差、目标偏心误差等。仪器误差是指由于使用的仪器本身不够精密所造成的测定结果与实际结果之间的偏差,包括仪器未校正(或校正不完善)的误差、水准尺误差和对光误差等。

(三)GPS

GPS 即全球定位系统,是由美国国防部开发的星基无线电导航系统,用于接收并解析太空中数个卫星回传电波中的轨道信息及时刻信息,来计算出 GPS 接收器所在位置的经度、纬度、水平高度及移动速度。

GPS 测量定位系统包括实时动态相位差分技术(RTK 测量技术)以及配套的全自动数据处理软件。GPS 定位技术相对于传统测量技术具有下列特点:观测站之间无须通视;定位精度高;操作简便、全程监控;全天候作业;成图高度自动化。

GPS 还可用于控制测量、地形测量和施工放样等。施工时对点、线、面和坡度等的放样均很方便快捷,精度达厘米级。

(四)全站仪

全站仪即全站型电子测距仪,是一种集光、机、电为一体的高技术测量仪器,是集水平角、垂直角、距离(斜距、平距)、高差测量功能于一体的测绘仪器系统。因其一次安置仪器就可以完成该测站上全部测量工作,所以称之为全站仪。其广泛用于地上大型建筑和地下隧道施工等精密工程测量或变形监测领域。

电子全站仪由电源部分、测角系统、测距系统、数据处理部分、通信接口、显示屏、键盘等组成。

全站仪具有角度测量、距离(斜距、平距)测量、高差测量、三维坐标测量、导线测量、交会定点测量和放样测量等多种用途。

(五)光电测距仪

光电测距仪又称光速测距仪,是利用调制的光波进行精密测距的仪器,也能用于夜间作业。光电测距仪种类较多,主要可分为激光测距仪和红外测距仪,其中红外测距仪的发展最为迅速。

光电测距的原理:测量两点距离时,在待测的一点安置测距仪,另一点放置反光镜。当测距仪发出光至反光镜时,经反光镜反射后又返回仪器。

光电测距仪具有测量速度快、方便、受地形影响小、测量精度高等优点,已逐渐代替常规量距。光电测距仪的应用,大大提高了作业的速度和效率,使测边的精度大为提高。

链接

光电测距仪属于电磁波测距仪的一种。电磁波测距仪是利用电磁波作为载波,经调制后由测线一端发射出去,由另一端反射或转送回来,测定发射波与回波相隔的时间,以此测量距离。根据载波(光波或微波)的不同,电磁波测距仪可分为光电测距仪和微波测距仪两种。

2F311030 水利水电工程建筑材料

一、建筑材料的类型和特性

(一)建筑材料的类型

建筑材料是建筑中所应用的各种材料的总称,包括构成建筑物本身的材料、施工过程中所用的材料以及各种建筑器材等。建筑材料种类繁多,根据不同的分类方法可分为不同的类型。

1. 按使用功能分

(1)结构材料,包括木材、竹材、石材、水泥、混凝土、金属、砖瓦、陶瓷、玻璃、工程塑料、复合材料等。

(2)装饰材料,包括各种涂料、油漆、镀层、贴面、各色瓷砖、具有特殊效果的玻璃等。

(3)专用材料,指用于防水、防潮、防腐、防火、阻燃、隔音、隔热、保温、密封等的材料。

2. 按性能分

(1)无机材料,包括金属材料(黑色金属材料和有色金属材料)和非金属材料(如天然石材、烧土制品、水泥、混凝土及硅酸盐制品等)。

(2)有机材料,包括植物质材料、合成高分子材料(如塑料、涂料、胶粘剂)和沥青材料。

(3)复合材料,包括金属－非金属复合材料(如预应力混凝土)、非金属－有机复合材料(如沥青混凝土、聚合物混凝土)。

(二)建筑材料的特性

建筑材料的特性包括物理性质和力学性质,如表1-27所示。

表1-27 建筑材料的特性

建筑材料的特性	具体性质指标
物理性质	材料与质量有关的性质:不同构造状态下的密度(密度、表观密度、体积密度、堆积密度)、密实度和孔隙率、填充率和空隙率
	材料与水有关的性质:亲水性和憎水性、吸水性和吸湿性、耐水性、抗渗性、抗冻性
	材料与热有关的性质:导热性、热容量
力学性质	材料与强度有关的性质:材料的强度、强度等级、比强度
	材料与变形有关的性质:弹性和塑性、脆性和韧性
	材料与耐久性有关的性质:抗渗性、抗冻性、抗侵蚀性、抗老化性、耐磨性

下面以典型例题的形式对建筑材料的性质指标的具体含义进行讲解。

典型例题

【单选题】材料体积内被固体物质所充实的程度称为材料的(　　)。

A. 孔隙率　　B. 密实度

C. 填充率　　D. 空隙率

B。【解析】孔隙率是指块体材料中孔隙体积与材料在自然状态下总体积的百分比。密实度是指材料体积内被固体物质所充实的程度,即固体物质部分的体积占总体积的比例。填充率是指散粒状材料在堆积体积中被颗粒所填充的程度。空隙率是指散状材料颗粒之间的空隙体积在堆积体积中所占的比例。除题目中的四个性质指标外,表观密度是指材料在自然状态下(长期在空气中存放的干燥状态)的质量与表观体积之比。堆积密度是指散粒材料或粉状材料在自然堆积状态下单位体积的质量。

二、混凝土的分类和质量要求

混凝土是指用水泥作胶凝材料,石、砂作集料,与水(必要时可加入外加剂和掺合料)按一定比例配制,经均匀搅拌、密实成形、养护硬化后具有强度的工程材料。

(一)混凝土的分类

1. 按胶凝材料分

(1)无机胶凝材料混凝土,如水泥混凝土、石膏混凝土、硅酸盐混凝土、水玻璃混凝土等。

(2)有机胶凝材料混凝土,如沥青混凝土、聚合物混凝土等。

2. 按表观密度分

(1)重混凝土,是用特别密实和特别重的集料制成的混凝土,干表观密度大于 2 800 kg/m^3,如重晶石混凝土、钢屑混凝土等,它们具有不透 X 射线和 γ 射线的性能。

(2)普通混凝土,即在建筑中常用的混凝土,干表观密度为 2 000~2 800 kg/m^3,集料为砂、石。

(3)轻质混凝土,干表观密度小于 2 000 kg/m^3 的混凝土,可分为轻集料混凝土(轻集料有浮石、火山渣、陶粒、膨胀珍珠岩、膨胀矿渣、矿渣等)、多孔混凝土(如泡沫混凝土、加气混凝土)、大孔混凝土(如轻骨料大孔混凝土、普通大孔混凝土)。

3. 按使用功能分

混凝土按使用功能可分为结构混凝土、保温混凝土、装饰混凝土、防水混凝土、耐火混凝土、水工混凝土、海工混凝土、道路混凝土、防辐射混凝土等。

4. 按施工工艺分

混凝土按施工工艺可分为离心混凝土、真空混凝土、灌浆混凝土、喷射混凝土、碾压混凝土、挤压混凝土、泵送混凝土等。

5. 按配筋方式分

混凝土按配筋方式可分为素(即无筋)混凝土、钢筋混凝土、钢丝网混凝土、纤维混凝土、预应力混凝土等。

6. 按拌和物的和易性分

混凝土按拌和物的和易性(坍落度指标)可分为低塑性混凝土、塑性混凝土、流动性混凝土、大流动性混凝土。下面以典型例题的形式对其具体划分标准进行讲解。

典型例题

【单选题】拌和物坍落度为 80 mm 的混凝土属于(　　)混凝土。

A. 低塑性　　B. 塑性

C. 流动性　　D. 大流动性

B。【解析】混凝土按拌和物的和易性分类如下表所示。因此，拌和物坍落度为 80 mm的混凝土属于塑性混凝土。

拌和物坍落度	10 ~ 40 mm	50 ~ 90 mm	100 ~ 150 mm	160 ~ 210 mm	不低于 220 mm
混凝土类型	低塑性混凝土	塑性混凝土	流动性混凝土	大流动性混凝土(两个等级)	

链接

干硬性混凝土是指拌和物坍落度小于 10 mm 且须用维勃稠度(s)表示其稠度的混凝土。

专家解读

混凝土拌和物是指混凝土各组成材料按一定比例配合、拌制而成的尚未凝结硬化的塑性状态拌和物。和易性又称工作性，是指混凝土拌和物在一定的施工条件下，便于各种施工工序的操作，以保证获得均匀密实的混凝土的性能。和易性是混凝土拌和物最重要的性能，属于一项综合技术指标，包括流动性(稠度)、黏聚性和保水性三个主要方面。混凝土拌和物和易性的影响因素主要包括含砂率、水泥浆含量或稀稠、混凝土组成材料(如水泥、集料、外加剂、掺合料等)的品种、环境温度、颗粒形状等。其中，混凝土含砂率是指混凝土中砂的用量占砂、石子总用量的百分数。

(二)混凝土的组成

1. 胶凝材料

胶凝材料又称胶结材料，是指通过自身的物理、化学作用，能从浆体变成坚固的石状体，并能将其他固体物料胶结成整体而具有一定机械强度的物质。

胶凝材料按化学组成可分为无机胶凝材料(如水泥、石灰、石膏等)和有机胶凝材料(如沥青、天然或合成树脂等)两大类。其中，无机胶凝材料按其硬化条件又可分为水硬性胶凝材料和气硬性胶凝材料。水硬性胶凝材料是指和水成浆后，既能在空气中硬化，又能在水中硬化、保持和继续发展其强度的材料，这类材料通常指水泥，如硅酸盐水泥、铝酸盐水泥、硫铝酸盐水泥等；气硬性胶凝材料是指只能在空气中硬化，也只能在空气中保持和发展其强度的材料，如石灰、石膏和水玻璃等，其一般只适用于干燥环境中，而不宜用于潮湿环境，更不可用于水中。

(1)水泥。

水泥是一种细磨材料，与水混合形成塑性浆体后，能在空气中水化硬化，并能在水中继续硬化保持强度和体积稳定性的无机水硬性胶凝材料。

①水泥的分类。

水泥按其用途及性能可分为通用水泥、特种水泥。

a. 通用水泥(通用硅酸盐水泥)。通用硅酸盐水泥是指以硅酸盐水泥熟料和适量的石膏以及规定的混合材料制成的水硬性胶凝材料,其按混合材料的品种和掺量可分为硅酸盐水泥、普通硅酸盐水泥、矿渣硅酸盐水泥、火山灰质硅酸盐水泥、粉煤灰硅酸盐水泥和复合硅酸盐水泥。

b. 特种水泥。特种水泥是指具有特殊性能或用途的水泥,包括特性水泥和专用水泥。特性水泥主要有快硬水泥(也称早强水泥)、铝酸盐水泥、抗硫酸盐硅酸盐水泥、白色硅酸盐水泥;专用水泥主要有低热微膨胀水泥、低热水泥和中热水泥。

水泥按其水硬性矿物名称可分为硅酸盐水泥、铝酸盐水泥、硫铝酸盐水泥、铁铝酸盐水泥、氟铝酸盐水泥。

②水泥灌浆材料和浆液的要求。

《水工建筑物水泥灌浆施工技术规范》中关于水泥灌浆材料和浆液的相关规定如下。

灌浆工程所采用的水泥品种,应根据灌浆目的、地质条件和环境水的侵蚀作用等因素确定。可采用硅酸盐水泥、普通硅酸盐或复合硅酸盐水泥等。当有抗侵蚀或其他要求时,应使用特种水泥。使用矿渣硅酸盐水泥或火山灰质硅酸盐水泥灌浆时浆液水灰比不宜大于1。

各类灌浆工程所用水泥的强度等级可为42.5或以上。帷幕灌浆、坝体接缝灌浆和各类接触灌浆所用水泥的细度宜为通过80 μm方孔筛的筛余量不大于5%。

灌浆用水泥应妥善保存,严格防潮并缩短存放时间。不得使用受潮结块的水泥。

灌浆用水应符合《水工混凝土施工规范》对拌制水工混凝土用水的要求。

基岩帷幕灌浆、基岩固结灌浆、隧洞灌浆、混凝土坝接缝灌浆和岸坡接触灌浆宜使用普通硅酸盐水泥浆液。在特殊地质条件下或有特殊要求时,根据需要通过现场灌浆试验论证,可使用下列类型浆液:

a. 细水泥浆液,包括干磨细水泥浆液、湿磨细水泥浆液,超细水泥浆液。

b. 水泥基混合浆液,即加入掺合料的水泥浆液,包括黏土水泥浆、粉煤灰水泥浆、水泥砂浆等。

c. 稳定浆液,即掺有稳定剂,2 h析水率不大于5%的水泥浆液。

d. 膏状浆液,即以水泥、黏土(膨润土)为主要材料的初始塑性屈服强度大于50 Pa的混合浆液。

e. 其他浆液。

覆盖层灌浆材料应根据地层的组成、透水性、地下水流速、灌浆材料来源和灌浆目的等条件,通过室内浆材试验和现场灌浆试验确定,可使用下列类型浆液:

a. 水泥基浆液,包括普通水泥浆、细水泥浆、黏土(膨润土)水泥浆、粉煤灰水泥浆、矿渣粉水泥浆、水泥砂浆、水玻璃水泥浆等。

b. 黏土浆、膨润土浆,或掺入了胶凝材料的黏土浆、膨润土浆。

c. 其他浆液。

根据灌浆工程需要,掺入浆液的材料应满足以下要求:

a. 黏土或黏性土的塑性指数不宜小于14,黏粒(粒径小于0.005 mm)含量不宜少于25%;含砂量不宜大于5%,有机物含量不宜大于3%。

b. 膨润土，品质指标应符合《钻井液材料规范》的规定。

c. 粉煤灰，根据工程需要可使用F类和C类的Ⅰ级或Ⅱ级粉煤灰，其品质指标应符合《用于水泥和混凝土中的粉煤灰》的规定。

d. 砂，质地坚硬的天然砂或人工砂，以细砂、中砂为宜。

e. 在浆液中加入的其他掺和料，应通过室内试验或现场试验确定。

根据灌浆工程需要，可在水泥浆液中加入下列外加剂，外加剂的品质应符合《混凝土外加剂应用技术规范》对掺入水工混凝土或砂浆中的外加剂的有关规定：

a. 速凝剂，水玻璃、氯化钙、硫酸钠等，或使用硫铝酸盐水泥。

b. 减水剂，木质素磺酸盐类普通减水剂、萘系高效减水剂、聚羧酸系高性能减水剂等。

c. 稳定剂，膨润土及其他高塑性黏土等。

d. 其他外加剂。

各类浆液中加入掺合料和外加剂的品种、性能及数量，应根据工程情况和灌浆目的通过室内浆材试验和现场灌浆试验确定。凡能溶于水的外加剂宜以水溶液状态加入。

普通水泥浆液可不进行室内试验。其他类型浆液应根据设计要求和工程需要，有选择地进行下列性能试验：掺合料（或细水泥）的细度和颗分曲线；浆液的流动性或流变参数；浆液的密度、析水率或沉降稳定性；浆液的凝结时间或丧失流动性时间；浆液结石的密度、抗压强度、抗拉强度、弹性模量和渗透系数、渗透破坏比降；其他试验。

在制浆站和灌浆工作面应定期进行浆液温度、密度、析水率和黏度等性能的检测；发现浆液性能偏离规定指标较大时，应查明原因，及时处理。

③水泥的选用要求。

根据《水工混凝土施工规范》，水泥的选用应遵守下列规定：

a. 工程所用同种类水泥宜选择1～2个厂商供应。

b. 水位变化区外部、溢流面及经常受水流冲刷、有抗冻要求的部位，宜选用中热硅酸盐水泥或低热硅酸盐水泥，也可选用硅酸盐水泥和普通硅酸盐水泥。

c. 内部混凝土、水下混凝土和基础混凝土，宜选用中热硅酸盐水泥、低热硅酸盐水泥和普通硅酸盐水泥，也可选用低热微膨胀水泥、低热矿渣硅酸盐水泥、矿渣硅酸盐水泥、火山灰质硅酸盐水泥、粉煤灰硅酸盐水泥。

d. 环境水对混凝土有硫酸盐侵蚀性时，宜选用抗硫酸盐硅酸盐水泥。

e. 受海水、盐雾作用的混凝土，宜选用矿渣硅酸盐水泥。

选用的水泥强度等级应与混凝土设计强度等级相适应。水位变化区外部、溢流面及经常受水流冲刷、抗冻要求较高的部位，宜选用较高强度等级的水泥。

根据工程的特殊需要，可对水泥的化学成分、矿物组成、细度等指标提出专门要求。

（2）石灰。

石灰是一种以氧化钙为主要成分的气硬性无机胶凝材料。石灰是用石灰石、白云石、白垩、贝壳等碳酸钙含量高的原料，经高温煅烧而成。

链接

生石灰与水反应生成氢氧化钙的过程，称为石灰的熟化或消化。反应生成的产物氢氧化钙称为熟石灰或消石灰。

石灰具有较强的碱性，在常温下，能与玻璃态的活性氧化硅或活性氧化铝反应，生成有水硬性的产物，产生胶结。因此，石灰还是建筑材料工业中重要的原材料。

生石灰熟化后形成的石灰浆中，石灰粒子形成氢氧化钙胶体结构，颗粒极细，比表面积很大，其表面吸附一层较厚的水膜，可吸附大量的水，因而有较强保持水分的能力，即保水性好。将它掺入水泥砂浆中，配成混合砂浆，可显著提高砂浆的和易性。

石灰依靠干燥结晶以及碳化作用而硬化，由于空气中的二氧化碳含量低，且碳化后形成的碳酸钙硬壳阻止二氧化碳向内部渗透，也妨碍水分向外蒸发，因而硬化缓慢，硬化后的强度也不高，1∶3的石灰砂浆28天的抗压强度只有0.2～0.5 MPa。在处于潮湿环境时，石灰中的水分不蒸发，二氧化碳也无法渗入，硬化将停止；加上氢氧化钙易溶于水，已硬化的石灰遇水还会溶解溃散。因此，石灰不宜在长期潮湿和受水浸泡的环境中使用。

石灰在硬化过程中，要蒸发掉大量的水分，引起体积显著收缩，易出现干缩裂缝。所以，石灰不宜单独使用，一般要掺入砂、纸筋、麻刀等材料，以减少收缩，增加抗拉强度，并能节约石灰。

（3）石膏。

石膏是一种以硫酸钙为主要成分的气硬性无机胶凝材料。在建筑装饰工程中常用的石膏品种主要有普通建筑石膏、高强建筑石膏、模型石膏、粉刷石膏等。

建筑石膏的技术性质包括：凝结硬化快；硬化后孔隙率大、强度较低；体积稳定，硬化过程中体积不收缩，还略有膨胀；防火性能良好；具有一定调温、调湿作用；装饰性好；可加工性能好；不耐水；不耐高温；不耐锈蚀。

（4）水玻璃。

硅酸钠，俗称泡花碱，是一种无机物，化学式为 $Na_2O \cdot nSiO_2$，其水溶液俗称水玻璃。

硅酸钠中的模数 $n = n_{SiO_2}/n_{Na_2O}$（物质的量之比），模数显示了硅酸钠的组成，是硅酸钠的重要参数，一般为1.5～3.5。硅酸钠模数越大，硅含量越多，硅酸钠黏度增大，易于分解硬化，黏结力增大。而且不同模数的硅酸钠聚合程度不同，从而导致其水解产物中对生产应用有着重要影响的硅酸组分也有重大差异，因此不同模数的硅酸钠有着不同的用处。

水玻璃的特性有：黏结力和强度比较高；耐酸性好；耐热性好；耐碱性和耐水性差。

水玻璃具有广泛的用途，可以涂刷材料表面以提高其抗风化能力，加固土，修补砖墙裂缝，防火门的外表面，用于配制速凝防水剂，用于制作耐酸胶泥，用于炉窖类的内衬，还可以制备硅胶。

典型例题

【单选题】下列材料中，属于水硬性胶凝材料的是（　　）。

A. 石灰　　B. 水玻璃

C. 水泥　　D. 沥青

C。【解析】水硬性胶凝材料是指和水成浆后，既能在空气中硬化，又能在水中硬化、保持和继续发展其强度的材料，这类材料通常指水泥，如硅酸盐水泥、铝酸盐水泥、硫铝酸盐水泥等。选项A，B属于气硬性胶凝材料；选项D属于有机胶凝材料。

2. 集料

集料（又称骨料）是指在混凝土或砂浆中起骨架和填充作用的岩石颗粒等粒状松散材

料。集料按颗粒大小可分为粗集料和细集料。

(1)粗集料(石)。

粗集料是指粒径大于4.75 mm的集料,俗称石,如碎石、卵石等。碎石是指由天然岩石经破碎、筛分得到的粒径大于4.75 mm的岩石颗粒。卵石是指由自然条件作用而形成表面较光滑的、经筛分后粒径大于4.75 mm的岩石颗粒。碎卵石是指由较大的卵石经机械破碎、筛分制成的粒径大于4.75 mm的岩石颗粒。

集料常有的几种含水状态包括:

①干燥状态(绝干状态),指内外均不含水时的状态。计算混凝土配合比时,集料的含水状态基准一般为干燥状态。

②气干状态,指与大气湿度达到平衡时的状态。

③饱和面干状态,指集料内部孔隙含水达到饱和但其表面干燥时的状态。计算大型水利工程混凝土配合比时,集料的含水状态基准一般为饱和面干状态。

④湿润状态,指表面含有明显水分时的状态。

根据《水工混凝土施工规范》,粗骨料的品质要求应符合下列规定:

①粗骨料应质地坚硬、清洁、级配良好,如有裹粉、裹泥或污染等应清除。

②粗骨料的分级。粗骨料宜分为小石、中石、大石和特大石四级,粒径分别为5~20 mm、20~40 mm、40~80 mm、80~150(120) mm,用符号分别表示为D_{20}、D_{40}、D_{80}、D_{150}(D_{120})。

提示

当集料用量一定时,粗骨料粒径越大,水泥用料越少。粗骨料表面越粗糙,与水泥的黏结性越强。

③应控制各级骨料的超径、逊径含量。以原孔筛检验时,其控制标准:超径不大于5%,逊径不大于10%。当以超、逊径筛(方孔)检验时,其控制标准:超径为零,逊径不大于2%。

④各级骨料应避免分离。D_{20}、D_{40}、D_{80}和D_{150}(D_{120})分别采用孔径为10 mm、30 mm、60 mm和115(100) mm的中径筛(方孔)检验,中径筛余率宜在40%~70%范围内。

⑤粗骨料的压碎指标值和其他品质要求(如表观密度、吸水率、含泥量、坚固性、软弱颗粒含量、针片状颗粒含量、泥块含量、硫化物及硫酸盐含量、有机质含量)应符合相关规定。

专家解读

根据上述内容,水工混凝土粗集料的级配可分为四种。一级配是指仅包括最小一级集料;二级配是指仅包括较小二级集料;三级配是指仅包括较小三级集料;四级配是指包含5~20 mm、20~40 mm、40~80 mm、80~150(120) mm全部四种集料。常用的混凝土粗集料级配为四级配。

(2)细集料(砂)。

细集料是指粒径小于或等于4.75 mm的集料,俗称砂,如天然砂、人工砂等。天然砂是指由自然条件作用形成的、粒径小于或等于4.75 mm的岩石颗粒。人工砂是指由岩石(不包括软质岩、风化岩石)经除土开采、机械破碎、筛分制成的,粒径小于或等于4.75 mm的岩石颗粒。混合砂是指由天然砂和人工砂按一定比例混合而成的砂。

混凝土细集料粗细程度用细度模数表示。砂的粗细程度按细度模数分为粗、中、细、特细四级,其范围应符合下列规定:粗砂,3.1~3.7;中砂,2.3~3.0;细砂,1.6~2.2;特细砂,0.7~1.5。

提示

砂按粗细程度可分为粗砂、中砂和细砂。注意区分两种分类方式。

根据《水工混凝土施工规范》,细骨料的品质要求应符合下列规定:

①细骨料应质地坚硬、清洁、级配良好;人工砂的细度模数宜在2.4~2.8内,天然砂的细度模数宜在2.2~3.0内。使用山砂、海砂及粗砂、特细砂应经试验论证。

②细骨料的表面含水率不宜超过6%,并保持稳定,必要时应采取加速脱水措施。

③细骨料的其他品质要求(如表观密度、细度模数、石粉含量、表面含水率、含泥量、坚固性、泥块含量、硫化物及硫酸盐含量、云母含量、轻物质含量、有机质含量)应符合相关规定。

链接

粗、细集料按技术要求可分为Ⅰ类集料、Ⅱ类集料和Ⅲ类集料,分别适用于强度等级大于C60、强度等级为C30~C60以及有抗渗、抗冻或有其他要求、强度等级小于C30的混凝土。

典型例题

【多选题】关于混凝土组成材料的说法,正确的有( )。

A. 细度模数在2.7~3.0的为粗砂

B. 粗集料中碎石粒径大于4.75 mm

C. Ⅰ类碎石宜用于强度等级小于C50的混凝土

D. 当集料用量一定时,粗集料粒径越大,水泥用料越少

E. 一级配混凝土指仅包含最小一级集料的混凝土

BDE。**【解析】**细度模数在2.3~3.0的为中砂。故选项A错误。Ⅰ类碎石宜用于强度等级大于C60的混凝土。故选项C错误。

3. 水

混凝土用水是混凝土拌和用水和混凝土养护用水的总称,包括饮用水、地表水、地下水、再生水、混凝土企业设备洗刷水和海水等。混凝土拌和用水应控制pH、硫酸根离子含量、氯离子含量、不溶物含量、可溶物含量;当混凝土骨料具有碱活性时,还应控制碱含量;地表水、地下水、再生水在首次使用前应检测放射性。

凡符合《生活饮用水卫生标准》的饮用水,均可用于拌和混凝土。未经处理的工业污水和生活污水不应用于拌和混凝土。地表水、地下水和其他类型水在首次用于拌和混凝土时,应经检验合格方可使用。

4. 外加剂

混凝土外加剂是混凝土中除胶凝材料、集料、水和纤维组分以外,在混凝土拌制之前或拌制过程中加入的,用以改善新拌混凝土和(或)硬化混凝土性能,对人、生物及环境安全无有害影响的材料。

(1)分类。

混凝土外加剂按其主要使用功能分为:

①改善混凝土拌和物流变性能的外加剂,如各种减水剂和泵送剂等。

②调节混凝土凝结时间、硬化过程的外加剂,如缓凝剂、早强剂、促凝剂和速凝剂等。

③改善混凝土耐久性的外加剂,如引气剂、防水剂和阻锈剂等。

④改善混凝土其他性能的外加剂,如膨胀剂、防冻剂和着色剂等。

链接

在混凝土拌和料中掺入高效减水剂后,在保持流动性和水泥用量不变的情况下,可以使混凝土拌和用水量减少、水胶比降低、强度提高,减水剂可通过同掺法、分掺法和后掺法掺入;缓凝剂主要用于大体积混凝土、在炎热气候施工的混凝土,以及需长距离运输或长时间停放的混凝土;早强剂多用于抢修工程和冬季施工的混凝土;引气剂不宜用于蒸养混凝土和预应力钢筋混凝土。

(2)使用要求。

外加剂可单掺也可复掺,其品种和掺量应根据工程的技术要求、环境条件,经试验确定。工程所用同种类外加剂以1~2种为宜。

有抗冻要求的混凝土,应掺用引气剂,其掺量应根据混凝土的含气量要求通过试验确定。大中型水利水电工程,混凝土的最小含气量应通过试验确定;没有试验资料时,混凝土的含气量可参照相关规定选用。混凝土的含气量不宜超过7%。

外加剂宜配成水溶液使用,并搅拌均匀。当外加剂复合使用时,应通过试验论证,并应分别配制使用。

不同厂家和不同品种的外加剂应储存到有明显标志的储罐或仓库中,不应混装。粉状外加剂在运输和储存过程中应防水防潮。外加剂储存时间过长,对其品质有怀疑时,使用前应重新检验。

5.掺合料

矿物掺合料是指以硅、铝、钙等的一种或多种氧化物为主要成分,具有规定细度,掺入混凝土中能改善混凝土性能的粉体材料。

矿物掺合料可分为活性矿物掺合料和非活性矿物掺合料。活性矿物掺合料本身不硬化或者硬化速度很慢,但与石灰、消石灰等钙质材料加水拌和后,能够凝结硬化进而产生强度,或与水泥水化生成的氢氧化钙起反应,生成具有胶凝能力的水化产物。非活性矿物掺合料是指掺入水泥中主要起填充作用,而又不损害水泥性能的矿物掺合料。

活性矿物掺合料在掺有减水剂的情况下,能增加新拌混凝土的流动性、黏聚性、保水性,改善混凝土的可泵性,并能提高硬化混凝土的强度和耐久性。

矿物掺合料可选用粉煤灰、矿渣粉、磷渣粉、硅粉、石灰石粉、火山灰等。掺合料可单掺也可复掺,其品种和掺量应根据工程的技术要求、掺合料品质和资源条件,经试验确定。粉煤灰宜选用Ⅰ级或Ⅱ级粉煤灰。

掺合料应储存到有明显标志的储罐或仓库中,在运输和储存过程中应防水防潮,并不应混入杂物。

专家解读

水工混凝土中掺入粉煤灰可提高混凝土的强度、抗渗性、抗化学腐蚀能力，降低混凝土的水化热，减少水泥用量，改善混凝土拌和物的工作性能。

（三）混凝土的质量要求

混凝土应满足强度要求，并应根据建筑物的工作条件、地区气候等具体情况，分别满足抗渗、抗冻、抗侵蚀、抗冲刷等耐久性要求。对防止温度裂缝有较高要求的大体积混凝土结构，设计时应对混凝土提出高延伸率和低热性要求，选用低热水泥或掺加合适的掺合料与外加剂。

1. 强度

混凝土强度是指混凝土抵抗压、拉、弯、剪等应力的能力，是混凝土硬化后的最重要的力学性能。水灰比、水泥品种和用量、集料的品种和用量以及搅拌、成型、养护，都直接影响混凝土的强度。

混凝土强度等级应按立方体抗压强度标准值（$f_{cu,k}$）确定。立方体抗压强度标准值系指按标准方法制作养护的边长为 150 mm 的立方体试件，在 28 天龄期用标准试验方法测得的具有 95% 保证率的抗压强度。混凝土强度等级用符号 C 和立方体抗压强度标准值（以 N/mm^2 计）表示，分为 14 个等级（C15、C20、C25、C30、C35、C40、C45、C50、C55、C60、C65、C70、C75、C80）。

根据《混凝土结构通用规范》，结构混凝土强度等级的选用应满足工程结构的承载力、刚度及耐久性需求。对设计工作年限为 50 年的混凝土结构，结构混凝土的强度等级尚应符合下列规定；对设计工作年限大于 50 年的混凝土结构，结构混凝土的最低强度等级应比下列规定提高：

（1）混凝土结构构件的混凝土强度等级不应低于 C20；钢筋混凝土结构构件的混凝土强度等级不应低于 C25；预应力混凝土楼板结构的混凝土强度等级不应低于 C30，其他预应力混凝土结构构件的混凝土强度等级不应低于 C40；钢－混凝土组合结构构件的混凝土强度等级不应低于 C30。

（2）承受重复荷载作用的钢筋混凝土结构构件，混凝土强度等级不应低于 C30。

（3）抗震等级不低于二级的钢筋混凝土结构构件，混凝土强度等级不应低于 C30。

（4）采用 500 MPa 及以上等级钢筋的钢筋混凝土结构构件，混凝土强度等级不应低于 C30。

2. 耐久性

混凝土耐久性是指混凝土在实际使用条件下抵抗各种破坏因素作用，长期保持强度和外观完整性的能力。混凝土耐久性指标一般包括抗渗性、抗冻性、抗碳化性、抗侵蚀性、碱骨料反应等。其中，混凝土抗冻性可通过减小水胶比、在混凝土中添加外加剂、提高混凝土密实度、严格把控混凝土施工质量等提高。

对于有抗渗要求的结构，混凝土应满足抗渗等级的规定。混凝土抗渗等级可按 28 天龄期的标准试件测定，混凝土抗渗等级分为 W2、W4、W6、W8、W10、W12 六级。根据建筑物开始承受水压力的时间，也可利用 60 天或 90 天龄期的试件测定抗渗等级。混凝土抗冻等级可按 28 天龄期的试件用快冻试验方法测定，分为 F400、F300、F250、F200、F150、F100、F50 七级。经论证，也可用 60 天或 90 天龄期的试件测定。

专家解读

以往考试中考查过混凝土性能指标的含义。如某水闸底板混凝土性能指标为C30W4F100,其中“C”代表混凝土的强度等级,“30”代表混凝土立方体抗压强度标准值为30 MPa;“W”代表混凝土的抗渗等级,“4”代表混凝土抗渗试验时一组6个试件中4个试件未出现渗水时的最大水压力为0.4 MPa;“F”代表混凝土的抗冻等级,“100”代表混凝土的抗冻性试验能经受100次的冻融循环。

链接

提高混凝土耐久性的主要措施包括:严格控制水胶比;严格控制混凝土所用材料质量,保证材料质量符合相关规范要求;合理选择集料集配;在混凝土中添加减水剂和引气剂;提高混凝土施工质量。

混凝土的质量除满足强度和耐久性要求外,还应满足变形及和易性要求。其中,混凝土的变形包括非荷载作用下的变形和荷载作用下的变形。非荷载作用下的变形有化学收缩、干湿变形及温度变形等。水泥用量过多,在混凝土的内部易产生化学收缩而引起细微裂缝。

三、钢材的分类和应用

钢材是钢锭、钢坯通过压力加工制成的一定形状、尺寸和性能的材料。大部分钢材加工都是通过压力加工,使被加工的钢(坯、锭等)产生塑性变形。钢材的类型主要有钢筋、盘条、钢丝和钢绞线、型钢、钢板和钢带、结构用钢管等,其中以钢筋最为常用。钢筋是指钢筋混凝土用和预应力钢筋混凝土用钢材,其横截面为圆形,有时为带有圆角的方形。下面以钢筋为例进行介绍。

(一)钢筋的分类

1. 按直径大小分

钢筋按直径大小可分为钢丝(直径3~5 mm)、细钢筋(直径6~10 mm)、粗钢筋(直径大于22 m)。注意,在钢筋加工中,钢筋直径小于或等于12 mm的叫作轻筋,钢筋直径大于12 mm的叫作重筋。

2. 按强度分

钢筋按强度可分为Ⅰ级钢筋、Ⅱ级钢筋、Ⅲ级钢筋和Ⅳ级钢筋。钢筋的级别与强度成正比,与塑性成反比,即钢筋级别越大,钢筋的强度越高,塑性越低。Ⅲ级钢筋和Ⅳ级钢筋属于高强度钢筋。

链接

Ⅰ级钢筋属于低碳钢钢筋,Ⅱ级钢筋、Ⅲ级钢筋和Ⅳ级钢筋属于普通低碳合金钢钢筋。

3. 按化学成分分

钢筋按化学成分可分为碳素钢钢筋和普通低碳合金钢钢筋。下面以典型例题的形式对碳素钢钢筋的分类进行讲解。

典型例题

【单选题】含碳量为0.5%的钢筋属于(　　)。

A. 高碳钢　　　　B. 中碳钢

C. 低碳钢　　　　D. 微碳钢

B。【解析】碳素钢钢筋按含碳量分类如下表所示。因此，含碳量为0.5%的钢筋属于中碳钢钢筋。

含碳量	低于0.25%	0.25%~0.60%	0.60%~1.40%
碳素钢钢筋类型	低碳钢钢筋	中碳钢钢筋	高碳钢钢筋

专家解读

碳素钢是指在钢铁中加入了碳元素的钢，碳素钢钢筋就是用这种钢材所制造出来的钢筋。在钢中加入碳元素的目的是提高钢的强度，但钢筋中含碳量越高，钢筋的脆性就越大，可焊性越差。普通低碳合金钢钢筋是指在低碳钢中加入少量(总含量小于5%)合金元素(如硅、锰、钒、钛等)，获得强度高和综合性能好的钢筋。

4. 按作用分

钢筋按在构件中的作用可分为受力筋(又称主筋)和构造钢筋。受力筋按抵抗荷载形式又可分为受拉钢筋、弯起钢筋和受压钢筋。构造钢筋按其位置、形状、作用又可分为分布钢筋、架立钢筋、箍筋和腰筋。

5. 按生产工艺分

钢筋按生产工艺可分为热轧钢筋、冷拉钢筋、余热处理钢筋和冷轧带肋钢筋。其中，热轧钢筋按其表面特征又可分为热轧光圆钢筋和热轧带肋钢筋。

钢筋牌号所代表的含义规定如下：牌号HPB300中的H表示“热轧”，P表示“光圆”，B表示“钢筋”，300表示“钢筋屈服强度特征值为300级”；牌号HRB400E中的H表示“热轧”，R表示“带肋”，B表示“钢筋”，400表示“钢筋屈服强度特征值为400级”，E表示“地震”；牌号CRB600H中的C表示“冷轧”，R表示“带肋”，B表示“钢筋”，600表示“钢筋抗拉强度特征值为600级”，H表示“高延性”。牌号RRB400W中的RRB表示“余热处理”，W表示“焊接”。

典型例题

【单选题】关于钢筋的说法，正确的是(　　)。

A. HPB表示带肋钢筋

B. HRB400中的数字表示极限强度

C. CRB表示冷轧带肋钢筋

D. Ⅱ级冷拉热轧钢筋适宜用作非预应力受拉钢筋

C。【解析】钢筋牌号中，HPB表示热轧光圆钢筋；HRB表示热轧带肋钢筋，其后面的数字表示屈服强度特征值；CRB表示冷轧带肋钢筋。故选项A、B错误，选项C正确。Ⅰ级冷拉热轧钢筋适宜用作非预应力受拉钢筋；Ⅱ级、Ⅲ级、Ⅳ级冷拉热轧钢筋由于其强度较高，可用作预应力混凝土结构的预应力筋。故选项D错误。

6. 按轧制外形分

钢筋按轧制外形可分为光圆钢筋(又称光面钢筋)、带肋钢筋、钢丝(分低碳钢丝和碳素钢丝两种)及钢绞线、冷轧扭钢筋。

(二)钢筋的应用

钢筋现如今被广泛应用于各种建筑上,下面主要介绍钢筋混凝土用钢筋的类型。

钢筋混凝土用钢筋是指以非张拉状态应用,以提高混凝土结构抗拉或抗压能力的线材或棒材。

1. 非预应力混凝土用钢材

非预应力混凝土用钢材主要包括热轧光圆钢筋、热轧带肋钢筋、冷轧带肋钢筋、冷拉热轧钢筋、余热处理钢筋等。

热轧光圆钢筋是指经热轧成型,横截面通常为圆形,表面光滑的成品钢筋。

热轧带肋钢筋是指经热轧成型,横截面通常为圆形,表面带肋的成品钢筋,其金相组织主要是铁素体加珠光体,不得有影响使用性能的其他组织存在。热轧细晶粒钢筋是指在热轧过程中,通过控轧和控冷工艺形成的细晶粒钢筋,其晶粒度为9级或更细。

冷轧带肋钢筋是指热轧圆盘条经冷轧后,在其表面带有沿长度方向均匀分布的横肋的钢筋。高延性冷轧带肋钢筋是指热轧圆盘条经过冷轧成型及回火热处理获得的具有较高延性的冷轧带肋钢筋。

冷拉热轧钢筋是指在常温下将热轧钢筋拉伸至超过屈服点小于抗拉强度的某一应力,然后卸荷制成的冷拉热轧钢筋。

余热处理钢筋是指热轧后利用热处理原理进行表面控制冷却,并利用芯部余热自身完成回火处理所得的成品钢筋。其基圆上形成环状的淬火自回火组织。

2. 预应力混凝土用钢材

预应力混凝土用钢材是指以张拉状态应用,以提高混凝土构件的抗拉能力的产品,如钢丝、钢棒、钢绞线、钢丝绳、螺纹钢筋和钢拉杆等。

预应力钢丝按加工状态可分为冷拉钢丝和消除预应力钢丝。冷拉钢丝是指盘条通过拔丝等减径工艺经冷加工而形成的产品,以盘卷供货的钢丝。消除应力钢丝是指按下述一次性连续处理方法之一生产的钢丝:钢丝在塑性变形下(轴应变)进行的短时间热处理,得到的是低松弛钢丝;钢丝通过矫治工序后,在适当的温度下进行短时热处理,得到的是普通松弛钢丝。

预应力混凝土用钢棒是指以热轧盘条为原料,经加工后淬火和回火制成的棒材。

预应力混凝土用钢绞线是指由冷拉光圆钢丝及刻痕钢丝捻制的用于预应力混凝土结构的钢绞线。

螺纹钢筋是指一种热轧成带有不连续外螺纹的直条钢筋,该钢筋在任意截面处,均可用带有匹配形状的内螺纹的连接器或锚具进行连接或锚固。

四、土工合成材料的分类和应用

(一)土工合成材料的分类

土工合成材料是指工程建设中应用的与土、岩石或其他材料接触的聚合物材料(含天然的)的总称,包括土工织物、土工膜、土工复合材料、土工特种材料。

1. 土工织物

土工织物(GT)是指具有透水性的土工合成材料。其按制造方法不同可分为有纺土工织物和无纺土工织物。有纺土工织物是指由纤维纱或长丝按一定方向排列机织的土工织物。无纺土工织物是指由短纤维或长丝随机或定向排列制成的薄絮垫,经机械结合、热黏合或化学黏合而成的土工织物。

土工织物突出的优点是质量轻、整体连续性好(可做成较大面积的整体)、施工方便、抗拉强度较高、耐腐蚀和抗微生物侵蚀性好。缺点是未经特殊处理,抗紫外线能力低,如暴露在外,受紫外线直接照射容易老化,但如不直接暴露,则抗老化及耐久性能仍较高。

2. 土工膜

土工膜(GM)是指由聚合物(含沥青)制成的相对不透水膜。土工膜一般可分为沥青和聚合物(合成高聚物)两大类。含沥青的土工膜,主要为复合型的(含编织型或无纺型的土工织物),沥青作为浸润黏结剂。聚合物土工膜,根据不同的主材料可分为塑性土工膜、弹性土工膜和组合型土工膜。

大量工程实践表明,土工膜的不透水性很好,弹性和适应变形的能力很强,能适用于不同的施工条件和工作应力,具有良好的耐老化能力,处于水下和土中的土工膜的耐久性尤为突出。土工膜具有突出的防渗和防水性能。

链接

复合土工膜是指土工膜和土工织物(有纺或无纺)或其他高分子材料两种或两种以上的材料的复合制品。与土工织物复合时,可生产出一布一膜、二布一膜(二层织物间夹一层膜)等规格。复合土工膜属于土工复合材料。

3. 土工复合材料

土工复合材料是指由两种或两种以上材料复合成的土工合成材料。土工复合材料除了复合土工膜外,还包括软式排水管和塑料排水带。

软式排水管是指以高强圈状弹簧钢丝作支撑体,外包土工织物及强力合成纤维外覆层制成的管状透水材料。

塑料排水带(PVD)是指由不同凹凸截面形状、具有连续排水槽的合成材料芯材,外包或外粘无纺土工织物构成的复合排水材料。

4. 土工特种材料

常见的土工特种材料有土工格栅、土工带、土工格室、土工网、土工模袋、土工网垫、土工合成材料膨润土防渗垫、土工管、土工包等。

土工格栅是指由抗拉条带单元结合形成的有规则网格形式的加筋土工合成材料,其开孔可容填筑料嵌入。

土工带是指经挤压拉伸或再加筋制成的带状抗拉材料。

土工格室是指由土工格栅、土工织物或具有一定厚度的土工膜形成的条带通过结合相互连接后构成的蜂窝状或网格状三维结构材料。

土工网是指二维的由条带部件在结点连接而成有规则的网状土工合成材料,可用于隔离、包裹、排液、排气。

土工模袋是指由双层的有纺土工织物缝制的带有格状空腔的袋状结构材料。充填混凝土或水泥砂浆等凝结后形成防护板块体。

土工网垫是指由热塑性树脂制成的三维结构,亦称三维植被网。其底部为基础层,上覆泡状膨松网包,包内填沃土和草籽,供植物生长。

土工合成材料膨润土防渗垫(GCL)是指土工织物或土工膜间包有膨润土,以针刺、缝接或化学剂黏结而成的一种隔水材料。

(二)土工合成材料的应用

土工合成材料的功能主要有反滤和排水、隔离、防渗、防护、加筋。其中,反滤是指土工织物在让液体通过的同时保持受渗透力作用的土骨架颗粒不流失的功能。隔离是指防止相邻两种不同介质混合的功能。防护是指利用土工合成材料防止土坡或土工结构物的面层或界面破坏或受到侵蚀的功能。加筋是指利用土工合成材料的抗拉性能,改善土的力学性能的功能。

土工合成材料,不同的产品具有不同的特点,可应用于许多工程领域。已经应用的领域有岩土工程、土木工程、水利工程、环境工程、交通工程、市政工程及围海造地工程等。

链接

软式排水管可应用于各种排水工程;塑料排水带可应用于软基加固工程(如码头、水闸等);土工格栅可应用于加筋工程;土工格室可应用于软弱地基、沙漠固沙和护坡工程;土工网具有抗拉强度较低、延伸率较高的特点,常用于软弱地基加固垫层、坡面防护、植草以及用来制造组合土工材料;土工模袋可应用于护坡工程;土工合成材料膨润土防渗垫可应用于土木工程、水利工程中的密封或防渗设计;土工管、土工包可应用于崩岸抢险、堆筑堤防和护岸工程。

2F312000　水利水电工程施工导流与河道截流

2F312010　施 工 导 流

一、一般规定

施工导流设计时,应充分掌握基本资料,全面分析各种因素,选择技术可行、安全可靠、经济合理,并使工程尽早发挥效益的导流方案。

施工导流设计应妥善解决从初期导流到后期导流施工全过程中的挡水、泄水、蓄水与供水、度汛、通航、排冰等问题。对各期导流特点和相互关系应进行系统分析,全面规划,统筹安排,处理洪水与施工的矛盾。

大型工程以及水力条件复杂或有通航、引水、冲沙、排冰等综合运用要求的中型工程,宜进行导流水工模型试验。

二、施工导流标准

导流建筑物应根据其保护对象、失事后果、使用年限和围堰工程规模划分为 3 ~ 5 级，应符合《水利水电工程等级划分及洪水标准》中“临时性水工建筑物级别”的规定。当导流建筑物根据上述规定指标分属不同级别时，应以其中最高级别为准。但列为 3 级导流建筑物时，至少应有两项指标符合要求。

规模巨大且在国民经济中占有特殊地位的水利水电工程，其导流建筑物的级别和设计洪水标准，应经充分论证后报主管部门批准。

导流建筑物设计时，建筑物级别可根据下列条件进行适当调整：

（1）利用围堰挡水发电时，应经过技术经济论证，围堰级别可提高一级。

（2）当 4 级、5 级导流建筑物地基地质条件复杂或工程具有特殊要求采用新型结构的导流建筑物，其结构设计级别可提高一级，但设计洪水标准不提高。

（3）在特殊情况下，可根据工程具体条件和施工导流阶段的不同要求，经过充分论证，予以提高或降低。

导流建筑物设计洪水标准应符合《水利水电工程等级划分及洪水标准》的有关规定，根据建筑物的类型和级别在《水利水电工程等级划分及洪水标准》中“临时性水工建筑物洪水标准”的规定幅度内选择。同一导流分期各导流建筑物的洪水标准应相同，与主要挡水建筑物的洪水标准一致。

链接

施工导流标准主要包括导流建筑物级别和设计洪水标准。按照施工导流的挡水、泄水和封堵蓄水等特点划分，设计洪水标准主要分导流建筑物设计洪水标准、坝体施工期临时度汛设计洪水标准、导流泄水建筑物封堵后坝体度汛设计洪水标准等情况。

导流泄水建筑物的封堵时间应在满足水库拦洪蓄水要求前提下，根据施工总进度确定。封堵下闸的设计流量可按封堵时段重现期 5 ~ 10 年的月或旬平均流量，或按实测水文统计资料分析确定；对于上游有水库控制的工程，下闸设计流量可取上游水库控泄流量和区间重现期 5 ~ 10 年的月或旬平均流量之和。

导流泄水建筑物封堵期间，封堵工程进口临时挡水设施的洪水标准应与相应时段的大坝施工期洪水标准一致。封堵工程出口临时挡水设施在施工期内的导流设计标准，可根据工程重要性、失事后果等因素在该时段 5 ~ 20 年重现期范围内选定。封堵施工期临近或跨入汛期时，应适当提高标准。

在导流建筑物封堵、水库施工期蓄水过程中，应满足下游必需的供水和生态保护要求。水库施工期蓄水标准应根据发电、灌溉、通航、供水等要求和大坝安全加高值等因素分析确定，保证率宜为 75% ~ 85%。

三、施工导流方式及导流程序

施工导流可划分为一次拦断河床围堰导流方式和分期围堰导流方式，按泄水建筑物形式可分为明渠导流、隧洞导流、涵管导流，以及施工过程中的坝体底孔导流、缺口导流和不同泄水建筑物的组合导流。施工导流方式应经过全面比较后选定。

专家解读

导流方式是指主体工程施工期控制水流的方法。不同的施工阶段对应不同的控制水流方法，导流方式大体分为两类：

(1)采用一次拦断河床围堰将河水引向河床外的明渠或隧洞导向下游的导流方式。

(2)采用分期围堰使河道水流先通过被束窄的河床下泄，再永久通过明渠、底孔或其他永久泄水建筑物导向下游的导流方式。

施工导流方式选择应遵循下列原则：

(1)适应河流水文特性和地形、地质条件。

(2)工程施工期短，投资省，发挥工程效益快。

(3)工程施工安全、灵活、方便。

(4)合理利用永久建筑物，减少导流工程量和投资。

(5)适应通航、供水、排冰等要求。

(6)河道截流、围堰挡水、坝体度汛、封堵导流孔洞、蓄水和供水等各阶段能够合理衔接。

对于河谷狭窄的坝址采用一次拦断河床围堰导流方式时，应根据施工期挡、泄水建筑物的不同，合理划分初期、中期和后期导流阶段。

专家解读

采用围堰一次拦断河床导流方式，导流泄水建筑物布置河床外，围堰一次性拦断河床，导流程序相对简单。河床内枢纽建筑物施工从时间上分为初期导流、中期导流和后期导流三个阶段：

(1)初期导流为围堰挡水阶段，水流由导流泄水建筑物下泄。

(2)中期导流为坝体临时挡水阶段，坝体填筑高度超过围堰堰顶高程，洪水由导流泄水建筑物下泄，坝体满足安全度汛条件。

(3)后期导流为坝体挡水阶段，导流泄水建筑物下闸封堵，水库开始蓄水，永久泄水建筑物尚未具备设计泄流能力。

采用隧洞导流方式时，隧洞断面尺寸和数量应根据河流水文特性、地质条件以及围堰规模、运行条件等因素确定。

对于河流流量大、河槽宽、覆盖层薄的坝址采用分期围堰导流方式时，一期围堰位置应根据枢纽布置、纵向围堰地形地质条件、水力条件、施工场地和施工交通等因素确定。发电、通航、供水、排冰、排沙及参与导流用的永久建筑物宜尽早安排施工。

专家解读

河流流量大、河床一侧有较宽台地、汊河、垭口或古河道的坝址一般优先选用明渠导流方式。分期围堰导流方式一般要减少分期数，且各期工程量需大体平衡。选用与明渠配合的分期导流方案时，纵向围堰的布置需要考虑四个因素：纵向围堰施工难度；河床砂砾石覆盖层的抗冲能力；水位壅高引起的防洪问题；一、二期基坑施工强度均衡性等。

分期围堰导流应经技术经济比较确定，可选择二期导流、三期导流，不宜超过三期。

河流水位、流量变幅大，含沙量较少且被保护对象允许施工期过水，同时施工期过水对工程总进度影响小时，经技术经济比较，可采用过水围堰配合其他方式导流泄水。

经分析论证，一个枯水期内能将永久挡水建筑物或临时挡水断面修筑至汛期度汛标准洪水位以上时，或汛期淹没对工程进度影响较小且淹没损失不大时，可采用枯水期围堰挡水的导流方式。

对于无溪流汇入的充蓄水库工程，因降雨产生的少量积水，宜采用机械抽排的导流方式。在施工后期，可利用永久泄（排）水建筑物向外排水。

应在全面分析枢纽布置、导流方式、施工期度汛要求、各相关项目工期要求和开工、截流及蓄水发电等关键节点目标基础上，选择技术可行、经济合理并能使工程尽早发挥效益的导流程序。

导流程序应与施工进度相协调，合理确定导流建筑物、截流、度汛、下闸蓄水与供水、导流建筑物封堵以及机组分批（台）发电等项目的施工安排。

四、围堰

围堰是指在水利工程建设中，为建造永久性水利设施修建的临时性围护结构。其作用是防止水和土进入建筑物的修建位置，以便在围堰内排水、开挖基坑、修筑建筑物。其主要用于水工建筑中，除作为正式建筑物的一部分外，围堰一般在用完后拆除，拆除方式主要有爆破和机械开挖，混凝土围堰常采用爆破拆除（上游围堰采用留渣爆破，下游围堰采用泄渣爆破）。围堰高度高于施工期内可能出现的最高水位。

围堰按材料可分为土石围堰、土袋围堰、草土围堰、木板桩围堰、木笼围堰、钢板桩围堰、锁扣管桩围堰、钢筋混凝土或预应力混凝土板桩围堰、混凝土围堰、浆砌石围堰、钢筋石笼围堰等；围堰按其与水流方向的相对位置可分为横向围堰和纵向围堰；围堰按导流期间基坑是否允许淹没可分为过水围堰和不过水围堰。

围堰形式选择应遵守下列原则：

（1）安全可靠，能满足稳定、防渗、防冲要求。

（2）结构简单，施工方便，易于拆除，并优先利用当地材料及开挖渣料。

（3）堰体防渗体便于与基础、岸坡或已有建筑物连接。

（4）堰基易于处理，并与堰基地形、地质条件相适应。

（5）能在预定施工期内修筑到需要的断面及高程，满足施工进度要求。

（6）围堰堰体与永久建筑物相结合时，其形式应与永久建筑物形式相适应。

（7）具有良好的技术经济指标。

不同围堰形式应符合下列要求：

（1）土石围堰能充分利用当地材料，对地基适应性强，施工工艺简单，应优先采用。

（2）混凝土围堰宜优先选用重力式碾压混凝土结构。河谷狭窄且地质条件良好的堰址可采用混凝土拱围堰。

（3）根据地质条件的适宜性，在充分利用天然料和开挖石渣时，可采用胶凝砂砾石围堰、堆石混凝土围堰。

（4）装配式钢板桩格型围堰适用于在岩石地基或混凝土基座上建造，其最大挡水水头不宜大于 30 m；打入式钢板桩围堰适用于软土及细砂砾石层地基，其最大挡水水头不宜大于 20 m。

（5）结合当地材料分布、环境条件和施工特点，低水头围堰可采用浆砌石、钢筋石笼等围堰形式。

（6）对于进/出水口或闸室前缘可采用混凝土叠梁、其他特殊钢围堰，以及起围堰作用的预留岩坎（岩塞）等特殊形式。

专家解读

围堰形式可分为土石围堰、混凝土围堰、钢板桩围堰等。对不同围堰形式的适应性阐述如下：

（1）土石围堰是水利水电工程施工中广泛采用的围堰形式，其优点是能够适应不同的地质条件，可充分利用当地材料和工程开挖渣料等各种物料，并利于机械化施工，堰基易于处理，施工和拆除都较简单，需优先选用。

（2）混凝土围堰具有断面小、工程量少，利于过水并易与混凝土建筑物结合和连接，具有较强的抗冲能力等优点，因此，纵向围堰常采用这种堰型。当过水围堰单宽流量较大时也要采用。混凝土围堰常用重力式和拱型，拱型混凝土围堰对两岸拱座的地质条件要求比重力式围堰严格，适合于岸坡稳定、岩石坚硬完整的地基，以及两岸地形陡峻的峡谷河床。在分期围堰导流施工中，纵向混凝土围堰可以两面挡水，且可与永久建筑物结合作为坝体的一部分。

（3）钢板桩格型围堰是一系列彼此连接的钢板桩格体所组成的临时挡水建筑物，格体钢板桩的锁口互相扣接形成一定形态的封闭空间，内回填砂砾石以保持格体稳定。钢板桩格型围堰在岩石基础、混凝土基座上修建较为简单。在软基上也可修建，但板桩须有一定的入土深度或打到岩层内；对于含有大量漂砾石的覆盖层，打桩极为困难，适用性较差。按格体形状，钢板桩格型围堰有圆筒形、鼓形、花瓣形等形式，圆筒形格体最高挡水水头可达 15 ~ 18 m；花瓣形格体最高挡水位水头可达 30 m 左右。

围堰布置应符合下列要求：

（1）满足围护建筑物布置及施工要求。

（2）满足堰体与岸坡或其他建筑物的连接要求。

（3）围堰背水侧坡脚与围护建筑物基础开挖边坡开口线的距离，应满足堰基和基础开挖边坡的要求。

（4）满足水力条件及防冲要求。避开两岸溪沟水流汇入基坑，避免溪沟水流对围堰造成危害性冲刷；无法避免时，应采取相应措施。通常可采用抛石护底、柴排护底、铅丝笼护底以及在围堰转角处设置导流墙等措施，防止围堰堰脚、基础及上下游转角处淘刷。

（5）在有通航要求的河道上进行围堰布置应考虑施工期通航要求。

（6）围堰宜与永久建筑物结合布置。

土石围堰堰体及防渗体形式应根据其布置条件、地形地质条件、工期和造价等因素综合比选确定。

专家解读

土石围堰按填筑材料可分为均质土围堰和土石混合围堰;按堰体防渗体可分为斜墙围堰、心墙围堰等。土石围堰堰体防渗布置形式主要有心墙和斜墙。斜墙与堰体施工干扰小,基础防渗处理与堰体填筑可同时进行,以利基坑提早抽水,但围堰断面较大,往往增加了纵向围堰或隧洞、明渠的长度;心墙围堰其断面尺寸较斜墙围堰小,心墙和堰壳填筑需循序升高,其高差不要过大,基础防渗处理与心墙填筑也不能同时进行。

围堰基础处理应满足强度、渗流、沉降变形等要求,围堰堰基的防渗处理方案应综合考虑安全可靠、经济合理、施工简便等因素,堰基覆盖层防渗处理宜采用下列方式:

(1)覆盖层及水深较浅时,可设临时低围堰抽水开挖齿槽,或在水下开挖齿槽,修建截水墙防渗。截水墙尺寸必须满足防渗料及其与基础接触面的容许渗透比降要求。

(2)根据覆盖层厚度和组成情况,可比较选用塑性混凝土防渗墙、混凝土防渗墙、高压喷射灌浆、沥青混凝土防渗墙、水泥土搅拌防渗墙、自凝灰浆墙、水泥或黏土水泥灌浆、板桩灌注墙、钢板桩、防渗土工膜等处理方式。

(3)在满足渗透稳定的条件下,位于深厚覆盖层上的低水头围堰,可采用铺盖或悬挂式防渗形式。

对围堰软基可采用振冲加密、置换、排水固结、反滤围压等加固处理措施,可按相关规定适当放宽。

土石围堰的堰体结构应符合下列要求:

(1)3 级土石围堰碾压部位堰体压实指标可按有关规定选取,4 级和 5 级土石围堰可适当降低。

(2)围堰堰体采用土料防渗时,堰体防渗土料与堰壳之间应设置反滤层,必要时设置过渡层。土料防渗体与两岸基岩的连接可采用扩大防渗断面或截水槽的方式。

(3)围堰堰体防渗体与堰基及岸坡应形成封闭防渗体系。

土石围堰与泄水道接头处,宜适当加长导水墙或设丁坝将主流挑离围堰,防止水流冲刷堰基。土石围堰迎水面堰坡保护范围可自最低水位以下 2 m 起至堰顶,纵向土石围堰堰坡保护范围应根据水流条件确定。防护材料应根据获得条件、水流流速、施工难度等因素,经技术经济比较后选定。

混凝土围堰的堰体结构应符合下列要求:

(1)横缝间距应根据地形地质条件、堰体断面尺寸、温度应力和施工条件等因素确定。横缝间距宜为 15 ~ 25 m,碾压混凝土围堰横缝间距可放宽。

(2)重力式围堰和拱围堰的混凝土强度、抗渗、抗冻等性能指标的选择,以及堰体的廊道、止水及排水的设置,可按有关规定确定,经分析论证可适当简化或降低。

(3)混凝土过水围堰宜采用台阶式溢流面,应重视下游消能防冲问题研究,下游消能防冲宜通过施工导流水力学模型试验论证。

围堰结构设计荷载组合应只考虑设计工况,但不考虑地震荷载。堰顶宽度应能适应施工需要和防汛抢险要求。

3 级和失事后果较严重的 4 级围堰的安全稳定除采用材料力学或土力学方法计算外,还宜采用有限元法复核其应力和变形。高水头、深基坑、高围堰的堰基防渗体宜进行应力应变分析。

土石围堰、混凝土围堰与浆砌石围堰的稳定安全系数应满足下列要求：

(1)土石围堰边坡稳定安全系数应满足表1-28的规定。

表1-28 土石围堰边坡稳定安全系数

围堰级别	计算方法	
	瑞典圆弧法	简化毕肖普法
3级	≥1.20	≥1.30
4级、5级	≥1.05	≥1.15

(2)重力式混凝土围堰、浆砌石围堰采用抗剪断公式计算时，安全系数K'应不小于3.0，排水失效时安全系数K'应不小于2.5；抗剪强度公式计算时安全系数K应不小于1.05。

(3)混凝土拱围堰、浆砌石围堰的稳定安全系数及应力控制指标应分别符合《混凝土拱坝设计规范》和《砌石坝设计规范》的有关规定。

导流挡水建筑物拦蓄库容较大时，施工导流设计宜考虑水库调蓄作用。

不过水围堰堰顶高程和堰顶安全加高值应符合下列规定：

(1)堰顶高程应不低于设计洪水的静水位与波浪高度及堰顶安全加高值之和，其堰顶安全加高应不低于表1-29的规定值。

表1-29 不过水围堰堰顶安全加高下限值 单位：m

围堰形式	围堰级别	
	3级	4~5级
土石围堰	0.7	0.5
混凝土围堰、浆砌石围堰	0.4	0.3

(2)土石围堰防渗体顶部在设计洪水静水位以上的加高值：斜墙式防渗体为0.6~0.8 m；心墙式防渗体为0.3~0.6 m。3级土石围堰的防渗体顶部应预留完工后的沉降超高。

(3)考虑涌浪或折冲水流影响，当下游有支流顶托时，应组合各种流量顶托情况，校核围堰堰顶高程。

(4)形成冰塞、冰坝的河流应考虑其造成的壅水高度。

过水围堰堰顶高程宜按静水位加波浪高度确定，不应另加堰顶安全加高值。

对导流围堰级别为3级且失事后果严重的工程，应提出发生超标准洪水时的应急预案。

下面以典型例题的形式对围堰堰顶高程的影响因素进行讲解。

典型例题

【多选题】计算土围堰的堰顶高程，应考虑的因素包括(　　)。

A. 河道宽度　　B. 施工期水位

C. 围堰结构形式　　D. 波浪爬高

E. 安全超高

BDE。【解析】围堰堰顶高程主要由施工期水位及工作条件确定,下游围堰堰顶高程=下游水位高程+波浪爬高+围堰的安全超高(过水围堰可不考虑);上游围堰堰顶高程=下游水位高程+上下游水位差+波浪爬高+围堰的安全超高(过水围堰可不考虑)。纵向围堰上游的高度与上游横向围堰高度一致。

五、导流泄水建筑物

导流明渠布置应符合下列规定:

(1)泄量大,工程量小,宜优先考虑与永久建筑物结合。

(2)弯道少,宜避开滑坡、崩塌体及高边坡开挖区。

(3)应便于布置进入基坑交通道路。

(4)进出口与围堰接头应满足堰基防冲要求。

(5)弯道半径不宜小于3倍明渠底宽,进出口轴线与河道主流方向的夹角宜小于30°。

明渠底宽、底坡、弯道和进出口高程应使上下游水流衔接条件良好,并满足导截流、后期封堵和施工期通航、排冰要求。

导流明渠防冲、消能设计应安全可靠、经济合理。软基上的明渠,宜通过水工模型试验,确定其冲坑形态和深度,并应采取有效消能抗冲措施。

明渠断面形式应根据地形、地质条件、主体建筑物结构布置和运行要求确定。明渠断面尺寸应根据导流设计流量及其允许抗冲流速等条件确定,明渠断面尺寸与上游围堰高度应通过技术经济比较确定。明渠衬护的范围和方式可根据地质和水力条件等,经技术经济比较确定。

导流隧洞的布置应符合下列要求:

(1)洞线应综合考虑地形、地质、枢纽总布置、水流条件、施工、运行及周边环境的影响因素,并通过技术经济比较选定。

(2)导流洞进、出口与上、下游围堰堰脚的距离应满足围堰防冲要求。

(3)与枢纽总布置相协调,有条件时宜与永久隧洞结合,其结合部分的洞轴线、断面形式与衬砌结构等应同时满足永久运行与施工导流要求。

(4)导流隧洞布置尚应符合《水工隧洞设计规范》的有关规定。

导流隧洞进出口高程应结合河道地形、地质条件,兼顾导流、截流及其他需要,经综合分析论证确定;对于高坝工程设置的多条导流隧洞,可分层布置。隧洞纵坡不宜采用平底和反坡。

导流隧洞断面形式应根据水力条件、地质条件、与永久建筑物的结合要求、施工方便等因素确定。断面尺寸应根据导流流量、截流难度、围堰规模和工程投资,经技术经济比较后确定。

导流隧洞垂直和侧向覆盖厚度,与相邻洞室间的岩体厚度应符合《水工隧洞设计规范》的有关规定。

导流隧洞弯曲半径不宜小于5倍洞径(或洞宽),转角不宜大于60°,且应在弯段首尾设置直线段,其长度不宜小于5倍洞径(或洞宽)。高流速有压隧洞弯曲半径和转角宜通过试验确定。

导流隧洞进口设置封堵闸门时,进水口可采用岸坡式、斜塔式、竖井式及闸门井式布置。

隧洞出口的消能防冲措施应根据地形地质、水力条件、运行方式、下游水深和变幅、河床的抗冲能力、水流衔接、消能防冲要求和相邻建筑物的影响等因素确定。

导流隧洞在运用过程中,若遇明满流交替流态或有压流为高速水流时,应采取措施防止产生空蚀、冲击波、振动等而导致洞身破坏。隧洞衬砌范围、支护结构、计算方法、灌浆和排水布置等,应符合有关规定。

对高流速、大流量、水流条件复杂的隧洞,应进行整体或局部水工模型试验,验证建筑物布置和水力计算的合理性。对多泥沙河流或上游河道有弃渣影响的导流隧洞,应适当提高混凝土强度等级,研究闸门槽保护与衬砌结构抗磨损措施。

导流底孔布置应遵循下列原则:

(1)宜布置在近河道主流位置。

(2)宜与永久泄水建筑物结合布置。

(3)坝内导流底孔宽度不宜超过该坝段宽度的一半,并宜骑缝布置。

(4)应考虑下闸和封堵施工方便。

导流底孔设置数量、尺寸和高程应满足导截流、坝体度汛、下闸蓄水、下游供水、生态流量和排冰等要求。导流底孔与永久建筑物结合布置时,应同时满足永久和施工期运行要求。

导流底孔的体形、水流流态和消能方式宜通过水工模型试验确定。当底孔内发生高速水流时,应采取预防空蚀措施。

导流涵管轴线宜顺直,其进口要求与隧洞(底孔)进口要求相同。涵管内不宜出现明满流交替的流态。坝内涵管宜设置在基岩上。位于软基上的涵管,应对管道结构或基础采取加固措施。涵管应分段设置伸缩缝。

混凝土重力坝、拱坝等实体结构在施工过程中可预留坝体缺口与其他导流设施共同泄流,高拱坝预留缺口应专门论证其挡水安全性;支墩坝、坝内厂房等非实体结构在封腔前坝体不宜过流,如需过流应复核其结构安全。

坝体泄洪缺口宜设在河床部位,避免下泄水流冲刷岸坡。高坝设置缺口泄洪时应妥善解决缺口形态、水流流态、下游防冲及过流振动、过流面混凝土防裂等问题,并通过水工模型试验验证。利用未形成溢流面的坝段泄流,可经水工模型试验确定空蚀指数。当空蚀指数小于0.3时,应采取掺气措施降低坝面负压值。

堆石坝坝面施工期过流,坝体填筑高度、过流断面形式、水力学条件及相应防护措施应通过水工模型试验专门论证确定。厂房施工期不宜过流,经论证需要过流时,应进行水工模型试验,确定过流方式、泄流能力及相应防护措施。船闸不宜参与导流,确需过流时应进行论证,并提出临时保护措施。

六、基坑排水

基坑排水分初期排水和经常性排水。应结合工程的自然条件和不同防渗措施进行综合分析,确定技术可行、经济合理的排水方案。

初期排水总量计算应包括围堰闭气后的基坑积水量、抽水过程中围堰及基础渗水量、堰身及基坑覆盖层中的含水量,以及可能的降水量。可能的降水量可采用抽水时段的多年日平均降水量计算。

经常性排水最大抽水强度应根据围堰和基础在设计水头的渗流量、覆盖层中的含水量、排水时降水量及施工弃水量确定。其中，计算经常性排水强度的降水量应按抽水时段最大日降水量在24 h内抽干计算，施工弃水量与降水量不应叠加。基坑渗水量可根据围堰形式、防渗方式、堰基情况、地质资料可靠程度、渗流水头等因素分析确定。

七、汛期施工险情判断与抢险技术措施

在水利水电工程施工过程中，常常包括围堰及土石坝施工，围堰和土石坝均为挡水建筑物。在汛期，由于降雨量增大，造成水库或河道水流量增大，水位线升高，致使挡水建筑物内外水头增大，围堰和坝体等挡水建筑物容易因渗流原因产生破坏，其破坏形式包括漏洞和管涌；如果水位超过实际洪水位，则可能发生漫溢险情。下面针对这几种险情简述几种抢险技术措施。

（一）漏洞抢险

漏洞通常发生在堰体内部，不易被发现，其产生的原因很多，主要是由于填土质量不好，存在架空结构，在高水头和渗流作用下，土块间细料或砂层流失，形成漏洞。漏洞的特点是贯穿整个堰身（坝体），漏洞出口一般发生在背水坡或堰体的堰脚部位。发生在堰脚部位的漏洞，很容易和一些基础管涌相混淆。而漏洞进水口可通过水面观察、潜水探漏、投放颜料观察水色等方法进行探测。

下面以典型例题的形式对漏洞险情判断与抢险的要求进行讲解。

典型例题

【多选题】关于围堰漏洞险情判断与抢险的说法，正确的有（　　）。

A. 漏洞发生在堰体内部，不易发现

B. 若发现纸屑、碎草等漂浮物在水面打漩，表明此处水下有进水口

C. 上游投放颜料，下游观测水色变化

D. 进水口和出水口同时塞堵是最有效的堵漏方法之一

E. 应采用反滤围井法抢护

ABC。【解析】漏洞通常发生在堰体内部，不易发现。故选项A正确。漏洞进水口可通过水面观察、潜水探漏、投放颜料观察水色等方法进行探测。其中，采用水面观察法探测漏洞进水口时，可在水面上撒纸屑、碎草等漂浮物，若其在水面打漩，则表明此处水下有进水口。投放颜料观察水色通常是在上游投放颜料，在下游观测水色变化。故选项B，C正确。对于发生漏洞险情的围堰，最有效且最常用的堵漏方法是在进口对漏洞进行塞堵，称为塞堵法。故选项D错误。除塞堵法外，还可采用盖堵法进行堵漏。塞堵法适用于漏洞较少、洞孔较小的险情下进行抢险。盖堵法适用于形成的漏洞较多，且比较集中时的抢险。反滤围井法是管涌险情的抢护方法。故选项E错误。

链接

漏洞险情的抢险方法除塞堵法和盖堵法外，还有戗堤法。其适用于漏洞口多而小，范围较大的情况。

（二）管涌抢险

在渗流作用下，土体内的细小颗粒沿着粗大颗粒间的孔隙通道移动或被水流带出，致使土层中形成孔道而产生集中涌水的现象，称为管涌。管涌一般发生在无黏性砂土、砂砾土的下游坡面和地基渗流的逸出处。对于黏土土料，由于颗粒之间存在黏聚力，渗流不容易把土壤颗粒带走，因此较少发生管涌。

发生管涌险情时，应遵循制止涌水带砂，但留有渗水出路的抢险原则。管涌险情有以下几种抢险技术措施：

（1）反滤围井法（如图1-7所示）。当管涌险情发生的数目较少或比较集中时，宜采用在管涌周边抢筑围井。围井宜采用编制土袋、黏性土堆筑，单个管涌也可采用无底的水桶或汽油桶。围井填筑的同时，在围井内铺填透水性反滤料，反滤料的作用是防止管涌继续带出土壤细小颗粒。反滤料的材料可以是级配砂砾石、土工织物、麦秸、草席等透水性材料，不得使用不透水性材料。此外，土工织物及草席铺设时应进行密封处理，四周应埋入周围土层内。

（2）反滤层压盖法（如图1-8所示）。反滤层压盖法适用于大面积管涌群的抢险，用施工级配砂石料、土工织物、草席等大面积覆盖在管涌群出口处。其目的是为了减缓渗流流速，防止细砂等小颗粒被水流带走。砂石料铺填应具备一定厚度，土工织物和草席等需多层铺盖，周边采用土袋压实。

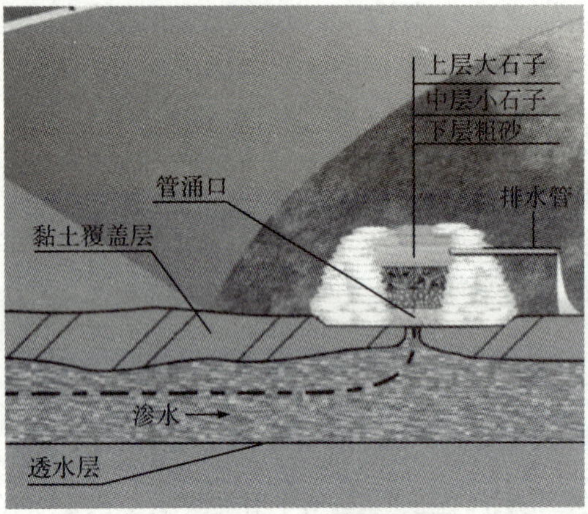

图1-7　反滤围井法

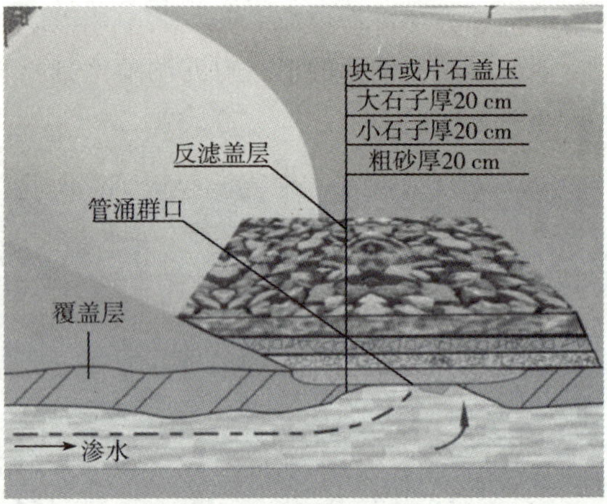

图1-8　反滤层压盖法

典型例题

【单选题】反滤层从下到上的材料依次可以是（　　）。

A. 大石子→小石子→中粗砂　　B. 小石子→大石子→中粗砂

C. 中粗砂→小石子→大石子　　D. 中粗砂→大石子→小石子

C。【解析】反滤层是由2～4层颗粒大小不同的砂、碎石或卵石等材料组成的，顺着水流的方向颗粒逐渐增大，任一层的颗粒都不允许穿过相邻较粗一层的孔隙。故选项C正确。

（三）漫溢抢险

漫溢是指实际的水位超过围堰或坝体的顶部，流到堰体以外。发生漫溢险情时，应根据上游水情，尽快采用土袋加高堰顶，或修筑子堤。堆砌土袋时应注意与堰体临水坡坡度一致，最好为1:1的坡度；修筑子堤时应注意在临水面坝肩一侧50 cm外修筑，以防冲刷，且修筑的子堤高度应高于预测的最高洪水位。

2F312020　河道截流

截流又称堵口，是指在建造围堰的过程中，当河道被缩窄到一定程度后，所留缺口（龙口）的封堵工作。

链接

截流是堵截河水迫使其流向预定通道的工程措施。向流水中抛投料物填筑戗堤的工作称进占。两岸进占后预留的河道泄流口门称龙口。为防止龙口河床和戗堤端部被冲刷毁坏，需要对龙口范围内进行防冲加固。闭合龙口，最终拦断水流的过程称合龙。合龙后在戗堤迎水面采取防渗措施封堵渗漏通道称闭气。

截流方案应综合分析水文气象条件、河流特性、河床地形地质条件、施工条件、截流难度、河流梯级开发情况等因素，结合工程实际条件与要求，经技术经济比较后选定。

截流多采用戗堤法，宜优先采用立堵截流方式；在条件特殊时，经充分论证后可选用建造浮桥及栈桥平堵截流、定向爆破、建闸等其他截流方式。

专家解读

河道截流又称抛投块料截流，一般有立堵、平堵，以及较特殊的定向爆破、截流闸等方式。目前应用较多的方法是戗堤法，并以戗堤立堵为多，该方法简单易行，一般适用于岩基或覆盖层较薄、流量大的岩基河床截流。平堵主要是修筑栈桥，但栈桥价格很贵，施工技术条件也很复杂，故架桥平堵截流方法不常采用，但适用于易冲刷地基上的截流。此外，还可用平堵和立堵相结合的方案（即混合堵）进行截流。

下面以典型例题的形式对混合堵的定义进行讲解。

典型例题

【单选题】首先从龙口两端下料，保护戗堤头部，同时施工护底工程并抬高龙口底槛高程到一定高度，再从龙口两端抛投块料截断河流的截流方法是（　　）。

A. 平堵　　B. 立堵

C. 混合堵　　D. 抬高底槛

C。【解析】混合堵是采用平、立堵结合的方法，一般情况下都是先从龙口的两端下料，保护戗堤头部，同时施工护底工程并抬高龙口底槛高程到一定高度，再从龙口两端抛投块料截断河流。

截流方式应综合分析水力学参数、施工条件和截流难度、抛投材料数量和性质、抛投强度等因素，进行技术经济比较，并应根据下列条件选择：

（1）截流落差不超过4.0 m和流量较小时，宜优先选择单戗立堵截流。当龙口水流能量较大，流速较高，应制备重大抛投材料。

(2)截流流量大且落差大于4.0 m和龙口水流能量较大时，可采用双戗、多戗或宽戗立堵截流。

在河床覆盖层较厚、水较深的条件下，可采用先平堵护底，后立堵合龙的平、立堵结合方案；在龙口水深超过20 m时，可采用先平抛垫底，后立堵合龙的截流方案。在具有架设浮桥或栈桥条件时，可采用平堵截流方案；在导流明渠等河床底部光滑的条件下截流时，可采用先抛投材料形成或设置拦石坎，后立堵截流方案。

专家解读

在深水河道截流中，一般采用平抛垫底等防止堤头坍塌措施，通过平抛垫底使河床地基挤压加密，坡度变缓，水深变浅，可有效减少堤头坍塌。

截流设计应提出导流泄水建筑物附近围堰和其他阻水障碍物清除的具体要求。

截流戗堤轴线应根据围堰布置、河床和两岸地形地质、交通条件、围堰防渗、主流流向、通航要求等因素综合分析选定，并考虑戗堤闭气、基础处理、堰体加高等要求。截流戗堤宜为围堰堰体组成部分。

截流戗堤布置时，应考虑与围堰防渗体的关系，戗堤轴线宜位于围堰防渗轴线的下游。

截流戗堤顶宽度应根据抛投强度、行车密度和抛投方式确定，宜取10~25 m；为提高抛投强度或实施宽戗截流时，可适当加宽。

龙口位置的选择应结合截流戗堤轴线的选择统一考虑，由地形、地质、交通和水力条件等因素综合确定。确定龙口宽度及位置应遵守下列原则：截流龙口位置宜设于河床水深较浅、河床覆盖层较薄或基岩裸露部位；应考虑进占堤头稳定及河床冲刷因素，保证预进占段裹头不发生冲刷破坏；龙口工程量小；龙口预进占戗堤布置应便于施工。

链接

水利工程施工中，确定截流龙口宽度及其防护措施的主要依据有龙口流量和龙口抗冲流速。

非龙口段进占宜遵守下列原则：

(1)对于通航河道，应妥善解决戗堤进占施工与航运的矛盾。

(2)控制束窄口门的落差和流速，减少覆盖层冲刷及戗堤抛投材料的流失量。

(3)截流戗堤顶高程应考虑整个进占过程中不受洪水漫溢和冲刷，可按《水利水电工程等级划分及洪水标准》中相关规定，相应导流建筑物级别降低一级，取其当月洪峰流量对应的上游静水位加高0.5~1.0 m。

根据合龙过程中不同宽度口门流速、落差等水力指标，龙口段可划分为3~4个施工区段。

截流抛投材料选择应符合下列规定：

(1)非龙口段及预进占段填筑料应利用开挖渣料和当地天然料。

(2)截流备料总量应根据截流料物堆存条件、运输条件、可能流失量及戗堤沉陷等因素综合分析，并留适当备用量，备用系数可取1.2~1.5。

(3)龙口段重大抛投材料数量应考虑一定备用，备用系数宜取1.5~2.0。

(4)重大抛投体材料应考虑易于起吊运输。

重要或难度较大的截流工程设计,应通过水工模型试验验证,并提出截流期间的预报和测报要求。

截流水力学计算应确定截流过程中的落差、单宽流量、单宽能量、流速等水力学参数及其变化规律,确定截流抛投材料的尺寸和质量。截流流量宜只考虑经由龙口和分流建筑物下泄,可不计戗堤渗流量和水库拦蓄量。

2F313000 水利水电工程主体工程施工

2F313010 土石方开挖工程

一、岩土开挖级别划分

(一)土类开挖级别划分

土类开挖级别划分应符合表1-30的规定。

表1-30 土类开挖级别划分

土类级别	土类名称	天然湿度下平均容重/(kN·m^{-3})	外形特征	开挖方式
Ⅰ	1.砂土 2.种植土	16.5~17.5	疏松,黏着力差或易透水,略有黏性	用锹或略加脚踩开挖
Ⅱ	1.壤土 2.淤泥 3.含壤种植土	17.5~18.5	开挖时能成块,并易打碎	用锹需用脚踩开挖
Ⅲ	1.黏土 2.干燥黄土 3.干淤泥 4.含少量砾石黏土	18.0~19.5	黏手,看不见砂粒或干硬	用镐、三齿耙开挖或用锹需用力加脚踩开挖
Ⅳ	1.坚硬黏土 2.砾质黏土 3.含卵石黏土	19.0~21.0	壤土结构坚硬,将土分裂后成块状或含黏粒砾石较多	用镐、三齿耙工具开挖

提示

以往考试中考查过土类分级的依据,即土方开挖的方法及其难易程度等。

（二）岩石开挖级别划分

岩石开挖级别划分应符合表 1-31 的规定。

表 1-31 岩石开挖级别划分

岩石级别		岩石名称	天然湿度下平均容重/（kN·m^{-3}）	净钻孔时间/（min·m^{-1}） 用直径 30 mm 合金钻头，凿岩机打眼（工作气压 0.456 MPa）	极限抗压强度 R/MPa	强度系数 f
软石	Ⅴ	1. 硅藻土及软的白垩岩 2. 硬的石炭纪的黏土 3. 胶结不紧的砾岩 4. 各种不坚实的页岩	15.0 19.5 19.0～22.0 20.0	—	<20	1.5～2.0
坚石	Ⅵ	1. 软的有孔隙的节理多的石灰岩及介质石灰岩 2. 密实的白垩岩 3. 中等坚实的页岩 4. 中等坚实的泥灰岩	22.0 26.0 27.0 23.0	—	20～40	2.0～4.0
	Ⅶ	1. 水成岩卵石经石灰质胶结而成的砾石 2. 风化的节理多的黏土质砂岩 3. 坚硬的泥质页岩 4. 坚实的泥灰岩	22.0 22.0 23.0 25.0	—	40～60	4.0～6.0
	Ⅷ	1. 角砾状花岗岩 2. 泥灰质石灰岩 3. 黏土质砂岩 4. 云母页岩及砂质页岩 5. 硬石膏	23.0 23.0 22.0 23.0 29.0	6.8 （5.7～7.7）	60～80	6.0～8.0
	Ⅸ	1. 软的风化较甚的花岗岩、片麻岩及正长岩 2. 滑石质蛇纹岩 3. 密实的石灰岩 4. 水成岩卵石经硅质胶结的砾石 5. 砂岩 6. 砂质石灰质的页岩	25.0 24.0 25.0 25.0 25.0 25.0	8.5 （7.8～9.2）	80～100	8.0～10.0

（续表）

岩石级别		岩石名称	天然湿度下平均容重/（kN·m^{-3}）	净钻孔时间/（min·m^{-1}）用直径 30 mm 合金钻头，凿岩机打眼（工作气压 0.456 MPa）	极限抗压强度 R/MPa	强度系数 f
坚石	X	1. 白云岩 2. 坚实的石灰岩 3. 大理石 4. 石灰质胶结的质密的砂岩 5. 坚硬的砂质页岩	27.0 27.0 27.0 26.0 26.0	10 （9.3～10.8）	100～120	10.0～12.0
坚石	XI	1. 粗粒花岗岩 2. 特别坚硬的白云岩 3. 蛇纹岩 4. 火成岩卵石经石灰质胶结的砂岩 5. 石灰质胶结的坚实的砂岩 6. 粗粒正长岩	28.0 29.0 26.0 28.0 27.0 27.0	11.2 （10.9～11.5）	120～140	12.0～14.0
坚石	XII	1. 有风化痕迹的安山岩及玄武岩 2. 片麻岩、粗面岩 3. 特别坚硬的石灰岩 4. 火成岩卵石经硅质胶结的砾岩	27.0 26.0 29.0 26.0	12.2 （11.6～13.3）	140～160	14.0～16.0
特坚石	XIII	1. 中粒花岗岩 2. 坚实的片麻岩 3. 辉绿岩 4. 玢岩 5. 坚实的粗面岩 6. 中粒正长岩	31.0 28.0 27.0 25.0 28.0 28.0	14.1 （13.4～14.8）	160～180	16.0～18.0
特坚石	XIV	1. 特别坚实的细粒花岗岩 2. 花岗片麻岩 3. 闪长岩 4. 最坚实的石灰岩 5. 坚实的玢岩	33.0 29.0 29.0 31.0 27.0	15.5 （14.9～18.2）	180～200	18.0～20.0

（续表）

岩石级别		岩石名称	天然湿度下平均容重/（kN·m⁻³）	净钻孔时间/（min·m⁻¹）用直径30 mm合金钻头，凿岩机打眼（工作气压0.456 MPa）	极限抗压强度 R/MPa	强度系数 f
特坚石	XV	1. 安山岩、玄武岩、坚实的角闪岩 2. 最坚实的辉绿岩及闪长岩 3. 坚实的辉长岩及石英岩	31.0 29.0 28.0	20.0 （18.3～24.0）	200～250	20.0～25.0
特坚石	XVI	1. 钙钠长石质玄武岩及橄榄石质玄武岩 2. 特别坚实的辉长岩、辉绿岩、石英岩及玢岩	33.0 33.0	>24.0	>250	>25.0

提示

岩石级别较多，可简单记忆岩石的分级依据和级别数量。

链接

岩石按形成条件的不同可分为岩浆岩、沉积岩和变质岩三大类：

（1）岩浆岩又称火成岩，是由岩浆喷出地表或侵入地壳冷却凝固所形成的岩石。其包括闪长岩、花岗岩、辉绿岩、辉长岩、玄武岩等。

（2）沉积岩又称水成岩，是在地表不太深的地方，将其他岩石的风化产物和一些火山喷发物，经过水流或冰川的搬运、沉积、成岩作用形成的岩石。其包括石灰岩、砂岩、页岩等。

（3）变质岩是受到地球内部力量（温度、压力、应力的变化、化学成分等）改造而成的新型岩石。其包括大理岩、石英岩、片麻岩等。

二、土石方开挖工程施工技术

（一）一般规定

土石方开挖过程中应遵守下列规定：

（1）土石方开挖应自上而下分层进行，分层厚度经综合研究确定。水上、水下分界高程可根据地形、地质、开挖时段和水文条件等因素分析确定。

（2）基础保护层以上岩石开挖，宜采取延长药包、分层梯段钻孔爆破开挖方式。

链接

钻孔爆破根据钻孔深度和直径的不同，分为浅孔爆破和深孔爆破。根据《爆破安全规程》，浅孔爆破是指炮孔直径小于或等于 50 mm，炮孔深度不大于 5 m 的爆破作业。深孔爆破是指炮孔直径大于 50 mm，并且深度大于 5 m 的爆破作业。浅孔爆破常采用阶梯开挖法，多适用于采石场和基坑、隧洞、渠道开挖作业。深孔爆破常采用垂直钻孔法，多适用于大型采石场和大型基坑开挖作业。另外，浅孔爆破施工时，炮孔布置合理有利于提高爆破效率，炮孔布置的原则下面以典型例题的形式进行讲解。

典型例题

【多选题】爆破施工时，炮孔布置合理的有(　　)。

A. 炮孔方向宜与最小抵抗线方向重合

B. 尽量利用和创造自由面

C. 炮孔与岩石层面垂直

D. 几排炮孔时，宜按梅花形布置

E. 炮孔与节理平行

BCD。【解析】浅孔爆破应避免最小抵抗线与炮孔孔口在同一方向。故选项 A 错误。为减小爆破阻力，对于有利地形要充分利用，尽量利用和创造自由面。故选项 B 正确。炮孔不宜穿过较宽的裂隙，应当与层面、节理等垂直或者斜交。故选项 C 正确，选项 E 错误。几排炮孔时，宜按梅花形布置。故选项 D 正确。

(3)设计边坡轮廓面开挖，应采取防振措施。紧邻水平建基面的开挖，宜在常规梯段爆破孔的底部与建基面之间预留保护层。

(4)水工建筑物岩石基础部位开挖不应采用集中药包爆破法，其他部位采用时，应按《水工建筑物岩石地基开挖施工技术规范》执行。

专家解读

洞室法爆破、药壶法爆破、蛇穴法爆破等集中药包法虽具有一次爆破量大、需要机械设备简单、可缩短工期、适用于交通困难和人烟稀少地区施工等优点，但由于装药集中引起的地震较大，因而对基岩破坏大，对边坡稳定及周围的地面地下建筑物的保护不利，正常情况下不得在大坝及其邻近的水工建筑物地基开挖中使用。

(5)在新浇筑大体积混凝土、新灌浆区、新预应力锚固区、新锚喷(或喷浆)支护区等部位附近进行爆破，应经论证并采取控制爆破，爆破质点振动速度应满足安全允许标准。

(6)高边坡开挖应符合下列规定：

①应采取自上而下的施工程序。

②应采用预裂爆破或光面爆破，并避免二次削坡。

③对有支护要求的边坡每层开挖后应适时支护。

④坡顶设置截排水沟的边坡，应先完成坡顶截排水沟的施工，之后再进行边坡开挖。

链接

根据《爆破安全规程》，预裂爆破是指沿开挖边界布置密集炮孔，采取不耦合装药或装填低威力炸药，在主爆区之前起爆，从而在爆区与保留区之间形成预裂缝，以减弱主爆孔爆破对保留岩体的破坏并形成平整轮廓面的爆破作业。光面爆破是指沿开挖边界布置密集炮孔，采取不耦合装药或装填低威力炸药，在主爆区之后起爆，以形成平整的轮廓面的爆破作业。只要爆破参数合理选择，预裂爆破和光面爆破就能形成质量好的边坡(或地基)轮廓面，可减少超(或欠)挖，减小台阶爆破对边坡保留岩体的有害影响。预裂面还有减震作用，一般优先采用预裂爆破；对于岩石较破碎的部位可优先采用光面爆破(地下洞室开挖多采用光面爆破)。

(7)水下开挖施工方法和设备应根据水深、水流流速、地形、地质、开挖范围、开挖量等因素选择确定。

(8)可利用料的开挖应根据开挖条件、开挖强度和可利用料的数量、物理力学特性、质量要求等因素，研究采取合适的开挖、运输方法和设备。

(9)应结合施工总布置和施工总进度做好整个工程的土石方平衡规划，并宜与水土保持措施相结合。应减少弃渣二次倒运，堆渣不应污染环境。

(10)出渣道路布置应遵守下列原则：

①应根据开挖方式、施工进度、运输强度、渣场位置、车型和地形条件等因素，统一规划主体工程土石方明挖出渣道路的布置。

②进入基坑的出渣道路有困难时，最大纵坡可视运输设备性能、纵坡长度等具体情况酌情加大，但不宜大于15%。在地形复杂、深基坑等没有条件或难以布置基坑出渣道路的情况下，可研究采用其他出渣方法。

③应能满足后续工程施工需要，不占压建筑物部位；宜不占压或少占压深挖部位。

④宜短、平、直，减少平面交叉。

⑤行车密度大的道路宜设置双车道或循环线；出渣强度低、地形陡峭的地段，出渣道路可采用单车道，并应设置错车道，错车道间隔距离不宜大于200 m。

链接

《水工建筑物岩石地基开挖施工技术规范》中关于土石方开挖的强制性条文规定如下：未经安全技术论证和主管部门批准，严禁采用自下而上造成岩体倒悬的开挖方式。

(二)土方机械化施工技术

1. 挖土机械

挖掘机的种类繁多，根据其行走装置可分为履带式和轮胎式；根据其工作方式可分为循环式和连续式；根据其传动方式可分为索式、链式和液压式等。

挖掘机有回转、行驶和工作三个装置。

(1)单斗挖掘机。

单斗挖掘机按用途分，可分为建筑用和专用；按行走装置分，可分为履带式、汽车式、轮胎式和步行式；按传动装置分，可分为机械传动、液压传动和液力机械传动；按工作装置分，可分为正向铲、反向铲、拉（索）铲和抓铲；按动力装置分，可分为内燃机驱动和电力驱动；按斗容量分，可分为 0.5 m^3、1 m^3、2 m^3 等。

正向铲挖掘机具备强有力的推力装置，能挖掘Ⅰ～Ⅳ级土和破碎后的岩石。其主要用来挖掘停机面以上的土石方，也可以挖掘停机面以下不深的地方，但不能用于水下开挖。

反向铲挖掘机可以挖停机面以下较深的土，也可以挖停机面以上一定范围的土，也可以用于水下开挖。

（2）多斗挖掘机。

多斗挖掘机又称挖沟机、纵向多斗挖土机。多斗挖掘机由工作装置、行走装置和动力、操纵及传动装置等几部分组成。其按工作装置分为链斗式和轮式两种；按卸土方式分为装有卸土皮带运输器和未装卸土皮带运输器两种。

与单斗挖掘机比较，多斗挖掘机有下列优点：挖土作业是连续的，在同样条件下生产率高；开挖单位土方量所需的能量消耗较低；开挖沟槽的底和壁较整齐；在连续挖土的同时，能将土自动卸在沟槽一侧。

多斗挖掘机不宜开挖坚硬的土和含水量较大的土，适宜开挖黄土、粉质黏土等。

2. 挖运组合机械

（1）推土机。

推土机是以拖拉机为原动机械，在拖拉机上装有推土铲刀，另加切土刀片从而形成的一种挖运综合作业机械。其既可薄层切土又能短距离推运。推土机按推土板的操作方式不同，可分为索式和液压式两种。

推土机构造简单，操作灵活，运转方便，所需作业面小，功率大，能爬30°左右的缓坡。其适用于施工场地清理和平整，开挖深度不超过 1.5 m 的基坑以及沟槽的回填土，堆筑高度在 1.5 m以内的路基、堤坝等。在推土机后面安装松土装置，可破松硬土和冻土，还可牵引无动力的土方机械（如拖式铲运机、羊脚碾等）进行其他土方作业。推土机的推运距离宜在 100 m以内，当推运距离在 30～60 m 时，经济效益最好。

利用下述方法可提高推土机的生产效率：

①下坡推土。借推土机自重，增大铲刀的切土深度和运土数量，以提高推土能力和缩短运土时间。

②并列推土。对于大面积土方工程，可用 2～3 台推土机并列推土。

③沟槽推土。当运距较远，挖土层较厚时，利用前次推土形成的槽推土，可大大减少土方散失，从而提高效率。

（2）铲运机。

铲运机按行走方式分为拖式和自行式。前者用拖拉机牵引铲斗，后者自身有行驶动力装置。现在多用自行式。根据操作方式不同，拖式铲运机又分为索式和液压式两种。

铲运机能独立完成铲土、运土、卸土和平土作业，对行驶道路要求低，具有操作灵活，运转方便，生产效率高的特点。铲运机适用于大面积场地平整，开挖大型基坑、沟槽以及填筑路基、堤坝等，最适合开挖含水量不大于 27% 的松土和普通土，不适合在砂砾层和沼泽区工作。当铲运较硬的土壤时，宜先用推土机翻松0.2～0.4 m，以减少机械磨损，从而提高效率。拖式铲运机的运距以不超过800 m为宜，经济运距不超过500 m；自行式铲运机的经济运距为800～1 500 m。

(3)装载机。

装载机是一种高效的挖运组合机械。其主要用途是铲取散粒料并装上车辆，可用于装运、挖掘、平整场地和牵引车辆等，更换工作装置后，可用于抓举或起重作业，因此在工程中得到广泛应用。

装载机按行走装置分为轮胎式和履带式；按卸料方式分为前卸式、后卸式和回转式；按装载质量分为小型(<1 t)、轻型(1～3 t)、中型(4～8 t)和重型(>10 t)。目前使用较多的是四轮驱动铰接转向的轮式装载机，其铲斗多为前卸式，有的兼可侧卸。

3. 运输机械

运输机械有循环式和连续式。循环式运输机械又包括有轨机车和机动灵活的汽车。常用的连续式运输机械是带式运输机，根据有无行驶装置，可分为移动式和固定式两种，前者多用于短途运输和散料的装卸堆存，后者常用于长距离的运输。

链接

当不具备机械开挖条件或机械设备不充裕时，可采用人工开挖。人工开挖土方时，采用分层下挖的方式，在临近设计高程处应预留出厚度为0.2～0.3 m的建基面保护层，等到上部结构施工时，再将该保护层挖除。

2F313020　地基处理工程

一、地基处理目的

根据建筑物地基条件，地基处理的目的大体可归纳为以下几个方面：

(1)提高地基的承载能力，改善其变形特性。

(2)改善地基的剪切特性，防止剪切破坏，减少剪切变形。

(3)改善地基的压缩特性，减少不均匀沉降。

(4)减少地基的透水特性，降低扬压力和地下水位，提高地基的稳定性。

(5)改善地基的动力特性，防止液化。

(6)防止地下洞室围岩坍塌和边坡危岩、陡坡滑落。

(7)在地基中置入人工基础建筑物，使其与地基共同承受各种荷载。

二、地基开挖与清理

(一)混凝土重力坝

建基面形态应根据地形地质条件及上部结构的要求确定，坝段的建基面上、下游高差不宜过大。基础面高差过大或向下游倾斜的，宜开挖成带钝角的大台阶状。台阶的高差应与混凝土浇筑块的尺寸和分缝的位置相协调，并和坝趾处的坝体混凝土厚度相适应。对基础高差悬殊的部位宜调整坝段的分缝或做必要的处理。

两岸岸坡坝段建基面平行坝轴线方向应开挖成有足够宽度的台阶状，以满足坝体侧向稳定。

（二）碾压式土石坝

坝基范围内土基和砂砾石地基，应清除草皮、树根、腐殖土、垃圾、蛮石及其他废料，清理后的坝基面应整平和压实。

坝基范围内的岩基，应清除表面松动石块、凹处积土和突出的岩石。

土质防渗体和反滤层与岩石基础连接应按下列规定执行：

(1)宜与坚硬、不冲蚀和可灌浆的岩石连接。

(2)风化层较深时，高坝宜开挖到弱风化层上部，中坝、低坝可开挖到强风化层下部。经专门论证，当处理措施能满足渗流安全和耐久性要求时，中坝、低坝坝基可开挖至强风化层中部、上部。

(3)开挖后的岩石面，宜用风枪、水枪冲洗干净，对断层、张开节理裂隙应逐条开挖清理，并边开挖清理边用混凝土或砂浆封堵。

对土质防渗体的页岩、泥岩等软岩及各类易风化岩石坝基，开挖时宜预留保护层，或开挖后用混凝土盖板保护。

土质防渗体坝基岩面上宜设混凝土盖板，硬岩的陡坡面可采用喷混凝土或喷水泥砂浆。

与土质防渗体连接的岸坡的开挖应符合下列要求：

(1)岸坡宜平顺，不应成台阶状、反坡或突然变坡，岸坡上缓下陡时，变坡角应小于20°。

(2)岩石岸坡不宜陡于1:0.5。陡于此坡度时应有专门论证，并采取相应工程措施。

(3)土质岸坡不宜陡于1:1.5。

(4)岸坡施工期稳定应满足相关规定。

三、地基处理方法

（一）灌浆法

1. 帷幕灌浆

帷幕灌浆是指采用灌浆方法充填地基内的缝隙，形成阻水幕以降低作用在建筑物底部的渗透压力或减小渗流量的工程措施。

帷幕灌浆布置在靠近建筑物上游迎水面的基岩内，形成一道连续的平行建筑物轴线的防渗幕墙。其目的是减少基岩的渗流量，降低基岩的渗透压力，保证基础的渗透稳定。帷幕灌浆的深度主要由作用水头及地质条件等确定，较之固结灌浆要深得多。在施工中，通常采用单孔灌浆，所使用的灌浆压力比较大。

链接

帷幕灌浆主要控制参数有灌浆压力、灌浆深度、灌浆厚度、灌浆孔排数、防渗标准。其中，对灌浆压力进行控制时，需考虑岩层性质、孔深、灌浆段上是否有压重等因素。灌浆压力通过压水试验确定。

2. 固结灌浆

固结灌浆是指采用灌浆方法加固有裂隙或破碎等地质缺陷的地基以增强其整体性和承

载能力的工程措施。

固结灌浆的目的是提高基岩的整体性与强度，并降低基础的透水性。当基岩地质条件较好时，一般可在坝基上、下游应力较大的部位布置固结灌浆孔；在地质条件较差而坝体较高的情况下，则需要对坝基进行全面的固结灌浆，甚至在坝基以外上、下游一定范围内也要进行固结灌浆，因此其灌浆面积较大。固结灌浆的深度较浅，一般为5～8 m。同一地段的基岩灌浆必须按先固结灌浆后帷幕灌浆的顺序进行。

3. 回填灌浆

回填灌浆是指用浆液填充混凝土结构物施工留下的空穴、孔洞，或地下空腔，以增强结构物或地基的密实性的灌浆工程。

链接

水工隧洞混凝土衬砌段的灌浆，应按先回填灌浆后固结灌浆的顺序进行。当隧洞中布置有帷幕灌浆时，应按照先回填灌浆，再固结灌浆，后帷幕（或接缝）灌浆的顺序施工。

4. 接触灌浆

接触灌浆是指采用灌浆方法加强建筑物与地基或围岩间的结合能力，以提高其接触面上的物理力学性能的工程措施。

接触灌浆的目的是加强坝体混凝土与坝基或岸肩之间的结合能力，提高坝体的抗滑稳定性。一般通过混凝土钻孔压浆或预先在接触面上埋设灌浆盒及相应的管道系统，也可结合固结灌浆进行。

接触灌浆应安排在坝体混凝土达到稳定温度以后进行，以利于防止混凝土收缩产生拉裂。

5. 化学灌浆

化学灌浆是指利用压力将化学浆液注入基岩、覆盖层、裂缝等需处理的工程部位，使之充填、扩散、胶凝、固结，达到防渗堵漏、补强加固等目的的工程措施。

化学灌浆主要用于裂隙与空隙细小（0.1 mm以下），颗粒材料不能灌入；对基础的防渗或强度有较高要求；渗透水流的速度较大，其他灌浆材料不能封堵等情况。

水电水利工程的化学灌浆可采用环氧树脂、聚氨酯、丙烯酸盐、水玻璃、硅溶胶等灌浆材料。化学灌浆材料的选择应考虑以下因素：工程要求与受灌体性质；化学灌浆材料的适用性；工程应用经验；经济技术指标；其他因素。

化学浆液具有以下特性：

（1）化学浆液的黏度低，有的接近于水，有的比水还小。其流动性好，可灌性高，可以灌入水泥浆液灌不进去的细微裂隙中。

（2）化学浆液的聚合时间可以比较准确地控制，有利于机动灵活地进行施工控制。

（3）化学浆液聚合后的聚合体，渗透系数很小，防渗效果好。

（4）有些化学浆液聚合体本身的强度及黏结强度比较高，可承受高水头。

（5）化学灌浆材料聚合体的稳定性和耐久性均较好，能抗酸、碱及微生物的侵蚀。

（6）化学灌浆材料都有一定的毒性，在配制、施工过程中要注意防护，并切实预防环境污染。

由于化学材料配制的浆液为真溶液，不存在粒状灌浆材料所存在的沉淀问题，故化学灌浆都采用纯压式灌浆。化学灌浆的钻孔和清洗工艺及技术要求，与水泥灌浆基本相同，也遵循分序加密的原则进行钻孔灌浆。

化学灌浆的方法按浆液的混合方式，可分为单液法灌浆和双液法灌浆。一次配制成功的浆液或两种浆液组分在泵送灌注前先行混合的灌浆方法称为单液法。两种浆液组分在泵送后才混合的灌浆方法称为双液法。前者施工相对简单，在工程中使用较多。

为了保持连续供浆，现在多采用电动式比例泵提供压送浆液的动力。对于小型工程和个别补强加固的部位，也可采用手压泵。

6. 高压喷射灌浆

高压喷射灌浆是指一种采用高压水或高压浆液形成高速喷射流束，冲击、切割、破坏地层土体，并以水泥基质浆液充填、掺混其中，形成桩柱或幕墙状的凝结体，用以提高地基防渗或承载能力的施工技术，简称高喷灌浆或高喷。

高喷灌浆宜全孔自下而上连续作业。中途拆卸喷射管时，搭接段应进行复喷，搭接长度不得小于0.2 m。供浆正常情况下，孔口回浆密度变小、回浆量增大，应降低风压并加大进浆浆液密度或进浆量。

高喷灌浆过程中发生串浆时，应填堵串浆孔，待灌浆孔高喷灌浆结束，尽快进行串浆孔的扫孔、高喷灌浆，或继续钻进。高喷灌浆过程中应采取必要措施保证孔内浆液上返畅通，避免造成地层劈裂和地面抬动。

（二）混凝土防渗墙

混凝土防渗墙是指利用钻孔、挖（铣）槽机械，在松散透水地基或坝（堰）体中以泥浆固壁，挖掘槽形孔或连锁桩柱孔，在泥浆下浇筑混凝土，筑成的具有防渗性能的地下连续墙。

1. 防渗墙的分类及其适用条件

防渗墙的分类及其适用条件见表1-32。

表1-32　防渗墙的分类及其适用条件

防渗墙分类			特点	适用条件
按结构形式分类	桩柱型	搭接	单孔钻进后浇筑混凝土建成桩柱，桩柱间搭接一定厚度成墙，不易塌孔。造孔精度要求高，搭接厚度不易保证，难以形成等厚度的墙体	各种地层，特别是深度较浅、成层复杂、容易塌孔的地层。多用于低水头工程
		联接	单号孔先钻进建成桩柱，双号孔用异形钻头和双反弧钻头钻进，可连接建成等厚度墙体，施工工艺机具较复杂，不易塌孔，单接缝多	各种地层，特殊条件下，多用于地层深度较大的工程
	槽板（孔）型		将防渗墙沿轴线方向分成一定长度的槽段，各槽段分期施工，槽段间卸料用不同连接形式连接成墙。接缝少，工效高，墙厚均匀，防渗效果好。措施不当易发生塌孔现象和不易保证墙体质量	采用不同机具，适用各种不同深度的地层
	板桩灌注型		打入特制钢板桩，提桩注浆成墙，工效高，墙厚小，造价低	深度较浅的松软地层，低水头堤、闸、坝防渗处理

（续表）

防渗墙分类		特点	适用条件
按墙体材料分类	混凝土	普通混凝土，抗压强度和弹性模量较高，抗渗性能好	一般工程
	黏土混凝土	抗渗性能好	一般工程
	钢筋混凝土	能承受较大的弯矩和应力	结构有特殊要求
	自凝灰浆和固化灰浆	灰浆固壁、自凝成墙，或灰浆固壁然后向泥浆内掺加凝结材料成墙，强度低，弹性模量低，塑性好	多用于低水头或临时建筑物
	少灰混凝土	利用开挖渣料，掺加黏土和少量水泥，采用岸坡倾灌法浇筑成墙	临时性工程，或有特殊要求的工程

除上述分类方法外，防渗墙还可根据成槽方法分类，其成槽方法包括抓取成槽法、钻劈成槽法、钻抓成槽法和铣削成槽法。

2. 防渗墙的施工程序

槽孔（板）型的防渗墙，是由一段段槽孔套接而成的地下墙。尽管在应用范围、构造形式和墙体材料等方面存在各种类型的防渗墙，但其施工程序与工艺是类似的，主要为平整场地→安设导向槽（为挖槽起导向作用）→导墙施工（导墙是控制防渗墙各项指标的基准）→安装挖槽机械设备（如冲击钻机、回转钻机、钢绳抓斗、液压铣槽机等）→制备泥浆注入导槽→成槽→混凝土浇筑成墙→质量检查等。

3. 防渗墙的质量检查和竣工资料

防渗墙质量检查程序应包括工序质量检查和墙体质量检查。下面以典型例题的形式对防渗墙质量检查的主要内容进行讲解。

典型例题

【案例题】某中型进水闸工程，闸底板前趾底部布置一道混凝土防渗墙。

【问题】简述闸基混凝土防渗墙质量检查的主要内容。

【答案】（1）工序质量检查：造孔、终孔、清孔、接头处理、混凝土浇筑（包括钢筋笼、预埋件、观测仪器安装埋设）等。

（2）墙体质量检查：必要的墙体物理力学性能指标、墙段接缝和可能存在的缺陷。

【解析】防渗墙质量检查的主要内容详见答案。各工序检查合格后，应签发工序质量检查合格证。上道工序未经检查合格，不应进行下道工序。墙体质量检查应在成墙后 28 天进行。检查可采用钻孔取芯、注水试验或其他检测等方法，注水试验按照相关规定执行。检查孔的数量宜为每 15 ~ 20 个槽孔一个，位置应具有代表性。遇有特殊要求时，可酌情增加检测项目及检测频率，固化灰浆和自凝灰浆的质量检查可在合适龄期进行。

除上述内容外，防渗墙的质量检查和竣工资料还应符合下列要求。

槽孔建造的终孔质量检查应包括下列内容：孔深、槽孔中心偏差、孔斜率、槽宽和孔形；基岩岩样与槽孔嵌入基岩深度；一期、二期槽孔间接头的套接厚度。

槽孔的清孔质量检查应包括下列内容：接头孔刷洗质量；孔底淤积厚度；孔内泥浆性能（包括密度、黏度、含砂量）。

混凝土浇筑质量检查应包括下列内容：导管布置；导管埋深；浇筑混凝土面的上升速度；钢筋笼、预埋件、观测仪器安装埋设；混凝土面高差。

墙体材料检查应遵循下列规定：

(1)混凝土成型试件应在槽孔口现场取样。

(2)抗压强度试件每个墙段至少成型1组，大于500 m^3 的墙段至少成型2组；抗渗性能试件每8~10个墙段成型1组。

(3)薄墙抗压强度试件每5个墙段成型1组，抗渗性能试件每20个墙段成型1组。

(4)固化灰浆和自凝灰浆应进行抗压及抗渗试验，试验组数根据工程规模确定。

(5)确需进行弹性模量试验时，弹性模量试件数量根据需要确定。

防渗墙单项工程的竣工资料应包括下列内容：设计图纸、说明书、技术要求、设计变更及补充文件；竣工报告、竣工总平面图及剖面图；施工原始记录、工序质量检查资料、原材料检验资料、墙体材料及泥浆试验资料、墙内观测仪器的埋设和初期观测资料、施工期地下水位和坝体观测资料、墙体检查孔成果资料、重大事故报告；有关的专题试验研究报告等；工程建设大事记。

（三）其他方法

1. 垫层法

垫层法是指将基础下的湿陷性土层全部或部分挖出，然后用黄土，经过筛后，在最优含水量状态下分层回填夯实或压实。垫层厚度为1.0~2.0倍基础宽度，控制土的干密度不小于1.6 t/m^3，该方法能消除一定深度内土的湿陷变形，改善土的工程性质，增强地基的防水效果，费用较低。

2. 重锤夯实法

重锤夯实法是指将2~3 t重锤，提到一定高度(4~6 m)，自由下落，进行重复夯打。该方法能使土的密度增加，减小或消除地基的湿陷变形，一般能消除1~2 m厚土层的湿陷性。

3. 强夯法

强夯法是指用8 t以上的重锤，从10 m以上高度自由下落，强力夯击土体。一般锤重10~12 t，落距10~18 m时，可消除3~6 m深土层的湿陷性，并提高地基的承载能力。

4. 挤密（实）法

挤密（实）法是指用机械（人工或爆破）成孔的方法，将钢管打入土中，拔出钢管后在孔内填充素土、灰土或碎石等，分层夯实，形成一个个柱体，要求密实度不低于0.95。通过桩的挤密作用改善桩周土的物理力学性能，基本上可消除桩深度范围内黄土的湿陷性。处理深度一般可达5~10 m，造价低。

5. 预浸水法

预浸水法是指利用地基浸水后自重湿陷的特性，在施工前挖坑进行大面积浸水，使土体产生自重湿陷，从而达到消除地基的湿陷性。

6. 灌注（预制）桩基础

将桩穿透厚度较大的湿陷性黄土层，使桩尖（头）落于承载力较高的非湿陷性黄土层上，荷载通过桩身和桩尖（扩大头）传到非湿陷性黄土层中。桩的长度和入土深度以及桩的承载力，应通过荷载试验或根据当地经验确定。采用桩基需消耗材料较多，费用一般较贵。

7. 置换法（换填法）

置换法（换填法）是指当软弱土地基的承载力和变形满足不了建筑物的要求，而软弱土层的厚度又不很大时，可将基础底面下处理范围内的软弱土层部分或全部挖去，然后分层换填强度较大的砂、碎石、素土、灰土、高炉干渣、粉煤灰，或其他性能稳定、无侵蚀性的材料，并压（夯、振）实至要求的密实度为止。

8. 排水固结法

排水固结法是指可在地基中设置排水系统，利用自身质量进行加载；或在建筑物建造前在地基上预先加载，使土体中的孔隙水排出，逐渐固结沉降，同时提高土体强度。

当处理不同的地基时，其采用的方法也不太相同，下面以典型例题的形式进行讲解。

典型例题

【多选题】下列地基处理方法中，适用于水利水电工程软土地基处理的方法有（　　）。

A. 置换法　　B. 排水法

C. 强夯法　　D. 挤实法

E. 预浸法

ABD。【解析】除了选项A，B，D，还有桩基础、高压喷射灌浆、开挖等方法适用于水利水电工程软土地基处理。强夯法、预浸法、垫层法、桩基础、重锤夯实法等适用于水利水电工程湿陷性黄土地基处理。帷幕灌浆、防渗墙、设水平铺盖、开挖等方法适用于砂砾石地基处理。预浸法、置换法等适用于膨胀土地基处理。灌浆法、开挖回填法等适用于岩基处理。帷幕灌浆、回填法（回填碎石、片石）适用于岩溶地段地基处理。换填法（基底换填碎石垫层）、保温法（设隔热板、铺复合土工膜）、排水隔水法（设渗水暗沟）等适用于冻土地基处理。

四、水泥灌浆的施工技术

水泥灌浆是指利用灌浆泵或浆液自重，通过钻孔、埋管或其他方式把水泥浆液或以水泥为主要成分的浆液注入岩土体的裂隙、孔隙，混凝土裂缝、接缝或孔洞内的工程措施。水泥灌浆的方法有回填灌浆、固结灌浆、帷幕灌浆、接缝灌浆、接触灌浆等。

水泥灌浆施工中的主要工序包括钻孔、钻孔（裂隙）冲洗、压水试验、灌浆、回填封孔、质量检查等。而基岩的水泥灌浆一般选用固结灌浆，下文进行详细讲解。

（一）钻孔

钻孔时应确保孔位、孔深、孔向符合设计要求；力求孔径上下均一、孔壁平顺；钻进过程中产生的细屑较少。

为了有利于浆液的扩散和提高浆液结合的密实性，在确定钻孔顺序时应和灌浆次序密切配合。一般是当一批钻孔钻进完毕后，随即进行灌浆。钻孔次序则以逐渐加密钻孔数和缩小孔距为原则。对排孔的钻孔顺序，先下游排孔，后上游排孔，最后中间排孔。对统一排孔而言，一般 2 ~4 次序孔施工，逐渐加密。

（二）钻孔（裂隙）冲洗

岩石固结灌浆孔或灌浆段钻进完成后，应使用大水流或压缩空气冲洗钻进，清除孔内岩粉、渣屑，冲洗后孔底残留物厚度应不大于 20 cm。

在断层、破碎带和细微裂隙等复杂地层中灌浆，冲洗的质量对灌浆效果影响极大。岩层裂隙冲洗方法分为单孔冲洗和群孔冲洗两种。在岩层比较完整，裂隙比较少的地方，可采用单孔冲洗。

（三）压水试验

在冲洗完成并开始灌浆施工前，一般要对灌浆地层进行压水试验。压水试验可以测定地层的渗透特性，也是检查地层灌浆实际效果的主要方法。

灌浆施工时的压水试验，使用的压力通常为同段灌浆压力的 80%，且一般不大于 1 MPa。

链接

根据《水工建筑物水泥灌浆施工技术规范》，基岩固结灌浆中，可在各序孔中选取不少于 5% 的灌浆孔（段）在灌浆前进行简易压水试验。简易压水试验可与裂隙冲洗合并进行。简易压水试验应采用单点法进行。

（四）灌浆

1. 钻孔灌浆的次序

根据《水工建筑物水泥灌浆施工技术规范》，基岩固结灌浆应按分序加密的原则进行。同一区段或坝块内，周边孔应先行施工。其余部位灌浆孔排与排之间和同一排孔孔与孔之间，可分为二序施工，也可只分排序不分孔序或只分孔序不分排序。

专家解读

采用分序加密的原则，一方面可以提高浆液结石的密实性；另一方面，通过后灌序孔透水率和单位吸浆量的分析，可推断先灌序孔的灌浆效果，同时还有利于减少相邻孔串浆现象。

2. 注浆方式

按照注浆时浆液灌注和流动的特点，灌浆方式有纯压式和循环式两种。对于帷幕灌浆，应优先采用循环式。

（1）纯压式灌浆。其是一次将浆液压入钻孔，并扩散到地基裂隙中。灌注过程中，浆液从灌浆机向钻孔流动，不再返回。该方式多用于吸浆量大，有大裂隙存在，孔深不超过 12～15 m 的情况。

(2)循环式灌浆。灌浆机把浆液压入钻孔后，浆液一部分被压入地基缝隙中，另一部分由回浆管返回拌浆筒中。该方式一方面可以使浆液保持流动状态，减少浆液沉淀；另一方面可根据进浆和回浆浆液比重的差别，来了解地基吸收情况，并作为判定灌浆结束的一个条件。

3. 钻灌方法

按照同一钻孔内的钻灌顺序，有全孔一次钻灌和全孔分段钻灌两种方法。

(1)全孔一次钻灌。其将灌浆孔一次钻到全深，并沿全孔进行灌浆。该方法施工简便，多用于孔深不超过 6 m，地质条件良好，岩基比较完整的情况。

(2)全孔分段钻灌：

①自上而下分段钻灌法。其施工顺序是钻一段、灌一段，待凝一定时间后，再钻灌下一段，钻孔和灌注交替进行，直至设计深度。

②自下而上分段钻灌法。一次将孔钻到全深，然后自下而上逐段灌浆。该方法一般多用在岩层比较完整或基岩上部已有足够压重不致引起地面抬动的情况。

③综合钻灌法。在进行深孔灌浆时，上部孔段可采用自上而下分段钻灌法，下部孔段则采用自下而上分段钻灌法。

④孔口封闭灌浆法。先在孔口镶铸孔口管，以便安设孔口封闭器；采用小孔径的钻孔，自上而下逐段钻孔与灌浆；上段灌后不必待凝，进行下段的钻灌，如此循环，直至终孔；可以多次重复灌浆，可以使用较高的灌浆压力。

4. 灌浆压力

灌浆压力通常是指作用在灌浆段中部的压力，是控制灌浆质量、提高灌浆经济效益的重要因素。

灌浆过程中，灌浆压力的控制基本上有两种，即一次升压法和分级升压法。

灌浆过程中，必须根据灌浆压力或吸浆率的变化情况，适时调整浆液的稠度，使地基的大小缝隙既能灌饱，又不浪费。浆液稠度的变换按先稀后浓的原则控制，这是由于稀浆的流动性较好，宽细裂隙都能进浆，使细小裂隙先灌饱，而后随着浆液稠度逐渐变浓，其他较宽的裂隙也能逐步得到良好的充填。

灌浆结束条件一般用两个指标控制：一个是残余吸浆量（又称最终吸浆量），即灌到最后的限定吸浆量；另一个是闭浆时间，即在残余吸浆量不变的情况下保持设计规定压力的延续时间。

（五）回填封孔

灌浆结束后，应随即将灌浆孔清理干净。对于帷幕灌浆孔，宜采用浓浆灌浆法填实，再用水泥砂浆封孔。对于固结灌浆，孔深小于 10 m 时，可采用机械压浆法进行回填封孔，即通过深入孔底的灌浆管压入浓水泥浆或砂浆，顶出孔内积水，随浆面的上升，缓慢提升灌浆管；当孔深大于 10 m 时，其封孔与帷幕灌浆孔相同。

（六）质量检查

根据《水工建筑物水泥灌浆施工技术规范》，岩基固结灌浆的质量检查应符合下列规定：

（1）固结灌浆工程的质量检查宜采用检测岩体弹性波波速的方法，检测可在灌浆结束14天后进行。检查孔的数量和布置、岩体波速提高的程度应按设计规定执行。

（2）固结灌浆工程的质量检查也可采用钻孔压水试验的方法，在灌浆结束3天后进行。检查孔的数量不宜少于灌浆孔总数的5%。压水试验采用单点法，按相关规定执行。工程质量合格标准为：单元工程内检查孔各段的合格率应达85%以上，不合格孔段的透水率不超过设计规定值的150%，且分布不集中。

（3）声波测试孔、压水试验检查孔完成检测工作后，应按规定进行灌浆和封孔。对检查不合格的孔段，应根据工程要求和不合格程度确定是否需对相应部位进行补充灌浆和检查。

链接

化学灌浆是在水泥灌浆基础上发展起来的新型灌浆方法。化学灌浆的施工工序为钻孔、压水试验、钻孔（裂缝）处理、埋设注浆嘴和回浆嘴、封闭、注水、灌浆。

2F313030 土石方填筑工程

一、一般规定

根据《水利水电工程施工组织设计规范》，土石方填筑应符合下列规定：

（1）土石方填筑施工方案的选择应分析工程所在地区气象台（站）的长期观测资料，宜统计降水、气温、蒸发、大风和冰冻等各种气象要素不同量级出现的天数，确定对各种填筑料施工影响程度。对坝高200 m以上的高土石坝施工方案应做专题研究。

（2）填筑材料的运输方式应根据建筑物形式、施工区地形条件、运输量、开采方式、运输设备型号、运距等因素，通过技术经济比较后确定，并符合下列规定：

①应满足填筑强度要求。

②运输过程中不应掺混、污染和降低物料物理力学性能。

③各种填筑料宜采用相同的运输方式；采用多种运输方式时，应统筹规划、合理布置，做好各运输方式之间的衔接。

④运输中转环节少，运输费用较低，临时设施简易，准备工程量小。

（3）土石方填筑道路布置应符合下列规定：

①各路段标准应满足运输强度和施工安全要求，在分析各路段运输总量、使用期限、运输车型和当地气象条件等因素后确定。特殊路段应进行技术经济比较论证，在限制坡长条件下（不宜大于200 m），道路最大纵坡不大于15%。

②能兼顾地形条件，各期道路宜衔接使用。

③能兼顾其他施工运输、两岸交通和施工期过填筑体运输，宜与永久公路结合。

（4）碾压式土石坝坝体填筑规划应符合下列规定：

①土质防渗体堆石坝、均质坝沿坝轴线方向宜采用全段施工，但在宽阔河道上，根据施工程序和施工总进度要求，也可研究采用分段施工方式。

②坝体填筑横断面宜平起填筑、均衡上升。必要时也可研究填筑临时挡水断面，临时断面设计应符合相关规定。

③运输车辆不宜穿越心墙、斜墙和趾板，若需穿越时应提出专门的施工措施。

(5)土石料压实设备类型可根据土石料性质等因素选择，铺料厚度、碾压遍数等施工参数应根据土石料性质和压实设备性能通过分析研究或工程类比法确定。大中型土石坝工程可采用数字大坝填筑质量监控系统。

(6)堆石料宜选用进占法铺料，级配较好的石料、砂砾(卵)石料等宜选用后退法铺料，铺料层厚度大于1.0 m的堆石料应选用混合法铺料；碾压方向应沿建筑物轴线方向进行，碾压宜采用进退错距法作业，碾压前宜适当加水。

(7)过渡料填筑宜采用后退法铺料，并与同层垫层料或反滤料一并碾压。

(8)垫层料填筑宜采用后退法铺料，并与同层过渡料一并碾压。垫层料上游坡面可采用挤压式边墙、翻模固坡砂浆、碾压水泥砂浆、喷混凝土或喷乳化沥青等保护方式。

(9)防渗体土料宜采用进占法铺填、平料，碾压方向应平行于建筑物轴线。土料含水率与最优含水率差别较大时应进行调整。接缝削坡坡度应根据选用的施工机械设备确定。

链接

对料场最重要的质量控制指标是含水量。若土料含水量偏大，则可采用的措施有：具备翻晒条件时，采用翻晒法降低含水量；优化排水系统；设置防雨设施；采用立面开采时，可用向阳面开采或掌子面轮换开采等方法。若土料含水量偏小，则可采用的措施有：在料场对黏性土料加水；在坝面对非黏性土料加水。

(10)土料宜安排在少雨季节施工。土料在雨季施工，应选用适合的施工方案，采取可靠的防雨措施。

(11)石料在负温条件下填筑时不应加水，并应减小铺料厚度和增加碾压遍数。当日平均气温低于0 ℃时，土料应按低温季节施工考虑；当日平均气温低于 -10 ℃时，不宜填筑土料，否则应进行技术经济论证。土料低温季节施工，应研究土料场的保温和防冻措施。

二、碾压式土石坝施工技术

土石坝是一种充分利用当地材料的坝型。随着大型高效施工机械的广泛使用，施工人数大量减少，施工工期不断缩短，施工费用显著降低，施工条件日益改善，土石坝工程的应用比任何其他坝型都更加广泛。

根据不同的施工方法，土石坝分为干填碾压、水中填土、水力冲填(包括水坠坝)和定向爆破筑坝等类型。国内以碾压式土石坝应用最多。碾压式土石坝的施工，包括施工准备作业、基本作业、辅助作业和附加作业等。

(一)土石料场的勘测要点

土石坝用料量较大，在选坝阶段需要对土石料场做全面检查，施工前配合施工组织设计，对料场作深入勘测，并从空间、时间、质量和数量等方面进行考虑。

时间方面，就是要考虑施工强度和坝体填筑部位的变化。空间方面，是指对料场位置、高程的恰当选择，合理布置。料场质量与数量的方面，是对料场规划最基本的要求，也是决定料场取舍的重要因素。

（二）土石坝施工要点

当基础开挖和基础处理基本完成后，就可进行坝体的铺填、压实施工。

坝面作业施工程序包括铺土、平土、洒水、压实（对于黏性土采用平碾，压实后尚需刨毛以保证层间结合的质量）、质检等。其中，铺土、平土、压实属于主要工序。为避免坝面施工中的干扰，延误施工进度，坝面压实宜采用流水作业施工。

根据《碾压式土石坝施工规范》，碾压式土石坝防渗土料填筑施工应符合下列规定：

(1)应沿坝轴线方向铺筑防渗土料，铺土应及时，宜采用定点测量方式控制铺土厚度。防渗土料的铺筑宜增加平地机平整工序。

(2)黏性土料应采用进占法卸料，汽车不应在已压实土料面上行驶。碎(砾)石土、风化料、掺合土可视具体情况选择铺料方式。

(3)当气候干燥、土层表面水分蒸发较快时，铺料前应适当洒水湿润压实土表面，严禁在其干燥状态下铺填新土。已压实表面形成光面的中高坝或窄心墙防渗体，铺土前应洒水湿润并将光面刨毛，对低坝洒水湿润即可。

(4)防渗体土料宜采用凸块振动碾压实。碾压应沿坝轴线方向进行。如特殊部位只能垂直坝轴线方向碾压时，铺料和碾压应现场监控，不得超厚、漏压或欠压。

(5)心墙应同上下游反滤料及部分坝壳料平起填筑，骑缝碾压，宜采用先填反滤料后填土料的平起填筑法施工。斜墙宜与下游反滤料及部分坝壳料平起填筑，也可滞后于坝壳料填筑，但需预留斜墙、反滤料和部分坝壳料的施工场地，且已填筑坝壳料必须削坡至合格面。

黏性土、碎(砾)石土、风化料、掺合料纵、横向接缝的设置应符合下列要求：防渗体与均质坝的横向接坡不宜陡于1:3，需采用更陡接坡时，应论证后实施。

应遵循以下规定进行防渗体与坝基结合部位的填筑：

(1)对于黏性土、碎(砾)石土坝基，应将表面含水率调整至施工含水率上限，用凸块振动碾压实，经验收后始可填土。

(2)对于无黏性土坝基铺土前，坝基应洒水压实，经验收后可根据设计要求回填反滤料和第一层土料。第一层料的铺土厚度可适当减薄，含水率应调整至施工含水率上限，宜采用轻型压实机具压实。

（三）压实机械

土料不同，其物理力学性质也不同。因此使之密实的作用外力也不同。压实机械设备根据压实作用外力不同，大体可分为碾压、夯击和振动压实三种机具。碾压的作用力为静压力；夯击的作用力为瞬时动力；振动的作用力为周期性的重复动力。随着工程机械的发展，又有振动和碾压同时作用的振动碾，产生振动和夯击作用的振动夯等。常用的压实机具有以下几种。

1. 羊脚碾

由于在碾压滚筒表面设有交错排列的截头圆锥体，形如羊脚，故称羊脚碾。与其他碾压机械一样，羊脚碾的开行方式有如下两种：进退错距法和圈转套压法。前者操作简便，便于分段流水作业，压实质量容易保证；后者工作效率高，对开行的工作面要求较大，但是在碾压过程中需要转弯，造成转弯处碾压过多，出现超压，适用于多碾滚组合碾压。目前采用最多的是进退错距法。羊脚碾属于静压碾压机械。

2. 振动碾

振动碾是一种振动和碾压相结合的压实机械，由柴油机带动与机身相连的附有偏心块的轴旋转，迫使碾磙产生高频振动。振动碾压实效果好，结构简单，制作方便，成本低廉，生产率高，是压实非黏性土石料的高效压实机械。

3. 气胎碾

气胎碾在碾压土料时，气胎随土体的变形而变形。随着土体压实密度的增加，气胎的变形也相应增加，从而使气胎与土体的接触面积随之增大，始终能保持较为均匀的压实效果。与刚性碾相比，气胎不仅对土体的接触压力分布均匀且作用时间长，压实效果好，压实土料厚度大，生产效率高。气胎碾属于静压碾压机械。

4. 夯板

夯板可以吊装在去掉土斗的挖掘机的臂杆上，借助卷扬机操纵绳索系统使夯板上升。夯击土料时将索具放松，使夯板自由下落，夯实土料，其压实铺土厚度可达 1 m，生产效率较高。对于大颗粒填料可用夯板夯实，其破碎率比用碾压机械压实大得多。

（四）压实标准和压实参数

1. 压实标准

土石坝的土料压实标准中，用干容重（或干密度）来控制黏性土，用相对密度来控制非黏性土。控制标准随建筑物等级的不同而不同。由于振动碾的采用，坝体相对密度值有明显提高，设计边坡更陡，设计断面更为紧凑，设计工程量显著减少。

若在现场不方便用相对密度，可将相对密度转换成对应的干容重（或干密度）来控制，其大小按非黏性土不同砾石含量，分别确定不同标准。

一般情况下，黏性土的干密度低于非黏性土的干密度。

2. 压实参数

土料压实参数确定前应进行碾压试验。碾压试验前，先通过理论计算并参照已建类似工程的经验，初选几种碾压机械和拟定几组碾压参数，采用逐步收敛法进行试验。

根据《碾压式土石坝施工规范》，压实参数主要包括机械参数和施工参数，当压实设备定型后，机械参数（如碾量）已经确定。施工参数包括铺土厚度、碾压遍数、含水控制标准（含水量）以及石料的加水量等。

链接

对于振动碾压，压实参数还包括振动频率和行车速度等。

在绘制压实参数的关系曲线时，由于非黏性土不存在最优含水量，因此需区分黏性土与非黏性土。对于黏性土试验，需要作铺土厚度、压实遍数、最优含水量及最大干容重（或干密度）的关系曲线；对于非黏性土，只需作铺土厚度、压实遍数和干容重（或干密度）的关系曲线，从而得到铺土厚度与压实遍数的关系，根据试验结果选择现场施工的压实参数。

（五）质量控制与检验

以下内容主要参考《碾压式土石坝施工规范》进行学习。

1. 一般规定

（1）质量控制应按工程设计、施工图、合同技术条款、国家和行业颁发的有关标准要求进行。应建立满足施工需要的坝区施工控制网。

（2）应定期进行纵、横断面进度测量，各类填料界限应放线加以区分，并将施测成果绘制成图表。

2. 坝基与岸坡处理质量控制

（1）土石坝坝基及岸坡处理进行质量检验应符合相关规定，应采用观察检查与查看地质报告、施工记录的检验方法。

（2）岸坡清理边线偏差按人工、机械不同要求进行控制，边坡不陡于设计边坡。

（3）应按设计要求进行防渗体岩基及岸坡开挖，基础面应无松动岩块、悬挂体、陡坎、尖角等，且无爆破影响裂隙。

（4）裂隙与节理充填物应冲洗干净，回填水泥浆、水泥砂浆、混凝土应饱满密实。断层或构造破碎带应按设计要求处理。

3. 坝料质量控制

（1）应以料场控制为主进行坝料质量控制，不合格材料应在料场处理合格后上坝。

（2）应设置坝料质量控制站，按设计要求及有关规定进行质量控制。

（3）采用目测方法现场鉴别坝料质量，项目执行按表 1-33 的规定，但也应取一定数量的代表样进行试验验证，目测指标应满足设计要求，合格料方可开采上坝。

表 1-33　坝料现场鉴别控制项目

坝料类别		鉴别项目
防渗土料	黏性土	含水率，黏粒含量
	碎（砾）石土	允许最大粒径，砾石含量，含水率
反滤料、垫层料、排水料		级配，含泥量，风化软弱颗粒含量
过渡料		级配，允许最大粒径，含泥量
坝壳砾质土		小于 5 mm 含量，含水率
坝壳砂砾土		级配，砾石含量，含泥量
堆石料	硬岩	允许最大块径，小于 5 mm 颗粒含量，含泥量，软岩含量
	软岩	单轴抗压强度，小于 5 mm 颗粒含量，含泥量

4. 坝体填筑质量控制

(1)应检查坝体填筑过程中以下质量控制项目是否符合要求：

①填筑边界控制及坝料质量。

②与防渗体接触的岩面上石粉、泥土以及混凝土面的乳皮等杂物清除，涂刷浓泥浆等。

③结合部位的压实方法及施工质量。

④防渗体层面有无光面、剪切破坏、弹簧土、漏压或欠压土层、裂缝等，铺土前压实土体表面处理。

⑤防渗体与反滤料、部分坝壳料的平起关系。

⑥铺料厚度和碾压参数。

⑦碾压机具规格、质量，振动碾振动频率、激振力，气胎碾气胎压力等。

⑧过渡料、堆石料有无超径石、大块石集中和夹泥等。

⑨坝坡控制。

(2)防渗体压实控制指标采用干密度、含水率或压实度。反滤料、过渡料、垫层料及砂砾料的压实控制指标采用干密度或相对密度。堆石料的压实控制指标采用孔隙率。

(3)坝体压实质量应以压实参数和指标检测相结合进行控制。过程压实参数应有检测记录；当采用实时质量监控系统进行质量控制时，抽样指标检测频次应减少，且宜布置在过程参数指标不满足要求的部位。

(4)可根据不同坝料采用表1-34的检测方法检测密(密实)度、含水率，现场试验、室内试验应按照相关规定进行。

表1-34　坝料密(密实)度、含水率检测方法

坝料类别		现场密（密实）度检测方法	现场含水率检测方法
防渗土料	黏性土	挖坑灌水(砂)法、环刀法、三点击实法、核子水分-密度仪法	烘干法、烤干法、核子水分-密度仪法、酒精燃烧法、红外线烘干法、微波烘干法
防渗土料	碎(砾)石土	挖坑灌水(砂)法、三点击实法、碎(砾)石土最大干密度拟合法、核子水分-密度仪法	烘干法、烤干法、核子水分-密度仪法、红外线烘干法
反滤料、过渡料、垫层料、排水层料、砂砾石料		挖坑灌水(砂)法、附加质量法、瑞雷波法、压沉值法	烘干法、烤干法
堆石料		挖坑灌水(砂)法、附加质量法、瑞雷波法、压沉值法	烘干法、风干法

(5)核子水分-密度仪法、附加质量法、瑞雷波法、压沉值法等快速检测方法宜与环刀法、灌水(砂)法等结合使用，应满足稳定性、准确性、精度要求。

(6)堆石料、过渡料采用挖坑灌水(砂)法测密度，试坑直径不小于坝料最大粒径的2~3倍，最大不超过2.00 m，试坑深度为碾压层厚。试坑尺寸与试样最大粒径的关系见表1-35。

表 1-35　试坑尺寸与试样最大粒径的关系

试样最大粒径/m	试坑尺寸		套环直径/m
	直径/m	深度	
≤0.8	不小于1.60	碾压层厚	2.00
≤0.3	0.90～1.20		1.20

(7)经取样检查压实合格后方可继续防渗体铺土填筑,否则应补压。补压无效时,应处理。

(8)除按规定检查压实质量外,反滤料和过渡料还应控制颗粒级配,不符合设计要求的应返工处理。

(9)以施工参数为主对堆石料填筑质量进行控制,并按规定检查压实质量。

(10)可疑部位、设计指定的重要部位按要求取样检测数据作为记录,不作为数理统计和质量管理图的资料。

(11)坝体压实检测项目及取样检测频次按表1-36的要求执行。采用实时质量监控系统时,防渗土料、反滤料、过渡料抽样指标检测频次可减少为表1-36要求的20%～50%或每层1次,堆石料可根据情况抽检或者按1次/(20万～40万m^3)频次抽检。应按坝体填筑要求回填取样试坑后,方可继续填筑。

表 1-36　坝体压实检查次数

坝料类别及部位			检查项目	取样(检测)次数
防渗体	黏性土	边角夯实部位	干密度、含水率	2～3次/层
		碾压面		1次/(100～200 m^3)
		均质坝		1次/(200～500 m^3)
	砾质土	边角夯实部位	干密度、含水率、大于5 mm砾石含量	2～3次/层
		碾压面		1次/(200～500 m^3)
反滤料			干密度、颗粒级配、含泥量	1次/(200～500 m^3),每层至少1次
过渡料			干密度、颗粒级配	1次/(500～1 000 m^3),每层至少1次
坝壳砂砾(卵)料			干密度、颗粒级配	1次/(5 000～10 000 m^3)
坝壳砾质土			干密度、含水率、小于5 mm砾石含量	1次/(3 000～6 000 m^3)
堆石料*			干密度、颗粒级配	1次/(50 000～150 000 m^3)

注:*堆石料颗粒级配试验组数可为干密度试验的30%～50%。

(12)应检查进入防渗体填筑面上的路口段处土层,如有剪切破坏应处理。

(13)环刀法测密度时,应取压实层的下部;挖坑灌水(砂)法试坑直径应符合相关规定,应挖至层间接合面。

(14)堆石料、砂砾料干密度平均值不应小于设计值,标准差不应大于0.10 t/m^3。当样本数小于20组时,检测合格率不应小于90%,不合格数值不得小于设计值的95%。

(15)防渗土料干密度或压实度合格率不应小于90%,不合格数值不得小于设计值的98%。

(16)应检查雨前防渗体表面松土是否已平整和压实、压光,雨后复工前填筑面土料是否合格。

(17)负温下施工应增加以下检查项目:填筑面防冻措施;坝基已压实土层冻结现象;填筑面上的冰雪清除情况;气温、土温、风速等观测记录资料;春季应复查冻结深度以内的填土层质量。

三、混凝土面板堆石坝施工技术

根据《混凝土面板堆石坝施工规范》,混凝土面板堆石坝坝体填筑应符合下列规定:

(1)坝体填筑时,在特殊情况下可设置临时断面。垫层料、过渡料和主堆石料的填筑宽度宜大于30 m。

(2)坝体堆石料铺筑宜采用进占法,必要时可采用后退法与进占法结合卸料;垫层料、过渡料宜采用后退法,应及时平料,并保持填筑面平整;每层铺料后宜测量检查铺料厚度,发现超厚层应及时处理。

(3)坝体堆石料填筑宜加水碾压,加水量通过碾压试验分析确定。垫层料的含水率控制和加水方法宜由试验确定。

(4)坝体堆石料碾压应采用振动平碾,高坝宜采用重型振动碾。坝料碾压按材料分区分段进行,各碾压段之间的搭接不应小于1.0 m,碾压宜采用错距法。

(5)主堆石区与岸坡、混凝土建筑物接触带,应按设计要求填筑过渡料,并控制好接触带的碾压质量。

(6)坝料卸料、铺料时应避免分离,对垫层料与过渡料、过渡料与主堆石料接触带处分离的块石应予以清除。

(7)周边缝下特殊垫层区应人工配合机械薄层摊铺,每层厚度不超过200 mm,应采用振动冲击夯、液压平板振动器、小型振动碾等压实。

(8)垫层料上游坡面采用削坡法施工时,垫层料铺筑上游水平超宽宜为200~300 mm。采用液压平板振动器压实垫层料时,水平超宽可适当减少。采用自行式振动碾压实时,振动碾距上游边缘的距离不宜大于400 mm。

(9)垫层料与过渡料每两层与主堆石填筑面齐平,应采用振动碾骑缝碾压。各种料物的边界线可略有误差,但细料可侵入粗料边界,而粗料不得侵入细料边界。主堆石料与下游堆石料的接触带,下游堆石料不得侵入主堆石区。

混凝土面板堆石坝坝体填筑质量应控制下列几个方面:

(1)坝料填筑部位重点控制垫层料和过渡料的有效宽度,过渡料不应侵占垫层料位置,堆石料不应侵占过渡料位置。

(2)填筑施工重点控制铺料厚度、碾压遍数、振动碾行进速度和激振力、加水量等施工参数,保证填筑压实质量。除此之外,其压实参数还包括碾压机具的质量和振动频率。

(3)采用挤压边墙结构施工的重点是控制其混凝土的弹性模量、渗透系数、抗压强度等指标,混凝土超强率不应大于20%。

链接

以往考试中考查过防渗体结构形式及混凝土面板堆石坝材料分区示意图（如下图所示），该内容需重点掌握。

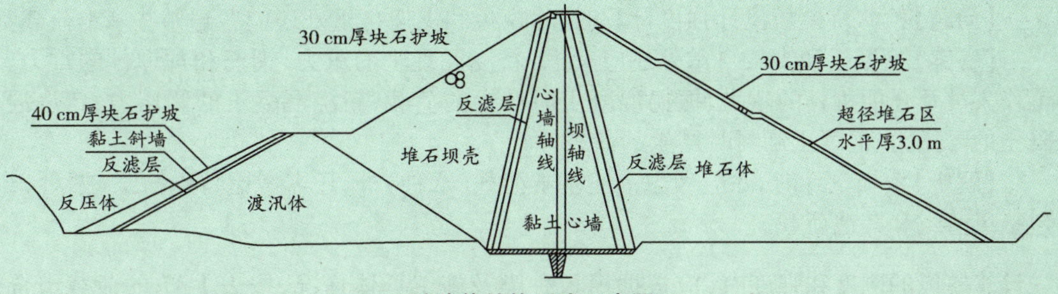

防渗体结构形式示意图

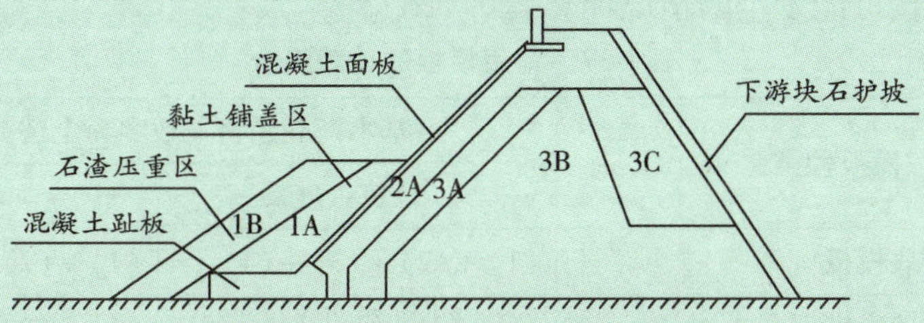

混凝土面板堆石坝材料分区示意图

混凝土面板堆石坝材料分区示意图中，1A 代表黏土铺盖区；1B 代表石渣压重区；2A 代表垫层区；3A 代表过渡区；3B 代表上游堆石区；3C 代表下游堆石区。

2F313040　混凝土工程

一、模板

模板是保证混凝土浇筑后达到规定的形状、尺寸和相互位置的结构物，一般由面板和围檩（或肋）组成的单块模板及其支承结构和锚固件等组成。

（一）设计

模板设计应满足结构物的体型、构造、尺寸以及混凝土浇筑分层分块等要求。

模板设计应提出对材料、制作、安装、使用及拆除工艺的具体要求。模板设计图纸应标明设计荷载及控制条件，如混凝土的浇筑顺序、浇筑速度、浇筑方式、施工荷载等。

钢模板设计应符合相关规定，其截面塑性发展系数为 1.0；其荷载设计值可按 0.9 的折减系数进行折减。采用冷弯薄壁型钢应符合相关规定，其荷载设计值不应折减。木模板设计应符合相关规定；当木材含水率小于 25% 时，其荷载设计值可按 0.9 的折减系数进行折减。其他材料的模板设计应符合有关的专门规定。

模板设计时应考虑荷载的组合，其标准值的计算可参考《水工混凝土施工规范》相关规定。下面以典型例题的形式对模板设计荷载进行讲解。

典型例题

【案例题】某寒冷地区大型水闸工程共18孔，每孔净宽10.0 m，检修桥为现浇板式结构，板厚0.35 m。

【问题】检修桥模板设计强度计算时，除模板和支架自重外还应考虑哪些基本荷载？

【答案】除模板和支架自重外还应考虑：新浇混凝土的重力、钢筋和预埋件的重力、工作人员及仓面机具的重力、振捣混凝土时产生的荷载、新浇混凝土的侧压力、新浇混凝土的浮托力、混凝土卸料时产生的荷载等。

【解析】模板设计时，除应考虑上述基本荷载（八种）外，还需考虑特殊荷载（两种），包括风荷载和其他荷载。

计算模板的刚度和强度时，应根据模板种类及施工具体情况，按表1-37的荷载组合进行计算（特殊荷载按可能发生的情况计算）。

表1-37　常用模板的荷载组合

项次	模板种类	基本荷载组合（数字为上述荷载序号）	
		计算强度	验算刚度
1	薄板、薄壳的底模板	(1)+(2)+(3)+(4)	(1)+(2)+(3)+(4)
2	厚板、梁和拱的底模板	(1)+(2)+(3)+(4)+(5)	(1)+(2)+(3)+(4)+(5)
3	梁、拱、柱（边长≤300 mm）、墙（厚≤400 mm）的侧面垂直模板	(5)+(6)	(6)
4	大体积结构、柱（边长>300 mm）、墙（厚>400 mm）的侧面垂直模板	(6)+(8)	(6)+(8)
5	悬臂模板	(1)+(2)+(3)+(4)+(5)+(8)	(1)+(2)+(3)+(4)+(5)+(8)
6	隧洞衬砌模板台车	(1)+(2)+(3)+(4)+(5)+(6)+(7)	(1)+(2)+(3)+(4)+(6)+(7)

注：a. 当模板承受倾倒混凝土时产生的荷载对模板的承载能力和变形有较大影响时，考虑荷载(8)。

b. 根据工程实践情况，合理考虑荷载(9)和荷载(10)。

验算模板刚度时，其最大变形不应超过下列允许值：

(1)结构外露面模板为模板构件计算跨度的1/400。

(2)结构隐蔽面模板为模板构件计算跨度的1/250。

(3)支架的压缩变形值或弹性挠度值为相应的结构计算跨度的1/1 000。

承重模板结构的抗倾稳定性，应按下列要求核算。

(1)倾覆力矩，应采用下列三项中的最大值：风荷载，按《建筑结构荷载规范》确定；实际可能发生的最大水平作用力；作用于承重模板边缘1 500 N/m的水平力。

(2)稳定力矩：模板自重折减系数为0.8；如同时安装钢筋，应包括钢筋的重量。活荷载按其对抗倾覆稳定最不利的分布计算。

(3)抗倾稳定系数:应大于1.4。

除悬臂模板外,竖向模板与内倾模板应设置撑杆或拉杆,以保证模板的稳定性。梁跨大于4 m时,设计应规定承重模板的预拱值(通常按跨度的0.3%取值)。多层结构物上层结构的模板支承在下层结构上时,应验算下层结构的实际强度和承载能力。

模板锚固件应避开结构受力钢筋,模板附件的安全系数,应按表1-38采用。

表1-38 模板附件的最小安全系数

附件名称	结构形式	安全系数
模板拉杆及锚固头	所有使用的模板	2.0
模板锚固件	仅支承模板重量和混凝土压力的模板	2.0
	支承模板和混凝土重量、施工活荷载和冲击荷载的模板	3.0
模板吊耳	所有使用的模板	4.0

(二)制作

模板制作的允许偏差,不应超过《水工混凝土施工规范》的相关规定。钢模面板及活动部分应涂防锈油脂,但面板油脂不应影响混凝土表面颜色。其他部分应涂防锈漆。

(三)安装

模板安装应符合下列规定:

(1)模板安装前,应按设计图纸测量放样,重要结构应多设控制点,以利检查校正。

(2)支架应支承在坚实的地基或老混凝土上,并应有足够的支承面积,斜撑应防止滑动。竖向模板和支架安装在基土上时应加设垫板,且基土应坚实并有排水措施。湿陷性黄土应有防水措施;冻胀性土应有防冻融措施。

(3)现浇钢筋混凝土梁、板和孔洞顶部模板,跨度不小于4 m时,模板应设置预拱;当结构设计无具体要求时,预拱高度宜为全跨长度的1/1 000~3/1 000。

(4)模板的钢拉杆不应弯曲,拉杆直径宜大于8 mm,拉杆与锚固头应连接牢固。预埋在下层混凝土中的锚固件(螺栓、钢筋环等),承受荷载时,应有足够的锚固强度。

(5)模板与混凝土接触的面板,以及各块模板接缝处,应平整、密合,防止漏浆,保证混凝土表面的平整度和混凝土的密实性。

(6)建筑物分层施工时,应逐层校正下层偏差,模板下端应紧贴混凝土面。

(7)模板与混凝土的接触面应涂刷脱模剂,并避免脱模剂污染或侵蚀钢筋和混凝土,不应采用影响结构性能或妨碍安装工程施工的脱模剂。

(8)模板安装的允许偏差,应根据结构物的安全、运行条件、经济和美观等要求确定。

(9)钢承重骨架的模板,应按设计位置可靠地固定在承重骨架上,在运输及浇筑时不应错位。承重骨架安装前,宜先做试吊及承载试验。

(10)模板上,不应堆放超过设计荷载的材料及设备。混凝土浇筑时,应按模板设计荷载控制浇筑顺序、浇筑速度及施工荷载,应及时清除模板上的杂物。

(11)混凝土浇筑过程中,应安排专业人员负责模板的检查。对承重模板,应加强检查、维护。模板如有变形、位移,应及时采取措施,必要时停止混凝土浇筑。

(四)拆除与维修

下面以典型例题的形式对拆除模板的期限进行讲解。

典型例题

【单选题】悬臂梁跨度 2.1 m,强度达到(　　)可以拆模。

A. 25%　　B. 50%

C. 75%　　D. 100%

D。【解析】拆除模板的期限,应符合下列规定:(1)不承重的侧面模板,混凝土强度达到 2.5 MPa 以上,保证其表面及棱角不因拆模而损坏时,方可拆除。(2)钢筋混凝土结构的承重模板,混凝土达到下列强度后(按混凝土设计强度标准值的百分率计),方可拆除。①悬臂板、梁:跨度 $l \leq 2$ m,75%;跨度 $l > 2$ m,100%。②其他梁、板、拱:跨度 $l \leq 2$ m,50%;2 m < 跨度 $l \leq 8$ m,75%;跨度 $l > 8$ m,100%。因此,悬臂梁跨度 2.1 m,强度达到 100% 可以拆模。

拆模时,应根据锚固情况,分批拆除锚固连接件,防止大片模板坠落。拆模应使用专门工具,以减少混凝土及模板的损伤。

预制构件模板拆除时的混凝土强度,应符合设计要求;当设计无具体要求时,应遵守下列规定:

(1)侧模:混凝土强度能保证构件不变形、棱角完整时,方可拆除。

(2)预留孔洞的内模:混凝土强度能保证构件和孔洞表面不发生塌陷和裂缝后,方可拆除。

(3)底模:构件跨度不大于 4 m 时,混凝土强度达到混凝土设计强度标准值的 50% 后,方可拆除;构件跨度大于 4 m 时,在混凝土强度达到混凝土设计强度标准值的 75% 后,方可拆除。

后张法预应力混凝土结构构件模板的拆除,除应符合以上规定外,侧模应在预应力张拉前拆除,底模应在结构构件建立预应力并完成封锚后拆除。

拆模的顺序及方法应按相关规定进行。当无规定时,模板拆除可采取先支的后拆、后支的先拆,先拆非承重模板、后拆承重模板的顺序,并应从上而下进行拆除。

拆下的模板和支架应及时清理、维修,并分类堆存,妥善保管。钢模应设仓库存放,并防锈。大型模板堆放时,应垫放平稳,以防变形,必要时应加固。

二、钢筋

(一)材料

1. 一般规定

(1)用于水工混凝土结构的钢筋应符合相关规定。预制构件的吊环,不得采用冷加工钢筋。

(2)在岩基或已浇混凝土面上钻孔安装的锚筋宜采用带肋钢筋,做成砂浆锚筋。

2. 钢筋的机械性能

钢筋的机械性能通过试验来测定,测量钢筋质量标准的机械性能有屈服点、抗拉强度、伸长率、冷弯性能等指标。

(1)屈服点(f_y)。

当钢筋的应力超过屈服点以后,拉力不增加,但变形却显著增加,将产生较大的残余变形，以这时的拉力值除以钢筋截面积得到的钢筋单位面积所承担的拉力值，就是屈服点。

链接

屈强比是指材料的屈服点（屈服强度）与抗拉强度的比值，可以看作是衡量钢材强度储备的一个系数。在抗震结构中钢筋的屈强比应小于或等于0.8。

（2）抗拉强度。

抗拉强度又称极限强度，是以钢筋被拉断前所能承担的最大拉力值除以钢筋截面积所得的拉力值，是应力－应变曲线中最大的应力值。抗拉强度虽然在强度计算中没有直接意义，但却是钢筋机械性能中必不可少的保证项目，其主要原因有：

①抗拉强度是钢筋承受静力荷载的极限能力，可以表示钢筋在达到屈服点以后剩余的强度储备，是抵抗塑性破坏的重要指标。

②钢筋在熔炼、轧制过程中的缺陷，以及化学成分含量的不稳定，常常反映到抗拉强度上，当含碳量过高，轧制终止时温度过低，抗拉强度就可能很高；当含碳量低，钢中非金属夹杂物过多时，抗拉强度就较低。

③抗拉强度的高低，对钢筋混凝土结构抵抗反复荷载的能力有直接影响。

专家解读

钢筋的应力－应变曲线分为两种情况：

①有物理屈服点钢筋的应力－应变曲线。有物理屈服点的钢筋含碳量低，塑性好，延伸率大，如热轧钢筋、冷拉热轧钢筋等。基本指标包括屈服强度、延伸率、屈强比、冷弯性能，其中，屈服强度是钢筋强度的设计依据。其质量检验的项目包括屈服强度、极限强度、伸长率和冷弯性能。

②无物理屈服点钢筋的应力－应变曲线。无物理屈服点的钢筋含碳量多，强度高，塑性差，延伸率小，无屈服台阶，脆性破坏，如钢丝、钢绞线、热处理钢筋等。其质量检验的项目包括极限强度、伸长率和冷弯性能，以极限强度作为主要强度指标。

（3）伸长率。

伸长率又称延伸率，是应力－应变曲线中试件被拉断时的最大应变值，是衡量钢筋塑性的一个指标，也是钢筋机械性能中必不可少的保证项目。

伸长率的计算，是钢筋在拉力作用下断裂时，被拉长的那部分长度占原长的百分比。把试件断裂的两段拼起来，可量得断裂后标距段长，减去标距原长就是塑性变形值，此值与原长的比率用 δ 表示，即伸长率 δ 值越大，表明钢材的塑性越好。

伸长率与标距有关，对热轧钢筋的标距取试件直径的 10 倍长度作为测量的标准，其伸长率以 δ_{10} 表示。

（4）冷弯性能。

冷弯性能是指钢筋在经冷加工（即常温下加工）产生塑性变形时，对产生裂缝的抵抗能力，是衡量钢筋塑性的另一个指标。冷弯试验是测定钢筋在常温下承受弯曲变形能力的试验，试验时不应考虑应力的大小，而将直径为 d 的钢筋试件，绕直径为 D 的弯心弯成 180°或 90°，然后检查钢筋试样有无裂缝、鳞落、断裂等现象，以鉴别其质量是否符合要求。冷弯试验是一种较严格的检验，能揭示钢筋内部组织不均匀等缺陷。

3. 钢筋检验

（1）进场钢筋应具有出厂质量证明书或检验报告单，每捆（盘）钢筋均应挂上标牌，标牌上应注有生产厂家、生产日期、牌号、产品批号、规格、尺寸等项目，在运输和储存时不得损坏和遗失标牌。

（2）现场钢筋检验内容应包括资料核查、外观检查和力学性能试验等。下面以典型例题的形式对钢筋检验的具体内容进行讲解。

典型例题

【案例题】某河道整治工程开工后，施工单位采购了同一批号⏀22 mm 的钢筋 28 t，同一批号⏀16 mm 的钢筋 30 t，进场后即对钢筋进行抽样检测，其中试样的抽样频率、截取位置根据《水工混凝土钢筋施工规范》进行，检测结果表明⏀22 mm 的钢筋有 1 项指标不合格。

【问题】钢筋试样的抽样频率和截取位置分别有哪些要求？施工单位应如何处理这批⏀22 mm 的钢筋？

【答案】（1）钢筋试样的抽样频率要求：同一批号⏀22 mm 和同一批号⏀16 mm 的钢筋各抽 2 根进行取样。截取位置要求：钢筋取样时，钢筋端部应先截去 500 mm 再取试件。

（2）施工单位应从同一批钢筋中另取双倍数量的试件重做各项试验。如仍有 1 个试件不合格，则该批钢筋为不合格。

【解析】从每批钢筋中任选两根钢筋，每根取两个试件进行的是拉伸试验（包括屈服点、抗拉强度和伸长率）和冷弯试验。现场钢筋检验内容除上述力学性能试验要求外，还有：（1）资料核查。核查每捆钢筋出厂时标牌注明的生产厂家、生产日期、牌号、产品批号、规格、尺寸等标记，是否与该批钢筋的质量合格证明书及检测报告相符。（2）外观检查。检查每批钢筋的外观质量，查看锈蚀程度及有无裂缝、结疤、麻坑、气泡、砸碰伤痕等，并应测量钢筋的直径。

（3）钢筋应按批号进行检查和验收，对不同厂家、不同规格的钢筋应按规定抽取试件做力学性能检验。钢筋检验合格后方可用于加工。

（4）同一批号钢筋，每 60 t 宜作为一个检验批，不足 60 t 时仍按一批计。

（5）当施工过程中发现钢筋脆断、焊接性能不良或机械性能异常时，应对该批钢筋进行化学成分检验及其他专项检验。

4. 钢筋储存

（1）验收后的钢筋，应按不同等级、牌号、规格及生产厂家分批、分别堆放，且宜立牌标示。

（2）钢筋宜放在料棚内。当露天堆放时，场地应平整夯实，并有良好的排水措施。钢筋存放时应将钢筋垫高，离地高度不宜小于 200 mm。钢筋堆放高度应以最下层钢筋不变形为宜。

（3）钢筋不得和酸、盐、油等物品存放在一起，堆放地点应远离有害气体。

5. 钢筋代换

下面以典型例题的形式对钢筋代换的要求进行讲解。

典型例题

【多选题】关于钢筋代换的说法，正确的有(　　)。

A. 应按钢筋承载力设计值相等的原则进行代换

B. 以高一级钢筋代换低一级钢筋时，宜采用改变钢筋直径的方法来减少钢筋截面积

C. 以高一级钢筋代换低一级钢筋时，宜采用改变钢筋根数的方法来减少钢筋截面积

D. 用同牌号某直径钢筋代替另外一种直径钢筋时，其直径变化范围不宜超过4 mm

E. 主筋采取同牌号的钢筋代换时，应保持间距不变

ABDE。【解析】除选项A,B,D,E外，钢筋代换还应遵守下列规定：(1)用同牌号钢筋代换时，代换后钢筋总截面面积与设计文件中规定的钢筋截面面积之比不得小于98%或大于103%。(2)设计主筋采取同牌号的钢筋代换时，可以用直径比设计钢筋直径大一级和小一级的两种型号钢筋间隔配置代换，满足最小间距要求。(3)当构件受裂缝宽度或挠度控制时，代换后应进行裂缝宽度或挠度验算。

(二)加工

1. 钢筋清污除锈

(1)钢筋表面应洁净，使用前应将表面油渍、漆污、锈皮、鳞锈等清除干净，但对钢筋表面浮锈可不做专门处理。钢筋表面有严重锈蚀、麻坑、斑点等现象时，应经鉴定后视损伤情况确定降级使用或剔除不用。

(2)除锈后的钢筋应尽快使用，除锈后应重新检验确定使用等级。

(3)钢筋可在调直或冷拉过程中除锈，可采用手工除锈、机械除锈、喷砂除锈和酸洗除锈等方法。

2. 钢筋调直

(1)钢筋应平直，无局部弯折，钢筋中心线同直线的偏差不应超过其全长的1%。成盘的钢筋或弯曲的钢筋应调直后，才允许使用。钢筋调直后如发现钢筋有劈裂现象，应作为废品处理，并应鉴定该批钢筋质量。钢筋在调直机上调直后，其表面不得有明显的伤痕。

(2)钢筋的调直宜采用机械调直和冷拉方法调直，严禁采用氧气、乙炔焰烘烤取直。

(3)当采用冷拉方法调直钢筋时，HPB300级钢筋的冷拉率不宜大于4%。HRB400、HRB500、HRBF400、HRBF500级和RRB400级带肋钢筋的冷拉率不宜大于1%。

3. 钢筋下料剪切

(1)钢筋下料长度应根据结构尺寸、混凝土保护层厚度，钢筋弯曲调整值和弯钩增加长度等要求确定。

(2)同直径、同钢号且不同长度的各种钢筋编号(设计编号)应先按顺序编制配料表，再根据调直后的钢筋长度和混凝土结构对钢筋接头的要求，统一配料。

(3)钢筋切断应根据配料表中编号、直径、长度和数量，长短搭配。

(4)钢筋接头的切割方式应符合下列规定：

①采用绑扎接头、帮条焊、搭接焊的接头宜用机械切断机切割。

②采用电渣压力焊的接头，应采用砂轮锯或气焊切割。

③采用冷挤压连接和螺纹连接的机械连接钢筋端头宜采用砂轮锯或钢锯片切割，不得采用电气焊切制。如切割后钢筋端头有毛边、弯折或纵肋尺寸过大者，应用砂轮机修磨。冷挤压接头不得打磨钢筋横肋。

④采用熔槽焊、窄间隙焊和气压焊连接的钢筋端头宜选用砂轮锯切割。

⑤其他新型接头的切割按工艺要求进行。

4. 钢筋接头加工及弯折

(1)钢筋接头加工及弯折应符合下列要求：

①钢筋接头加工应按所采用的钢筋接头方式要求进行。

②钢筋端部在加工后有弯曲时，应予以矫直或割除(绑扎接头除外)，端部轴线偏移不得大于 $0.1d$，并不得大于 2 mm。端头面应整齐，并与轴线垂直。

③钢筋的弯折宜采用钢筋弯曲机加工，弯曲形状复杂的钢筋应画线、放样后进行。

④各类钢筋中部弯折 90°以上，弯起钢筋处的圆弧内半径宜大于 $12.5d$。

⑤箍筋加工应按设计要求的形式进行，当设计没有具体要求时，可使用光圆钢筋制成的箍筋，其末端应有弯钩，弯钩形式应符合设计要求；当设计无具体要求时，应符合相关规定。

(2)所有钢筋的弯折宜在气温为 +5 ℃以上时进行，当环境温度低于 -20 ℃时，不应对低合金钢筋进行冷弯加工。

5. 成品钢筋存放和运输

(1)成品钢筋的存放应按使用工程部位、名称、编号、加工时间挂牌存放，不同牌号的钢筋成品不宜堆放在一起，防止混号和造成成品钢筋变形。

(2)成品钢筋的存放应当按当地气候情况采取有效的防锈措施，若存放过程中发生成品钢筋变形或锈蚀，应矫正、除锈后重新鉴定，确定处理办法。

(三)连接

1. 一般规定

钢筋连接应遵循下列规定：

(1)加工厂钢筋连接宜采用手工电弧焊、闪光对焊和机械连接。钢筋的交叉连接宜采用接触点焊，不宜采用手工电弧焊。

(2)现场施工钢筋连接宜采用绑扎搭接、手工电弧焊、气压焊、竖向钢筋接触电渣焊和机械连接等。

钢筋接头施焊前应进行现场条件下的焊接工艺试验，试验合格，方可正式施焊。

钢筋采用机械连接时，连接接头类型及适用范围见表 1-39。

表 1-39 钢筋机械连接接头类型及适用范围

连接方式	适用范围	钢筋直径/mm
套筒挤压连接	HRB400、RRB400	16 ~ 40
锥螺纹连接	HRB400、RRB400	16 ~ 40

（续表）

连接方式			适用范围	钢筋直径/mm
直螺纹连接	镦粗直螺纹连接		HRB400	16～40
	滚压直螺纹连接	直接滚压直螺纹连接 挤肋滚压直螺纹连接 剥肋滚压直螺纹连接	HRB400	16～40

2. 钢筋连接技术要求

（1）绑扎连接应符合下列要求：

①受拉钢筋直径小于或等于 22 mm，受压钢筋直径小于或等于 32 mm，其他钢筋直径小于或等于 25 mm，可采用绑扎连接。

②受拉区域内的光圆钢筋绑扎接头的末端应做弯钩，螺纹钢筋的绑扎接头末端不做弯钩。

③轴心受拉、小偏心受拉及直接承受动力荷载的构件纵向受力钢筋不得采用绑扎连接。

④钢筋搭接处，应在中心和两端用绑丝扎牢，绑扎不少于 3 道。

⑤钢筋采用绑扎搭接接头时，纵向受拉钢筋的接头搭接长度按受拉钢筋最小锚固长度值控制。

（2）钢筋套筒挤压连接应符合下列要求：钢筋外形应符合钢筋标准的要求；套筒材质应采用低碳钢制作，厚度、长度应满足设计要求；连接用的模具形状、挤压道次、挤压变形量控制均应符合设计要求。

（3）钢筋电弧搭接焊应符合下列要求：搭接焊接头的两根搭接钢筋的轴线宜位于同一直线上；钢筋搭接焊时宜采用双面焊，当不能进行双面焊时，可采用单面焊。

3. 接头分布要求

（1）钢筋接头应分散布置，宜设置在受力较小处，同一构件中的纵向受力钢筋接头宜相互错开，结构构件中纵向受力钢筋的接头应相互错开 $35d$（d 为纵向受力钢筋的较大直径），且不小于 500 mm。

（2）配置在同一截面内的下述受力钢筋，其焊接与绑扎接头的截面面积占受力钢筋总截面面积的百分比，应符合下列规定：

①绑扎接头，在构件的受拉区中不超过 25%，在受压区不宜超过 50%。

②闪光对焊、熔槽焊、电渣压力焊、气压焊、窄间隙焊接头在受弯构件的受拉区，不超过 50%，在受压区不受限制。

③焊接与绑扎接头距离钢筋弯头起点不小于 $10d$，也不应位于最大弯矩处。

（3）机械连接接头分布按照下列要求进行：

①接头宜避开有抗震设防要求的框架的梁端、柱端箍筋加密区。

②接头宜设置在结构构件受拉钢筋应力较小部位。

③受拉钢筋应力较小部位或纵向受压钢筋，接头百分比可不受限制。

④对直接承受动力荷载的结构构件，接头百分比不应大于 50%。

（4）当施工中不能明确分辨受拉区和受压区时，其接头分布应按受拉区处理。

（四）安装

钢筋安装应符合下列规定：

(1)钢筋绑扎前应核对成品钢筋的型号规格、外形尺寸和数量等是否与配料表、料牌相符。

(2)钢筋绑扎前应放样划出钢筋中心线位置。

(3)锚筋安装前应按设计要求验收孔位、孔向、孔深、孔径，清洗钻孔，排干积水。

钢筋安装应按设计图纸进行。设计图中普通钢筋的一般表示方法及画法分别见表1-40、表1-41。

表1-40　普通钢筋一般表示方法

名称	图例	名称	图例
钢筋横断面		无弯钩的钢筋搭接	
无弯钩的钢筋端部	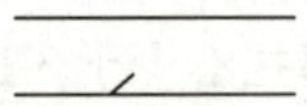	带半圆弯钩的钢筋搭接	
带半圆形弯钩的钢筋端部		带直钩的钢筋搭接	
带直钩的钢筋端部		花篮螺丝钢筋接头	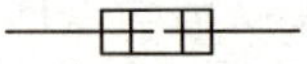
带丝扣的钢筋端部		机械连接的钢筋接头	

表1-41　钢筋画法

序号	说明	图例
1	在结构楼板中配置双层钢筋时，底层钢筋的弯钩应向上或向左，顶层钢筋的弯钩则向下或向右	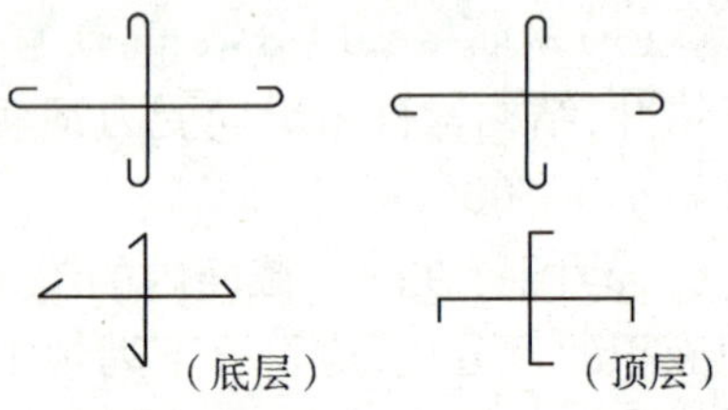
2	钢筋混凝土墙体配双层钢筋时，在配筋立面图中，远面钢筋的弯钩应向上或向左而近面钢筋的弯钩向下或向右（JM近面，YM远面）	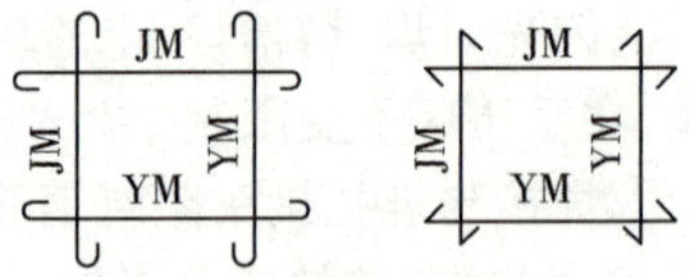
3	图中所表示的箍筋、环筋等若布置复杂时，可加画钢筋大样及说明	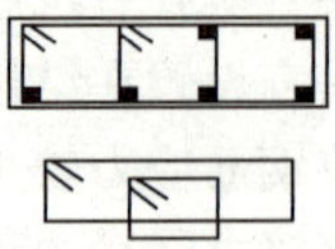

下面以典型例题的形式对钢筋标注形式进行讲解。

典型例题

【单选题】钢筋标注形式“n Φ d@ s”中，s 表示钢筋(　　)。

A. 根数　　B. 等级

C. 直径　　D. 间距

D。【解析】钢筋的标注形式中，n 表示钢筋的根数；Φ表示钢筋的种类及直径符号；d 表示钢筋直径值；@ 表示钢筋的间距符号；s 表示钢筋间距值。

(五)质量检查与控制

钢筋工程质量检查应按照钢筋施工工艺的相关设计要求，采取直观检查、实测检查、仪器测试等。

钢筋工序质量评定：主控项目符合质量标准，一般项目不少于70%的检查点符合质量标准为合格；主控项目符合质量标准，一般项目不少于90%的检查点符合质量标准为优良。

三、混凝土施工

(一)水工混凝土施工

1. 一般规定

(1)混凝土施工前应对混凝土拌和设备、运输设备和浇筑设备等进行检查，确保设备完好。

(2)混凝土拌和设备正式投入混凝土生产前，应按经批准的混凝土施工配合比进行生产性试验，以确定最佳投料顺序和拌和时间。

(3)混凝土运输设备和浇筑设备，应与运输条件、混凝土级配、拌和能力、运输能力、浇筑强度、混凝土温度控制要求、仓面具体情况等相适应。

2. 拌和

(1)混凝土拌和应严格遵守签发的混凝土配料单，不应擅自更改。

(2)混凝土组成材料的配料量均应以质量计，计量单位为“kg”。下面以典型例题的形式对称量的允许偏差进行讲解。

典型例题

【单选题】混凝土拌和时，水的称量的允许偏差为(　　)。

A. ±0.5%　　B. ±1.0%

C. ±1.5%　　D. ±2.0%

B。【解析】除水外，还有水泥、掺合料、冰、外加剂溶液的称量允许偏差为±1.0%；砂、石的称量允许偏差为±2.0%。

(3)每台班混凝土拌和前应检查拌和设备的性能，拌和过程中也应加强观测。拌和设备应经常进行衡器设备的准确性、拌和机及叶片磨损情况的检测。拌和楼宜安装与运输车辆识别系统配套的控制系统。

(4)为保证混凝土的拌和用水量不变，混凝土拌和过程中，应根据气候条件定时检测骨料含水率，必要时应加密检测次数。

(5)混凝土掺合料宜采用现场干掺法,并应掺和均匀。

(6)外加剂溶液应均匀配入混凝土拌和物中,外加剂溶液中的水量应包含在拌和用水量之内。

(7)混凝土应拌和均匀,颜色一致。混凝土拌和时间应通过试验确定,且不宜小于表1-42中所列最少拌和时间。

表1-42 混凝土最少拌和时间

拌和机容量 Q/m^3	最大骨料粒径/mm	最少拌和时间/s	
		自落式拌和机	强制式拌和机
$0.75 \leqslant Q \leqslant 1$	80	90	60
$1 < Q \leqslant 3$	150	120	75
$Q > 3$	150	150	90

注:a. 入机拌和量在拌和机额定容量的110%以内。

b. 掺加掺合料、外加剂和加冰时建议延长拌和时间,出机口的混凝土拌和物中不要有冰块。

c. 掺纤维、硅粉的混凝土其拌和时间根据试验确定。

(8)混凝土粗骨料需风冷降温时,每台班开始拌和前宜对制冷风机进行冲霜。

(9)拌和楼二次筛分后的粗骨料,其超逊径含量应控制在要求范围内。

(10)混凝土拌和物出现下列情况之一者,应按不合格料处理:

①错用配料单配料。

②混凝土任意一种组成材料计量失控或漏配。

③出机口混凝土拌和物拌和不均匀或夹带生料,或温度、含气量和坍落度不符合要求。

3. 运输

(1)选用的运输设备,应使混凝土在运输过程中不发生泄漏、分离、漏浆、严重泌水,并减少温度回升和坍落度损失等。

(2)不同级配、不同强度等级(标号)或其他特性不同的混凝土同时运输时,应在运输设备上设置明显的区分标志或识别系统。

(3)混凝土运输过程中,应缩短运输时间,减少转运次数,不应在运输途中和卸料过程中加水。

专家解读

混凝土在运输过程中,应尽量缩短运输时间及减少转运次数,以减少混凝土温度回升和坍落度损失。掺普通减水剂的混凝土运输时间,可参照下表确定适宜的运输时间,如超出时,应积极采取相应措施。

混凝土运输时间

运输时的平均气温/℃	混凝土运输时间/min
20~30	45
10~20	60
5~10	90

(4)混凝土运输设备,必要时应设置遮盖或保温设施。

(5)因故停歇过久,混凝土拌和物出现下列情况之一者,应按不合格料处理:

①混凝土产生初凝。

②混凝土塑性降低较多,已无法振捣。

③混凝土被雨水淋湿严重或混凝土失水过多。

④混凝土中含有冻块或遭受冰冻,严重影响混凝土质量。

(6)不论采用何种运输设备,混凝土自由下落高度不宜大于 2 m,超过时,应采取缓降或其他措施,防止骨料分离。

(7)自卸汽车、料罐车、搅拌车等车辆运送混凝土,应遵守下列规定:

①运输道路保持平整。

②装载混凝土的厚度不小于 40 cm,车厢严密平滑不漏浆。

③搅拌车装料前,应将拌筒内积水清理干净。运送途中,拌筒保持 3 ~6 r/min 的慢速转动,并不应往拌筒内加水。

④不宜采用汽车运输混凝土直接入仓。

(8)门式、塔式、缆式起重机以及其他起吊设备配吊罐运送混凝土应遵守下列规定:

①定期对起吊设备进行检查维修,保证设备完好。

②起吊设备的起吊能力、吊罐容量与混凝土入仓强度相适应。

③起吊设备运转时,与周围施工设备及建筑物保持安全距离,并安装防撞装置。

④吊罐入仓时,采取措施防止撞击模板、钢筋和预埋件等。

(9)胶带机(包括塔带机、胎带机、布料机等)运送混凝土应遵守下列规定:

①避免砂浆损失和骨料分离,必要时可适当增大砂率。

②混凝土最大骨料粒径大于 80 mm 时,进行适应性试验。

③卸料处设置挡板、卸料导管和刮板。

④布料均匀。

⑤卸料后及时清洗胶带机上粘附的水泥砂浆,并防止冲洗水流入仓内和污染其他物体。

⑥露天胶带机上搭设盖棚。高温季节和低温季节有适当的保温措施。

⑦塔带机、胎带机卸料胶筒不应对接,胶筒长度宜控制在 6 ~12 m。

(10)混凝土泵输送混凝土应遵守下列规定:

①混凝土泵和输送管安装前,应彻底清除管内污物及水泥砂浆,并用压力水冲洗干净。安装后及时检查,防止脱落、漏浆。

②泵送混凝土最大骨料粒径不应大于导管直径的 1/3,并不应有超径骨料进入混凝土泵内。

③泵送混凝土之前应先泵送砂浆润滑。

④应保持泵送混凝土的连续性。因故中断,混凝土泵应经常转动,间歇时间超过 45 min,应及时清除混凝土泵和输送管内的混凝土并清洗。

⑤泵送混凝土输送完毕后,应及时用压力水清洗混凝土泵和输送管。

4. 浇筑

(1)结构物基础应经验收合格批准后,方可进行混凝土浇筑仓面的准备工作。若结构物基础面为砂砾地基时，需浇筑 10 ~ 20 cm 低强度等级混凝土作垫层。

(2)岩基上的杂物、泥土及松动岩石均应清除。岩基仓面应冲洗干净并排净积水；如有承压水应采用可靠的处理措施。混凝土浇筑前岩基应保持洁净和湿润。

(3)软基或容易风化的岩基应做好下列工作：

①软基上的仓面准备，避免破坏或扰动原状基础。如有扰动应处理。

②非黏性土壤地基，如湿度不够，至少浸润 15 cm 深，使其湿度与最优强度时的湿度相符。

③地基为湿陷性黄土时，应采取专门的处理措施。

④混凝土覆盖前应做好基础保护。

(4)混凝土浇筑前应做好仓面设计并检查相关准备工作，包括地基处理或缝面处理，模板、钢筋、预埋件及止水设施等是否符合设计要求，并详细记录。

(5)仓面检查合格并经批准后，应及时开仓浇筑混凝土，延后时间宜控制在 24 h 之内。若开仓时间延后超过 24 h 且仓面污染时，应重新检查批准。

(6)基岩面和混凝土施工缝面浇筑第一坯混凝土前，宜先铺一层 2 ~ 3 cm 厚的水泥砂浆，或同等强度的小级配混凝土或富砂浆混凝土。

(7)混凝土浇筑可采用平铺法或台阶法。浇筑时应按一定厚度、次序、方向，分层进行，且浇筑层面应保持平整。台阶法施工的台阶宽度和高度应根据入仓强度、振捣能力等综合确定，台阶宽度不应小于 2 m。浇筑压力管道、竖井、孔道、廊道等周边及顶板混凝土时，应对称均匀上升。

(8)混凝土浇筑坯层厚度，应根据拌和能力、运输能力、浇筑速度、气温及振捣能力等确定。浇筑坯层允许最大厚度应符合表 1-43 的规定。如采用低塑性混凝土及大型强力振捣设备时，其浇筑坯层厚度应根据试验确定。

表 1-43　混凝土浇筑坯层的允许最大厚度

振捣设备类别		浇筑坯层的允许最大厚度
插入式	振捣机	振捣棒(头)工作长度的 1.0 倍
	电动或风动振捣器	振捣棒(头)工作长度的 0.8 倍
	软轴式振捣器	振捣棒(头)工作长度的 1.25 倍
平板式振捣器		200 mm

(9)入仓混凝土应及时平仓振捣，不应堆积。仓内若有粗骨料堆叠时，应均匀地分散至砂浆较多处，但不应用水泥砂浆覆盖。倾斜面上浇筑混凝土，应从低处开始浇筑，浇筑面宜保持水平，收仓面与倾斜面接触处宜与倾斜面垂直。浇筑混凝土坝时不应产生斜向下游的斜坡。

(10)混凝土浇筑过程中，不应在仓内加水。如发现混凝土和易性较差时，应采取加强振捣等措施；仓内泌水应及时排除；避免外来水进入仓内；不应在模板上开孔赶水，带走灰浆；粘附在模板、钢筋和预埋件表面的灰浆应及时清除。

(11)不合格的混凝土不应入仓，已入仓的不合格混凝土应彻底清除。清除混凝土时，应对基础、钢筋、模板等进行保护，如扰动应重新处理合格。

(12)混凝土浇筑应保持连续性，并应遵守下列规定：

①混凝土浇筑允许间歇时间应通过试验确定，无试验资料的可按相关规定控制。

②因故中断且超过允许间歇时间，但混凝土尚能重塑者，可继续浇筑，否则应按施工缝处理。

提示

混凝土浇筑层间间歇超过初凝时间可能会出现冷缝，降低层间的抗渗、抗拉、抗剪能力。

(13)混凝土振捣应遵守下列规定：

①振捣设备的振捣能力与入仓强度、仓面大小等相适应，合理选择振捣设备。混凝土入仓后先平仓后振捣，不应以振捣代替平仓。

②每一位置的振捣时间以混凝土粗骨料不再显著下沉，并开始泛浆为准，防止欠振、漏振或过振。

③浇筑块第一层、卸料接触带和台阶边坡混凝土应加强振捣。

④振捣作业时，振捣器棒头距模板的距离应不小于振捣器有效半径的1/2。振捣器不应直接碰撞模板、钢筋及预埋件等。

(14)手持式振捣器振捣应遵守下列规定：

①振捣器插入混凝土的间距，不超过振捣器有效半径的1.5倍。振捣器有效半径根据试验确定。

②振捣器垂直插入混凝土中，按顺序依次振捣，每次振捣的时间30 s。如略有倾斜，倾斜方向保持一致，防止漏振、过振。

③振捣上层混凝土时，振捣器插入下层混凝土5 cm左右，加强上、下层混凝土的结合。

④在止水片、止浆片、钢筋密集处等细心振捣，必要时辅以人工捣固密实。

(15)振捣机振捣应遵守下列规定：

①振捣棒组垂直插入混凝土中，振捣密实后缓慢拔出。

②移动振捣棒组的间距根据试验确定。

③振捣上层混凝土时，振捣棒头插入下层混凝土5～10 cm。

(16)平板式振捣器振捣应遵守下列规定：

①平板式振捣器缓慢、均匀、连续不断地作业，不随意停机等待。

②坡面上从坡底向坡顶振捣，并采取有效措施防止混凝土下滑和骨料集中。

③根据混凝土坍落度的大小，调整振捣频率或移动速度。

(17)混凝土浇筑仓出现下列情况之一者，应停止浇筑：

①混凝土初凝并超过允许面积。

②混凝土平均浇筑温度超过允许值，并在1 h内无法调整至允许温度范围内。

(18)浇筑仓混凝土出现下列情况之一时，应予挖除：

①规定的不合格料。

②低等级混凝土料混入高等级混凝土浇筑部位。

③混凝土无法振捣密实或对结构物带来不利影响的级配错误混凝土料。

④未及时平仓振捣且已初凝的混凝土料。

⑤长时间不凝固的混凝土料。

(19)混凝土施工缝的处理应遵守下列规定：

①混凝土收仓面浇筑平整，抗压强度未达到2.5 MPa前，不应进行下个仓面的准备工作。

②混凝土表面毛面处理时间试验确定。毛面处理采用25～50 MPa高压水冲毛机，或低压水、风砂枪、刷毛机及人工凿毛等方法。

③混凝土施工缝面无乳皮，微露粗砂，有特殊要求的部位微露小石。

专家解读

施工缝是指浇筑块之间新老混凝土之间的结合面。为了保证建筑物的整体性，在新混凝土浇筑前，必须将老混凝土表面的水泥膜(又称乳皮)清除干净，并使其表面新鲜整洁、有石子半露的麻面，以利于新老混凝土的紧密结合。采用风砂枪对施工缝打毛时，通常在浇筑后1～2天进行；采用高压水冲毛时，可根据外部温度情况在浇筑后5～20 h进行。对于纵缝，可不进行凿毛处理，但应冲洗干净。

(20)结构物设计顶面应平整，高程应符合设计要求。板、梁、柱等结构混凝土浇筑要求应遵照相关规定执行。

(21)浇筑质量控制与检验应符合下列规定：

①混凝土浇筑前，应按要求对基础面或施工缝处理、模板、钢筋、预埋件等进行验收评定，验收合格并取得开仓证后方可进行混凝土浇筑。

②混凝土拌和物入仓后，应观察其均匀性与和易性，发现异常应及时处理。

③浇筑混凝土时，应有专人在仓内检查并对施工过程中出现的问题及其处理方案进行详细记录。

④混凝土拆模后，应检查其外观质量。有混凝土裂缝、蜂窝、麻面、错台和模板走样等质量问题或缺陷时应及时检查和处理。

专家解读

如对混凝土的内部质量进行检查，可采用压水试验法、无损检测法、钻孔取芯法。

5. 养护

(1)混凝土表面养护应遵守下列规定：

①混凝土浇筑完毕初凝前，应避免仓面积水、阳光曝晒。

②混凝土初凝后可采用洒水或流水等方式养护。

③混凝土养护应连续进行，养护期间混凝土表面及所有侧面始终保持湿润。

④特种混凝土的养护，按有关规定执行。

(2)混凝土养护用水应符合相关规定。混凝土养护时间按设计要求执行，不宜少于28天，对重要部位和利用后期强度的混凝土以及其他有特殊要求的部位应延长养护时间。

(3)混凝土采用养护剂养护应遵守下列规定：

①养护剂性能应符合有关规定。

②养护剂在混凝土表面湿润且无水迹时开始喷涂，夏季使用应避免阳光直射。

(4)混凝土养护应有专人负责，并详细记录。

（二）水工碾压混凝土施工

以下内容主要参考《水工碾压混凝土施工规范》进行学习。

1. 材料

(1)水泥、掺合料、外加剂等碾压混凝土原材料应通过优选试验确定。厂家和品种应相对固定，产品应有出厂合格证。

(2)碾压混凝土原材料运到工地后应进行检验。

(3)碾压混凝土原材料的运输及存放场地，应有防雨及防潮措施。应按不同厂家、品种、等级、出厂批号分别运输和存放。

2. 配合比设计

(1)碾压混凝土配合比设计应符合现行行业标准《水工混凝土配合比设计规程》的规定，配合比应满足工程设计技术指标及施工工艺要求。

(2)配合比设计参数选定应符合规范规定。下面以典型例题的形式对其具体要求进行讲解。

典型例题

【多选题】根据《水工碾压混凝土施工规范》，水工碾压混凝土施工配合比设计参数包括(　　)。

A. 掺合料掺量　　B. 水胶比

C. 砂率　　D. 单位用水量

E. 粒径组合

ABCD。【解析】除选项 A，B，C，D 外，水工碾压混凝土施工配合比设计参数还有外加剂，具体内容如下：(1)水胶比。应根据设计要求的混凝土强度等级、抗渗性等级、抗冻性等级、拉伸变形等确定，不宜大于 0.65，通过计算水与胶凝材料的质量比值得到。(2)砂率。应通过试验选取最佳砂率值。使用天然粗骨料时，三级配碾压混凝土的砂率宜为 28% ~32%，二级配宜为 32% ~37%；使用人工粗骨料时，砂率宜增加 3% ~6%。(3)单位用水量。应根据碾压混凝土 VC 值、骨料种类、最大粒径、砂率、石粉含量、掺合料和外加剂等经试验确定。(4)掺合料。掺合料种类、掺量应通过试验确定；掺量超过 65% 时，应做试验论证。(5)外加剂。外加剂品种和掺量应通过试验确定。

(3)碾压混凝土拌和物 VC 值应根据施工现场的气候条件变化动态选用和控制。机口 VC 值宜为 2 ~8 s，仓面 VC 值宜为 2 ~12 s。当采用大于 12 s 的 VC 值时，应根据设计要求经试验确定。

(4)永久建筑物碾压混凝土的胶凝材料用量不宜低于 130 kg/m^3。当低于 130 kg/m^3 时应专题试验论证。

(5)配合比设计宜验算浆砂比，浆砂比范围宜为 0.40 ~0.49。

(6)施工过程中，更换原材料的品种或来源时，应提前通过试验调整配合比。

3. 拌和与运输

(1)拌和。

①砂石料生产及储存系统、原材料供应、混凝土制备和检测等应符合有关技术要求。

②拌制碾压混凝土宜选用强制式搅拌设备，也可采用自落式等其他类型搅拌设备。

③搅拌设备的称量系统应定期校准，保证在混凝土生产过程中满足称量精度要求。

④碾压混凝土的拌和时间、投料顺序、拌和量，均应通过现场混凝土拌和均匀性试验确定。

⑤拌和设备宜配备细骨料的含水率快速检测装置，并应具有相应的拌和水量自动调整功能。

⑥混凝土生产过程中，骨料含水率、超逊径、细度模数发生波动及施工环境条件发生变化时，可对骨料和加水量等进行适量调整，应保持水胶比不变。

(2)运输。

①混凝土拌和物运输宜采用自卸汽车、胶带输送机、专用垂直溜管、满管溜槽(管)，也可采用缆机、门机、塔机配吊罐等机具。运输设备应在使用前进行全面检查，运输容器应清洗干净。

②运输机具在转运或卸料时，出口处混凝土自由落差均不宜大于1.5 m，高差超过1.5 m宜采取缓降或其他防止骨料分离措施。

4. 仓面施工

(1)一般规定。

碾压混凝土施工前应进行仓面设计。

碾压混凝土摊铺宜采用平层通仓铺筑法，也可采用斜层平推法。铺筑面积应与铺筑强度及碾压混凝土允许层间间隔时间相适应。

(2)卸料和平仓。

①采用自卸汽车直接进仓或在仓内转运卸料时，宜卸在已摊铺而未碾压的层面上再平仓，且应控制料堆高度。卸料堆的分离骨料，应在平仓过程中均匀散布到混凝土内。

②采用斜层平推法铺筑时，层面不得倾向下游，坡度不应陡于1:10，坡脚部位应避免形成薄层尖角。

③碾压混凝土铺筑层应以固定方向逐条带铺筑。坝体迎水面3~5 m内，平仓方向应与坝轴线方向平行。

④不合格的混凝土拌和物不得进仓，已进仓的，应做处理。

⑤当铺筑厚度为350 mm时，宜一次平仓铺筑。

⑥平仓后混凝土表面应平整，碾压厚度应均匀。

(3)碾压。

①振动碾机型选择，应根据碾压效率、激振力、滚筒尺寸、振动频率、振幅、行走速度、维护要求和运行的可靠性确定。

②施工中采用的碾压厚度及碾压遍数宜经过试验确定，并与铺筑的综合生产能力等因素一并考虑。根据气候、铺筑方法等条件，可选用不同的碾压厚度。碾压厚度不宜小于混凝土最大骨料粒径的3倍。

③坝体迎水面3~5 m范围内，碾压方向应平行于坝轴线方向。碾压作业应采用搭接法，碾压条带间搭接宽度为100~200 mm，端头部位搭接长度应大于1 m。

④碾压层内铺筑条带边缘、斜层平推法的坡脚边缘，碾压时应预留200~300 mm宽度与下一条带同时碾压，最终完成碾压的时间应控制在直接铺筑允许时间内。

⑤振动碾行走速度宜为 1.0 ~ 1.5 km/h。

⑥碾压混凝土入仓后应尽快完成平仓和碾压，从拌和加水到碾压完毕的最长允许历时，应根据不同季节、天气条件及 VC 值变化规律，经过试验或类比其他工程实例来确定，不宜超过 2 h。

⑦需停歇的水平施工缝层面，达到规定的碾压遍数及表观密度后，宜进行 1 ~ 2 遍的无振碾压。

⑧设备在碾压完毕的混凝土层面上行走时，应避免损坏已成型的层面。已造成损坏的部位，应及时采取修补措施。

⑨每个碾压条带作业结束后，应及时按网格布点检测混凝土的表观密度，低于规定指标时应立即重复检测，必要时可增加测点，并查找原因，采取处理措施。

⑩建（构）筑物周边部位，可采用小型振动碾压实，也可采用变态混凝土。

（4）结构成缝。

①横缝可通过采用切缝机具切制、设置诱导孔或填缝材料等方法形成。缝面位置、缝的结构形式及缝内填充材料均应满足设计要求。

②采用切缝机切缝，宜根据工程具体情况采用先碾后切或先切后碾的方式。采用先碾后切时，应及时切缝，并对缝口进行补碾。

（5）层面、缝面处理。

①连续上升铺筑的碾压混凝土，层间间隔时间应控制在直接铺筑允许时间以内。超过直接铺筑允许时间的层面，应先在层面上铺垫层拌和物，再铺筑上一层碾压混凝土。超过加垫层铺筑允许时间的层面应按施工缝处理。

②直接铺筑允许时间和加垫层铺筑允许时间，应根据工程结构对层面抗剪能力和结合质量的要求，综合考虑拌和物特性、季节、天气、施工方法、上下游不同区域等因素经试验确定。

③混凝土施工缝面可用冲毛、刷毛等方法清除浮浆及松动骨料，使其微露粗砂。冲毛、刷毛时间可根据施工季节、混凝土强度、设备性能等因素，经现场试验确定。缝面应清洗干净，经验收合格后，及时铺垫层拌和物和上一层混凝土，并在垫层拌和物初凝前完成碾压。

链接

冷缝可用冲毛、刷毛等方法清除浮浆及松动骨料，使其微露粗砂。缝面应清洗干净，经验收合格后，及时铺垫拌和物和混凝土，并在垫层拌和物初凝前碾压完毕。

④垫层拌和物可使用与碾压混凝土相适应的灰浆、砂浆或水泥浆。灰浆或水泥浆的水胶比应与碾压混凝土相同，砂浆的强度等级应提高一级。垫层拌和物应分条带摊铺，其中砂浆的摊铺厚度为 10 ~ 15 mm。

⑤施工中断时，应及时对已摊铺的混凝土进行碾压。停止铺筑的混凝土面边缘宜碾压成不大于 1∶4的斜坡面，并将坡脚处厚度小于 150 mm 的部分切除。具备施工条件时，可根据中断时间采取层缝面处理措施后继续施工。

5. 质量检验

（1）原材料。

水泥、掺合料、外加剂、骨料和水的进场检测按《水工碾压混凝土施工规范》的规定进行。

(2)碾压混凝土拌和及拌和物。

①碾压混凝土拌和设备投入运行前,应通过碾压混凝土拌和物均匀性试验,以确定拌和时间和投料顺序。碾压混凝土拌和均匀性按现行国家标准《建筑施工机械与设备　混凝土搅拌机》中混凝土匀质性检测,但应采用实际施工用碾压混凝土配合比,结果应符合下列规定:粗骨料含量检测结果,两个样品的差值应小于10%;测定砂浆表观密度时,两个样品的差值应不大于30 kg/m^3。

②碾压混凝土质量的检测,应在搅拌机口随机取样进行,检测项目、检测频率和检测目的按表1-44的规定执行。

表1-44　碾压混凝土拌和及拌和物的检测项目、检测频率和检测目的

检测项目	检测频率	检测目的
外加剂溶液浓度	每班检测1次	控制外加剂掺量
细骨料含水率	每4 h至少检测1次,雨雪天气后等特殊情况应加密检测频率	调整混凝土加水量
粗骨料含水率	每4 h至少检测1次,雨雪天气后等特殊情况应加密检测频率	调整混凝土加水量
称量误差	每班检测1次	控制配料量
拌和时间	每班检测1次	控制拌和均匀性
VC值	每2 h检测1次*	控制工作度变化
含气量	当抗冻等级为F200及以上时,每班检测2次;当抗冻等级小于F200时,每班检测1次;无含气量要求时,可不检测	调整引气剂掺量
温度	每4 h检测1次	控制拌和物温度
抗压强度	碾压混凝土开始施工的第一个季度,28天龄期每1 000 m^3成型1组。当每班浇筑量超过1 000 m^3时,设计龄期每2 000 m^3成型1组;当每班浇筑量未超过1 000 m^3时,设计龄期每1 000 m^3成型1组。不足一取样单位,每班至少取样1组	检验碾压混凝土质量

注:*为遇大风、雨天、高温、寒潮等气候条件变化较大时,应适当增加检测次数。

③碾压混凝土拌和物VC值选定后,机口VC值与配合比设计范围值的允许偏差不超过±2 s,且应满足相关要求。如需调整碾压混凝土拌和物的用水量,应保持水胶比不变。

④严格控制掺引气剂的碾压混凝土含气量,允许偏差不应超过配合比设计值的±1%。

⑤对施工的主要部位,抗渗性、抗冻性、极限拉伸值等检测频次每季度不应少于1组。

(3)现场质量。

①表观密度检测可采用核子水分密度仪或压实密度计检测等传统检测方法,也可采用以数字化监测为主并配以传统检测方法为辅进行验证的方法。当仅采用传统检测方法时,每铺筑200~400 m^2碾压层应至少有1个检测点,且每一铺筑层仓面内不应少于3个检测点,以碾压完毕10 min后的核子水分密度仪测试结果作为表观密度判定依据。当碾压采用数字化施工时,经不少于5次对比数字化监测手段所得碾压质量与传统检测方法所得碾压质量,并确认两种方法检测结果吻合时,采用传统检测方法的检测频次调整为每铺筑500~1 000 m^2碾压层应至少有1个检测点,且每一铺筑层仓面内应不少于3个检测点。

②碾压混凝土密实度应满足设计要求;当设计文件无要求,且距建筑物外立面0.3~0.5 m

范围内无变态混凝土时，在此范围内碾压混凝土相对密实度不应小于98%，其余碾压混凝土相对密实度不应小于97%。

③碾压混凝土铺筑时，应按表1-45的规定进行检测。

表1-45　碾压混凝土铺筑现场检测项目和标准

检测项目	检测频率	控制标准
VC值	每2 h检测1次	满足规定要求
水泥浆或灰浆密度	每班检测1～2次	不低于室内密度试验标准值的95%
水泥浆或灰浆流动度	每班检测1～2次	室内试验标准值±3 s
抗压强度	相当于机口取样数量的5%～10%	设计指标
表观密度	按相关规定确定	应符合设计压实度要求。无设计要求时，每个铺筑层测得的表观密度应全部达到规定的相对密实度指标
骨料分离情况	全过程控制	应避免出现骨料集中现象
直接铺筑允许时间	全过程控制	由试验确定不同环境条件下的直接铺筑允许时间，并按其判定
加垫层铺筑允许时间	全过程控制	由试验确定不同环境条件下的加垫层铺筑允许时间，并按其判定
层间间隔时间	全过程控制	由试验确定不同环境条件下的层间间隔时间，并按其判定
入仓温度	2～4 h检测1次	设计指标

注：遇大风、雨天、高温、寒潮等气候条件变化较大时，应适当增加VC值、入仓温度的检测次数。

④检测水分和密度的仪器应在使用前用与工程一致的原材料配制碾压混凝土进行标定。

⑤钻孔取样是评定碾压混凝土质量的综合方法。钻孔取样可在碾压混凝土达到设计龄期后进行。钻孔的部位和数量应根据需要确定。下面以典型例题的形式对钻孔取样的评定内容进行讲解。

典型例题

【单选题】碾压混凝土施工质量评定时，钻孔取样芯样获得率主要是评价碾压混凝土的(　　)。

A. 均质性　　B. 抗渗性

C. 密实性　　D. 力学性能

A。【解析】钻孔取样评定内容包括：(1)芯样获得率。评价碾压混凝土的均质性。(2)压水试验。评定碾压混凝土的抗渗性。(3)芯样的物理力学性能试验。评定碾压混凝土的均质性和力学性能。(4)芯样断口位置及形态描述。描述断口形态，分别统计芯样断口在不同类型碾压层层间结合处的数量，并计算占总断口数的比例，评价层间结合是否符合设计要求。(5)芯样外观描述。评定碾压混凝土的均质性和密实性，评定标准可按下表的规定执行(适用于金刚石钻头钻取的芯样)。

级别	表面光滑程度	表面致密程度	骨料分布均匀性
优良	光滑	致密	均匀
一般	基本光滑	稍有孔	基本均匀
差	不光滑	有部分孔洞	不均匀

四、混凝土温度控制

(一)温度控制标准

1. 温差标准

温差标准应包括基础容许温差、新老混凝土容许温差和内外容许温差。

基础约束区混凝土的基础容许温差应按规定选取。

在龄期超过28天的老混凝土面上浇筑混凝土时，应采取短间歇均匀上升或薄层连续上升的浇筑方式。新老混凝土容许温差可取15~20 ℃，当浇筑块长边长度大于40 m时宜取小值。

施工过程中各坝块应均匀上升，相邻块高差不宜超过12 m，浇筑时间间隔宜小于28天。

应根据当地气候条件，进行表层混凝土温度应力分析和表面保温设计，提出混凝土内外容许温差。

2. 容许最高温度

坝段内不同区域的混凝土容许最高温度应采用规定计算所得各种容许最高温度值的小值。

(二)温度应力及控制标准

应计算施工期坝体混凝土温度应力。计算条件复杂时，宜采用有限元法计算温度应力；对高坝宜采用有限元法计算温度应力。

混凝土温度应力控制标准可按综合安全系数法或分项系数法确定。

(三)混凝土温度控制措施

1. 一般规定

施工期应对混凝土原材料、混凝土生产过程、混凝土运输和浇筑过程及浇筑后的温度进行全过程控制。对高坝宜采用具有信息自动采集、分析、预警、动态调整等功能的温度控制系统进行全过程控制。

应提出符合坝体分区容许最高温度及温度应力控制标准的混凝土温度控制措施，并提出出机口温度、浇筑温度、浇筑层厚度、间歇期、表面冷却、通水冷却和表面保护等主要温度控制指标。

气候温和地区宜在气温较低月份浇筑基础混凝土；高温季节宜利用早晚、夜间气温低的时段浇筑混凝土。

常态混凝土浇筑应采取短间歇均匀上升、分层浇筑的方法。基础约束区的浇筑层厚度宜为1.5～2.0 m,有初期通水冷却的浇筑层厚度可适当加厚;基础约束区以上浇筑层厚度可采用1.5～3.0 m。浇筑层间歇期宜采用5～7天。在基础约束区内应避免出现薄层长期停歇的浇筑块。宜在下层混凝土最高温度出现后,开始浇筑上层混凝土。

碾压混凝土宜薄层浇筑连续上升。

2. 原材料温度控制

水泥运至工地的入罐或入场温度不宜高于65 ℃。

应控制成品料仓内骨料的温度和含水率,细骨料表面含水率不宜超过6%,应采取下列主要措施:

(1)成品料仓宜采用筒仓;料仓除有足够的容积外,宜维持骨料不小于6 m的堆料厚度,或取料温度不受日气温变幅的影响;细骨料料仓的数量和容积应足够细骨料脱水轮换使用。

(2)料仓搭设遮阳防雨棚,粗骨料可采取喷雾降温。

(3)宜通过地垅取料,采取其他运料方式时应减少转运次数。

拌和水储水池应有防晒设施,储水池至拌和楼的水管应包裹保温材料。

3. 混凝土生产过程温度控制

降低混凝土出机口温度宜采取的措施详见浇筑后温度控制措施处的典型例题。

4. 混凝土运输和浇筑过程温度控制

应提出混凝土运输及卸料时间要求;混凝土运输机具应采取隔热、保温、防雨等措施。应提出混凝土坯层覆盖时间要求;混凝土入仓后、初凝前应及时进行平仓、振捣或碾压。混凝土出拌和楼机口至振捣或碾压结束,温度回升值不宜超过5 ℃,且混凝土浇筑温度不宜大于28 ℃。

混凝土平仓、振捣或碾压后,应及时覆盖聚乙烯泡沫塑料板、聚乙烯气垫薄膜、保温被等保温材料;浇筑或碾压上坯层混凝土时应揭去保温材料。

浇筑仓内气温高于25 ℃时应采用喷雾措施,喷雾应覆盖整个仓面,雾滴直径应达到40～80 μm,同时应防止混凝土表面积水。喷雾后仓内气温较仓外气温降低值不宜小于3 ℃。混凝土终凝后,可结束喷雾。

5. 浇筑后温度控制

下面以典型例题的形式对降低混凝土出机口温度和浇筑后温度控制措施的内容进行讲解。

典型例题

【案例题】某山区河道新建混凝土重力坝工程,施工单位编制的大体积混凝土施工方案中指出,夏季混凝土温控采取了降低混凝土出机口温度和浇筑后温度控制措施。

【问题】降低混凝土出机口温度和浇筑后温度控制措施的具体温控方法分别有哪些?

【答案】(1)降低混凝土出机口温度控制措施:混凝土的粗骨料可采用风冷、浸水、喷淋冷水等预冷措施;拌和楼宜采用加冰、加制冷水拌和混凝土。

(2)浇筑后温度控制措施:冷却水管通水冷却、表面流水冷却、表面蓄水降温等措施。

【解析】除上述规定外，降低混凝土出机口温度控制措施还应符合以下要求：碾压混凝土的粗骨料宜采用风冷措施。采用风冷时冷风温度宜比骨料冷却终温低 10 ℃，且经风冷的骨料终温不应低于 0 ℃。喷淋冷水的水温不宜低于 2 ℃。拌和楼加冰时宜采用片冰或冰屑，常态混凝土加冰率不宜超过总水量的 70%，碾压混凝土加冰率不宜超过总水量的 50%。加冰时可适当延长拌和时间。浇筑后温度控制措施还应符合以下要求：高温季节，常态混凝土终凝后可采用表面流水冷却或表面蓄水降温措施。表面流水冷却的仓面宜设置花管喷淋，形成表面流动水层；表面蓄水降温应在混凝土表面形成厚度不小于 5 cm 的覆盖水层。坝高大于 200 m 或温度控制条件复杂时，宜采用自动调节通水降温的冷却控制方法。

（四）通水冷却

宜通过分期通水冷却控制混凝土温度。分期通水冷却可包括初期、中期、后期通水冷却。

在已确定浇筑温度、浇筑层厚度和浇筑间歇期等措施的前提下，混凝土最高温度仍高于容许最高温度时，应进行初期通水冷却。

符合下列条件之一者应进行中期通水冷却：初期通水冷却结束后，混凝土温度回升值过大的；坝体临时挡水、坝面及孔洞临时过水或其他需要减小混凝土内外温差的；需要分担后期冷却降温幅度的。

在计划时间段内，自然冷却混凝土温度达不到接缝灌浆或接触灌浆温度要求时，应进行后期通水冷却。

各期通水冷却宜采用小温差、均匀缓慢的降温方式，避免温度陡降。

（五）表面保护和养护

1. 表面保护

大坝上下游面、坝段侧面、浇筑层面混凝土均应进行保护设计。可采用有限元法、影响线法或经验公式计算表面温度应力，提出表面保护时段及保护标准。

选用的保温材料应符合保护标准，保温材料的保温效果宜通过试验确定。保温材料应具有保温性能好、耐久性强、无毒、耐老化、不易燃烧、方便施工等特点。

施工期坝内孔口、廊道、竖井等部位应进行封闭保温。

坝址区日平均气温在 2～6 天内连续下降超过 5 ℃时，应分析加强表面保护措施的必要性。

对于高坝及严寒和寒冷地区的大坝，其上下游面等永久暴露面，施工期可采取全年保温方式。

2. 养护

坝体混凝土施工中出现的所有临时或永久暴露面均应进行养护。常态混凝土应在初凝后 3 h 开始保湿养护；碾压混凝土可在收仓后进行喷雾养护，并尽早开始保湿养护。养护期内应始终使混凝土表面保持湿润状态。

混凝土养护可采用喷雾、旋喷洒水、表面流水、表面蓄水、花管喷淋、覆盖潮湿草袋、铺湿砂层或湿砂袋、涂刷养护剂、人工洒水等方式。

混凝土宜养护至设计龄期，养护时间不宜少于 28 天。闸墩、抗冲磨混凝土等特殊部位宜适当延长养护时间。

（六）低温季节施工温度控制

日平均气温连续 5 天稳定在 5 ℃以下或最低气温连续 5 天稳定在 –3 ℃以下时，应按低温季节施工进行混凝土温度控制，提出包括混凝土原材料、拌和、运输和浇筑过程的保温防冻措施。

日平均气温在 –20 ℃以下时不宜浇筑混凝土，需要浇筑混凝土时应经论证。

在气候温和地区宜采用蓄热法保温。在严寒和寒冷地区，日平均气温在 –10 ℃以上时宜采用蓄热法保温；日平均气温为 –20 ~ –10 ℃时可采用综合蓄热法或暖棚法保温。

（七）施工期温度监测与分析

1. 一般规定

应对施工期混凝土温度控制全过程进行监测，监测内容主要包括原材料温度监测、混凝土温度监测、通水冷却监测、浇筑仓气温及保温层温度监测等。施工期温度监测原始记录应完整有效。

测温仪器应经过率定，其测温误差为 ±0.3 ℃。

2. 原材料温度监测

水泥、掺合料、骨料、水和外加剂等原材料的温度应至少每 4 h 测量 1 次，低温季节施工宜加密至每 1 h 测量 1 次。

测量水、外加剂溶液和细骨料的温度时，温度传感器或温度计插入深度不小于10 cm；测量粗骨料温度时，插入深度不小于 10 cm 并大于骨料粒径的 1.5 倍，周围用细粒径料充填。

3. 混凝土出机口温度、入仓温度和浇筑温度监测

混凝土出机口温度应每 4 h 测量 1 次；低温季节施工时宜加密至每 2 h 测量 1 次。

混凝土入仓后平仓前，应测量深 5 ~ 10 cm 处的入仓温度。入仓温度应每 4 h 测量1 次；低温季节施工时，宜加密至每 2 h 测量 1 次。

混凝土经平仓、振捣或碾压后、覆盖上坯混凝土前，应测量本坯混凝土面以下 5 ~ 10 cm 处的浇筑温度。浇筑温度测温点应均匀分布，且应覆盖同一仓面不同品种的混凝土；同一坯层每 100 m^2 仓面面积应有 1 个测温点，且每个坯层应不少于 3 个测温点。

4. 混凝土内部温度监测

施工期坝体混凝土温度监测应充分利用坝内埋设的永久观测仪器。

混凝土温度监测可采用电阻式温度计、数字式温度计等观测仪器；也可采用预设测温孔灌水方法，孔深大于 15 cm，用温度计测量。

各坝段基础约束区每 1 ~ 2 个浇筑层宜布置 1 个测温点，非约束区每 2 ~ 3 个浇筑层宜布置 1 个测温点；自开始浇筑至最高温度出现期间每 8 h 或 12 h 测量 1 次，最高温度出现后至上层混凝土覆盖前每 12 h 或 24 h 测量 1 次；高坝宜增加测温点和测温频次。

5. 通水冷却监测

应在每仓混凝土中选择 1 ~ 3 根冷却水管进行进出口水温、流量、压力的测量，并记录各期通水开始时间、结束时间。水温、流量、压力宜每 6 ~ 12 h 测量 1 次。

各期通水冷却结束时，宜采用水管闷水测温方法监测混凝土温度，闷水时间宜采用 5 ~

7天,并记录闷水开始日期、结束日期及测温结果。

6. 浇筑仓气温及保温层温度监测

混凝土施工过程中,应测量仓内中心点附近距混凝土表面高度1.5 m处的气温,并同时测量仓外气温。宜采用自动测温仪器;人工测温时,每天应至少测量4次。

混凝土表面保温期间,应选择典型保温部位及保温方法进行保温层下的混凝土表面温度测量,可在混凝土最高温度出现前每8 h观测1次,最高温度出现至28天每24 h观测1次,28天至保温材料拆除前每周观测1次。

气温骤降期间,宜增加仓内外气温和保温层下的混凝土表面温度监测频次。

7. 数据分析与反馈

应对监测得到的温度控制数据进行整编、分析和处理。

应按仓位统计混凝土出机口温度、浇筑温度、最高温度;埋设冷却水管的部位,应按仓位或冷却批次统计各期水管冷却的降温速率、降温幅度。

应绘制各坝段、各部位的温度控制状况图表,分析评价温度控制效果。

应依据温度控制实施效果进行温度过程预测,对可能超出控制标准的部位提出预警。

五、分缝与止水的施工要求

(一)分缝

1. 概念

横缝是指混凝土建筑物在垂直于坝轴线方向每隔一定距离设置的竖向永久接缝。

纵缝是指混凝土建筑物进行分块浇筑时在平行于坝轴线方向浇筑块之间设置的施工缝。

永久缝是指在混凝土建筑物中,人为设置的不进行灌浆的缝。根据其功能可分为温度、沉降、收缩、变形等。

临时缝是指混凝土建筑物分层分块间歇浇筑时在各浇筑层、块之间临时留的直缝或斜缝,也称施工缝。

2. 分缝的施工要求

(1)横缝。

横缝是指为了避免地基发生不均匀沉降时坝体产生裂缝而设置的缝。重力坝横缝的作用有:减小温度应力;适应地基不均匀变形;满足施工要求(如混凝土浇筑能力及温度控制等)。

横缝间距(即坝段宽度)一般为12~20 m,主要取决于地基特性、河谷地形、温度变化、结构布置和浇筑能力等。

横缝有永久性横缝和临时性横缝:

①永久性横缝常做成竖直平面,缝面不设键槽,缝内不灌浆,以使各坝段独立工作。

②临时性横缝的缝面应设置键槽和灌浆系统,灌浆后使相邻坝段联结成整体。

提示

横缝按缝面形式可分为:缝面不设键槽、缝内不灌浆;缝面设键槽和灌浆系统;缝面设键槽、缝内不灌浆。

(2)纵缝。

若混凝土坝的厚度超过40 m,为了减小施工期顺河向的温度应力,并适应混凝土的浇筑能力,常在平行坝轴线方向设纵缝,将一个坝段分成几个坝块,待温度降到稳定温度或较低温度后再进行接缝灌浆。

纵缝按其布置形式可分为铅直纵缝(也称竖缝)、斜缝和错缝:

①铅直纵缝是最常用的一种纵缝形式。缝的间距根据混凝土浇筑能力和温度控制要求确定,一般为12～30 m。纵缝过多,不仅增加缝面处理的工作量,还会削弱坝的整体性。

②斜缝大致沿主应力轨迹线方向设置。斜缝面基本不受剪应力,一般不进行接缝灌浆,坝体浇筑至挡水高程后即可度汛或蓄水。某些厂房坝段,沿着钢管的方向设置斜缝,便于钢管安装。斜缝对其两侧的高差和温差要求比较严格,在缝顶应布置并缝廊道或铺设钢筋,以免在斜缝端部开裂。斜缝两侧浇筑块,施工时相互干扰较大,对施工进度有一定的影响,且不便于在坝上布置浇筑机械。

链接

斜缝坝块浇筑,必须按照先上游块,后下游块的顺序进行。

③错缝是指垂直缝相互错开布置。施工缝宜采用错缝,避免上下层竖向缝贯通。错缝水平搭接长度宜取浇筑层厚度的1/3～1/2,允许错缝搭接范围内水平施工缝有一定的变形,以减少两端的约束,且搭接部分的水平缝要求抹平。垂直缝面不需灌浆,但在重要部位,根据需要设置骑缝钢筋;有防渗要求的部位,应在缝面上设止水;在结构较薄弱部位的垂直和水平施工缝上,必要时设置键槽;在垂直缝的上下两端有应力集中,在坝体冷却过程中极易发生裂缝,因此有温度控制要求。

以往考试中考查过分缝形式的判断,下面以典型例题的形式进行讲解。

典型例题

【单选题】混凝土坝分缝中,右图所示为(　　)。

A. 竖缝

B. 斜缝

C. 错缝

D. 通仓浇筑

C。**【解析】**混凝土坝分缝中,竖缝、斜缝、错缝、通仓浇筑的示意图如下图所示。

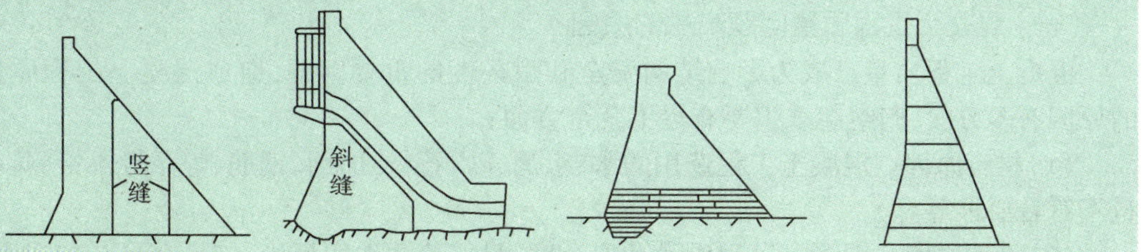

(a)竖缝　(b)斜缝　(c)错缝　(d)通仓浇筑

(二)止水

止水是指在水工建筑物各相邻部分或各分段的接缝之间防止沿缝面产生渗漏的一种片状

构造设施。止水材料可选用铜止水片、不锈钢止水片、塑性填料、橡胶止水带、PVC 止水带等。

链接

止水设施分为垂直止水和水平止水两种：

(1)垂直止水多采用金属止水片，重要部分采用紫铜片。重要结构要求止水片与沥青井联合使用。

(2)水平止水大多利用塑料止水带或橡胶止水带，近年来广泛采用塑料止水带。塑料止水带止水性能好，抗拉强度高，韧性好，适应变形能力强，耐久且易黏结，价格低。

根据《混凝土重力坝设计规范》，坝体止水应符合下列规定：

(1)重力坝横缝的上游面、防浪墙、溢流面、下游面最高水位以下及坝内廊道和孔洞穿过分缝处的四周等部位应布置止水设施。

(2)高坝上游面附近的横缝止水应至少采用两道止水片，其间宜设一道排水井或经论证的其他措施。中坝、低坝的横缝止水可适当简化。

(3)高坝横缝的两道止水片应采用厚 1.0～1.6 mm 的止水铜片；中坝的第一道止水片应为铜片。止水铜片宜加工成“}”形，中部尖凸部位应指向渗流方向；对于高坝每一侧埋入混凝土内的长度不应小于 250 mm，对于中、低坝每一侧埋入混凝土内的长度不应小于 200 mm。

(4)横缝止水片必须与坝基妥善连接。止水片埋入基岩内的深度可为 300～500 mm，止水槽混凝土与基岩之间应设锚筋连接。

下面以典型例题的形式对止水缝部位混凝土浇筑进行讲解。

典型例题

【案例题】某新建中型拦河闸工程，闸室底板与消力池底板之间设铜止水片。

【问题】止水缝部位混凝土浇筑时，应注意哪些事项？

【答案】止水缝部位混凝土浇筑时，应注意：(1)水平止水片应在浇筑层的中间，在止水片高程处，不应设置施工缝。(2)浇筑混凝土时，不应冲撞止水片，当混凝土将淹埋止水片时，应再次清除其表面污垢并注意防止止水片向下弯折。(3)振捣器不应触及止水片。(4)嵌固止水片的模板应适当推迟拆模时间。

六、混凝土工程加固技术

(一)混凝土工程质量问题产生的原因

混凝土工程质量已成为影响结构安全和耐久性的重要问题，造成混凝土工程质量问题的原因有多方面，归纳起来主要有以下几个方面：

(1)材料原因。混凝土工程选用的水、水泥、砂、石、外加剂、钢筋、焊条等不恰当，或者质量不符合要求等。

(2)设计原因。混凝土工程中设计安全度不足、荷载选用不当、结构布局与构造不合理、计算有误等。

(3)环境原因。施工中有冻害、高温、高热、腐蚀介质作用，以及自然风化等因素。

(二)混凝土工程常见的质量问题及其处理方法

1. 结构发生裂缝及其处理

结构发生裂缝的原因有:模板及其支撑不牢,发生变形或局部沉降;拆模不当,引起开裂;养护不好引起裂缝;混凝土和易性不好,浇筑后产生分层和裂缝;大面积现浇混凝土由于温度产生收缩裂缝等。

混凝土裂缝按发生深度的不同,可分为表层裂缝、深层裂缝和贯穿裂缝;按成因的不同,可分为结构性裂缝和非结构性裂缝两类。结构性裂缝是指由各种外荷载引起的裂缝,也称荷载裂缝,包括由外荷载的直接应力引起的裂缝和在外荷载作用下结构次应力引起的裂缝。非结构性裂缝是指由各种变形变化引起的裂缝,包括温差、干缩湿胀和不均匀沉降等因素引起的裂缝。

混凝土裂缝常见的处理方法有填充法、灌浆法、结构补强法、混凝土置换法、电化学防护法等。

(1)填充法。填充法用修补材料直接填充裂缝,一般用来修补较宽的裂缝,作业简单,费用低。宽度小于0.3 mm,深度较浅的裂缝,或是裂缝中有充填物、用灌浆法很难达到效果的裂缝,以及小规模裂缝的简易处理可采取开V型槽,然后作填充处理。

(2)灌浆法。灌浆法应用范围广,从细微裂缝到大裂缝均可适用。利用压送设备将补缝浆液注入混凝土裂隙以达到闭塞的目的,该方法属传统方法。也可利用弹性补缝器将注缝胶注入裂缝,不用电力,使用方便。

(3)结构补强法。因超荷载产生的裂缝、裂缝长时间不处理导致的混凝土耐久性降低、火灾造成的裂缝等影响混凝土结构强度,可采取结构补强法。

(4)混凝土置换法。混凝土置换法是处理严重损坏混凝土的一种有效方法,此方法是先将损坏的混凝土剔除,然后再换入新的混凝土或其他材料。常用的置换材料有普通混凝土或水泥砂浆、聚合物或改性聚合物混凝土或砂浆。

(5)电化学防护法。电化学防护法是利用施加电场在介质中的电化学作用,改变混凝土或钢筋混凝土所处的环境状态,钝化钢筋,以达到防腐目的的一种方法。该方法的优点是防护方法受环境因素的影响较小,适用于钢筋、混凝土的长期防腐,既可用于已裂结构也可用于新建结构。阴极防护法、氯盐提取法、碱性复原法是电化学防护法中常用而有效的三种方法。

链接

施工(冷)缝的修补可采用钻孔灌浆的方法,也可以采用喷浆或表面凿槽嵌补的方法;沉降缝、温度缝的修补可采用柔性材料(如环氧砂浆贴橡皮)修补的方法,也可采用钻孔灌浆修补的方法。

混凝土裂缝处理时,应满足以下要求:低温季节修补;在地下水位较低时修补;在低水头下修补。

2. 混凝土表层破坏与修补

混凝土建筑物由于设计、施工和管理运行等方面的原因,如受空蚀、磨蚀、冲刷、冻融、水化学侵蚀或机械撞击等因素作用而导致表层存在破坏的现象。由于不同部位的表层与外界接触的条件不一样,因而破坏原因和现象也不同。过水面常见的破坏现象是出现麻面、骨料乃至钢筋外露、疏松脱壳和出现沟坑等;水位变化区及水经常接触的部位常见的破坏现象是疏松脱壳或成块脱落;非过水面常见的破坏现象是裂缝或成块脱落等。

对已破坏部位进行修补的主要方法如下:

(1)基面处理。根据破坏现象和修补方法的不同,可分别采用凿毛、凿槽、清除已破坏混凝土等方法。清除已破坏混凝土时,又可根据破坏程度和部位的不同,分别选用人工凿除、人工结合风镐凿除、小型爆破结合人工凿除、钻排孔人工楔凿除或机械切割凿除等方法。

(2)修补方法。对于破损混凝土表面的裂缝,可采用下列方法进行处理:

①压浆混凝土修补法。压浆混凝土也可称为预填骨料压浆混凝土,是在预填洁净的粗骨料中,压入具有一定膨胀性的砂浆而形成的混凝土,具有足够的强度、重力性和止水作用。由于其收缩率小,拌和工作量小,主要用于钢筋稠密、水下加固浇筑,以及不易浇筑的工程部位。

②水泥砂浆修补法。当损坏面积较小、较浅时可采用该方法。使用时需注意的是加强压实,凝固后应在四周涂抹环氧树脂胶液、铝粉水泥浆液或其他胶粘剂。

③混凝土胶结剂修补法。对于露筋、小面积的破损一般可采用混凝土胶结剂表面封涂的方法进行修补。使用人工封涂法修补时,应由低向高,由内向外填抹,并保证在封涂缺陷的周围有 2 cm 粘附面;对于混凝土结构破坏较大且深入构造内一定深度时,可采用混凝土胶结剂浇筑涂层的方法加以修补。

④环氧树脂材料修补法。环氧树脂具有较高的强度和抗蚀、抗渗能力,但由于环氧材料价格较贵,且工艺操作要求较高,因此,通常只有在特别需要的情况下使用。

⑤预缩砂浆修补法。预缩砂浆是指将搅拌好的砂浆就地存放一定时间的干硬性砂浆,一般用来修补浅表型或其他缺陷。预缩砂浆与原有混凝土有良好的粘合力,也有很高的强度,能够满足常规混凝土的缺陷修补。

⑥喷浆修补法。喷浆是将水泥、砂和水的混合料,经高压通过喷头喷射至修补部位。喷浆一般分为柔性网喷浆、刚性网喷浆和无筋素喷浆。

⑦喷混凝土修补法。喷混凝土是用高压将混凝土拌和料以高速运动注入修补部位。它的密度及抗渗能力比一般混凝土强,而且具有快速、高效,不用模板以及将混凝土的浇筑捣固结合在一起的优点。

⑧表面封闭修补法。利用混凝土表层微细独立裂缝或网状裂纹的毛细作用吸收低黏度且具有良好渗透性的裂缝封闭修补胶液封闭裂缝通道,提高结构的耐久性。对有防渗要求的结构部位,还应在裂缝表面粘贴玻璃纤维布或碳纤维布以增强封护作用。

3. 混凝土结构失稳与加固

混凝土的裂纹性缺陷在混凝土结构物中形成贯通裂纹,致使结构不能承载,发生失稳。根据《混凝土结构加固设计规范》,结构加固是指对可靠性不足或业主要求提高可靠度的承重结构、构件及其相关部分采取增强、局部更换或调整其内力等措施,使其具有现行设计规范及业主要求的安全性、耐久性和适用性。

混凝土结构加固的方法及技术如下:

(1)增大截面加固法,是指增大原构件截面面积并增配钢筋,以提高其承载力和刚度,或改变其自振频率的一种直接加固法。

（2）外包型钢加固法，是指对钢筋混凝土梁、柱外包型钢及钢缀板焊成的构架，以达到共同受力并使原构件受到约束作用的加固方法。

（3）复合截面加固法，是指通过采用结构胶粘剂粘接或高强聚合物改性水泥砂浆（以下简称聚合物砂浆）喷抹，将增强材料粘合于原构件的混凝土表面，使之形成具有整体性的复合截面，以提高其承载力和延性的一种直接加固法。根据增强材料的不同，可分为外粘型钢、外粘钢板、外粘纤维增强复合材料和外加钢丝绳网－聚合物砂浆面层等多种加固法。

（4）绕丝加固法，是指通过缠绕退火钢丝使被加固的受压构件混凝土受到约束作用，从而提高其极限承载力和延性的一种直接加固法。

（5）体外预应力加固法，是指通过施加体外预应力，使原结构、构件的受力得到改善或调整的一种间接加固法。

（6）植筋，是指以专用的结构胶粘剂将带肋钢筋或全螺纹螺杆种植于基材混凝土中的后锚固连接方法之一。植筋技术适用于钢筋混凝土结构的锚固。用于植筋的钢筋应使用热轧带肋钢筋或全螺纹螺杆，不得使用光圆钢筋和锚入部位无螺纹的螺杆。施工中钻出的废孔，应采用高于构件混凝土一个强度等级的水泥砂浆、树脂水泥砂浆或锚固胶粘剂进行填实。植入孔内部分钢筋上的锈迹、油污必须打磨清除干净。

（7）锚栓。化学锚栓在固化完成前，应按安装要求进行养护，固化期间禁止扰动。固化后不得进行焊接。

2F313050　水利水电工程机电设备及金属结构安装工程

一、机电设备分类及安装要求

（一）机电设备分类

水利水电工程中的机电设备主要包括水泵机组和水轮发电机组。其中，水泵机组又包括动力机（电动机）、水泵和传动设备。

1. 水泵机组

水泵机组的主要设备是水泵。水泵根据泵轴的安装方式，可划分为卧式泵、立式泵、斜式泵；根据工作原理，可划分为容积泵、叶片泵（离心泵、轴流泵、混流泵）、其他类型泵。其中，离心泵流量大，扬程从几米到几十米，多用于山区灌溉泵站工程；轴流泵流量大、扬程低、启动方便、运行管理方便简单，特别适用于固定泵站；混流泵扬程适中，流量比同口径的轴流泵小，结构简单，安装管理方便，用于要求低的泵站。

2. 水轮发电机组

水轮发电机组是指由水轮机及受其驱动的发电机组成，用来将水能转换为电能的一套机器。水轮发电机是水轮发电机组的发电设备。水轮机是水轮发电机组的动力设备。

根据转轮区内水流的流动特征和转轮转换水流能量形式的不同，现代水轮机可分为反击式和冲击式两大类。

（1）反击式水轮机是同时利用水流的位能、压能和动能做功的水轮机。根据水流在转轮内运动方向和特征及转轮构造特点的不同，反击式水轮机可分为混流式、轴流式、斜流式和贯流式。根据转轮叶片能否转动，将轴流式、斜流式和贯流式又分别分为定桨式和转桨式。

(2)冲击式水轮机是在转轮进口处把水流的位能和压能,通过喷嘴转换为射流的动能,仅利用水流动能做功的水轮机。根据射流冲击转轮的方式不同,冲击式水轮机可分为水斗式、斜击式和双击式三种。

(二)机电设备安装要求

机电设备的安装主要包括卧式机组的安装和立式机组的安装两大类。其中,卧式机组根据安装的不同分为有底座和无底座两类。

对于卧式机组的安装,需要了解无底座卧式机组的安装流程,即起吊水泵→进行中心线、水平、标高的校正→拧紧地脚螺栓→安装水泵及动力机→进行验收。

下面以典型例题的形式对立式机组的安装进行讲解。

典型例题

【多选题】关于立式轴流泵机组安装的说法,正确的有(　　)。

A. 同心校正又称为找平校正　　B. 水平校正以泵轴座平面为校准面

C. 刮磨推力盘底面可以调整泵轴摆度　　D. 水泵配套电机安装在水泵梁上

E. 先进行电动机吊装再进行传动轴安装

AC。【解析】水平校正的校准面是电机座的轴承座平面。故选项B错误。立式机组安装时,水泵安装在专设的水泵梁上,与水泵配套的电机安装在水泵上方的电机梁上。故选项D错误。中小型立式轴流泵机组安装时,应先进行传动轴安装再进行电动机吊装。故选项E错误。

二、金属结构分类及安装要求

水利水电工程金属结构中,以往考试考查最多的有闸门和启闭机,因此下面主要讲解闸门和启闭机的分类及安装要求。

(一)闸门分类

闸门根据其制造形式的不同,可分为平面闸门、弧形闸门、人字闸门。

(二)闸门安装要求

1. 一般要求

(1)技术资料。闸门及埋件安装前应具备下列资料:设计图样、施工图样和技术文件;闸门出厂合格证;闸门制造验收资料和出厂检验资料;闸门制造竣工图或能反映闸门出厂时实际结构尺寸的图样;发货清单、到货验收文件及装配编号图;安装用控制点位置图。

(2)基准点和测量工具。对于闸门制造、安装过程中所用的量具和仪器,使用单位应自行定期检定或送计量检定机构检定,并提供修正值,在使用时根据修正值进行数据修正。

(3)标志、包装及运输。

①闸门应有标志,标志内容应包括:制造厂名;产品名称;生产许可证标志及编号;产品型号或主要技术参数;制造日期;闸门重心位置及总重量。

②闸门门叶应分节编号,加工面应有可靠保护;埋件可成捆包装并用钢架拴紧;附件应成套装箱。

③闸门起吊时应防止构件损坏或变形;装车时应摆放平稳、位置适中、加固可靠;超长、

超宽件运输应悬挂危险警示牌，注意保护道路、桥梁、通信、电力等设施安全。

2. 闸门安装

(1)埋件安装。

预埋在一期混凝土中的锚栓或锚板，应按设计图样制造、预埋，在混凝土浇筑之前应对预埋的锚栓或锚板位置进行检查、核对。

埋件安装前，门槽中的模板等杂物及有油污的地方应清除干净。一、二期混凝土的结合面应凿毛，并冲洗干净。二期混凝土门槽的断面尺寸及预埋锚栓或锚板的位置应复验。

埋件安装前，应对埋件各项尺寸进行复验。

埋件安装调整好后，应将调整螺栓与锚板或锚栓焊牢，埋件在浇筑二期混凝土过程中不应变形或移位。

埋件工作面对接接头的错位均应进行缓坡处理，过流面及工作面的焊疤和焊缝余高应铲平磨光，凹坑应补焊平并磨光。

埋件安装完，经检查合格，应在5天内浇筑二期混凝土。如过期或有碰撞，应予复测，复测合格，方可浇筑二期混凝土。二期混凝土一次浇筑高度不宜超过5 m，浇筑时，应注意防止撞击埋件和模板，并采取措施捣实混凝土，应防止二期混凝土离析、跑模和漏浆。

埋件的二期混凝土强度达到70%以后方可拆模，拆模后应对埋件进行复测，并作好记录。同时检查混凝土尺寸，清除遗留的外露钢筋头和模板等杂物，以免影响闸门启闭。

工程挡水前，应对全部检修门槽和共用门槽进行试槽。

(2)平面闸门门体安装。

整体闸门在安装前，应对其各项尺寸进行复测，并符合有关规定的要求。

分节闸门组装成整体后，除应按有关规定对各项尺寸进行复测外，并应满足下列要求：

①节间如采用螺栓连接，则螺栓应均匀拧紧，节间橡皮的压缩量应符合设计要求。

②节间如采用焊接，则应采用已经评定合格的焊接工艺，按有关规定进行焊接和检验，焊接时应采取措施控制变形。

(3)弧形闸门门体安装。

分节弧形闸门门叶组装成整体后，应按有关规定对各项尺寸进行复测。复测合格后采用评定合格的焊接工艺，按有关规定进行门叶结构焊接和检验，焊接时应采取措施控制变形。当门叶节间采取螺栓连接时，应遵照螺栓连接有关规定进行紧固和检验。

弧形闸门安装应符合下列规定：

①支臂两端的连接板若需要在安装时焊接，应采取措施减少焊接变形，以保证焊接后其组合面符合有关要求。

②抗剪板应和连接板顶紧施焊。

③连接螺栓应遵照螺栓连接有关规定进行紧固和检验，连接面间隙应符合有关规定。

④铰轴中心至面板外缘的曲率半径 R 的极限偏差应符合规定。

⑤止水橡皮的质量应符合国家或行业有关技术标准的规定，顶、侧止水橡皮安装质量应符合有关规定。

(4)人字闸门门体安装。

人字闸门的安装包括底枢装置安装,门叶安装,顶枢装置安装,支、枕座安装等。

在无水状态下调试人字闸门时,应充分考虑到环境温差的影响,正确处理门体有关几何尺寸及相互位置的变化。

3. 闸门试验

闸门安装合格后,应在无水情况下作全行程启闭试验。试验前应检查自动挂脱梁挂钩脱钩是否灵活可靠;充水阀在行程范围内的升降是否自如,在最低位置时止水是否严密;同时还须清除门叶上和门槽内所有杂物并检查吊杆的连接情况。启闭时,应在止水橡皮处浇水润滑。有条件时,工作闸门应作动水启闭试验,事故闸门应作动水关闭试验。

闸门启闭过程中应检查滚轮、支铰及顶、底枢等转动部位运行情况,闸门升降或旋转过程有无卡阻,启闭设备左右两侧是否同步,止水橡皮有无损伤。

闸门全部处于工作部位后,应用灯光或其他方法检查止水橡皮的压缩程度,不应有透亮或有间隙。如闸门为上游止水,则应在支承装置和轨道接触后检查。

闸门在承受设计水头的压力时,通过任意 1 m 长度的水封范围内漏水量不应超过 0.1 L/s。

(三)启闭机分类

启闭机是指实现闸门的开启和关闭、拦污栅的起吊与安放等专用的机械设备,包括螺杆式启闭机、固定卷扬式启闭机、移动式启闭机、液压式启闭机等。

(四)启闭机试验

启闭机试验包括空运转试验、空载试验、动载试验和静载试验。

(1)空运转试验。启闭机出厂前,在未安装钢丝绳和吊具的组装状态下进行的试验。

(2)空载试验。启闭机在无荷载状态下进行的运行试验和模拟操作。

(3)动载试验。启闭机在 1.1 倍额定荷载状态下进行的运行试验和操作。主要目的是检查起升机构、运行机构和制动器的工作性能。

(4)静载试验。启闭机在 1.25 倍额定荷载状态下进行的静态试验和操作。主要目的是检验启闭机各部件和金属结构的承载能力。

(五)启闭机安装要求

1. 一般要求

(1)技术资料。启闭机安装前,应具备下列资料:出厂验收资料;产品合格证;制造竣工图样、安装图样;安装使用维护说明书;发货清单;现场到货交接文件;安装技术文件;安装用控制点位置图。

(2)基准点和测量工具。测量高程和安装轴线的基准点及安装控制点,均应准确、牢固、明显和便于使用。量具和仪器,应经计量检定机构检定合格或校准后经评价合格并在有效期内。

(3)标志、包装及运输。

①启闭机应在明显处设置标牌,标牌应符合规定,其主要内容应包括:产品名称、规格及型号;出厂编号;主要技术参数;产品标准;制造日期和制造商名称。

②裸装出厂的设备应采取安全防护措施和防潮措施。螺杆式启闭机应采取防止螺杆变

形的措施；液压式启闭机应采取防止缸体、活塞杆及密封件变形的措施。

③启闭机敞装或箱装运输时，应安放牢固，应采取防止变形、滑移、滚动和掉落等措施，且应符合陆运、海运及空运的有关规定。

2. 安装要求

(1)螺杆式启闭机。

螺杆式启闭机型号应按图1-9所示方法表示。

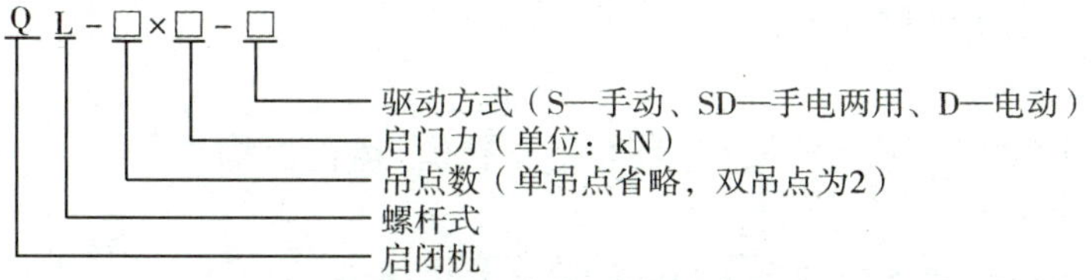

图1-9　螺杆式启闭机型号表示方法

螺杆式启闭机宜在厂内整体组装，零部件组装应符合设计图样及技术标准的规定；螺杆过长需在现场组装时，出厂前应将螺母绕螺杆旋转全行程，接触良好，无卡阻。

现场安装时，减速器应在清洗检查后注入新油，油位应与油标尺刻度相符；应转动灵活，油封和接合面处不应渗油。地脚螺栓的位置和露出部分的长度应符合设计要求。螺杆式启闭机机座纵、横向中心线与闸门实际起吊中心的允许偏差应符合要求；基础板上平面的水平度及高程允许偏差应符合要求；双吊点高程相对差应符合要求。机座应与基础板紧密接触，其局部间隙应符合要求，机座与基础板接触面积应符合要求。螺杆与闸门连接前的垂直度应符合要求。

螺杆式启闭机的试验要求应符合以下规定：

①螺杆式启闭机应在安装现场进行试运行。

②螺杆式启闭机的空载试验，应在全行程内往返3次。

③螺杆式启闭机的荷载试验，应将闸门在门槽内无水或静水中全行程启闭2次；动水启闭的工作闸门应进行动水启闭试验。

(2)固定卷扬式启闭机。

启门力控制的QP型卷扬式启闭机型号应按图1-10所示方法表示。

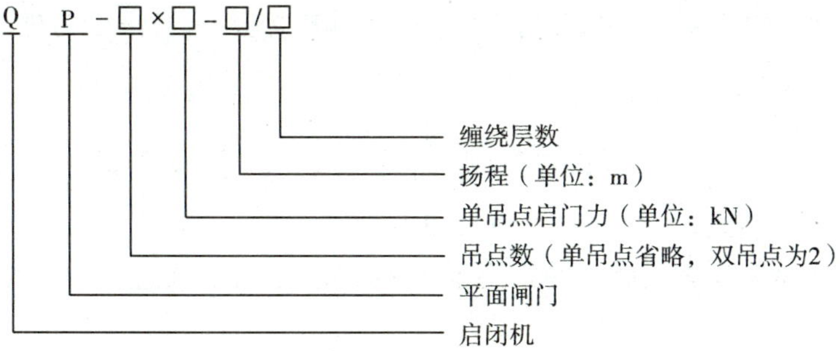

图1-10　启闭力控制的QP型卷扬式启闭机型号表示方法

厂内组装时，固定卷扬式启闭机应在各零部件自检合格的基础上在厂内进行整体组装。电气设备、安全联锁装置、制动器等应按要求安装，动作灵敏、准确。

启闭机的安装应根据起吊中心线找正，其纵、横向中心线允许偏差为±3.0 mm。

固定卷扬式启闭机的试验要求应符合以下规定：

①启闭机空载运行前，应检查电气控制设备、电缆接线等，满足设计要求；试验时应在全行程往返3次。

②启闭机的荷载试验应先将闸门在门槽内进行无水和静水条件下的试验，全行程升降各2次；试验经检查合格后，宜根据被启闭闸门的运行条件，按设计要求进行工作闸门启闭机的动水启闭试验、事故闸门启闭机的动水闭门和静水启闭试验，全行程升降各2次；快速闸门启闭机应进行动水闭门试验。

(3)移动式启闭机。

移动式启闭机的安装包括桥架和门架、小车轨道、运行机构等。

(4)液压式启闭机。

平面闸门液压启闭机型号应按图1-11所示方法表示。

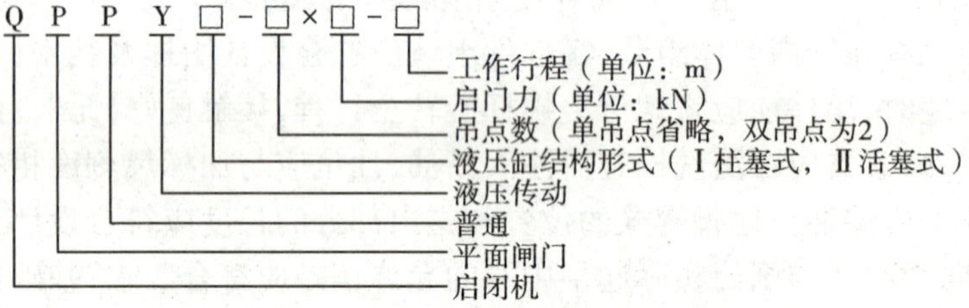

图1-11　平面闸门液压启闭机型号表示方法

现场安装时，液压式启闭机安装前的检查结果要求如下：液压缸各部位应无碰伤和损坏，活塞杆应无变形；活塞杆缩进后应与液压缸可靠固定；液压泵站应完好，元器件和管路应无损坏、无渗油；电气设备应完好，元器件应无损坏。

液压式启闭机的试验要求应符合以下规定：

①液压泵第一次启动时，应将液压泵站上的溢流阀全部打开，连续空转30～40 min，液压泵不应有异常现象。

②液压泵空转正常后，在监视压力表的同时，将溢流阀逐渐旋紧使管路系统充油，充油时应排除空气，管路充满油后，调整液压泵溢流阀，使液压泵在其工作压力的25%，50%，75%和100%的情况下分别连续运转15 min，应无异常，温升应不大于25 K。

③试验完成后，调整液压泵站上的溢流阀，使其压力达到工作压力的1.1倍时动作排油。排油时应平稳、无异常。

3. 验收

出厂验收前应编制出厂验收大纲。对验收设备进行检查，填写检验记录，检查合格后应按出厂验收大纲进行验收。

安装验收前应编制安装验收大纲。对验收设备进行检查，检查合格后应按安装验收大纲进行验收。

2F313060 水利水电工程施工安全技术

一、施工现场

（一）基本规定

施工现场应符合下列基本规定：

(1)施工生产区域宜实行封闭管理。主要进出口处应设有明显的施工警示标志和安全文明生产规定、禁令，与施工无关的人员、设备不应进入封闭作业区。在危险作业场所应设有事故报警及紧急疏散通道设施。

(2)进入施工生产区域的人员应遵守施工现场安全文明生产管理规定，正确穿戴使用防护用品和佩戴标志。

(3)施工生产现场应设有专(兼)职安全人员进行安全检查，及时督促整改隐患，纠正违章行为。

(4)爆破、高边坡、隧洞、水上(下)、高处、多层交叉施工、大件运输、大型施工设备安装及拆除等危险作业应有专项安全技术措施，并应设专人进行安全监护。

(5)施工设施的设置应符合防汛、防火、防砸、防风、防雷及职业卫生等要求。

（二）施工道路及交通

施工道路及交通应符合下列规定：

(1)永久性机动车辆道路、桥梁、隧道，应按照有关规定，并考虑施工运输的安全要求进行设计修建。

(2)铁路专用线应按国家有关规定进行设计、布置、建设。

(3)施工生产区内机动车辆临时道路应符合下列规定：

①道路纵坡不宜大于8%，进入基坑等特殊部位的个别短距离地段最大纵坡不应超过15%；道路最小转弯半径不应小于15 m；路面宽度不应小于施工车辆宽度的1.5倍，且双车道路面宽度不宜窄于7.0 m，单车道不宜窄于4.0 m。单车道应在可视范围内设有会车位置。

②路基基础及边坡保持稳定。

③在急弯、陡坡等危险路段及叉路、涵洞口应设有相应警示标志。

④悬崖陡坡、路边临空边缘除应设有警示标志外还应设有安全墩、挡墙等安全防护设施。

⑤路面应经常清扫、维护和保养并应做好排水设施，不应占用有效路面。

(4)交通繁忙的路口和危险地段应有专人指挥或监护。

(5)施工现场的轨道机车道路，应遵守下列规定：

①基础稳固，边坡保持稳定。

②纵坡应小于3%。

③机车轨道的端部应设有钢轨车挡，其高度不低于机车轮的半径，并设有红色警示灯。

④机车轨道的外侧应设有宽度不小于0.6 m的人行通道，人行通道临空高度大于2.0 m时，边缘应设置防护栏杆。

⑤机车轨道、现场公路、人行通道等的交叉路口应设置明显的警示标志或设专人值班监护。

⑥设有专用的机车检修轨道。

⑦通信联系信号齐全可靠。

(6)施工现场临时性桥梁,应根据桥梁的用途、承重载荷和相应技术规范进行设计修建,并符合以下要求:

①宽度应不小于施工车辆最大宽度的1.5倍。

②人行道宽度应不小于1.0 m,并应设置防护栏杆。

(7)施工现场架设临时性跨越沟槽的便桥和边坡栈桥,应符合以下要求:

①基础稳固、平坦畅通。

②人行便桥、栈桥宽度不应小于1.2 m。

③手推车便桥、栈桥宽度不应小于1.5 m。

④机动翻斗车便桥、栈桥,应根据荷载进行设计施工,其最小宽度不应小于2.5 m。

⑤设有防护栏杆。

(8)施工现场的各种桥梁、便桥上不应堆放设备及材料等物品,应及时维护、保养,定期进行检查。

(9)施工交通隧道,应符合以下要求:

①隧道在平面上宜布置为直线。

②机车交通隧道的高度应满足机车以及装运货物设施总高度的要求,宽度不应小于车体宽度与人行通道宽度之和的1.2倍。

③汽车交通隧道洞内单线路基宽度应不小于3.0 m,双线路基宽度应不小于5.0 m。

④洞口应有防护设施,洞内不良地质条件洞段应进行支护。

⑤长度100 m以上的隧道内应设有照明设施。

⑥应设有排水沟,排水畅通。

⑦隧道内斗车路基的纵坡不宜超过1.0%。

(10)施工现场工作面、固定生产设备及设施处所等应设置人行通道,并应符合以下要求:

①基础牢固、通道无障碍、有防滑措施并设置护栏,无积水。

②宽度不应小于0.6 m。

③危险地段应设置警示标志或警戒线。

(三)职业卫生与环境保护

职业卫生与环境保护应符合下列规定:

(1)对产生粉尘、噪声、有毒、有害物质及危害因素的施工生产作业场所,应制定职业卫生与环境保护措施。

(2)生产作业场所常见生产性粉尘、有毒物质在空气中允许浓度及限值应符合《水利水电工程施工通用安全技术规程》的相关规定。

(3)生产车间和作业场所工作地点噪声声级卫生限值应符合表1-46的规定。

表 1-46　生产性噪声声级卫生限值

日接触噪声时间/h	卫生限值/[dB（A）]
8	85
4	88
2	91
1	94

(4)生产性噪声传播至非噪声作业地点噪声声级的卫生限值应符合《水利水电工程施工通用安全技术规程》的相关规定。

(5)施工作业噪声传至有关区域的允许标准见表 1-47。

表 1-47　非施工区域的噪声允许标准

类别	等效声级限值/[dB（A）]	
	昼间	夜间
以居住、文教机关为主的区域	55	45
居住、商业、工业混杂区及商业中心区	60	50
工业区	65	55
交通干线道路两侧	70	55

(6)宜采用无毒或低毒的原材料及先进的生产工艺，对易产生毒物危害的作业场所应采取通风、净化装置或密闭等措施，使毒物排放符合规定要求。

(7)工程建设各单位应建立职业卫生管理规章制度和施工人员职业健康档案，对从事尘、毒、噪声等职业危害的人员应每年进行 1 次职业体检，对确认职业病的职工应及时给予治疗，并调离原工作岗位。

链接

以往考试中考查过《水利水电工程劳动安全与工业卫生设计规范》中的强制性条文，部分条文如下：

(1)采用开敞式高压配电装置的独立开关站，其场地四周应设置高度不低于 2.2 m 的围墙。

(2)地网分期建成的工程，应校核分期投产接地装置的接触电位差和跨步电位差，其数值应满足人身安全的要求。

(3)在中性点直接接地的低压电力网中，零线应在电源处接地。

(4)安全电压供电电路中的电源变压器，严禁采用自耦变压器。

(5)独立避雷针、装有避雷针或避雷线的构架，以及装有避雷针的照明灯塔上的照明灯电源线，均应采用直接埋入地下的带金属外皮的电缆或穿入埋地金属管的绝缘导线，且埋入地中长度不应小于 10 m。装有避雷针(线)的构架物上，严禁架设通信线、广播线和低压线。

(6)易发生爆炸、火灾造成人身伤亡的场所应装设应急照明。

(7)六氟化硫气体绝缘电气设备的配电装置室及检修室,必须装设机械排风装置,其室内空气中六氟化硫气体含量不应超过6.0 g/m³,室内空气不应再循环,且不得排至其他房间内。室内地面孔、洞应采取封堵措施。

(8)工程使用的无机非金属修材料,其放射性指标限值应符合规定。

(四)消防

消防应符合下列规定:

(1)各单位应建立、健全各级消防责任制和管理制度,组建专职或义务消防队,并配备相应的消防设备,做好日常防火安全巡视检查,及时消除火灾隐患,经常开展消防宣传教育活动和灭火、应急疏散救护的演练。

(2)根据施工生产防火安全需要,应配备相应的消防器材和设备,存放在明显易于取用的位置。消防器材及设备附近,严禁堆放其他物品。

(3)消防用器材设备,应妥善管理,定期检验,及时更换过期器材,消防汽车、消防栓等设备器材不应挪作他用。

(4)根据施工生产防火安全的需要,合理布置消防通道和各种防火标志,消防通道应保持通畅,宽度不应小于3.5 m。

(5)宿舍、办公室、休息室内严禁存放易燃易爆物品,未经许可不得使用电炉。利用电热的车间、办公室及住室,电热设施应有专人负责管理。

(6)挥发性的易燃物质,不应装在开口容器及放在普通仓库内。装过挥发油剂及易燃物质的空容器,应及时退库。

(7)闪点在45 ℃以下的桶装、罐装易燃液体不应露天存放,存放处应有防护栅栏,通风良好。

(8)施工区域需要使用明火时,应将使用区进行防火分隔,清除动火区域内的易燃、可燃物,配置消防器材,并应有专人监护。

(9)油料、炸药、木材等常用的易燃易爆危险品存放使用场所、仓库,应有严格的防火措施和相应的消防设施,严禁使用明火和吸烟。

(10)易燃易爆危险物品的采购、运输、储存、使用、回收、销毁应有相应的防火消防措施和管理制度。

(11)施工生产作业区与建筑物之间的防火安全距离,应遵守下列规定:

①用火作业区距所建的建筑物和其他区域不应小于25 m。

②仓库区、易燃、可燃材料堆集场距所建的建筑物和其他区域不应小于20 m。

③易燃品集中站距所建的建筑物和其他区域不应小于30 m。

(12)加油站、油库,应遵守下列规定:

①独立建筑,与其他设施、建筑之间的防火安全距离不应小于50 m。

②周围应设有高度不低于2.0 m的围墙、栅栏。

③库区内道路应为环形车道,路宽应不小于3.5 m,应设有专门消防通道,保持畅通。

④罐体应装有呼吸阀、阻火器等防火安全装置。

⑤应安装覆盖库(站)区的避雷装置,且应定期检测,其接地电阻不应大于10 Ω。

⑥罐体、管道应设防静电接地装置,接地网、线用40 mm×4 mm扁钢或ϕ10圆钢埋设,且应定期检测,其接地电阻不应大于30 Ω。

⑦主要位置应设置醒目的禁火警示标志及安全防火规定标识。

⑧应配备相应数量的泡沫、干粉灭火器和砂土等灭火器材。

⑨应使用防爆型动力和照明电器设备。

⑩库区内严禁一切火源,严禁吸烟及使用手机。

⑪工作人员应熟悉使用灭火器材和消防常识。

⑫运输使用的油罐车应密封,并有防静电设施。

(13)木材加工厂(场、车间)应遵守下列规定:

①独立建筑,与周围其他设施、建筑之间的安全防火距离不应小于20 m。

②安全消防通道保持畅通。

③原材料、半成品、成品堆放整齐有序,并留有足够的通道,保持畅通。

④木屑、刨花、边角料等弃物及时清除,严禁置留在场内,保持场内整洁。

⑤设有10 m^3以上的消防水池、消防栓及相应数量的灭火器材。

⑥作业场所内禁止使用明火和吸烟。

⑦明显位置设置醒目的禁火警示标志及安全防火规定标识。

(五)季节施工

昼夜平均气温低于5 ℃或最低气温低于-3 ℃时,应编制冬季施工作业计划,并应制定防寒、防毒、防滑、防冻、防火、防爆等安全措施。

冬季施工,应遵守下列基本规定:

(1)车间气温低于5 ℃时,应有取暖设备。

(2)施工道路应采取防滑措施。冰霜雪后,脚手架、脚手板、跳板等应清除积雪或采取防滑措施。

(3)爆炸物品库房,应保持一定的温度,防止炸药冻结,严禁用火烤冻结的炸药。

(4)水冷机械、车辆等停机后,应将水箱中的水全部放净或加适当的防冻液。

(5)室内采用煤、木材、木炭、液化气等取暖时,应符合防火要求,火墙、烟道保持畅通,防止一氧化碳中毒。

(6)进行气焊作业时,应经常检查回火安全装置、胶管、减压阀,如冻结应用温水或蒸汽解冻,严禁火烤。

夏季施工应采取防暴雨、防雷击、防大风等措施。

(六)防汛

堤防工程防汛抢险,应遵循前堵后导、强身固脚、减载平压、缓流消浪的原则。防汛期间,在抢险时应安排专人进行安全监视,确保抢险人员的安全。

(七)施工排水

施工排水应符合下列规定:

(1)施工区域排水系统应进行规划设计,并应按照工程所在地的气象、地形、地质、降水量等情况,以及工程规模、排水时段等,确定相应的设计标准,作为施工排水规划设计的基本依据。

(2)应考虑施工场地的排水量、外界的渗水量和降水量,配备相应的排水设施和备用设备。

(3)排水系统设备供电应有独立的动力电源(尤其是洞内排水),必要时应有备用电源。

(4)施工排水系统的设备、设施等安装完成后,应分别按相关规定逐一进行检查验收,合格后方可投入使用。

(5)排水系统的机械、电气设备应定期进行检查维护、保养,排水沟、集水井等设施应经常进行清淤与维护,排水系统应保持畅通。

(6)土方开挖应注重边坡和坑槽开挖的施工排水,要特别注意对地下水的排水处理,并应符合以下要求:

①坡面开挖时,应根据土质情况,间隔一定高度设置戗台,台面横向应为反向排水坡,并在坡脚设置护脚和排水沟。

②坑槽开挖施工前,应做好地面外围截、排水设施,防止地表水流入基坑(槽),冲刷边坡发生坍塌事故。

③进行地下水较为丰富的坑槽开挖时,应在坑槽外设置临时排水沟和集水井,将基坑水位降低至坑槽以下再进行开挖。

④场地狭窄、土层自稳性能和防冲刷性能较差,明沟难以形成时可采取埋管排水。

(7)石方开挖工区施工排水应合理布置,选择适当的排水方法,并应符合以下要求:

①一般建筑物基坑(槽)的排水,采用明沟或明沟与集水井排水时,应在基坑周围,或在基坑中心位置设排水沟,每隔 30 ~ 40 m 设一个集水井。集水井应低于排水沟至少 1 m 左右,井壁应做临时加固措施。

②厂坝基坑(槽)深度较大,地下水位较高时,应在基坑边坡上设置 2 ~ 3 层明沟,进行分层抽排水。

③大面积施工场区排水时,应在场区适当位置布置纵向深沟作为干沟,干沟沟底应低于基坑 1 ~ 2 m,使四周边沟、支沟与干沟连通将水排出。

④岸坡或基坑开挖应设置截水沟,截水沟距离坡顶安全距离不应小于 5 m;明沟距道路边坡距离应不小于 1 m。

⑤工作面积水、渗水的排水,应设置临时集水坑,集水坑面积宜为 2 ~ 3 m^2,深 1 ~ 2 m,并安装移动式水泵排水。

(8)边坡工程排水设施,应遵守下列规定:

①周边截水沟,一般应在开挖前完成,截水沟深度及底宽不宜小于 0.5 m,沟底纵坡不宜小于 0.5%;长度超过 500 m 时,宜设置纵排水沟、跌水或急流槽。

②急流槽的纵坡不宜超过 1∶1.5;急流槽过长时宜分段,每段不宜超过 10 m;土质急流槽纵度较大时,应设多级跌水。

③边坡排水孔宜在边坡喷护之后施工,坡面上的排水孔宜上倾 10% 左右,孔深 3 ~ 10 m,排水管宜采用塑料花管。

④挡土墙宜设有排水设施,防止墙后积水形成静水压力,导致墙体坍塌。

⑤采用渗沟排除地下水措施时,渗沟顶部宜设封闭层,寒冷地区沟顶回填土层小于冻层厚度时,宜设保温层;渗沟施工应边开挖、边支撑、边回填,开挖深度超过6 m时,应采用框架支撑;渗沟每隔30～50 m或平面转折和坡度由陡变缓处宜设检查井。

(9)地下工程施工期间产生的废水和山体渗水,应经沉淀后排出。

(10)砂石料场排水,应遵守下列规定:

①应根据料场地形、降雨特点等情况,确定合理的排水标准,并进行排水规划布置。

②料场周围布置排水沟,排水沟应有足够过流断面。

③顺场地布置排水沟时,应辅以支沟。

④排水系统与进场道路布置应相协调,主要道路两侧均应设排水沟,道路与水沟交叉处设管涵。

⑤当料场低于地平面时,应设水泵进行排水。

(11)土质料场的排水宜采取截、排结合,以截为主的排水措施。对地表水宜在采料高程以上修截水沟加以拦截,对开采范围的地表水应挖纵横排水沟排出。

(12)基坑排水,应满足以下要求:

①采用明沟排水方法时,应符合以下要求:

a.坡面过长或有集中渗水时,应增加一级排水沟和集水井。

b.基坑集水井的位置,应低于开挖工作面,并根据水量大小、基坑长度、基建面地形布置一个或多个集水井。

c.基坑排水,宜由基坑水泵排至两岸坡开挖(或不砌筑)的排水渠排出基坑外,或在坝上设置排水槽引出。

d.应根据基坑边界条件计算排水量,必要时可通过抽水试验验证,排水设备、供电容量和排水渠的大小应留有裕量。

②采用深井(管井)排水方法时,应符合下列要求:

a.管井水泵的选用应根据降水设计对管井的降深要求和排水量来选择,所选择水泵的出水量与扬程应大于设计值的20%～30%。

b.管井宜沿基坑或沟槽一侧或两侧布置,井位距基坑边缘的距离应不小于1.5 m,管埋置的间距应为15～20 m。

③采用井点排水方法时,应满足以下要求:

a.井点布置应选择合适方式及地点。

b.井点管距坑壁不应小于1.0～1.5 m,间距应为1.0～2.5 m。

c.滤管应埋在含水层内并较所挖基坑底低0.9～1.2 m。

d.集水总管标高宜接近地下水位线,且沿抽水水流方向应有0.2%～0.5%的坡度。

(八)文明施工

文明施工应符合下列规定:

(1)建设单位应负责文明施工的组织领导,应定期开展检查、考核、评比。并应积极推行创建“文明工区”活动。

(2)施工单位在工程开工前,应将文明施工纳入工程施工组织设计,建立、健全组织机构及各项文明施工措施,并应保证各项制度和措施的有效实施和落实。

二、施工用电、供水、供风及通信

(一)施工用电

1.施工用电的基本规定

施工用电应符合下列基本规定:

(1)施工单位应编制施工用电方案及安全技术措施。

(2)从事电气作业的人员,应持证上岗;非电工及无证人员严禁从事电气作业。

(3)从事电气安装、维修作业的人员应掌握安全用电基本知识和所用设备的性能,应按规定穿戴和配备好相应的劳动防护用品,应定期进行体检。

(4)现场施工用电设施,除经常性维护外,每年雨季前应检修1次,应保证其绝缘电阻等符合要求。

(5)在建工程(含脚手架)的外侧边缘与外电架空线路的边线之间应保持安全操作距离。最小安全操作距离应不小于表1-48的规定。

表1-48　在建工程(含脚手架)的外侧边缘与外电架空线路边线之间的最小安全操作距离

外电线路电压/kV	<1	1~10	35~110	154~220	330~500
最小安全操作距离/m	4	6	8	10	15

注:上、下脚手架的斜道严禁搭设在有外电线路的一侧。

(6)施工现场的机动车道与外电架空线路交叉时,架空线路的最低点与路面的垂直距离不应小于表1-49的规定。

表1-49　施工现场的机动车道与外电架空线路交叉时的最小垂直距离

外电线路电压/kV	<1	1~10	35
最小垂直距离/m	6	7	7

(7)机械如在高压线下进行工作或通过时,其最高点与高压线之间的最小垂直距离不应小于表1-50的规定。

表1-50　机械最高点与高压线间的最小垂直距离

线路电压/kV	<1	1~20	35~110	154	220	330
机械最高点与线路间的垂直距离/m	1.5	2	4	5	6	7

(8)旋转臂架式起重机的任何部位或被吊物边缘与10 kV以下的架空线路边线最小水平距离不应小于2 m。

(9)施工现场开挖非热管道沟槽的边缘与埋地外电缆沟槽边缘之间的距离不应小于0.5 m。

(10)对达不到规定的最小距离的部位,应采取停电作业或增设屏障、遮栏、围栏、保护网等安全防护措施,并悬挂醒目的警示标志牌。

(11)人员触电时,首先应切断电源,或用绝缘材料使触电者脱离电源,然后立即采用人工呼吸等急救方法进行抢救。如触电者在高处,在切断电源时,应采取防止坠落的措施。

(12)用电场所电器灭火应选择适用于电气的灭火器材,不应使用泡沫灭火器。

2. 接地(接零)与防雷

接地(接零)与防雷应符合下列规定:

(1)施工现场专用的中性点直接接地的电力线路中应采用 TN－S 接零保护系统。

(2)电力变压器或发电机的工作接地电阻值不应大于 4 Ω。

(3)移动式发电机供电的用电设备,其金属外壳或底座,应与发电机电源的接地装置有可靠的电气连接。接地应符合固定电气设备接地的要求。

(4)防雷装置应符合以下要求:

①施工现场内所有防雷装置的冲击接地电阻值不应大于 30 Ω。

②各机械设备的防雷引下线可利用该设备的金属结构体,但应保证电气连接。

③机械设备上的避雷针(接闪器)长度应为 1～2 m。

④安装避雷针的机械设备所用动力、控制、照明、信号及通信等线路,应采用钢管敷设。并将钢管与该机械设备的金属结构体作电气连接。

3. 变压器与配电室

下面以典型例题的形式对变压器的安装要求进行讲解。

典型例题

【多选题】关于施工现场临时 10 kV 变压器安装的说法中,正确的有(　　)。

A. 变压器装于地面时,应有 0.5 m 的高台

B. 装于地面的变压器周围应装设栅栏

C. 杆上变压器安装的高度应不低于 1.0 m

D. 杆上变压器应挂有“止步、高压危险”的警示标志

E. 变压器的引线应采用绝缘导线

ADE。【解析】施工用的 10 kV 及以下变压器装于地面时,应有 0.5 m 的高台,高台周围应装设高度不低于 1.7 m 的栅栏,栅栏与变压器外廓的距离不应小于 1 m。故选项 B 错误。杆上变压器安装的高度应不低于 2.5 m。故选项 C 错误。

配电室应符合以下要求:配电室应靠近电源,并应设在无灰尘、无蒸汽、无腐蚀介质及振动的地方。成列的配电屏(盘)和控制屏(台)两端应与重复接地线及保护零线作电气连接。配电室应能自然通风,并应采取防止雨雪和动物进入措施。配电屏(盘)正面的操作通道宽度,单列布置应不小于 1.5 m,双列布置应不小于 2 m;侧面的维护通道宽度应不小于 1 m;盘后的维护通道应不小于 0.8 m。在配电室内设值班或检修室时,该室距电屏(盘)的水平距离应大于 1 m,并应采取屏障隔离。配电室的门应向外开,并配锁。配电室内的裸母线与地面垂直距离小于 2.5 m 时,应采用遮挡隔离,遮挡下面通行道的高度应不小于 1.9 m。配电室的围栏上端与垂直上方带电部分的净距,不应小于 0.075 m。配电装置的上端距天棚不应小于 0.5 m。母线均应涂刷有色油漆,其涂色应符合相关规定。配电室的建筑物和构筑物的耐火等级应不低于 3 级,室内应配置砂箱和适宜于扑救电气类火灾的灭火器。

4. 配电箱、开关箱与照明

配电箱、开关箱与照明应符合下列规定:

(1)动力配电箱与照明配电箱宜分别设置,如合置在同一配电箱内,动力和照明线路应分别设置。

(2)每台用电设备应有各自专用的开关箱,严禁用同一个开关电器直接控制2台及2台以上用电设备(含插座)。

各种开关电器的额定值应与其控制用电设备的额定值相适应,手动开关电器只应用于直接控制照明电路的容量不大于5.5 kW的动力电路,容量大于5.5 kW的动力电路应采用自动开关电器或降压起动装置控制。

配电箱、开关箱中导线的进线口和出线口应设在箱体的下底面,严禁设在箱体的上顶面、侧面、后面或箱门处。移动式配电箱和开关箱的进、出线应采用橡皮绝缘电缆。进、出线应加护套分路成束并作防水弯,导线束不应与箱体进、出口直接接触。

(3)现场照明宜采用高光效、长寿命的照明光源。对需要大面积照明的场所,宜采用高压汞灯、高压钠灯或混光用的卤钨灯。照明器具选择应遵守下列规定:

①正常湿度时,选用开启式照明器。

②潮湿或特别潮湿的场所,应选用密闭型防水防尘照明器或配有防水灯头的开启式照明器。

③含有大量尘埃但无爆炸和火灾危险的场所,应采用防尘型照明器。

④对有爆炸和火灾危险的场所,应按危险场所等级选择相应的防爆型照明器。

⑤在振动较大的场所,应选用防振型照明器。

⑥对有酸碱等强腐蚀的场所,应采用耐酸碱型照明器。

⑦照明器具和器材的质量均应符合有关标准、规范的规定,不应使用绝缘老化或破损的器具和器材。

(4)一般场所宜选用额定电压为220 V的照明器,对下列特殊场所应使用安全电压照明器:

①地下工程,有高温、导电灰尘,且灯具距地面高度低于2.5 m等场所的照明,电源电压不应大于36 V。

②在潮湿和易触及带电体场所的照明电源电压不应大于24 V。

③在特别潮湿的场所、导电良好的地面、锅炉或金属容器内工作的照明电源电压不应大于12 V。

(5)使用行灯应遵守规范规定。下面以典型例题的形式对其内容进行讲解。

典型例题

【单选题】水利工程施工现场照明使用的行灯电源电压最高为(　　)V。

A. 6　　B. 12

C. 24　　D. 36

D。**【解析】**除上述规定外,使用行灯应遵守的规定还包括:(1)灯体与手柄连接坚固、绝缘良好并耐热耐潮湿。(2)灯头与灯体结合牢固,灯头无开关。(3)灯泡外部有金属保护网。(4)金属网、反光罩、悬吊挂钩固定在灯具的绝缘部位上。

(6)照明变压器应使用双绕组型,严禁使用自耦变压器。

(7)携带式变压器的一次侧电源引线应采用橡皮护套电缆或塑料护套软线。其中绿/黄双色线作保护零线用,中间不应有接头,长度不宜超过3 m,电源插销应选用有接地触头的插销。

(8)地下工程作业、夜间施工或自然采光差等场所,应设一般照明、局部照明或混合照明,并应装设自备电源的应急照明。

(二)施工供水

施工供水应符合下列规定:生活供水水质应符合相关要求,并应经当地卫生部门检验合格方可使用。生活饮用水源附近不应有污染源。泵站(取水点)周围半径不小于100 m的水域不应有停靠船只、游泳、捕捞和可能污染水源的活动。泵房内应有足够的通道,机组间距应不少于0.8 m,泵房门应朝外开。

(三)施工供风

施工供风应符合下列规定:

(1)空气压缩机站(房)应选择在基岩或土质坚硬、地势较高的地点,并应适当离开要求安静和防震要求较高的场所。

(2)空气压缩机站应远离散发爆炸性、腐蚀性、有毒气体、产生粉尘的场所和生活区,并做好防火、防洪、防高温等各项措施。

(3)机房应宽敞明亮,尽可能利用自然采光,并设有排风、降温设施。

(4)供风管道宜布设在道路、设施的边缘,连接牢固,标志清楚,通过道路、作业场地时宜采用埋设。

链接

为了有效疏散有毒气体和粉尘,以免造成不必要的事故,通常会采用通风措施。通风包括自然通风和机械通风,其中机械通风分为吸出式、压入式和混合式三种形式。

(四)施工通信

施工通信应符合下列规定:通信站址的选择,宜尽量接近线路网中心,并应满足相关要求;架空广播明线引入室内或与电缆相连接时,应加装保护设备;通信明线线路不应与电力线路同杆架设。

三、安全防护设施

(一)基本规定

安全防护设施应符合下列基本规定:

(1)道路、通道、洞、孔、井口、高出平台边缘等设置的安全防护栏杆应由上、中、下三道横杆和栏杆柱组成,高度不应低于1.2 m,柱间距应不大于2.0 m。栏杆柱应固定牢固、可靠,栏杆底部应设置高度不低于0.2 m的挡脚板。

(2)高处临边、临空作业应设置安全网,安全网距工作面的最大高度不应超过3.0 m,水平投影宽度应不小于2.0 m。安全网应挂设牢固,随工作面升高而升高。

(3)禁止非作业人员进出的变电站、油库、炸药库等场所应设置高度不低于2.0 m的围栏或围墙,并设安全保卫值班人员。

(4)高边坡、基坑边坡应根据具体情况设置高度不低于1.0 m的安全防护栏或挡墙,防护栏和挡墙应牢固。

(5)高处作业、多层作业、隧道(隧洞)出口、运行设备等可能造成落物的部位,应设置防护棚,所用材料和厚度应符合安全要求。

(6)地下工程,不良地质部位应采取钢、木、混凝土预制件支撑,或喷锚支护等措施。

(7)施工生产区域内使用的各种安全标志的图形、颜色应符合国家标准。

(8)危险作业场所、机动车道交叉路口、易燃易爆有毒危险物品存放场所、库房、变配电场所以及禁止烟火场所等应设置相应的禁止、指示、警示标志。

链接

安全标志是指用以表达特定安全信息的标志,由图形符号、安全色、几何形状(边框)或文字构成。安全标志分禁止标志、警告标志、指令标志和提示标志四大类型,其内容见下表。多个标志牌在一起设置时,应按警告、禁止、指令、提示类型的顺序,先左后右、先上后下地排列。

安全标志类型及其颜色

标志	定义	颜色	示例	内容(部分)
禁止标志	禁止人们不安全行为的图形标志	背景色:白色。 环形边框和斜杠:红色。 图形符号:黑色。 衬边:白色		禁止跨越、禁止攀登
警告标志	提醒人们对周围环境引起注意,以避免可能发生危险的图形标志	背景色:黄色。 三角形边框:黑色。 图形符号:黑色。 衬边:黄色或白色		当心坠落、当心火灾
指令标志	强制人们必须做出某种动作或采用防范措施的图形标志	背景色:蓝色。 图形符号:白色。 衬边:白色		必须戴安全帽,注意通风
提示标志	向人们提供某种信息(如标明安全设施或场所等)的图形标志	背景色:绿色。 图形符号:白色。 衬边:白色		安全出口,疏散方向

(二)高处作业

高处作业应符合下列规定:

(1)凡经医生诊断,患高血压、心脏病、精神病等不适于高处作业病症的人员,不应从事高处作业。

(2)高处作业下方或附近有煤气、烟尘及其他有害气体,应采取排除或隔离等措施,否则不应施工。

(3)高处作业前,应检查排架、脚手板、通道、马道、梯子和防护设施,符合安全要求方可作业。高处作业使用的脚手架平台,应铺设固定脚手板,临空边缘应设高度不低于1.2 m的防护栏杆。

(4)在坝顶、陡坡、屋顶、悬崖、杆塔、吊桥、脚手架以及其他危险边沿进行悬空高处作业时,临空面应搭设安全网或防护栏杆。

(5)安全网应随建筑物升高而提高,安全网距离工作面的最大高度不应超过3 m。安全网搭设外侧应比内侧高0.5 m,长面拉直拴牢在固定的架子或固定环上。

(6)在带电体附近进行高处作业时,距带电体的最小安全距离,应满足表1-51的规定,如遇特殊情况,应采取可靠的安全措施。

表1-51　高处作业时与带电体的安全距离

电压等级/kV	10及以下	20~35	44	60~110	154	220	330
工器具、安装构件、接地线等与带电体的距离/m	2.0	3.5	3.5	4.0	5.0	5.0	6.0
工作人员的活动范围与带电体的距离/m	1.7	2.0	2.2	2.5	3.0	4.0	5.0
整体组立杆塔与带电体的距离	应大于倒杆距离(自杆塔边缘到带电体的最近侧为塔高)						

(7)高处作业使用的工具、材料等,不应掉下。严禁使用抛掷方法传送工具、材料。小型材料或工具应该放在工具箱或工具袋内。

(8)在2 m以下高度进行工作时,可使用牢固的梯子、高凳或设置临时小平台,严禁站在不牢固的物件(如箱子、铁桶、砖堆等物)上进行工作。

(9)从事高处作业时,作业人员应系安全带。高处作业的下方,应设置警戒线或隔离防护棚等安全措施。

(10)高处作业时,应对下方易燃、易爆物品进行清理和采取相应措施后,方可进行电焊、气焊等动火作业,并应配备消防器材和专人监护。

(11)高处作业人员上下使用电梯、吊篮、升降机等设备的安全装置应配备齐全,灵敏可靠。

(12)霜雪季节高处作业,应及时清除各走道、平台、脚手板、工作面等处的霜、雪、冰,并采取防滑措施,否则不应施工。

(13)高处作业使用的材料应随用随吊,用后及时清理,在脚手架或其他物架上,临时堆放物品严禁超过允许负荷。

(14)上下脚手架、攀登高层构筑物,应走斜马道或梯子,不应沿绳、立杆或栏杆攀爬。

(15)高处作业时,不应坐在平台、孔洞、井口边缘,不应骑坐在脚手架栏杆、躺在脚手板上或安全网内休息,不应站在栏杆外的探头板上工作和凭借栏杆起吊物件。

(16)特殊高处作业,应有专人监护,并应有与地面联系信号或可靠的通信装置。

(17)在石棉瓦、木板条等轻型或简易结构上施工及进行修补、拆装作业时,应采取可靠的防止滑倒、踩空或因材料折断而坠落的防护措施。

(18)在电杆上进行作业前,应检查电杆埋设是否牢固,强度是否足够,并应选符合杆型的脚扣，系好合格的安全带，严禁用麻绳等代替安全带登杆作业。在构架及电杆上作业时，地面应有人监护、联络。

(19)高处作业周围的沟道、孔洞井口等，应用固定盖板盖牢或设围栏。

(20)遇有6级及以上的大风天气不得进行高处作业。

(21)进行三级、特级、悬空高处作业时，应事先制定专项安全技术措施。施工前，应向所有施工人员进行技术交底。

链接

根据《高处作业分级》，高处作业是指在距坠落高度基准面2 m或2 m以上有可能坠落的高处进行的作业。高处作业高度分为2 m至5 m、5 m以上至15 m、15 m以上至30 m及30 m以上四个区段，依次为一级高处作业、二级高处作业、三级高处作业、特级高处作业。高处作业的种类分为特殊高处作业和一般高处作业两种。特殊高处作业包括强风高处作业(阵风风力6级以上)、异温高处作业(高温或低温环境)、雪天高处作业(降雪时)、雨天高处作业(降雨时)、夜间高处作业(室外完全采用人工照明时)、带电高处作业(在接近或接触带电体条件下)、悬空高处作业(在无立足点或无牢靠立足点条件下)、抢救高处作业(对突然发生的各种灾害事故进行抢救)。一般高处作业是指除特殊高处作业以外的高处作业。

(三)施工脚手架

施工脚手架应符合下列规定：

(1)脚手架应根据施工荷载经设计确定，施工常规负荷量不应超过3.0 kPa。脚手架搭成后，须经施工及使用单位技术、质检、安全部门按设计和规范检查验收合格，方准投入使用。

(2)**高度超过25 m和特殊部位使用的脚手架，应专门设计并报建设单位(监理)审核、批准，并进行技术交底后，方可搭设和使用。**

(3)脚手架基础应牢固，禁止将脚手架固定在不牢固的建筑物或其他不稳定的物件之上，在楼面或其他建筑物上搭设脚手架时，均应验算承重部位的结构强度。

(4)钢管材料脚手架应符合下列要求：

①钢管外径应为48～51 mm，壁厚3～3.5 mm，有严重锈蚀、弯曲或裂纹的钢管不应使用。

②扣件应有出厂合格证明，脆裂、气孔、变形滑丝的扣件不应使用。

(5)脚手架安装搭设应严格按设计图纸实施，遵循自下而上、逐层搭设、逐层加固、逐层上升的原则，并应符合下列要求：

①脚手架底脚扫地杆、水平横杆离地面距离为20～30 cm。

②脚手架各节点应连接可靠，拧紧，各杆件连接处相互伸出的端头长度应大于10 cm，以防杆件滑脱。

③外侧及每隔2～3道横杆设剪刀撑，排架基础以上12 m范围内每排横杆均应设置剪刀撑。

④剪刀撑、斜撑等整体拉结件和连墙件与脚手架应同步设置，剪刀撑的斜杆与水平面的交角宜为45°～60°，水平投影宽度不应小于2跨或4 m和不大于4跨或8 m。

⑤脚手架与边坡相连处应设置连墙杆，每 18 m 设一个点，且连墙杆的竖向间距不应大于 4 m。连墙杆采用钢管横杆，与墙体预埋锚筋相连，以增加整体稳定性。

⑥脚手架相邻立杆和上下相邻平杆的接头应相互错开，应置于不同的框架格内。搭接杆接头长度，扣件式钢管排架不应小于 1.0 m。

⑦钢管立杆、大横杆的接头应错开，搭接长度不小于 50 cm，承插式的管接头不应小于 8 cm，水平承插或接头应穿销，并用扣件连接，拧紧螺栓，不应用铁丝绑扎。

⑧脚手架的两端，转角处以及每隔 6 ~ 7 根立杆，应设剪刀撑及支杆，剪刀撑和支杆与地面的角度不应大于 60°，支杆的底端埋入地下深度不应小于 30 cm。架子高度在 7 m 以上或无法设支杆时，竖向每隔 4 m，水平每隔 7 m，应使脚手架牢固地连接在建筑物上。

(6)脚手架应定期检查，发现材料腐朽、紧固件松动时，应及时加固处理。靠近爆破地点的脚手架，每次爆破后均应进行检查。

(7)搭设架子，应尽量避免夜间工作，夜间搭设架子，应有足够的照明，搭设高度不应超过二级高处作业标准。

(8)脚手架的立杆、大横杆及小横杆的间距不应大于表 1-52 的规定。

表 1-52　脚手架各杆的间距

单位：m

脚手架类别	立杆	大横杆	小横杆
钢脚手架	2.0	1.2	1.5

(9)脚手架的外侧、斜道和平台，应搭设防护栏杆、挡脚板或防护立网。在洞口、牛腿、挑檐等悬臂结构搭设挑架(外伸脚手架)时，斜面与墙面夹角不宜大于 30°，并应支撑在建筑物的牢固部分，不应支撑在窗台板、窗檐、线脚等地方。

(10)斜道板、跳板的坡度不应大于 1:3，宽度不应小于 1.5 m，防滑条的间距不应大于 0.3 m。

(11)井架、门架和烟囱、水塔等的脚手架，凡高度 10 ~ 15 m 的要设一组缆风绳(4 ~ 6 根)，每增高 10 m 加设一组。在搭设时应先设临时缆风绳，待固定缆风绳设置稳妥后，再拆除临时缆风绳。缆风绳与地面的角度应为 45° ~ 60°，要单独牢固地拴在地锚上，并用花篮螺栓调节松紧，调节时应对角交错进行。缆风绳严禁拴在树木或电杆等物上。

(12)钢管脚手架的立杆，应垂直稳放在金属底座或垫木上。

(13)用钢管搭设井架、相邻两立杆接头错开不应少于 50 cm，横杆和剪刀撑应同时安装，滑轨应垂直，两轨间距误差不应超过 10 mm。

(14)悬吊式脚手架应遵循《水利水电工程施工通用安全技术规程》的相关规定。

(15)平台脚手板铺设，应遵守下列规定：

①脚手板应满铺，与墙面距离不应大于 20 cm，不应有空隙和探头板。

②脚手板搭接长度不应小于 20 cm。

③对头搭接时，应架设双排小横杆，其间距不大于 20 cm，不应在跨度间搭接。

④在架子的拐弯处，脚手板应交叉搭接。

⑤脚手板的铺设应平稳，绑牢或钉牢，脚手板垫木应用木块，并且钉牢。

(16)脚手架验收投入使用后，未经有关人员同意，不应任意改变脚手架的结构和拆除部分杆件及改变使用用途。

(17)拆除架子前，应将电气设备，其他管、线路，机械设备等拆除或加以保护。

(18)拆除架子时,应统一指挥,按顺序自上而下地进行,严禁上下层同时拆除或自下而上地进行。严禁用将整个脚手架推倒的方法进行拆除。

(19)拆下的材料,严禁往下抛掷,应用绳索捆牢,用滑车卷扬等方法慢慢放下,集中堆放在指定地点。

(20)三级、特级及悬空高处作业使用的脚手架拆除时,应事先制定出安全可靠的措施才能进行拆除。

(21)拆除脚手架的区域内,无关人员严禁逗留和通过,在交通要道应设专人警戒。

(四)施工走道、栈桥与梯子

施工走道、栈桥与梯子应符合下列规定:

(1)施工场所内人行及人力货运走道(通道)基础应牢固,走道表面应保持平整、整洁、畅通,无障碍堆积物,无积水。

(2)施工走道的临空(2 m 高度以上)、临水边缘应设有高度不低于 1.2 m 的安全防护栏杆,临空下方有人施工作业或人员通行时,沿栏杆下侧应设有高度不低于 0.2 m 的挡板。

(3)施工栈桥和栈道的搭设应根据施工荷载设计施工。

(4)高处作业垂直通行应设有钢扶梯、爬梯或简易木梯。

(5)使用梯子宜避开机械转动部分以及起重、交通要道等危险场所;梯子应有足够的长度,最上两挡不应站人工作,梯子不应接长或垫高使用。

(五)安全防护用具

安全防护用具应符合下列规定:

(1)安全帽、安全带、安全网等施工生产使用的安全防护用具,应符合国家规定的质量标准,具有厂家安全生产许可证、产品合格证和安全鉴定合格证书,否则不应采购、发放和使用。

(2)安全防护用具应按规定要求正确使用,不应使用超过使用期限的安全防护用具。

(3)常用安全防护用具应经常检查和定期试验,其检查试验的要求和周期见表 1-53。

表 1-53 常用安全用具的检验标准与试验周期

名称	检查与试验质量标准要求	检查试验周期
塑料安全帽	①外表完整、光洁。 ②帽内缓冲带、帽带齐全无损。 ③耐 40 ~ 120 ℃高温不变形。 ④耐水、油、化学腐蚀性良好。 ⑤可抗 3 kg 的钢球从 5 m 高处垂直坠落的冲击力	1 年 1 次
安全带	检查: ①绳索无脆裂,断脱现象。 ②皮带各部接口完整、牢固,无霉朽和虫蛀现象。 ③销口性能良好。 试验: ①静荷:使用 255 kg 重物悬吊 5 min 无损伤。 ②动荷:将重量为 120 kg 的重物从 2 ~ 2.8 m 高架上冲击安全带,各部件无损伤	①每次使用前均应检查。 ②新带使用 1 年后抽样试验。 ③旧带每隔 6 个月抽查试验 1 次

（续表）

名称	检查与试验质量标准要求	检查试验周期
安全网	①绳芯结构和网筋边绳结构符合要求。 ②两件各 120 kg 的重物同时由 4.5 m 高处坠落冲击完好无损	每年 1 次，每次使用前进行外表检查

(4)高处临空作业应按规定架设安全网，作业人员使用的安全带，应挂在牢固的物体上或可靠的安全绳上，安全带严禁低挂高用。拴安全带用的安全绳，不宜超过 3 m。

(5)安全防护用具，严禁作其他工具使用，并应注意保管，安全带、安全帽应放在空气流通、干燥处。

(6)在有毒有害气体可能泄漏的作业场所，应配置必要的防毒护具，以备急用，并应及时检查维修更换，保证其处在良好待用状态。

(7)电气操作人员应根据工作条件选用适当的安全电工用具和防护用品，电工用具应符合安全技术标准并定期检查，凡不符合技术标准要求的绝缘安全用具、登高作业安全工具、携带式电压和电流指示器以及检修中的临时接地线等，均不应使用。

四、起重与运输

起重与运输应符合下列基本规定：

(1)起重工应熟悉、正确运用并及时发出各种规定的手势、旗语等信号。多人工作时，应指定一人负责指挥。

(2)各种物件正式起吊前，应先试吊，确认可靠后方可正式起吊。

(3)吊运时应保持物件重心平稳。如发现捆绑松动，或吊装工具发生异常情况，应立即停车进行检查。

(4)大件起吊运输和吊运危险的物品时，应制定专项安全技术措施，按规定要求审批后，方能施工。

(5)大件吊运过程中，重物上严禁站人，重物下面严禁有人停留或穿行。

(6)在起吊过程中，绳索与设备或构件的棱角接触部分，均应加垫麻布、橡胶及木块等非金属材料，以保护绳索不受损伤。

五、爆破器材与爆破作业

（一）爆破器材管理

爆破器材管理应符合下列规定：

(1)爆破器材库房应建立健全安全管理制度，岗位安全责任制，安全操作规程，爆破器材发放、领取，治安保卫，防火，保密等制度。

(2)爆破器材装卸应遵守下列规定：

①从事爆破器材装卸的人员，应经过有关爆破材料性能的基础教育和熟悉其安全技术知识。装卸爆破器材时，严禁吸烟和携带引火物。

②搬运装卸作业宜在白天进行，炎热的季节宜在清晨或傍晚进行。如需在夜间装卸爆破器材时，装卸场所应有充足的照明，并只允许使用防爆安全灯照明，禁止使用油灯、电石

灯、汽灯、火把等明火照明。

③装卸爆破器材时，装卸现场应设置警戒岗哨，有专人在场监督。

④搬运时应谨慎小心，轻搬轻放，不应冲击、撞碰、拉拖、翻滚和投掷。严禁在装有爆破材料的容器上踩踏。

⑤人力装卸和搬运爆破器材，每人一次以25～30 kg为限，搬运者相距不应少于3 m。

⑥同一车上不应装运两类性质相抵触的爆破器材，且不应与其货物混装。雷管等起爆器材与炸药不允许同时在同一车箱或同一地点装卸。

⑦装卸过程中司机不应离开驾驶室。遇雷电天气，禁止装卸和运输爆破器材。

⑧装车后应加盖帆布，并用绳子绑牢，检查无误后方可开车。

(3)爆破器材运输应符合下列规定：

①运输爆破器材，应遵守下列基本规定：

a. 运输时除驾驶员外，应有押运人员护送。

b. 运输车(船)应按指定路(航)线行驶，严禁超载、超速和抢行。

c. 车(船)不应在人多的地方、交叉路口或桥上(下)停留。

d. 车(船)应有帆布覆盖，并设有明显的危险警示标志。

e. 不应搭乘非押运人员。

f. 气温低于10 ℃运输易冻的硝化甘油炸药时，应采取防冻措施；气温低于－15 ℃运输难冻硝化甘油炸药时，也应采取防冻措施。

g. 禁止用翻斗车、自卸汽车、拖车、机动三轮车、人力三轮车、摩托车和自行车等运输爆破器材。

h. 运输炸药、雷管时，装车高度要低于车箱10 cm。车箱、船底应加软垫。雷管箱不应倒放或立放，层间也应垫软垫。

i. 运输人员严禁吸烟和携带发火物品。

②水路运输爆破器材，还应遵守下列规定：

a. 遇浓雾及大风浪应停航。

b. 停泊地点距岸上建筑物不应小于250 m。

c. 船头船尾应设有警示牌，夜间及雾天应设红色安全灯。

d. 船上应有足够的消防器材。

e. 严禁使用筏类船只作运输工具。

f. 用机动船运输时，应预先切断装爆破器材船仓的电源；地板和垫物应无缝隙，仓口应关闭；与机仓相邻的船仓应设有隔墙。

③汽车运输爆破器材，还应遵守下列规定：

a. 汽车应装设专门的缓冲器。

b. 汽车的排气管宜设在车前下侧，并应设置防火罩装置。

c. 车上应配备灭火器材，并按规定配挂明显的危险标志。

d. 谨慎驾驶，避免急刹车或意外事故的发生。

e. 汽车在视线良好的情况下行驶时，时速不应超过20 km(工区内不应超过15 km)；在弯多坡陡、路面狭窄的山区行驶，时速应保持在5 km以内。行车间距：平坦道路应大于

50 m，上下坡应大于 300 m。

f. 途中遇雷雨停车时，应停在远离建筑物、大树的空旷地方。

g. 车箱底板、侧板和尾板均不应有空隙，所有空隙应予以严密堵塞。严防所运爆破器材的微粒落在摩擦面上。

h. 在高速公路上运输爆破器材时，应按国家有关规定执行。

（4）爆破器材贮存应符合下列规定：

①爆破器材应贮存在专用仓库、贮存室内，并设专人管理。严禁将爆破器材分发给个人保存。

②使用爆破器材的单位临时存放爆破器材时，要选择安全可靠的处所单独存放，指定专人看管，并报所在地公安机关批准。

③贮存爆破器材的仓库、储存室，应遵守下列规定：

a. 建立出入库检查、登记制度，收存和发放爆破器材应进行登记，做到账目清楚，账务相符。

b. 库房内贮存的爆破器材数量不应超过设计容量，爆破器材宜单一品种专库存放。库房内严禁存放其他物品。

④若发现爆破器材丢失、被盗，应及时报告所在地公安机关。

⑤爆破器材的堆放要平稳、牢固、整齐，堆放高度应符合规定，并留出安全通道。

（二）爆破作业

爆破作业应符合下列规定：

（1）在进行爆破设计时，应制定安全技术措施。

（2）爆破工作开始前，应明确规定安全警戒线，制定统一的爆破时间和信号，并在指定地点设安全哨，执勤人员应有红色袖章、红旗和口笛。

（3）夜间无照明、浓雾天、雷雨天和 5 级以上风（含 5 级）等恶劣天气，均不应进行露天爆破作业。

（4）往井下吊运爆破材料时，应遵守下列规定：

①检查起吊设备及吊运工具是否安全可靠。

②在上下班或人员集中的时间内，不应运输爆破器材，严禁人员与爆破器材同罐吊运。

③禁止雷管、炸药同时吊运。

④吊运速度不应大于 1 m/s。

⑤装雷管的箱子应绝缘。

⑥禁止将爆破器材存放在井口房、井底或其他巷道内。

（5）明挖爆破音响信号包括预告、准备、起爆和解除信号。下面以典型例题的形式对其具体内容进行讲解。

典型例题

【单选题】明挖爆破施工，施工单位发出“鸣 10 s，停，鸣 10 s，停，鸣 10 s”的音响信号属于（　　）。

A. 预告信号　　B. 起爆信号

C. 准备信号　　D. 解除信号

B。【解析】预告信号:间断鸣三次长声,即鸣 30 s、停、鸣 30 s、停、鸣 30 s。准备信号:在预告信号 20 min 后发布,间断鸣一长、一短三次,即鸣 20 s、鸣 10 s、停、鸣 20 s、鸣 10 s、停、鸣 20 s、鸣 10 s。起爆信号:准备信号 10 min 后发出,连续三短声,即鸣 10 s、停、鸣 10 s、停、鸣 10 s。解除信号:检查人员确认安全后,由爆破作业负责人通知警报房发出解除信号:一次长声,鸣 60 s。

(6)装药时,严禁将爆破器材放在危险地段或机械设备和电源、火源附近。

(7)装药和堵塞应使用木、竹制作的炮棍。严禁使用金属棍棒装填。

(8)使用信号管和计时导火索的长度不应超过该次被点导火索中最短导火索长度的 1/3。

(9)地下相向开挖的两端在相距 30 m 以内时,装炮前应通知另一端暂停工作,退到安全地点。当相向开挖的两端相距 15 m 时,一端应停止掘进,单头贯通。斜井相向开挖,除遵守上述规定外,并应对距贯通尚有 5 m 长地段自上端向下打通。

(10)加工起爆药包所使用的炸药、雷管、导火索、传爆线,应是经过检验合格的产品,电力起爆时,同一网路应使用同厂同型号的电雷管。

(11)地下开挖,洞内空气含沼气或二氧化碳浓度超过 1% 时,禁止进行爆破作业。

(12)利用机械装药不宜采用电力起爆,若应采用时,应使用抗静电雷管,并应有相应安全措施,以防静电引起早爆;严禁边打孔边装药。

(13)火花起爆,应遵守下列规定:

①深孔、竖井、倾角大于 30°的斜井、有瓦斯和粉尘爆炸危险等工作面的爆破,禁止采用火花起爆。

②炮孔的排距较密时,导火索的外露部分不应超过 1.0 m,以防止导火索互相交错而起火。

③一人连续单个点火的火炮,暗挖不应超过 5 个,明挖不应超过 10 个。并应在爆破负责人指挥下,做好分工及撤离工作。

④当信号炮响后,全部人员应立即撤出炮区,迅速到安全地点掩蔽。

⑤点燃导火索应使用香或专用点火工具,严禁使用火柴、香烟和打火机。

(14)电力起爆应符合规范规定。下面以典型例题的形式对其具体要求进行讲解。

典型例题

【单选题】关于电力起爆法的说法,正确的是(　　)。

A. 用于同一起爆网路内的电雷管的电阻值最多只能有两种

B. 网路中的支线、区域线联接前各自的两端不允许短路

C. 雷雨天严禁采用电爆网路

D. 通电后若发生拒爆,应立即进行检查

C。【解析】用于同一爆破网路内的电雷管,电阻值应相同。康铜桥丝雷管的电阻极差不应超过 0.25 Ω,镍铬桥丝雷管的电阻极差不应超过 0.5 Ω。故选项 A 错误。网路中的支线、区域线和母线彼此连接之前各自的两端应短路、绝缘。故选项 B 错误。通

电后若发生拒爆,应立即切断母线电源,将母线两端拧在一起,锁上电源开关箱进行检查。进行检查的时间:对于即发电雷管,至少在 10 min 以后;对于延发电雷管,至少在 15 min 以后。故选项 D 错误。除此之外,电力起爆还应符合下列要求:(1)装炮前工作面一切电源应切除,照明至少设于距工作面 30 m 以外,只有确认炮区无漏电、感应电后,才可装炮。(2)供给每个电雷管的实际电流应大于准爆电流,具体要求是:直流电源,一般爆破不小于 2.5 A,对于洞室爆破或大规模爆破不小于 3 A;交流电源,一般爆破不小于 3 A,对于洞室爆破或大规模爆破不小于 4 A。(3)网路中全部导线应绝缘。有水时导线应架空。各接头应用绝缘胶布包好,两条线的搭接口禁止重叠,至少应错开 0.1 m。(4)测量电阻只许使用经过检查的专用爆破测试仪表或线路电桥。严禁使用其他电气仪表进行量测。

(15)导爆索起爆,应遵守下列规定:

①导爆索只准用快刀切割,不应用剪刀剪断导火索。

②支线要顺主线传爆方向连接,搭接长度不应少于 15 cm,支线与主线传爆方向的夹角不应大于 90°。

③起爆导爆索的雷管,其聚能穴应朝向导爆索的传爆方向。

④导爆索交叉敷设时,应在两根交叉导爆索之间设置厚度不小于 10 cm 的木质垫板。

⑤连接导爆索中间不应出现断裂破皮、打结或打圈现象。

(16)导爆管起爆,应遵守下列规定:

①用导爆管起爆时,应有设计起爆网路,并进行传爆试验。网路中所使用的连接元件应经过检验合格。

②禁止导爆管打结,禁止在药包上缠绕。网路的连接处应牢固,两元件应相距 2 m。敷设后应严加保护,防止冲击或损坏。

③一个 8 号雷管起爆导爆管的数量不宜超过 40 根,层数不宜超过 3 层。

④只有确认网路连接正确,与爆破无关人员已经撤离,才准许接入引爆装置。

(17)处理盲炮时,应遵守下列规定:

①发现或怀疑有盲炮时,应立即报告,并在其附近设立标志,派人看守,并采取相应的安全措施。

②处理盲炮应派有经验的炮工进行。

③处理时,无关人员严禁在场,危险区内严禁进行其他工作。

④严禁掏出或拉出起爆药包。

⑤发生电炮盲炮时,应及时将盲炮电路短路。

⑥盲炮处理后,应仔细检查爆堆,并将残余的爆破器材收集起来,未判明有无残药前,应采取预防措施。

⑦处理裸露爆破的盲炮时,可用手小心地去掉部分封泥,安置起爆雷管重新封泥起爆。

(三)爆破安全距离

爆破安全距离应符合下列规定:

（1）确定爆破安全允许距离时，应考虑爆破可能诱发滑坡、滚石、雪崩、涌浪、爆堆滑移等次生有害影响，适当扩大安全允许距离或针对具体情况划定附加的危险值。

（2）电雷管网路爆破区边缘同高压线最近点之间的距离不应小于表 1-54 的规定（亦适用于地下电源）。

表 1-54　爆破区边缘同高压线最近点之间的距离

高压电网/kV	水平安全距离/m
3～10	20
10～20	50
20～50	100

（3）飞石。

①爆破时，个别飞石对被保护对象的安全距离，不应小于规定的数值。

②洞室爆破个别飞石的安全距离，不应小于规定数值。

链接

根据《水工建筑物地下工程开挖施工技术规范》，进行爆破时，人员应撤至飞石、有害气体和冲击波的影响范围之外，且无落石威胁的安全地点。单向开挖洞室，安全地点至爆破工作面的距离，应不小于 200 m。

2F320000 水利水电工程项目施工管理

2F320010 水利工程建设程序

一、水利工程建设项目管理制度

《水利工程建设项目管理规定(试行)》规定,水利工程建设项目管理实行统一管理、分级管理和目标管理。逐步建立水利部、流域机构和地方水行政主管部门以及建设项目法人分级、分层次管理的管理体系。

(一)实行“三项制度”改革

《水利工程建设项目管理规定(试行)》规定,水利工程建设要推行项目法人责任制、招标投标制和建设监理制。积极推行项目管理。

1. 项目法人责任制

《水利工程建设项目管理规定(试行)》规定,对生产经营性的水利工程建设项目要积极推行项目法人责任制;其他类型的项目应积极创造条件,逐步实行项目法人责任制。

工程建设现场的管理可由项目法人直接负责,也可由项目法人组建或委托一个组织具体负责。负责现场建设管理的机构履行建设单位职能。

组建建设单位由项目主管部门或投资各方负责;建设单位需具备下列条件:

(1)具有相对独立的组织形式。内部机构设置,人员配备能满足工程建设的需要。

(2)经济上独立核算或分级核算。

(3)主要行政和技术、经济负责人是专职人员,并保持相对稳定。

2020年11月27日,水利部制定的《水利工程建设项目法人管理指导意见》就加强项目法人管理工作提出以下指导意见。

(1)规范项目法人组建。

①政府出资的水利工程建设项目,应由县级以上人民政府或其授权的水行政主管部门或者其他部门(以下简称政府或其授权部门)负责组建项目法人。政府与社会资本方共同出资的水利工程建设项目,由政府或其授权部门和社会资本方协商组建项目法人。社会资本方出资的水利工程建设项目,由社会资本方组建项目法人,但组建方案需按照国家关于投资管理的法律法规及相关规定经工程所在地县级以上人民政府或其授权部门同意。水利工程建设项目可行性研究报告中应明确项目法人组建主体,提出建设期项目法人机构设置方案。

②在国家确定的重要江河、湖泊建设的流域控制性工程及中央直属水利工程，原则上由水利部或流域管理机构负责组建项目法人。其他项目的项目法人组建层级，由省级人民政府或其授权部门结合本地实际，根据项目类型、建设规模、技术难度、影响范围等因素确定。其中，新建库容 $1\times10^9\ m^3$ 以上或坝高大于 70 m 的水库、跨地级市的大型引调水工程，应由省级人民政府或其授权部门组建项目法人，或由省级人民政府授权工程所在地市级人民政府组建项目法人。跨行政区域的水利工程建设项目，一般应由工程所在地共同的上一级政府或其授权部门组建项目法人，也可分区域由所在地政府或其授权部门分别组建项目法人。分区域组建项目法人的，工程所在地共同的上一级政府或其授权部门应加强对各区域项目法人的组织协调。

③鼓励各级政府或其授权部门组建常设专职机构，履行项目法人职责，集中承担辖区内政府出资的水利工程建设。

④积极推行按照建设运行管理一体化原则组建项目法人。对已有工程实施改、扩建或除险加固的项目，可以以已有的运行管理单位为基础组建项目法人。

⑤各级政府及其组成部门不得直接履行项目法人职责；政府部门工作人员在项目法人单位任职期间不得同时履行水利建设管理相关行政职责。

(2)明确项目法人职责。

项目法人对工程建设的质量、安全、进度和资金使用负首要责任，应承担以下主要职责：

①组织开展或协助水行政主管部门开展初步设计编制、报批等相关工作。

②按照基本建设程序和批准的建设规模、内容，依据有关法律法规和技术标准组织工程建设。

③根据工程建设需要组建现场管理机构，任免其管理、技术及财务等重要岗位负责人。

④负责办理工程质量、安全监督及开工备案手续。

⑤参与做好征地拆迁、移民安置工作，配合地方政府做好工程建设其他外部条件落实等工作。

⑥依法对工程项目的勘察、设计、监理、施工、咨询和材料、设备等组织招标或采购，签订并严格履行有关合同。

⑦组织施工图设计审查，按照有关规定履行设计变更的审查或审核与报批工作。

⑧负责监督检查现场管理机构和参建单位建设管理情况，包括工程质量、安全生产、工期进度、资金支付、合同履约、农民工工资保障以及水土保持和环境保护措施落实等情况。

⑨负责组织设计交底工作，组织解决工程建设中的重大技术问题。

⑩组织编制、审核、上报项目年度建设计划和资金预算，配合有关部门落实年度工程建设资金，按时完成年度建设任务和投资计划，依法依规管理和使用建设资金。

⑪负责组织编制、审核、上报在建工程度汛方案和应急预案，落实安全度汛措施，组织应急预案演练，对在建工程安全度汛负责。

⑫组织或参与工程及有关专项验收工作。

⑬负责组织编制竣工财务决算，做好资产移交相关工作。

⑭负责工程档案资料的管理，包括对各参建单位相关档案资料的收集、整理、归档工作进行监督、检查。

⑮负责开展项目信息管理和参建各方信用信息管理相关工作。

⑯接受并配合有关部门开展的审计、稽察、巡查等各类监督检查，组织落实整改要求。

⑰法律法规规定的职责及应当履行的其他职责。

项目法人组建单位应按照权责一致的原则，在项目法人组建文件中明确项目法人的职责和权限，对项目法人履行职责予以充分授权，保障项目法人依法实施建设管理工作的自主权。地方政府及有关部门不得干预项目法人通过招投标程序择优选择参建单位，不得干预项目法人依据合同约定支付工程款，不得干预项目法人依据法律法规、技术标准对工程质量、安全和资金进行管理。

县级以上人民政府可根据工作需要建立工程建设工作协调机制，加强对水利工程建设的组织领导，协调落实工程建设地方资金和征地拆迁、移民安置等工程建设相关的重要事项，为项目法人履职创造良好的外部条件。

(3)保障项目法人履职能力。

水利工程建设项目法人应具备以下基本条件：

①具有独立法人资格，能够承担与其职责相适应的法律责任。

②具备与工程规模和技术复杂程度相适应的组织机构，一般可设置工程技术、计划合同、质量安全、财务、综合等内设机构。

③总人数应满足工程建设管理需要，大、中、小型工程人数一般按照不少于30人、12人、6人配备，其中工程专业技术人员原则上不少于总人数的50%。

④项目法人的主要负责人、技术负责人和财务负责人应具备相应的管理能力和工程建设管理经验。其中，技术负责人应为专职人员，有从事类似水利工程建设管理的工作经历和经验，能够独立处理工程建设中的专业问题，并具备与工程建设相适应的专业技术职称。大型水利工程和坝高大于70 m的水库工程项目法人技术负责人应具备水利或相关专业高级职称或执业资格，其他水利工程项目法人技术负责人应具备水利或相关专业中级以上职称或执业资格。

⑤水利工程建设期间，项目法人主要管理人员应保持相对稳定。

水利工程建设项目可行性研究报告批准后，项目法人组建单位应尽快按照上述要求完成项目法人组建。不能按照上述要求的条件组建项目法人的，应通过委托代建、项目管理总承包、全过程咨询等方式，引入符合相关要求的社会专业技术力量，协助项目法人履行相应管理职责。代建、项目管理总承包和全过程咨询单位，如具备相应监理资质和能力，可依法承担监理业务。

代建、项目管理总承包和全过程咨询单位，按照合同约定承担相应职责，不替代项目法人的责任和义务。

(4)切实履行项目法人职责。

项目法人必须严格遵守国家有关法律法规，结合建设项目实际，依法完善项目法人治理结构，制定质量、安全、计划执行、设计、财务、合同、档案等各项管理制度，定期开展制度执行情况自查，加强对参建单位的管理。

项目法人应根据项目特点，依法依规选择工程承发包方式。合理划分标段，避免标段划分过细过小。禁止唯最低价中标等不合理的招标采购行为，择优选择综合实力强、信誉良好、满足工程建设要求的参建单位。对具备条件的建设项目，推行采用工程总承包方式，精简管理环节。对于实行工程总承包方式的，要加强施工图设计审查及设计变更管理，强化合同管理和风险管控,确保质量安全标准不降低,确保工程进度和资金安全。

2. 招标投标制

《水利工程建设项目管理规定(试行)》规定,本管理规定适用于由国家投资、中央和地方合资、企事业单位独资、合资以及其他投资方式兴建的防洪、除涝、灌溉、发电、供水、围垦等大中型(包括新建、续建、改建、加固、修复)工程建设项目,小型水利工程建设项目可以参照执行。凡符合该要求的大中型水利建设项目都要实行招标投标制。

(1)水利建设项目施工招标投标工作按国家有关规定或国际采购导则进行,并根据工程的规模,投资方式以及工程特点,决定招标方式。

(2)主体工程施工招标应具备的必要条件:

①项目的初步设计已经批准,项目建设已列入计划,投资基本落实。

②项目建设单位已经组建,并具备应有的建设管理能力。

③招标文件已经编制完成,施工招标申请书已经批准。

④施工准备工作已满足主体工程开工的要求。

(3)水利建设项目招标工作,由项目建设单位具体组织实施。招标管理按《水利工程建设项目管理规定(试行)》明确的分级管理原则和管理范围,划分如下:

①水利部负责招标工作的行业管理,直接参与或组织少数特别重大建设项目的招标工作,并做好国家有关部门的协调工作。

②其他国家和部属重点建设项目以及中央参与投资的地方水利建设项目的招标工作,由流域机构负责管理。

③地方大中型水利建设项目的招标工作,由地方水行政主管部门负责管理。

3. 建设监理制

水利工程建设,要全面推行建设监理制:

(1)水利部主管全国水利工程的建设监理工作。

(2)水利工程建设监理单位的选择,应采取招标投标的方式确定。

(3)要加强对建设监理单位的管理,监理工程师必须持证上岗,监理单位必须持证营业。

链接

以往考试中考查过水利工程建设监理的概念及相关规定。

《水利工程建设监理规定》规定,水利工程建设监理,是指具有相应资质的水利工程建设监理单位,受项目法人(建设单位)委托,按照监理合同对水利工程建设项目实施中的质量、进度、资金、安全生产、环境保护等进行的管理活动,包括水利工程施工监理、水土保持工程施工监理、机电及金属结构设备制造监理、水利工程建设环境保护监理。水利工程建设监理实行总监理工程师负责制。

《水利工程建设监理单位资质管理办法》规定,水利工程施工监理专业资质和水土保持工程施工监理专业资质分为甲级、乙级和丙级三个等级,机电及金属结构设备制造监理专业资质分为甲级、乙级两个等级,水利工程建设环境保护监理专业资质暂不分级。

(二)合同管理制

水利工程中,合同管理制是指建设项目从可行性研究报告编制和项目法人成立开始,对工程建设项目的勘测设计、施工、设备材料采购和工程建设监理以及移民征地等均依法订立合同。水行政主管部门依法进行监督，项目法人和建设各方严格按合同履行，在各自的职责范围内对合同进行动态管理，以达到预期的合同目的，实现预定的社会效益和经济效益。

水利工程建设项目的合同管理制主要依靠各项目法人去组织实施，工程建设监理负责具体的合同管理工作，各有关单位包括设计单位、施工单位、设备制造和材料供应、移民征地等部门在各自的合同范围内负责各自的合同管理工作。

提示

合同管理的具体内容详见2F320050。

（三）代建制

近年来，国家将水利作为基础设施建设和保障改善民生的重要领域，不断加大投入力度，大规模水利建设深入推进，项目点多面广量大，基层建设任务繁重，管理能力相对不足。在水利建设项目特别是基层中小型项目中推行代建制等新型建设管理模式，发挥市场机制作用，增强基层管理力量，实现专业化的项目管理十分必要。

下面以典型例题的形式对水利工程建设项目代建制管理的相关规定进行讲解。

典型例题

【单选题】根据《关于水利工程建设项目代建制管理的指导意见》，代建单位对水利工程建设项目（　　）的建设实施过程进行管理。

A. 施工准备至竣工验收　　B. 初步设计至竣工验收

C. 施工准备至后评价　　D. 初步设计至后评价

A。【解析】水利工程建设项目代建制，是指政府投资的水利工程建设项目通过招标等方式，选择具有水利工程建设管理经验、技术和能力的专业化项目建设管理单位（以下简称代建单位），负责项目的建设实施，竣工验收后移交运行管理单位的制度。水利工程建设项目代建制为建设实施代建，代建单位对水利工程建设项目施工准备至竣工验收的建设实施过程进行管理。

【单选题】根据《关于水利工程建设项目代建制管理的指导意见》，下列资质中，不符合代建单位资质条件的是（　　）。

A. 监理　　B. 设计

C. 咨询　　D. 施工总承包

A。【解析】代建单位应具备以下条件：(1)具有独立的事业或企业法人资格。(2)具有满足代建项目规模等级要求的水利工程勘测设计、咨询、施工总承包一项或多项资质以及相应的业绩；或者是由政府专门设立（或授权）的水利工程建设管理机构并具有同等规模等级项目的建设管理业绩；或者是承担过大型水利工程项目法人职责的单位。(3)具有与代建管理相适应的组织机构、管理能力、专业技术与管理人员。

【单选题】根据《关于水利工程建设项目代建制管理的指导意见》，拟实施代建制的项目应在（　　）中提出实行代建制管理的方案。

A. 项目建议书　　B. 可行性研究报告

C. 初步设计报告　　D. 工程开工申请报告

B。【解析】拟实施代建制的项目应在可行性研究报告中提出实行代建制管理的方案，经批复后在施工准备前选定代建单位。代建单位由项目主管部门或项目法人负责选定。招标选择代建单位应严格执行招标投标相关法律法规，并进入公共资源交易市场交易。不具备招标条件的，经项目主管部门同级政府批准，可采取其他方式选择代建单位。

除上述规定外，《关于水利工程建设项目代建制管理的指导意见》还有如下规定：

(1)实行代建制的项目(以下简称代建项目)，代建单位按照合同约定，履行工程代建相关职责，对代建项目的工程质量、安全、进度和资金管理负责。地方政府负责协调落实地方配套资金和征地移民等工作，为工程建设创造良好的外部环境。

(2)代建项目应严格执行基本建设程序，落实项目法人责任制、招标投标制、建设监理制和合同管理制，遵守工程建设质量、安全、进度和资金管理有关规定。

(3)各级水行政主管部门按照规定权限负责管辖范围内水利工程建设项目代建制的监督管理工作，受理有关水利工程建设项目代建制实施的投诉，查处违法违规行为。

(4)近3年在承接的各类建设项目中发生过较大以上质量、安全责任事故或者有其他严重违法、违纪和违约等不良行为记录的单位不得承担项目代建业务。

(5)代建单位确定后，项目管理单位应与代建单位依法签订代建合同。代建合同内容应包括项目建设规模、内容、标准、质量、工期、投资和代建费用等控制指标，明确双方的责任、权利、义务、奖惩等法律关系及违约责任的认定与处理方式。代建合同应报项目管理单位上级水行政主管部门备案。

(6)代建单位不得将所承担的项目代建工作转包或分包。代建单位可根据代建合同约定，对项目的勘察、设计、监理、施工和设备、材料采购等依法组织招标，不得以代建为理由规避招标。代建单位(包括与其有隶属关系或股权关系的单位)不得承担代建项目的施工以及设备、材料供应等工作。

(7)项目管理单位的主要职责包括：

①选定代建单位，并与代建单位签订代建合同。

②落实建设资金，配合地方政府做好征地、移民、施工环境等相关工作。

③监督检查工程建设的质量、安全、进度和资金使用管理情况，并协助做好上级有关部门(单位)的稽察、检查、审计等工作。

④协调做好项目重大设计变更、概算调整相关文件编报工作。

⑤组织或参与工程阶段验收、专项验收和竣工验收。

⑥代建合同约定的其他职责。

(8)代建单位的主要职责包括：

①根据代建合同约定，组织项目招投标，择优选择勘察设计、监理、施工单位和设备、材料供应商；负责项目实施过程中各项合同的洽谈与签订工作，对所签订的合同实行全过程管理。

②组织项目实施，抓好项目建设管理，对建设工期、施工质量、安全生产和资金管理等负责，依法承担项目建设单位的质量责任和安全生产责任。

③组织项目设计变更、概算调整相关文件编报工作。

④组织编报项目年度实施计划和资金使用计划，并定期向项目管理单位报送工程进度、质量、安全以及资金使用等情况。

⑤配合做好上级有关部门（单位）的稽察、检查、审计等工作。

⑥按照验收相关规定，组织项目分部工程、单位工程、合同工程验收；组织参建单位做好项目阶段验收、专项验收、竣工验收各项准备工作；按照基本建设财务管理相关规定，编报项目竣工财务决算。竣工验收后及时办理资产移交和竣工财务决算审批手续。

⑦代建合同约定的其他职责。

（9）代建项目资金管理要严格执行国家有关法律法规和基本建设财务管理制度，落实财政部《关于切实加强政府投资项目代建制财政财务管理有关问题的指导意见》有关要求，做好代建项目建账核算工作，严格资金管理，确保专款专用。

（10）实行代建制的项目，各级政府和项目管理单位应认真落实建设资金，确保资金足额及时到位，保障工程的顺利实施。代建项目建设资金的拨付按财政部门相关规定和合同约定执行。

（11）代建管理费要与代建单位的代建内容、代建绩效挂钩，计入项目建设成本，在工程概算中列支。代建管理费由代建单位提出申请，由项目管理单位审核后，按项目实施进度和合同约定分期拨付。

（12）代建项目实施完成并通过竣工验收后，经竣工决算审计确认，决算投资较代建合同约定项目投资有结余，按照财政部门相关规定，从项目结余资金中提取一定比例奖励代建单位（支付代建单位的奖励资金一般不超过代建管理费的 10%）。

（13）代建单位未经批准擅自调整建设规模、内容和标准，擅自进行重大设计变更的，因管理不善致使工程未达到设计要求或者质量不合格的，按照代建合同约定和国家有关规定处理。代建项目决算投资超出代建合同约定项目投资的，按代建合同约定处理。

（四）政府和社会资本合作（PPP）制

2017 年 12 月 7 日，为进一步规范社会资本参与重大水利工程建设运营，提升政府和社会资本合作（PPP）质量和效果，国家发展改革委和水利部印发了《政府和社会资本合作建设重大水利工程操作指南（试行）》，本指南用于指引政府负有提供责任、需求长期稳定和较适宜市场化运作、采用 PPP 模式建设运营的重大水利工程项目（以下简称水利 PPP 项目）操作，包括重点水源工程、重大引调水工程、大型灌区工程、江河湖泊治理骨干工程等。采用 PPP 模式建设的其他水利工程可参照做好相关工作。除特殊情形外，水利工程建设运营一律向社会资本开放，原则上优先考虑由社会资本参与建设运营。其具体内容如下。

水利 PPP 项目实施程序主要包括项目储备、项目论证、社会资本方选择、项目执行等。

各参与方按照依法合规、诚信守约、利益共享、风险共担、合理收益、公众受益的原则，规范、务实、高效实施水利 PPP 项目。

地方各级发展改革、水行政主管部门会同有关部门统筹做好水利 PPP 项目实施协调工作，包括加强规划引导、指导项目策划、组织 PPP 实施方案评估论证、给予政策支持、开展项目实施监督与绩效评价等。国家发展改革委、水利部按职责加强指导和监督。

1. 项目储备

水利 PPP 项目需具备相关规划依据。地方各级水行政主管部门汇总整理本地区水利 PPP 项目，并依托投资项目在线审批监管平台（国家重大项目库），建立本地统一、共享的

PPP 项目库，及时向社会发布相关信息，做好项目储备、动态管理、滚动推进、实施监测等工作。项目合作期低于 10 年及没有现金流，或通过保底承诺、回购安排等方式违法违规融资、变相举债的项目，不纳入 PPP 项目库。

对列入 PPP 项目库的水利 PPP 项目，计划当年推进实施的，需纳入本地 PPP 项目年度实施计划。使用各类政府投资资金的水利 PPP 项目，需纳入三年滚动政府投资计划。

水利 PPP 项目的实施机构应为项目所在地县级以上人民政府授权的部门或单位。项目实施机构在授权范围内负责水利 PPP 项目实施方案编制、社会资本方选择、项目合同签署、项目组织实施和合作期满项目移交等工作。

2. 项目论证

水利 PPP 项目实施方式根据各项目情况合理选择，灵活运用。对新建项目，其中经济效益较好，能够通过使用者付费方式平衡建设经营成本并获取合理收益的经营性水利工程，一般采用特许经营合作方式。社会效益和生态效益显著，向社会公众提供公共服务为主的公益性水利工程，可通过与经营性较强项目组合开发、授予与项目实施相关的资源开发收益权、按流域或区域统一规划项目实施等方式，提高项目综合盈利能力，吸引社会资本参与工程建设与管护。既有显著的社会效益和生态效益，又具有一定经济效益的准公益性水利工程，一般采用政府特许经营附加部分投资补助、运营补贴或直接投资参股的合作方式，也可按照模块化设计的思路，在保持项目完整性、连续性的前提下，将主体工程、配套工程等不同建设内容划分为单独的模块，根据各模块的主要功能和投资收益水平，相应采用适宜的合作方式。对已建成项目，可通过项目资产转让、改建、委托运营、股权合作等方式将项目资产所有权、股权、经营权、收费权等全部或部分转让给社会资本，规范有序盘活基础设施存量资产，提高项目运营管理效率和效益。对在建项目，也可积极探索引入社会资本负责项目投资、建设、运营和管理。

对拟采用 PPP 模式的政府或企业投资新建重大水利工程项目，要将项目是否适用 PPP 模式的论证纳入项目可行性研究或项目申请报告论证和决策。对拟采用 PPP 模式的已建成项目和在建项目，涉及新增投资建设的，应依法依规履行投资管理程序。要充分考虑项目的战略价值、功能定位、预期收益、可融资性以及管理要求，科学分析项目采用 PPP 模式的必要性和可行性。当前，优先选择以使用者付费为主的特许经营项目和盘活存量资产的已建成项目，严格防范地方政府债务风险。

政府采用直接投资、资本金注入方式参与的新建水利 PPP 项目，按政府投资项目进行审批，由具有相应审批权限的发展改革部门审批可行性研究报告。企业使用自己筹措资金建设，以及使用自己筹措的资金并申请使用政府投资补助或贷款贴息等的新建水利 PPP 项目，按企业投资项目履行核准制，由相应的核准机关办理核准手续。

纳入 PPP 项目库及年度实施计划的水利 PPP 项目，由实施机构组织编制 PPP 项目实施方案。实施方案可以单独编制，也可在项目可行性研究报告或项目申请报告中包括 PPP 项目实施专章。

水利 PPP 项目实施方案编制需符合相关法律法规、技术标准和政策文件要求，与项目可行性研究报告或项目申请报告等相衔接，采用最新、统一的数据。主要包括以下内容：

(1)项目概况。工程主要任务、建设规模、经济技术指标、征地移民数量、项目投资以及其他需要说明的情况等。

(2)实施方式。根据项目类型、收费定价机制、投资收益水平、融资需求等情况,合理确定水利 PPP 项目合作方式和期限。

(3)社会资本方选择方案。根据项目合作方式,明确社会资本方在资质、资本金、企业信用、项目实施经验等方面的准入要求,以及遴选的原则、程序和方法。

(4)投融资和财务方案。分析项目的投融资结构、主要融资方式和财务方案,初步明确项目产品(供水、发电等)的议定价格,以及政府投资补助、运营补贴和其他承诺支持事项等。鼓励符合条件的项目建设运营主体通过 IPO(首次公开发行股票并上市)、增发、资产证券化、企业债券、项目收益债券、公司债券、中期票据等市场化方式进行融资。鼓励各类投资基金、社保资金和保险资金按照市场化原则,创新运用债权投资计划、股权投资计划、项目资产支持计划等多种方式参与项目建设与运营。

(5)建设运营和移交方案。明确项目建设运营中的资产产权关系、责权利关系、建设运营要求、合作期限、服务标准和监管要求、收入来源及投资回报方式、项目移交安排等。

(6)合同体系和主要内容。提出政府和社会资本方合作的合同体系与主要内容,主要包括各方权利义务、资金投入与项目实施要求、投入回报机制、监管机制与违约责任等。

(7)风险识别与分担。分析识别合作周期内各阶段风险因素,遵循责权利对等和动态防控原则,在政府和社会资本方之间合理分配分担风险。原则上,项目建设、运营等商业风险由社会资本方承担,法律和政策调整风险由政府承担,自然灾害等不可抗力风险由双方共同承担。

(8)保障措施与监管架构。包括合作期内合同履约管理、行政监管、公众监督、退出机制等。

水利 PPP 项目实施方案编制过程中,可视情况以发布公告等方式征询潜在社会资本方的意见和建议,引导社会资本方形成合理的收益预期,建立主要依靠市场的投资回报机制。涉及政府定价管理、投资补助、政府付费等事项的,应当征求相关主管部门的意见。

水利 PPP 项目实施方案编制完成后,可由项目所在地发展改革部门和同级水行政主管部门牵头,按照“多评合一、统一评审”的要求,会同项目涉及的同级财政、规划、国土、价格、国有资产管理、公共资源交易管理、审计、法制等政府相关部门,对 PPP 项目实施方案进行联合评审。项目可行性研究报告或项目申请报告中包含 PPP 项目实施专章的,可结合项目审批或核准一并审查。初审未通过的水利 PPP 项目,可进一步优化调整实施方案,重新报审。经重新报审仍不能通过的,原则上不再采用 PPP 模式。通过审查的水利 PPP 项目实施方案,应按程序报项目所在地政府审批。

水利 PPP 项目实施机构依据经批准的实施方案,组织起草 PPP 项目合同草案,包括项目实施机构拟与中选社会资本方签署的 PPP 项目合同、项目实施机构拟与项目公司签署的 PPP 项目合同。其中,项目实施机构拟与项目公司签署的 PPP 项目合同中包括:

①项目股权和资产处置。在合作期内,未经项目公司董事会研究并经项目实施机构同意,项目公司不得变更公司股权及经营权,不得自行处置和出让、转让、拍卖、质押项目任何重要资产。为合作项目融资而抵押或担保项目资产的,对外抵押和担保期限不得超出合作期限。

②风险管理。针对不同阶段的主要风险因素,明确防控措施,通过加强工程建设和运营管理、优化资本结构、多元融资、建立项目最低需求照付不议机制、投资包干机制、完工担保机

制、保险和专业机构增信机制等方式，最大限度控制、缓释和降低风险发生，减少风险损失。

③排他性约定。对区域供水项目，如有必要，可作出合作期间的排他性约定，同时，明确项目公司承担相应的供水普遍服务义务，保证向特许经营区域内所有愿意接受服务并愿意支付服务价格的人提供连续、充足和符合水质要求的供水服务。

④回报机制。明确项目收入范围、计算及结算方法，项目收费定价或财政补贴的调整周期、条件、触发机制和程序等，约定项目具体产出标准和绩效考核指标，明确项目付费与绩效评价结果挂钩等要求。对有经营现金流的项目，区别风险情况，合理确定预期投资回报率，既保障社会资本合理收益，又要防止不合理让利或利益输送。相关财政支出事项，需足额纳入预算，按照规定程序批准后，及时支付资金。

⑤债务性质。水利 PPP 项目融资及偿债责任由项目公司或社会资本方承担，当地政府及其相关部门不能违规提供担保。

⑥退出机制。针对不可抗力、违约、主动退出等社会资本方各种中途退出情形，区别实行不同的退出方式，明确相应的预案和应急接管流程及赔偿、清算措施。

⑦其他相关承诺。如政府承诺负责协调落实工程外部建设条件，保障项目无开发权争议，负责工程移民安置规划组织实施，依法进行监管等。项目公司承诺在合作期内服从政府有关部门的防汛抗旱调度、水资源统一管理，任何情况下均不得出现恶意停止运营服务、中断供水等重大违约和损害公众利益的行为等。

3. 社会资本方选择

项目实施机构可依法采用公开招标、邀请招标、竞争性谈判等方式，综合考虑投资能力、管理经验、专业水平、融资实力以及信用状况等因素，公开公平公正择优选择社会资本方作为水利 PPP 项目合作伙伴。其中，拟由社会资本方自行承担工程项目勘察、设计、施工、监理以及与工程建设有关的重要设备、材料等采购的，按照《中华人民共和国招标投标法》规定，必须通过招标的方式选择社会资本方。

项目实施机构根据水利 PPP 项目实施方案和项目合同草案，准备社会资本方遴选的相关法律文本，包括资格预审文件、招标文件等。在社会资本方资格要求及评标标准设定等方面，需客观、公正、详细、透明，禁止排斥、限制或歧视民间资本和外商投资。对于具有较好投资收益的项目，在招标约定收入计算及价格机制等条件下，可将不同投标人项目收益等利益分享承诺作为主要评标因素；对于需要政府投资补助或运营补贴等政策支持的项目，可将不同投标人对支持政策的需求要价作为主要评标因素。

项目实施机构可根据需要组织资格预审，验证项目能否获得社会资本响应和实现充分竞争，并将资格预审结果提交项目主管部门。预审合格社会资本方数量不满足相关法律法规规定的，可依法调整实施方案确定的社会资本方选取方式。

项目实施机构可根据需要，在招标文件中明确项目公司组建、投资及实施等主要事项，作为社会资本方投标时必须响应的内容。开标、评标后，实施机构可组织项目谈判小组，与评标委员会推荐排名第一的中标候选人，进行确认谈判；中标候选人提出的主要条款与招标文件、中标人的投标文件内容不一致的，可终止其谈判资格并没收投标保证金，然后与评标委员会推荐排名第二的中标候选人进行确认谈判，依次类推。确认谈判完成后，项目实施机构与谈判确认的社会资本方签署确认谈判备忘录，并根据信息公开相关规定公示招标结果和拟与社会资本方签署的项目合同文本及相关文件，明确相关申诉渠道和方式。

项目实施机构按相关规定做好公示期间异议的解释、澄清和回复等工作。公示期满无异议的，由项目实施机构将项目合同报经当地政府或其授权的部门和单位审核同意后，与谈判确认的社会资本方正式签署水利PPP项目合同。项目可行性研究报告或项目申请报告批复、核准时已明确项目法人的，可以根据社会资本方选择结果依法变更。

4. 项目执行

社会资本方与项目实施机构签署水利PPP项目合同后，按约定在规定期限内成立项目公司，负责项目建设与运营管理。

下面以典型例题的形式对项目公司的组建主体进行讲解。

典型例题

【多选题】PPP项目公司可以由(　　)组建。

A. 社会资本方单独出资

B. 政府授权单位和社会资本方共同出资

C. 项目实施机构和社会资本方共同出资

D. 项目实施机构单独出资

E. 政府单独出资

AB。【解析】项目公司可由社会资本方单独出资组建，也可由政府授权单位(不包括项目实施机构)与社会资本方共同出资组建，作为水利PPP项目的直接实施主体。项目公司成立后，由项目实施机构与项目公司签署水利PPP项目合同，或签署关于承继此前PPP项目合同的补充合同。对项目合同与项目实施方案核心内容有重大变更的，项目实施机构需报项目实施方案批准机构审核同意后再签署。

项目公司按照项目合同，履行约定的义务和职责，依法开展项目建设、经营和管理活动，自主经营、自负盈亏。按约定和相关法律法规要求接受项目实施机构、政府相关部门的监管，定期报告项目进展情况。项目实施机构、相关政府部门根据水利PPP项目合同和有关规定，对项目公司履行PPP项目建设与运行管理责任进行监管。

水利PPP项目合作期满后，如需继续合作的，原合作方有优先续约权。合同约定期满移交的，及时组织开展项目移交工作，由项目公司按照约定的形式、内容和标准，将项目资产无偿移交指定的政府部门。除另有约定外，合同期满前12个月为项目公司向政府移交项目的过渡期，项目实施机构或政府指定的其他机构与社会资本方在过渡期内共同组建项目移交工作组，启动移交准备工作。移交工作组按合同约定的移交标准，组织进行资产评估和性能测试，确保项目处于良好状态。经评估和性能测试，项目状况符合约定的移交条件和标准的，项目公司按合同要求及有关规定完成移交工作并办理移交手续；项目状况不符合约定的移交条件和标准的，项目公司按要求出具移交维修保函，对相关设施进行恢复性修理、更新重置，在满足移交条件和标准后，及时办理移交手续。

水利PPP项目移交完成后，政府有关主管部门可组织对项目开展后评价，对项目全生命周期的效率、效果、影响和可持续性等进行评价。评价结果及时反馈给项目利益相关方，并按有关规定公开。

除涉及国家秘密、商业秘密外，地方政府相关部门依法公开水利PPP项目入库、社会资本方选择、项目合同订立、工程建设进展、运营绩效等信息。

典型例题

【多选题】根据《政府和社会资本合作建设重大水利工程操作指南(试行)》,关于PPP项目的说法,正确的有(　　)。

A. PPP项目实施机构应为县级以上水利(水务)部门

B. 新建经营性水利工程实施方式一般采用特许经营合作方式

C. PPP项目实施机构组织起草PPP项目合同草案

D. 社会资本方的选择方式包括公开招标、邀请招标和竞争性谈判

E. PPP项目实施机构承担项目法人职责

BCD。【解析】水利PPP项目由项目所在地县级以上人民政府授权的部门或单位作为实施机构。PPP项目实施机构仅在已授权的范围内负责社会资本方的选择、项目合同的签署、实施方案编制、项目组织实施和合作期满项目移交等工作。独资公司、有限责任公司、股份有限公司或其他项目建设组织即为项目法人,并承担项目法人职责。

2022年5月31日,为贯彻落实党中央、国务院决策部署,加大水利投融资创新力度,积极推进水利基础设施政府和社会资本合作(PPP)模式发展,扩大水利投资来源渠道,加快构建现代化水利基础设施体系,发布《水利部关于推进水利基础设施政府和社会资本合作(PPP)模式发展的指导意见》,其具体内容如下。

1. 主要领域

水利基础设施政府和社会资本合作(PPP)模式的主要领域包括国家水网重大工程;水资源集约节约利用;农村供水工程建设;流域防洪工程体系建设;河湖生态保护修复;智慧水利建设。

2. 合作方式

(1)分类选择合作模式。针对水利项目公益性强、投资规模大、建设周期长、投资回报率低的特点,结合项目实际情况,通过特许经营、购买服务、股权合作等方式,灵活采用建设—运营—移交(BOT)、建设—拥有—运营—移交(BOOT)、建设—拥有—运营(BOO)、移交—运营—移交(TOT)等模式推进水利基础设施建设运营。

(2)综合利用水利枢纽。在确保项目完整性和公益性功能发挥的前提下,可结合项目实际情况,合理划分工程模块,根据各模块的主要功能和投资收益水平,采用适宜的合作方式。对水库大坝建设等涉及防洪的公益性模块,事关公共安全和公众利益,应以政府为主投资建设和运营管理;对水力发电、供水等经营性模块,可引入社会资本投资建设运营,落实水价、电价等政策,政府和社会资本按照出资比例依法享有权益。

(3)供水、灌溉类项目。对于重点水源和引调水工程,通过向下游水厂等产业链延伸、合理确定供水价格等措施,保证社会资本合理收益。对于城乡供水一体化项目,可以县域为基本单元,统一供水设施运行服务标准,推广城乡供水同城、同网、同质、同价、同管理;对于分散式中小型供水工程,探索以大带小、整体打包,引入专业化供水企业或规模较大的水厂建设运营管理。对于大中型灌区建设和节水改造,应合理划分骨干工程、田间工程和供水单元,完善计量设施,积极引入社会资本参与投资运营,鼓励农民用水合作组织等受益主体投资入股。水费收入能够完全覆盖投资成本的项目,应采用“使用者付费”模式;水费收入不足以完全覆盖投资成本的项目,可采用“使用者付费+可行性缺口补贴”模式;也可根据项目实

际情况，在一定期限内采用“使用者付费 + 可行性缺口补贴”模式，逐步过渡到“使用者付费”模式，确保工程良性运行。

(4)防洪治理、水生态修复类项目。对于河道治理、蓄滞洪区建设、水库水闸除险加固等防洪治理项目和河湖生态治理保护、水土保持、小水电绿色改造等水生态修复项目，在加大政府投入的同时，充分利用水土资源条件，鼓励通过资产资源匹配、其他收益项目打捆、运行管护购买服务等方式，吸引社会资本参与建设运营，提高政府投资效率和工程管理水平，有效降低工程运行维护成本。对于智慧水利建设，可采取政府购买服务、政府授权企业投资运营等方式，调动社会资本参与建设运维的积极性。

3. 重点工作

(1)深化项目前期论证工作。地方各级水行政主管部门根据水利相关规划，筛选潜在 PPP 项目，形成重点推介水利 PPP 项目清单，强化信息公开和投融资合作对接，引导社会资本参与项目策划、前期论证。

(2)科学编制项目实施方案。对拟采用 PPP 模式推进的水利项目，依据有关规定在项目可行性研究报告或项目申请报告中一并编制或单独编制项目实施方案，明确经济技术指标、经营服务标准、投资概算构成、投资回报方式、价格确定及调价方式、财政补贴等事项。

(3)严格履行审核决策程序。按程序通过立项的水利 PPP 项目，及时将项目实施方案报地方政府或经授权的主管部门审核审批，并按要求开展物有所值评价、财政承受能力论证。项目实施方案应与经批准的可行性研究报告、核准文件、备案信息保持一致。

(4)择优选择社会资本方。实施方案通过审核审批的水利 PPP 项目，及时向社会发布项目公告和有关信息，组织编制招标文件、合同文本。

(5)依法合规组建项目法人。水利 PPP 项目由政府或其授权部门和社会资本方根据投资比例协商共同组建项目法人，完善项目法人治理结构，落实项目法人职责，签订投资、建设、运营合同文件。

(6)加强项目建设运营管理。各级水行政主管部门要针对水利 PPP 项目的特点，制定完善建设运营监管制度，切实强化监管，确保工程质量、安全和功能效益发挥。

(7)健全绩效评价和退出机制。在项目合同中明确绩效评价标准，定期对项目运营管理开展绩效评价。

4. 政策支持

(1)加大政府投资引导力度。各级水行政主管部门要积极商发展改革、财政部门，充分发挥政府投资的引导和带动作用，采取直接投资、投资补助、资本金注入、财政贴息、以奖代补、先建后补等多种方式，支持社会资本参与水利基础设施建设运营。

(2)推动建立合理回报机制。建立健全有利于促进水资源节约和水利工程良好运行、与投融资体制相适应的水利工程水价形成机制，科学核定定价成本，合理确定盈利水平，鼓励有条件的地区实行供需双方协商定价。积极推动供需双方在项目前期工作阶段签订框架协议，约定意向价格。加快推进用水权改革，支持社会资本通过参与节水供水工程建设运营，转让节约的水权获得合理收益。

5. 服务监督

(1)做好项目服务。按照“放管服”改革的要求，建立健全社会资本投融资合作对接机制，在确保工程质量安全的前提下，优化水利 PPP 项目审查审批流程，加快审查审批进度，持续提升社会资本参与水利基础设施投资和建设的便利度。

(2)加强政府监管。各级水行政主管部门要依法依规加强水利 PPP 项目的监管,着重强化对合作双方诚信履约、项目法人履职尽责等方面的监督,促进水利 PPP 项目规范发展、阳光运行。

(3)接受公众监督。依法披露水利 PPP 项目信息,保障公众知情权,确保项目实施公开透明、有序推进。

二、水利工程建设项目的类型和建设阶段划分

(一)水利工程建设项目的类型

水利基本建设项目按其功能和作用分为公益性、准公益性和经营性三类:

(1)公益性项目指具有防洪、排涝、抗旱和水资源管理等社会公益性管理和服务功能,自身无法得到相应经济回报的水利项目。

(2)准公益性项目指既有社会效益、又有经济效益的水利项目,其中大部分是以社会效益为主。

(3)经营性项目指以经济效益为主的水利项目。

水利基本建设项目按其对社会和国民经济发展的影响分为中央水利基本建设项目(以下简称中央项目)和地方水利基本建设项目(以下简称地方项目):

(1)中央项目是指对国民经济全局、社会稳定和生态环境有重大影响的防洪、水资源配置、水土保持、生态建设、水资源保护等项目,或中央认为负有直接建设责任的项目。

(2)地方项目是指局部受益的防洪除涝、城市防洪、灌溉排水、河道整治、供水、水土保持、水资源保护、中小型水电建设等项目。

水利基本建设项目根据其建设规模和投资额分为大中型和小型项目。

(二)水利工程建设项目建设阶段划分

《水利工程建设程序管理暂行规定》规定,水利工程建设程序一般分为:项目建议书、可行性研究报告、施工准备、初步设计、建设实施、生产准备、竣工验收、后评价等阶段。

1. 项目建议书阶段

项目建议书应根据国民经济和社会发展长远规划、流域综合规划、区域综合规划、专业规划,按照国家产业政策和国家有关投资建设方针进行编制,是对拟进行建设项目的初步说明。

项目建议书应按照《水利水电工程项目建议书编制规程》编制。

项目建议书编制一般由政府委托有相应资格的设计单位承担,并按国家现行规定权限向主管部门申报审批。项目建议书被批准后,由政府向社会公布,若有投资建设意向,应及时组建项目法人筹备机构,开展下一建设程序工作。

链接

编制项目建议书应贯彻国家的方针政策,根据国家和地区经济社会发展规划的要求,按照有关技术标准,论证建设该工程项目的必要性,提出工程任务,对工程的建设方案和规模进行分析论证,评价项目建设的合理性。重点论证项目建设的必要性、建设规模和效益、投资和资金筹措方案。

2. 可行性研究报告阶段

可行性研究应对项目进行方案比较,在技术上是否可行和经济上是否合理进行科学的

分析和论证。经过批准的可行性研究报告，是项目决策和进行初步设计的依据。可行性研究报告，由项目法人(或筹备机构)组织编制。

可行性报告应按照《水利水电工程可行性研究报告编制规程》编制。

可行性研究报告，按国家现行规定的审批权限报批。申报项目可行性研究报告，必须同时提出项目法人组建方案及运行机制、资金筹措方案、资金结构及回收资金的办法。

可行性研究报告经批准后，不得随意修改和变更，在主要内容上有重要变动，应经原批准机关复审同意。项目可行性报告批准后，应正式成立项目法人，并按项目法人责任制实行项目管理。

链接

编制可行性研究报告应以批准的项目建议书为依据，贯彻国家的方针政策，根据国土空间规划、国家和地区经济社会发展规划的要求，按照有关技术标准，对工程项目的建设条件进行调查和勘测，在可靠资料的基础上，进行方案比较，从技术、经济、社会、环境和节水节能等方面进行全面论证，评价工程建设的可行性。水利工程可行性研究报告重点解决项目的技术可行性、经济合理性、环境影响可控性和社会影响可行性。

3. 施工准备阶段

项目可行性研究报告已经批准，年度水利投资计划下达后，项目法人即可开展施工准备工作。下面以典型例题的形式对施工准备阶段的主要工作内容进行讲解。

典型例题

【多选题】根据《水利工程建设程序管理暂行规定》，施工准备阶段的主要工作包括(　　)等。

A. 组织招标设计　　B. 组织相关监理招标

C. 组建项目经理部　　D. 开展征地、拆迁

E. 实施用水、电、道路、通信、场地平整

ABDE。【解析】施工准备阶段的主要工作除选项 A,B,D,E 外，还包括：必要的生产及生活的临时设施工程；实施经批准的专项工程；组织招标咨询、设备、物资采购等服务；组织主体工程的招标准备工作。根据《水利工程建设程序管理暂行规定》，工程建设项目施工，除某些不适应招标的特殊工程项目外(须经水行政主管部门批准)，均须实行招标投标。

链接

施工准备工作必须在建设项目的主体工程开工前完成。2017 年 4 月 28 日，水利部发布了《水利部关于调整水利工程建设项目施工准备开工条件的通知》，结合水利建设实际，决定将水利工程建设项目施工准备开工的条件调整为：

(1)项目可行性研究报告已经批准。

(2)环境影响评价文件等已经批准。

(3)年度投资计划已下达或建设资金已落实。

4. 初步设计阶段

初步设计是根据批准的可行性研究报告和必要而准确的设计资料，对设计对象进行通盘研究，阐明拟建工程在技术上的可行性和经济上的合理性，规定项目的各项基本技术参数，编制项目的总概算。初步设计任务应择优选择有项目相应资格的设计单位承担，依照有关初步设计编制规定进行编制。

初步设计报告应按照《水利水电工程初步设计报告编制规程》编制。

初步设计文件报批前，一般须由项目法人对初步设计中的重大问题组织论证。设计单位根据论证意见，对初步设计文件进行补充、修改、优化。初步设计由项目法人组织审查后，按国家现行规定权限向主管部门申报审批。

设计单位必须严格保证设计质量，承担初步设计的合同责任。初步设计文件经批准后，主要内容不得随意修改、变更，并作为项目建设实施的技术文件基础。如有重要修改、变更，须经原审批机关复审同意。

链接

以往考试中考查过初步设计静态总投资的相关要求。初步设计编制的概算静态总投资原则上不得突破已批准的可行性研究报告估算的静态总投资。由于工程项目基本条件发生变化，引起工程规模、工程标准、设计方案、工程量的改变，其静态总投资超过可行性研究报告相应估算静态投资在15%以内时，要对工程变化内容和增加投资提出专题分析报告；超过可行性研究报告估算静态投资15%以上(含15%)时，必须重编可行性研究报告，重新按原程序报批。

5. 建设实施阶段

建设实施阶段是指主体工程的建设实施，项目法人按照批准的建设文件，组织工程建设，保证项目建设目标的实现。

下面以典型例题的形式对主体工程开工的报告程序和时间要求进行讲解。

典型例题

【案例题】临南段河道疏浚工程，疏浚河道总长约5 km，涉及河道底宽150 m，边坡1:4，底高程7.90～8.07 m。工程具备开工条件后，项目法人向主管部门提交本工程开工申请报告。

【问题】根据《水利部关于废止和修改部分规章的决定》，指出上述内容中的不妥之处。并说明主体工程开工的报告程序和时间要求。

【答案】(1)不妥之处：项目法人向主管部门提交本工程开工申请报告。

(2)主体工程开工的报告程序和时间要求为：水利工程具备《水利工程建设项目管理规定(试行)》规定的开工条件后，主体工程方可开工建设。项目法人或者建设单位应当自工程开工之日起15个工作日内，将开工情况的书面报告报项目主管单位和上一级主管单位备案。

项目法人要充分发挥建设管理的主导作用，为施工创造良好的建设条件。项目法人要充分授权工程监理，使之能独立负责项目的建设工期、质量、投资的控制和现场施工的组织协调。监理单位选择必须符合《水利工程建设监理规定》的要求。

要按照"政府监督、项目法人负责、社会监理、企业保证"的要求，建立健全质量管理体系，重要建设项目，须设立质量监督项目站，行使政府对项目建设的监督职能。

建设实施阶段的内容除上述《水利工程建设程序管理暂行规定》的规定外，《水利工程建设项目管理规定（试行）》也对其做出了规定。下面以典型例题的形式对该规范中关于建设实施阶段的规定进行讲解。

典型例题

【单选题】施工详图提交施工单位前，应由（　　）签发。

A. 项目法人　　B. 监理单位

C. 设计单位　　D. 质量监督机构

B。【解析】施工详图提交施工单位前，应由监理单位签发。《水利工程建设项目管理规定（试行）》中有关建设实施阶段的其他规定如下。（1）主体工程开工，必须具备以下条件：项目法人或者建设单位已经设立；初步设计已经批准，施工详图设计满足主体工程施工需要；建设资金已经落实；主体工程施工单位和监理单位已经确定，并分别订立了合同；质量安全监督单位已经确定，并办理了质量安全监督手续；主要设备和材料已经落实来源；施工准备和征地移民等工作满足主体工程开工需要。（2）项目建设单位要按批准的建设文件，充分发挥管理的主导作用，协调设计、监理、施工以及地方等各方面的关系，实行目标管理。建设单位与设计、监理、工程承包单位是合同关系，各方面应严格履行合同。具体如下：项目建设单位要建立严格的现场协调或调度制度；监理单位受项目建设单位委托，按合同规定在现场从事组织、管理、协调、监督工作。同时，监理单位要站在独立公正的立场上，协调建设单位与设计、施工等单位之间的关系；设计单位对不涉及重大设计原则问题的合理意见应当采纳并修改设计。若有分歧意见，由建设单位决定。如涉及初步设计重大变更问题，应由原初步设计批准部门审定；施工企业要切实加强管理，认真履行签订的承包合同。在施工过程中，要将所编制的施工计划、技术措施及组织管理情况报项目建设单位。

6. 生产准备阶段

生产准备是项目投产前所要进行的一项重要工作，是建设阶段转入生产经营的必要条件。项目法人应按照建管结合和项目法人责任制的要求，适时做好有关生产准备工作。

生产准备应根据不同类型的工程要求确定，一般应包括如下主要内容：

（1）生产组织准备。建立生产经营的管理机构及相应管理制度。

（2）招收和培训人员。按照生产运营的要求，配备生产管理人员，并通过多种形式的培训，提高人员素质，使之能满足运营要求。生产管理人员要尽早介入工程的施工建设，参加设备的安装调试，熟悉情况，掌握好生产技术和工艺流程，为顺利衔接基本建设和生产经营阶段做好准备。

（3）生产技术准备。主要包括技术资料的汇总、运行技术方案的制定、岗位操作规程制定和新技术准备。

（4）生产的物资准备。主要是落实投产运营所需要的原材料、协作产品、工器具、备品备件和其他协作配合条件的准备。

(5)正常的生活福利设施准备。

及时具体落实产品销售合同协议的签订,提高生产经营效益,为偿还债务和资产的保值增值创造条件。

7. 竣工验收

竣工验收是工程完成建设目标的标志,是全面考核基本建设成果、检验设计和工程质量的重要步骤。竣工验收合格的项目即从基本建设转入生产或使用。

当建设项目的建设内容全部完成,并经过单位工程验收(包括工程档案资料的验收),符合设计要求并按《水利工程建设项目档案管理规定》的要求完成了档案资料的整理工作;完成竣工报告、竣工决算等必需文件的编制后,项目法人按《水利工程建设项目管理规定(试行)》规定,向验收主管部门提出申请,根据国家和部颁验收规程组织验收。

竣工决算编制完成后,须由审计机关组织竣工审计,其审计报告作为竣工验收的基本资料。

工程规模较大、技术较复杂的建设项目可先进行初步验收。不合格的工程不予验收;有遗留问题的项目,对遗留问题必须有具体处理意见,且有限期处理的明确要求并落实责任人。

8. 后评价

建设项目竣工投产后,一般经过 1 至 2 年生产运营后,要进行一次系统的项目后评价,主要内容包括:影响评价,项目投产后对各方面的影响进行评价;经济效益评价,项目投资、国民经济效益、财务效益、技术进步和规模效益、可行性研究深度等进行评价;过程评价,对项目的立项、设计施工、建设管理、竣工投产、生产运营等全过程进行评价。

项目后评价一般按三个层次组织实施,即项目法人的自我评价、项目行业的评价、计划部门(或主要投资方)的评价。

建设项目后评价工作必须遵循客观、公正、科学的原则,做到分析合理、评价公正。通过建设项目的后评价以达到肯定成绩、总结经验、研究问题、吸取教训、提出建议、改进工作,不断提高项目决策水平和投资效果的目的。

根据《水利建设项目后评价报告编制规程》,水利建设项目后评价的主要依据应是国家有关法律法规、技术标准,经批准的相关规划和项目建设文件,以及其他有关资料。

链接

以往考试中经常考查《水利建设项目后评价管理办法(试行)》中项目后评价的主要内容。项目后评价的主要内容:

(1)过程评价:前期工作、建设实施、运行管理等。

(2)经济评价:财务评价、国民经济评价等。

(3)社会影响及移民安置评价:社会影响和移民安置规划实施及效果等。

(4)环境影响及水土保持评价:工程影响区主要生态环境、水土流失问题,环境保护、水土保持措施执行情况,环境影响情况等。

(5)目标和可持续性评价:项目目标的实现程度及可持续性的评价等。

(6)综合评价:对项目实施成功程度的综合评价。

（三）水利工程设计变更的有关规定

以往考试中经常依据《水利工程设计变更管理暂行办法》考查设计变更的相关规定，具体内容如下。

1. 总则

设计变更是自水利工程初步设计批准之日起至工程竣工验收交付使用之日止，对已批准的初步设计所进行的修改活动。

各级水行政主管部门、流域管理机构应加强初步设计文件实施的监督管理。项目法人应提升管理水平，严格执行基本建设程序和批复的初步设计文件，加强设计变更管理。勘察设计单位应着力提高勘察设计水平，控制重大设计变更，减少一般设计变更。

水利工程设计变更应按照本办法规定的程序进行审批。建设征地和移民安置、水土保持设计、环境保护设计变更按国家有关规定执行。任何单位或者个人不得擅自变更已经批准的初步设计，不得支解设计变更规避审批。

水利工程的设计变更应符合国家有关法律、法规和技术标准的要求，严格执行工程建设强制性标准，符合工程建设质量、安全和功能的要求。

2. 设计变更划分

水利工程设计变更分为重大设计变更和一般设计变更。

重大设计变更的具体范围如表 2-1 所示。

表 2-1 重大设计变更范围

<table>
<tr><th colspan="2">类别</th><th>标准</th></tr>
<tr><td rowspan="2">工程任务和规模</td><td>工程任务</td><td>工程防洪、治涝、灌溉、供水、发电等主要设计任务的变化和调整</td></tr>
<tr><td>工程规模</td><td>(1)水库总库容、防洪库容、死库容、调节库容的变化。
(2)正常蓄水位、汛期限制水位、防洪高水位、死水位、设计洪水位、校核洪水位，以及分洪水位、挡潮水位等特征水位的变化。
(3)供水、灌溉及排水工程的范围、面积、工程布局发生重大变化；干渠（管）及以上工程设计流量、设计供（引、排）水量发生重大变化。
(4)大中型电站或泵站的装机容量发生重大变化。
(5)河道治理、堤防及蓄滞洪区工程中河道及堤防治理范围、治导线形态和宽度、整治流量，蓄滞洪区及安全区面积、容量、数量，分洪工程规模等发生重大变化</td></tr>
<tr><td colspan="2">工程等级及设计标准</td><td>(1)工程防洪标准、除涝（治涝）标准的变化。
(2)工程等别、主要建筑物级别的变化。
(3)主要建筑物洪水标准、抗震设计等安全标准的变化</td></tr>
<tr><td>工程布置及建筑物</td><td>水库、水闸工程</td><td>(1)挡水、泄水、引（供）水、过坝等主要建筑物位置、轴线、工程布置、主要结构形式的变化。
(2)主要挡水建筑物高度、防渗形式、筑坝材料和分区设计、结构设计的重大变化。
(3)主要泄水建筑物设计、消能防冲设计的重大变化。
(4)引水建筑物进水口结构设计的重大变化。
(5)主要建筑物基础处理方案、重要边坡治理方案的重大变化</td></tr>
</table>

（续表）

<table>
<tr><th colspan="2">类别</th><th>标准</th></tr>
<tr><td rowspan="3">工程布置及建筑物</td><td>电站、泵站工程</td><td>(1)主要建筑物位置、轴线的重大变化。
(2)厂区布置、主要建筑物组成的重大变化。
(3)电(泵)站主要建筑物形式、基础处理方案的重大变化。
(4)重要边坡治理方案的重大变化</td></tr>
<tr><td>供水、灌溉及排水工程</td><td>(1)水源、取水方式及输水方式的重大变化。
(2)干渠(线)及以上工程线路、主要建筑物布置及结构形式,以及建筑物基础处理方案、重要边坡治理方案的重大变化。
(3)干渠(线)及以上工程有压输水管道管材、设计压力及调压设施的重大变化</td></tr>
<tr><td>堤防工程及蓄滞洪区工程</td><td>(1)堤线及建筑物布置、堤顶高程的重大变化。
(2)堤防防渗形式、筑堤材料、结构设计、护岸和护坡形式的重大变化。
(3)对堤防安全有影响的交叉建筑物设计方案的重大变化。
(4)防洪以及安全建设工程形式、分洪工程形式的重大变化</td></tr>
<tr><td rowspan="3">机电及金属结构</td><td>水力机械</td><td>(1)水电站水轮机形式、布置形式、台数的变化。
(2)大中型泵站水泵形式、布置形式、台数的变化。
(3)压力输水系统调流调压设备形式、数量的重大变化</td></tr>
<tr><td>电气工程</td><td>(1)出线电压等级在110千伏及以上的电站接入电力系统接入点、主接线形式、进出线回路数以及高压配电装置形式变化。
(2)110千伏及以上电压等级的泵站供电电压、主接线形式、进出线回路数、高压配电装置形式变化。
(3)大型泵站高压主电动机形式、起动方式的变化</td></tr>
<tr><td>金属结构</td><td>(1)具有防洪、泄水功能的闸门工作性质、闸门门型、布置方案、启闭设备形式的重大变化。
(2)电站、泵站等工程应急闸门工作性质、闸门门型、布置方案、启闭设备形式的重大变化。
(3)导流封堵闸门的门型、结构、布置方案的重大变化</td></tr>
<tr><td colspan="2">施工组织设计</td><td>(1)水库枢纽和水电站工程的混凝土骨料、土石坝填筑料、工程回填料料源发生重大变化。
(2)水库枢纽工程主要建筑物的导流建筑物级别、导流标准及导流方式的重大变化</td></tr>
</table>

重大设计变更以外的其他设计变更,为一般设计变更,包括并不限于:水利枢纽工程中次要建筑物的布置、结构形式、基础处理方案及施工方案变化;堤防和河道治理工程的局部变化;灌区和引调水工程中支渠(线)及以下工程的局部线路调整、局部基础处理方案变化,次要建筑物的布置、结构形式和施工组织设计变化;一般机电设备及金属结构设备形式变化;附属建设内容变化等。

涉及工程开发任务变化和工程规模、设计标准、总体布局等方面的重大设计变更,应征得可行性研究报告批复部门的同意。

典型例题

【多选题】根据《水利工程设计变更管理暂行办法》，下列施工组织设计变更中，属于重大设计变更的是(　　)的变化。

A. 主要建筑物级别

B. 枢纽工程主要建筑物施工导流方式

C. 工程防洪标准

D. 中型泵站水泵台数

E. 一般机电设备形式

ABCD。【解析】重大设计变更是指工程建设过程中，对初步设计批复的有关建设任务和内容进行调整，导致工程任务、规模、工程等级及设计标准发生变化，工程总体布置方案、主要建筑物布置及结构形式、重要机电与金属结构设备、施工组织设计方案等发生重大变化，对工程质量、安全、工期、投资、效益、环境和运行管理等产生重大影响的设计变更。根据上表可知，选项 A，B，C，D 属于重大设计变更，而选项 E 属于一般设计变更。

3. 设计变更文件编制

项目法人、施工单位、监理单位不得修改建设工程勘察、设计文件。根据建设过程中出现的问题，施工单位、监理单位及项目法人等单位可以提出设计变更建议。项目法人应当对设计变更建议及理由进行评估，必要时，可以组织勘察设计单位、施工单位、监理单位及有关专家对设计变更建议进行技术、经济论证。

工程勘察、设计文件的变更，应委托原勘察、设计单位进行。经原勘察、设计单位书面同意，项目法人也可以委托其他具有相应资质的勘察、设计单位进行修改。修改单位对修改的勘察、设计文件承担相应责任。

涉及其他地区和行业的水利工程设计变更，必须事先征求有关地区和部门的意见。

重大设计变更文件编制应当满足初步设计阶段的设计深度要求，有条件的可按施工图设计阶段的设计深度进行编制。设计变更报告内容及附件要求如下：

(1)设计变更报告主要内容。包括工程概况；设计变更的缘由、依据；设计变更的项目和内容；设计变更方案比选及设计；设计变更对工程任务和规模、工程安全、工期、生态环境、工程投资、效益和运行等方面的影响分析；变更方案工程量、投资以及与原初步设计方案变化对比；结论及建议。

(2)设计变更报告附件。包括项目原初步设计批复文件；设计变更方案勘察设计图纸、原设计方案相应图纸；设计变更相关的试验资料、专题研究报告等。

一般设计变更文件的编制内容，可根据工程具体情况适当简化。

4. 设计变更的审批与实施

工程设计变更审批采用分级管理制度。设计变更文件审查批准后，由项目法人负责组织实施。

下面以典型例题的形式对设计变更的审批与实施要求进行讲解。

典型例题

【单选题】水利工程一般设计变更经审查确认后，应报(　　)核备。

A. 项目法人　　B. 监理单位

C. 项目主管部门　　D. 原设计审批部门

C。【解析】一般设计变更文件由项目法人组织有关参建方研究确认后实施变更，并报项目主管部门核备，项目主管部门认为必要时可组织审批。重大设计变更文件，由项目法人按原报审程序报原初步设计审批部门审批。报水利部审批的重大设计变更，应附原初步设计文件报送单位的意见。《水利工程设计变更管理暂行办法》中还规定了特殊情况重大设计变更的处理要求：(1)对需要进行紧急抢险的工程设计变更，项目法人可先组织进行紧急抢险处理，同时通报项目主管部门，并按照本规范办理设计变更审批手续，并附相关的资料说明紧急抢险的情形。(2)若工程在施工过程中不能停工，或不继续施工会造成安全事故或重大质量事故的，经项目法人、勘察设计单位、监理单位同意并签字认可后即可施工，但项目法人应将情况在5个工作日内报告项目主管部门备案，同时按照本规范办理设计变更审批手续。

5. 设计变更的监督与管理

水利部负责对全国水利工程的设计变更实施监督管理。水利部流域管理机构和地方各级水行政主管部门按照规定的职责分工，负责对其有管辖权的水利工程设计变更进行监督管理。由于项目建设各有关单位的过错引起工程设计变更并造成损失的，有关单位应当承担相应的责任。

三、水利水电工程安全鉴定的有关要求

(一)水库大坝安全鉴定的有关要求

1. 总则

国务院水行政主管部门对全国的大坝安全鉴定工作实施监督管理。水利部大坝安全管理中心对全国的大坝安全鉴定工作进行技术指导。县级以上地方人民政府水行政主管部门对本行政区域内所辖的大坝安全鉴定工作实施监督管理。

下面以典型例题的形式对水库大坝安全鉴定的要求及安全状况分级进行讲解。

典型例题

【单选题】水库大坝首次安全鉴定应在竣工验收后(　　)年内进行。

A. 3　　B. 4

C. 5　　D. 10

C。【解析】大坝实行定期安全鉴定制度，首次安全鉴定应在竣工验收后5年内进行，以后应每隔6～10年进行1次。运行中遭遇特大洪水、强烈地震、工程发生重大事故或出现影响安全的异常现象后，应组织专门的安全鉴定。

典型例题

【单选题】大坝工作状态基本正常,在一定控制运用条件下能安全运行的大坝安全类别是(　　)类坝。

A. 一　　B. 二

C. 三　　D. 四

B。【解析】大坝安全状况分为三类,分类标准如下表所示。

类型	标准
一类坝	实际抗御洪水标准达到《防洪标准》规定,大坝工作状态正常;工程无重大质量问题,能按设计正常运行的大坝
二类坝	实际抗御洪水标准不低于部颁水利枢纽工程除险加固近期非常运用洪水标准,但达不到《防洪标准》规定;大坝工作状态基本正常,在一定控制运用条件下能安全运行的大坝
三类坝	实际抗御洪水标准低于部颁水利枢纽工程除险加固近期非常运用洪水标准,或者工程存在较严重安全隐患,不能按设计正常运行的大坝

2. 基本程序及组织

大坝安全鉴定包括大坝安全评价、大坝安全鉴定技术审查和大坝安全鉴定意见审定三个基本程序。

(1)鉴定组织单位负责委托满足《水库大坝安全鉴定办法》规定的大坝安全评价单位对大坝安全状况进行分析评价,并提出大坝安全评价报告和大坝安全鉴定报告书。

(2)由鉴定审定部门或委托有关单位组织并主持召开大坝安全鉴定会,组织专家审查大坝安全评价报告,通过大坝安全鉴定报告书。

(3)鉴定审定部门审定并印发大坝安全鉴定报告书。

大型水库和影响县城安全或坝高 50 m 以上中型水库的大坝安全评价,由具有水利水电勘测设计甲级资质的单位或者水利部公布的有关科研单位和大专院校承担。其他中型水库和影响县城安全或坝高 30 m 以上小型水库的大坝安全评价由具有水利水电勘测设计乙级以上(含乙级)资质的单位承担;其他小型水库的大坝安全评价由具有水利水电勘测设计丙级以上(含丙级)资质的单位承担。上述水库的大坝安全评价也可以由省级水行政主管部门公布的有关科研单位和大专院校承担。鉴定承担单位实行动态管理,对业绩表现差,成果质量不能满足要求的鉴定承担单位应当取消其承担大坝安全评价的资格。

3. 工作内容

现场安全检查包括查阅工程勘察设计、施工与运行资料,对大坝外观状况、结构安全情况、运行管理条件等进行全面检查和评估,并提出大坝安全评价工作的重点和建议,编制大坝现场安全检查报告。

大坝安全评价包括工程质量评价、大坝运行管理评价、防洪标准复核、大坝结构安全、稳定评价、渗流安全评价、抗震安全复核、金属结构安全评价和大坝安全综合评价等。大坝安全评价过程中,应根据需要补充地质勘探与土工试验,补充混凝土与金属结构检测,对重要工程隐患进行探测等。

鉴定审定部门应当将审定的大坝安全鉴定报告书及时印发鉴定组织单位。

（二）水闸安全鉴定的有关要求

1. 总则

国务院水行政主管部门负责全国水闸安全鉴定工作的监督管理。县级以上地方人民政府水行政主管部门负责本行政区域内所辖的水闸安全鉴定工作的监督管理。流域管理机构负责其直属水闸安全鉴定工作的监督管理，并对所管辖范围内的水闸安全鉴定工作进行监督检查。

县级以上地方人民政府水行政主管部门和流域管理机构按分级管理原则对水闸安全鉴定意见进行审定（以下称鉴定审定部门）。省级地方人民政府水行政主管部门审定大型及其直属水闸的安全鉴定意见；市（地）级及以上地方人民政府水行政主管部门审定中型水闸安全鉴定意见。流域管理机构审定其直属水闸的安全鉴定意见。

下面以典型例题的形式对水闸安全鉴定的要求及安全类别的划分进行讲解。

典型例题

【单选题】水闸首次安全鉴定应在竣工验收后（　　）年内进行。

A. 1　　B. 3

C. 5　　D. 7

C。【解析】水闸实行定期安全鉴定制度。首次安全鉴定应在竣工验收后 5 年内进行，以后应每隔 10 年进行 1 次全面安全鉴定。运行中遭遇超标准洪水、强烈地震、增水高度超过校核潮位的风暴潮、工程发生重大事故后，应及时进行安全检查，如出现影响安全的异常现象的，应及时进行安全鉴定。

【单选题】严重损坏，需要经过除险加固才能正常运行的水闸安全类别是（　　）类闸。

A. 一　　B. 二

C. 三　　D. 四

C。【解析】水闸安全类别划分为四类，分类标准如下表所示。

类别	标准
一类闸	运用指标能达到设计标准，无影响正常运行的缺陷，按常规维修养护即可保证正常运行
二类闸	运用指标基本达到设计标准，工程存在一定损坏，经大修后，可达到正常运行
三类闸	运用指标达不到设计标准，工程存在严重损坏，经除险加固后，才能达到正常运行
四类闸	运用指标无法达到设计标准，工程存在严重安全问题，需降低标准运用或报废重建

2. 基本程序及组织

水闸安全鉴定包括水闸安全评价、水闸安全评价成果审查和水闸安全鉴定报告书审定三个基本程序。

（1）水闸安全评价：鉴定组织单位进行水闸工程现状调查，委托符合《水闸安全鉴定管理办法》要求的有关单位开展水闸安全评价(以下称鉴定承担单位)。鉴定承担单位对水闸安全状况进行分析评价,提出水闸安全评价报告。

(2)水闸安全评价成果审查:由鉴定审定部门或委托有关单位,主持召开水闸安全鉴定审查会,组织成立专家组,对水闸安全评价报告进行审查,形成水闸安全鉴定报告书。

(3)水闸安全鉴定报告书审定:鉴定审定部门审定并印发水闸安全鉴定报告书。

大型水闸的安全评价,由具有水利水电勘测设计甲级资质的单位承担。中型水闸安全评价,由具有水利水电勘测设计乙级以上(含乙级)资质的单位承担。经水利部认定的水利科研院(所),可承担大、中型水闸的安全评价任务。

3. 工作内容

现场安全检测包括确定检测项目、内容和方法,主要是针对地基土和填料土的基本工程性质,防渗导渗和消能防冲设施的有效性和完整性,混凝土结构的强度、变形和耐久性,闸门、启闭机的安全性,电气设备的安全性,观测设施的有效性等,按有关规程进行检测后,分析检测资料,评价检测部位和结构的安全状态,编写现场安全检测报告。

(三)蓄水安全鉴定的有关要求

1. 总则

蓄水安全鉴定工作依据应包括有关法律、法规、规章和技术标准,批准的初步设计报告、专题报告、设计变更及修改文件,以及合同规定的质量和安全标准等。

下面以典型例题的形式对蓄水安全鉴定的组织实施要求进行讲解。

典型例题

【单选题】根据《水利水电建设工程验收技术鉴定导则》,水库蓄水安全鉴定由(　　)负责组织准备资料。

A. 项目法人　　B. 施工单位

C. 水行政主管部门　　D. 运行管理单位

A。**【解析】**蓄水安全鉴定时,项目法人应负责组织参建单位准备有关资料,并提供建设管理工作报告,设计、监理、土建施工、设备制造与安装、安全监测等单位应分别提供自检报告及相关资料,第三方检测单位应提供检测报告。

2. 鉴定范围与工作内容

蓄水安全鉴定工作的任务是对与蓄水安全有关的工程设计、施工、设备制造与安装的质量进行检查,对影响工程安全的因素进行评价,提出蓄水安全鉴定意见,明确是否具备水库蓄水验收的条件。

蓄水安全鉴定的范围包括挡水建筑物、泄水建筑物、引水建筑物进水口工程、涉及蓄水安全的库岸和边坡等有关工程项目。

蓄水安全鉴定工作的重点是检查工程设计、施工、设备制造与安装是否存在影响工程蓄水安全的因素,以及工程建设期发现的影响工程安全的问题是否得到妥善解决,并提出工程安全评价意见;对不符合有关技术标准、设计文件并涉及工程安全的问题,应分析其影响程度,并提出评价意见;对鉴定发现的符合设计文件、但可能对工程安全运行构成隐患的问题,也应对其进行分析和评价。

蓄水安全鉴定应包括下列主要工作内容：

(1)检查工程形象面貌是否满足下闸蓄水要求，是否具备水库蓄水验收条件。

(2)检查水库建设征地与移民安置和库底清理是否满足蓄水条件并通过验收。

(3)检查主要设计依据及工程建设标准强制性条文落实情况。

(4)延长水文系列资料、复核设计洪水；根据工程泄洪能力、泄洪设施、大坝挡水条件，评价下闸蓄水方案和度汛方案的可靠性。

(5)根据施工揭示的工程地质及水文地质条件，对照初步设计成果，检查与蓄水安全有关的水工建筑物地质条件、地质参数变化情况；评价地质缺陷处理情况；检查评价料场变化情况。

(6)依据批复的初步设计报告，检查初步设计审查审批遗留问题落实情况；根据初步设计成果、初步设计以后有关设计变更，检查与蓄水安全有关的建筑物设计情况，评价施工图设计与初步设计主要变化；检查设计变更是否按建设管理程序履行了有关审批程序。

(7)检查土建工程施工质量、金属结构设备制造与安装质量，对关键部位、出现过质量缺陷和质量事故的部位，以及有必要检查的其他部位进行重点检查；抽查工程施工原始资料和施工安装、设备制造验收签证，必要时提出补充质量检测和试验等要求；对土建工程施工质量、金属结构设备制造与安装质量，以及质量缺陷、质量事故处理情况进行检查评价。对与水库蓄水及泄洪有关的启闭设备供电可靠性进行检查评价。

(8)检查导流建筑物封堵工程设计及施工方案。

(9)检查工程安全监测设施的埋设、安装及观测是否符合设计要求；对施工期监测成果及反映的工程性状进行评价。

(10)提出工程是否具备水库蓄水验收条件的意见。

3. 鉴定工作程序

蓄水安全鉴定工作程序应包括工作大纲编制、自检报告编写、现场鉴定与鉴定报告编写、鉴定报告审定等四个阶段。

工作大纲编制阶段应完成下列工作：

(1)鉴定单位成立专家组，收集初步设计、施工图设计及设计变更、工程建设相关资料等。

(2)鉴定单位根据与项目法人商定的鉴定工作范围和主要内容，编制蓄水安全鉴定工作大纲。

(3)鉴定单位组织专家查看现场，布置蓄水安全鉴定工作。在听取项目法人、设计、监理、施工安装等参建单位意见的基础上，完善工作大纲内容，提出鉴定工作所需资料清单、参建各方自检报告编制要求和蓄水安全鉴定所需补充工作。

自检报告编写阶段应完成下列工作：

(1)设计、监理、施工、设备制造与安装、安全监测等单位应根据蓄水安全鉴定工作大纲要求，分别编写蓄水安全鉴定自检报告，项目法人编写工程建设管理工作报告。

(2)上述报告经各单位审定，并加盖报告编制单位公章后，提交给蓄水安全鉴定单位。各单位提交的自检报告和工作报告内容应真实、全面。

现场鉴定与鉴定报告编写阶段应完成下列工作：

(1)鉴定专家组赴工程现场进行调查，听取项目法人、设计、施工、安装、监理、第三方检测和质量与安全监督等单位的情况介绍，查阅各类资料，全面了解工程建设情况。

(2)对蓄水安全鉴定工作内容进行检查和评价。对现场鉴定中发现的有关设计、施工、设备制造及安装等方面的质量问题，可要求有关单位进行必要的补充复核和现场检测。

(3)编制完成蓄水安全鉴定报告初稿，与参建各方交换意见。

鉴定报告审定阶段应完成下列工作：

(1)对蓄水安全鉴定报告初稿进行修改完善，并经专家组成员签字认可。

(2)蓄水安全鉴定报告经鉴定单位审定并加盖单位公章后正式提交项目法人，并报送蓄水验收和竣工验收主持单位。

四、水利工程建设稽察、决算及审计的内容

(一)水利工程建设稽察的内容

1. 总则

水利稽察，是指水行政主管部门依据有关法律、法规、规章、规范性文件和技术标准等，对水利建设项目组织实施情况进行监督检查的活动。

水利稽察坚持监督检查与指导帮助并重，遵循依法监督、严格规范、客观公正、廉洁高效的原则。

2. 机构和人员

水利稽察实行分级组织、分工负责的工作机制。水利部负责指导全国水利稽察工作，组织对重大水利工程项目和有中央投资的其他水利建设项目进行稽察，对整改情况进行监督检查。流域机构负责对所管辖的水利建设项目进行稽察，组织落实整改工作；受水利部委托对地方水利建设项目进行稽察，对流域内水利建设项目稽察整改情况进行监督检查。省级水行政主管部门负责本行政区域水利稽察工作，对辖区内水利建设项目进行稽察，组织落实整改工作。省级以下水行政主管部门可参照《水利建设项目稽察办法》开展水利稽察工作。

稽察组由稽察组长、专家组长、稽察助理和稽察专家等组成。稽察专家包含前期与设计、建设管理、计划管理、资金使用与管理、质量管理和安全管理等六个专业的专家。

(1)稽察组长职责。稽察组长对现场稽察阶段工作负总责。主要职责为：审定现场稽察实施方案，协调解决现场稽察遇到的问题和困难；主持稽察组碰头会和与有关单位的座谈会及交换意见会等；审定稽察工作底稿、现场稽察阶段稽察报告、稽察发现的问题等稽察成果；对稽察组其他人员工作情况提出评价意见；负责工作纪律、安全管理和廉洁稽察有关规定的落实和监督；负责或委托专家组长汇报稽察成果或稽察组工作。

(2)专家组长职责。专家组长对业务工作及成果质量负主要责任，协助稽察组长开展工作。主要职责为：组织制定现场稽察实施方案；协调专家之间、专家与助理之间的工作分工；指导、督促专家和助理按要求开展工作并提交成果；主持稽察业务讨论会，协助稽察组长或受稽察组长委托主持其他会议；负责对有关单位提出业务方面工作要求；审核稽察报告、稽察发现的问题，审定专家工作底稿；负责组织有关专家编写问题原因分析，提交有针对性的意见建议；针对被稽察项目和发现问题情况组织业务指导帮扶；对稽察组其他人员工作情况提出评价意见；协助稽察组长或受稽察组长委托汇报稽察成果或稽察组的工作。

(3)稽察助理职责。稽察助理协助稽察组长、专家组长组织开展现场稽察工作，负责联

络、协调等服务保障工作。主要职责为:负责稽察组出发前的准备工作;负责稽察组内部协调和服务工作,承担稽察组有关管理和安全保障工作;负责与被稽察单位的联络和协调,协助专家组长制定现场实施方案;协助专家组长督促稽察专家提交工作底稿并进行汇总,起草、修改和完善稽察报告、稽察发现的问题;对稽察组其他人员工作情况提出评价意见;向有关领导反映工作中的重要事项,配合稽察组长对稽察组的廉洁自律情况进行监督。

(4)稽察专家职责。稽察专家主要职责为:负责并完成本专业的稽察工作,编制稽察工作底稿,按要求提交工作成果,并对问题的真实性、准确性负责;按专家组长要求完成本专业稽察发现问题的原因分析工作;协助完成稽察报告;对本专业发现问题进行业务指导帮扶;按稽察组长和专家组长要求,配合完成其他稽察工作;对稽察组其他人员工作情况提出评价意见。

稽察人员执行稽察任务实行回避原则,不得稽察与其有利害关系的项目。

3. 稽察主要方式

水利稽察方式主要包括项目稽察和对项目稽察发现问题整改情况的回头看(以下简称回头看)。

项目稽察是水行政主管部门根据水利建设实际情况,对具体建设项目实施情况进行的全过程监督检查。回头看是现场检查被稽察单位对稽察发现问题的整改落实情况。

4. 现场稽察阶段要求(查看工程现场)

(1)制定现场检查路线。现场检查采取“明查”与“暗访暗查”相结合的方式进行。根据项目建设情况,专家组长组织有关专家提出重点检查内容、检查路线和时间安排,经稽察组长同意后告知稽察组其他成员。“暗访暗查”可结合本组工作需要适时安排,并要求项目法人做好配合工作。

(2)明查。稽察组第一次现场检查一般为“明查”,主要以抽查方式进行,应聚焦施工现场形象面貌、计划执行、实体质量、安全生产等方面,优先选择主要建筑物、有一定实物工程量的部位;针对线性和灌区类项目,要结合稽察总时长和交通条件,合理规划路线。

(3)暗访暗查。“暗访暗查”以工程质量、安全生产和农民工工资等方面问题为主,要紧盯施工控制的关键环节和重要部位、现场质量检测机构的履职情况、现场安全生产措施的落实情况以及农民工工资的发放情况等,坚决避免走过场。

5. 稽察成果及质量控制要求

(1)稽察报告。稽察报告主要包含被稽察项目的基本情况(含稽察组抽查的内容和现场检查、暗访的工程部位或内容)、稽察发现的问题、典型问题原因分析和意见建议等。

(2)回头看报告。回头看包括单独开展的回头看和开展稽察同时开展的回头看;报告内容主要包括某地区上一年被稽察情况和本次回头看整改情况。回头看问题整改判定标准原则上分为“已整改”“正在整改”和“未整改”等三类。

(3)稽察汇总报告。汇总报告的主要内容包括稽察组织开展情况、稽察发现问题情况、各专业发现的典型问题、问题原因分析、形成的概念和有关意见建议等。

链接

稽察报告是稽察工作的主要成果。稽察报告(交换意见稿)经专家组长、稽察组长先后审定后,稽察组全员对稽察报告签字确认,并及时交给有关单位。

6. 稽察常见问题检查与认定

《水利建设项目稽察常见问题清单(2021 年版)》(以下简称《问题清单(2021 年版)》)专用于水利部本级及各流域管理机构开展水利建设项目稽察过程中的问题检查和问题认定,各省级水行政主管部门可参照执行。

(1)问题检查。

①稽察发现的问题是指工程建设过程中在设计、施工、建设管理等各阶段及各环节,违反或不满足法律法规、部门规章、规范性文件和技术标准、政策性文件等要求,对工程的建设、功能发挥、安全运行等可能造成影响的问题。问题性质可分为"严重""较重"和"一般"三个类别。

②稽察主要包括前期与设计、建设管理、计划管理、建设资金使用与管理、质量管理、安全管理等六个专业内容。

③稽察组对照《问题清单(2021 年版)》合理确定稽察主要内容与重点,"备注"栏标注"★"的问题要重点查找、尽量覆盖。

(2)问题认定。

①根据工程类型和规模、建设进度、问题可能造成的影响和后果等,问题性质可由稽察组结合现场实际情况提出建议,报经水利部建设管理与质量安全中心、监督司及有关业务部门审定。

下面以典型例题的形式对问题性质的认定原则进行讲解。

典型例题

【单选题】根据《水利建设项目稽察常见问题清单(2021 年版)》,可能对主体工程施工进度或投资规模等产生较大影响的问题,其性质应认定为(　　)。

A. 特别严重　　B. 严重

C. 较重　　D. 一般

B。【解析】问题性质可参考以下原则认定:(1)根据问题可能产生的影响程度、潜在风险等认定。可能对主体工程的质量、安全、进度或投资规模等产生较大影响的问题认定为"严重",产生较小影响的认定为"较重"或"一般"。(2)根据工程等别和建筑物级别等认定。属于大中型工程(Ⅰ,Ⅱ,Ⅲ)的认定为"严重"或"较重",属于小型工程(Ⅵ,Ⅴ)的认定为"较重"或"一般"。(3)结合问题发生所处的工程部位认定。发生在关键部位及重要隐蔽工程的认定为"严重"或"较重",发生在一般部位的认定为"较重"或"一般"。(4)根据工作深度认定。如某项管理制度未建立、未编制等认定为"较重",制度不健全、内容不完整、缺少针对性等认定为"一般"。

②根据有关单位在工程建设中承担的职责,《问题清单(2021 年版)》列举了每个问题发生可能涉及的责任主体。稽察时应结合问题发生原因及有关单位尽职履责情况确定责任主体,如有关单位已按要求尽职履责,则免除该单位责任;如需新增责任主体,可由稽察组结合现场实际情况提出建议,报经水利部建设管理与质量安全中心、监督司及有关业务部门审定。

③对稽察发现问题有疑问的,被稽察单位可当场或现场稽察工作结束前提供相关材料进行申诉;稽察组应充分与其沟通,并对相关说明和材料进行复核。

（二）水利工程建设决算的内容

1. 总则

竣工财务决算由项目法人或项目责任单位（以下简称项目法人）组织编制。设计、监理、施工、征地和移民安置实施等单位应给予配合。项目法人可通过合同（协议）明确配合的具体内容。竣工财务决算批复之前，项目法人已经撤销的，撤销该项目法人的单位应指定有关单位承接相关的责任。

项目法人的法定代表人对竣工财务决算的真实性、完整性负责。

竣工财务决算是确认投资支出、资产价值和结余资金，办理资产移交和投资核销的最终依据。

竣工财务决算应按国家相关要求，整理归档，永久保存。

竣工财务决算编制除应符合《水利基本建设项目竣工财务决算编制规程》规定外，尚应符合国家现行有关标准的规定。

2. 编制依据和条件

编制依据应包括以下内容：国家有关法律法规等有关规定；经批准的设计文件；年度投资和资金安排文件；合同（协议）；会计核算及财务管理资料；其他资料。

编制竣工财务决算宜具备以下条件：

（1）经批准的初步设计、项目任务书所确定的内容已完成。

（2）建设资金全部到位。

（3）竣工（完工）结算已完成。

（4）未完工程投资和预留费用不超过规定的比例。

（5）涉及法律诉讼、工程质量、征地及移民安置的事项已处理完毕。

（6）其他影响竣工财务决算编制的重大问题已解决。

3. 编制内容

竣工财务决算编制内容应全面反映项目概（预）算及执行、支出及资产形成情况，包括项目从筹建到竣工验收的全部费用。

竣工财务决算应由以下四部分组成：竣工财务决算封面及目录；竣工工程平面示意图及主体工程照片；竣工财务决算说明书；竣工财务决算报表。

4. 编制程序

竣工财务决算编制宜遵循以下程序：

（1）制定竣工财务决算编制方案。

（2）收集整理与竣工财务决算相关的项目资料。

（3）确定竣工财务决算基准日期。

（4）竣工财务清理。

（5）编制竣工财务决算报表。

（6）编写竣工财务决算说明书。

5. 竣工财务决算报表

（1）一般规定。

竣工财务决算报表应按工程类项目和非工程类项目分别编制。

大中型、小型工程的规模划分应按批复的设计文件执行。设计文件未明确的，非经营性项目投资额在3 000万元(含3 000万元)以上、经营性项目投资额在5 000万元(含5 000万元)以上的为大中型工程；其他为小型工程。

(2)计列未完工程投资及预留费用。

未完工程投资和预留费用应满足项目实施和管理的需要，以项目概(预)算、合同(协议)等为依据合理计列。

下面以典型例题的形式对未完工程投资及预留费用的控制进行讲解。

典型例题

【单选题】根据《水利基本建设项目竣工财务决算编制规程》，小型项目未完工程投资及预留费用可预计纳入竣工财务决算，但占总投资比例应控制在(　　)以内。

A. 5%　　B. 6%

C. 10%　　D. 15%

A。【解析】建设项目未完工程投资及预留费用可预计纳入竣工财务决算。大中型项目应控制在总概算的3%以内，小型项目应控制在5%以内。非工程类项目不宜计列未完工程投资和预留费用。计列未完工程投资及预留费用时，已签订合同(协议)的，应按相关条款的约定进行测算；尚未签订合同(协议)的，未完工程投资和预留费用不应突破相应的概(预)算标准。

(3)概(预)算与核算口径对应分析。

大型工程应按概(预)算二级项目分析概(预)算执行情况；中型工程应按概(预)算一级项目分析概(预)算执行情况。

概(预)算与核算的口径差异应在填列竣工财务决算报表前予以调整。应依据概(预)算项目划分、工程量清单、会计科目之间的关系，以概(预)算的项目划分为基础，调整招标文件的工程量清单和会计核算指标，实现概(预)算与核算的同口径对比分析。

(4)分摊待摊投资。

待摊投资应由受益的各项交付使用资产共同负担。其中，能够确定由某项资产负担的待摊投资，应直接计入该资产成本；不能确定负担对象的待摊投资，应分摊计入受益的各项资产成本。

下面以典型例题的形式对待摊投资的分摊对象及方法进行讲解。

典型例题

【多选题】根据《水利基本建设项目竣工财务决算编制规程》，待摊投资的待摊方法有(　　)。

A. 按实际发生数的比例分摊　　B. 按项目的合同额比例分摊

C. 按概算数的比例分摊　　D. 按项目的效益比例分摊

E. 按出资比例分摊

AC。【解析】待摊投资应包括以下分摊对象：房屋及构筑物；需要安装的专用设备；需要安装的通用设备；其他分摊对象。分摊待摊投资可采用以下方法：按实际数的比例分摊；按概算数的比例分摊。

(5)确认交付使用资产。

交付使用资产应以具有独立使用价值的固定资产、流动资产、无形资产和递延资产作为计算和交付对象,并与接受单位资产核算和管理的需要相衔接。独立使用价值的确定依据是具有较完整的使用功能,能够按照设计要求,独立地发挥作用。

全部或部分由未完工程投资形成的资产应在竣工财务决算报表中备注,并在竣工财务决算说明中说明。

(6)分摊建设成本。

具有防洪、发电、灌溉、供水等多种效益的工程,应将建设成本在效益之间进行分摊,为工程运行定价提供依据。

建设成本分摊宜采用枢纽指标系数分摊法。

枢纽指标系数分摊法应采用以下分摊程序:

①按建设成本与工程效益的关系,确定专用投资、共用投资和间接投资数额。

②依据设计文件或实际生产能力,计算工程效益之间的库容或用水量比例。

③按计算的比例在工程效益之间分摊共用投资。

④按已归集的专用投资和共用投资比重分摊间接投资。

⑤确定各工程效益的总成本和单位成本。

(7)填列报表。

填列报表应核实数据的真实性、准确性。

填列报表后应对竣工财务决算报表进行审核,应审核以下主要内容:报表及各项指标填列的完整性;报表数据与账簿记录的相符性;表内的平衡关系;报表之间的钩稽关系;关联指标的逻辑关系。

(三)水利工程建设审计的内容

以往考试中主要考查竣工决算审计内容,故此处主要对竣工决算审计内容进行阐述。

1. 总则

竣工决算审计是指水利基本建设项目(以下简称建设项目)竣工验收前,水利审计部门对其竣工决算的真实性、合法性和效益性进行的审计监督和评价。

建设项目竣工验收主持单位的水利审计部门是其竣工决算审计的审计主体。

竣工决算审计是建设项目竣工结算调整、竣工验收、竣工财务决算审批及项目法人法定代表人任期经济责任评价的重要依据。

2. 审计内容

竣工决算审计应结合建设项目的类型、规模、管理体制等确定审计内容。审计内容应包括主要环节的建设管理、资金运动的主要流向及概算执行情况等。

提示

竣工决算审计的具体内容可参考《水利基本建设项目竣工决算审计规程》进行学习。

3. 审计程序

(1)一般规定。

竣工决算审计的程序包括准备、实施、报告、终结四个阶段。下面以典型例题的形式对审计程序的具体内容进行讲解。

典型例题

【多选题】水利工程竣工决算审计程序中，审计终结阶段包括(　　)等环节。

A. 征求意见　　B. 审计报告处理

C. 下达审计结论　　D. 整改落实

E. 后续审计

DE。【解析】审计准备阶段包括审计立项、编制审计实施方案、送达审计通知书等环节。审计实施阶段包括收集审计证据、编制审计工作底稿、征求意见等环节。审计报告阶段包括出具审计报告、审计报告处理、下达审计结论等环节。审计终结阶段包括整改落实和后续审计等环节。

(2)审计报告处理。

水利审计部门应依据审计组出具的审计报告，下达审计结论，要求被审计单位整改落实。

下达审计结论的形式包括转发审计报告，印发审计决定、审计意见、审计建议等。

审计结论应直接下达项目法人或项目主管部门，必要时可抄送相关单位。

审计结论下达后，水利审计部门应将审计报告、审计结论文件及相关审计资料及时归档。

(3)整改落实。

项目法人和相关单位应按照水利审计部门下达的审计结论进行整改落实，并将整改落实情况书面报送水利审计部门。

项目法人和相关单位必须执行审计决定，落实审计意见，采纳审计建议。

项目法人和相关单位应在收到审计结论 60 个工作日内执行完毕，并向水利审计部门报送审计整改报告；确需延长审计结论整改执行期的，应报水利审计部门同意。

(4)后续审计。

水利审计部门必要时可对已下达的审计结论整改落实情况进行后续审计，评价被审计单位采取的措施是否及时、合理、有效。

4. 审计方法

(1)一般规定。

竣工决算审计应根据审计组织形式、建设项目的规模和管理特点等选择相应的审计方法。

审计方法应主要包括详查法、抽查法、核对法、调查法、分析法等。各审计方法的具体内容见表 2-2。

表 2-2　审计方法的具体内容

审计方法	具体内容
详查法	①在竣工决算审计时，对建设项目建设管理的所有环节和建设资金使用的全部事项进行全面、详细审查审计方法。 ②详查法适用于建设规模较小、内部管理不规范、会计核算不清晰或已经发现重大违法违纪现象的建设项目竣工决算审计。 ③审计人员运用详查法进行竣工决算审计时，审计结论应全部以审计证据为依据。应对建设项目建设管理和财务管理所有的资料进行全面、详细的审查、分析，据此做出审计判断

（续表）

审计方法	具体内容
抽查法	①在竣工决算审计时，从建设管理和财务管理事项中抽取其中一部分进行审查，根据审查结果，对竣工决算情况进行评价的审计方法。 ②抽查法适用于建设规模较大，内部控制制度和会计基础较好，机构比较健全的建设项目竣工决算审计。 ③审计人员运用抽查法进行竣工决算审计时，应根据建设管理关键环节和财务管理中的主要资金流向，选择抽样方法
核对法	①在竣工决算审计时，将建设管理和财务管理事项中的相关记录中两处以上的同一数值或相关数据相互对照，用以验明内容是否一致、计算是否正确、事项是否真实正确的审计方法。 ②核对法适用于竣工决算账、表、证之间的相互核对，交付使用资产和账务的核对，工程价款结算量和实际完成量等之间的核对等。 ③审计人员运用核对法进行竣工决算审计时，应查明核对中发现的错误或疑点，及时查明原因。采用核对法作为证据的资料应真实正确。当缺乏依据时，相互核对的数据应至少有两个不同来源，并使其核对相符
调查法	①在竣工决算审计时，对建设管理和财务管理事项进行内查外调，以判断真相，取得审计证据的方法。 ②调查法适用于工程价款结算的价格、银行存款、往来款项等调查核实。 ③审计人员运用调查法进行竣工决算审计时，应制定调查方案，明确目的，确定被调查单位、内容、程序、方法及时间安排等，并严格执行
分析法	①在竣工决算审计时，对建设管理和财务管理事项进行分析，以反映竣工决算审计事项真实合法的审计方法。 ②分析法适用于竣工决算审计中的有关概算执行、合同履行、投资效益等的审计。 ③审计人员运用分析法进行竣工决算审计时，应根据不同的需要选择进行比率分析、因素分析等方法，达到审计目的

（2）其他方法。

①按照审查书面资料的技术，可分为审阅法、复算法、比较法等。

②按照审查资料的顺序，可分为逆查法和顺查法等。

③实物核对的方法，可分为盘点法、调节法和鉴定法等。

5. 审计组织管理

水利审计部门在开展竣工决算审计时，应根据实际情况确定审计组织形式，可分为自行开展和委托社会审计机构两种形式。

水利审计部门自行开展竣工决算审计的，应成立审计组。人员应由水利审计部门人员组成，审计组长宜由水利审计部门负责人担任。因审计人员不足或专业力量无法满足审计需要时，可聘请有关专家参加竣工决算审计。竣工决算审计报告应由审计组出具。审计组组长应对审计报告的真实性和完整性负责。

委托社会审计组织开展竣工决算审计的，应要求社会审计机构成立审计组，并明确负责人员。

2F320020 水利水电工程施工组织设计

一、施工工厂设施

（一）一般规定

施工工厂设施的任务应包括制备工程建设所需建筑材料，提供工程施工所需的水、电及压缩空气，建立工地内外通信联系，维修和保养施工设备，加工制作非标准金属构件等。

施工工厂规划设计宜优先采用装配式结构形式，设备宜选择节能、通用性强、功能先进、机械化和自动化程度高的设备。

（二）砂石料加工系统

砂石料加工系统生产规模应符合下列规定：

（1）砂石原料处理量应根据混凝土和其他有级配要求的砂石用料，以及系统内加工、运输过程等损耗和弃料量确定。

（2）砂石料加工系统生产规模可按毛料处理能力划分为特大型、大型、中型、小型，划分标准见表 2-3。

表 2-3 砂石料加工系统生产规模划分标准

类型	特大型	大型	中型	小型
砂石料加工系统处理能力/（$t \cdot h^{-1}$）	≥1 500	<1 500，≥500	<500，≥120	<120

（3）当混凝土连续高峰时段不大于 3 个月时，砂石料加工系统处理能力应按混凝土高峰时段月平均骨料需用量及其他砂石需用量计算；大于 3 个月时，还应计入相应的不均匀系数，对应取值范围为 1.1～1.3。

（三）混凝土生产系统

混凝土生产系统规模按生产能力可划分为特大型、大型、中型、小型。下面以典型例题的形式对混凝土生产系统规模划分标准进行讲解。

典型例题

【单选题】设计生产能力为 400 m^3/h 的混凝土生产系统在规模上属于（　　）。

A. 特大型　　B. 大型

C. 中型　　D. 小型

B。【解析】根据《水电工程混凝土生产系统设计规范》，混凝土生产应满足混凝土质量、品种、出机口温度和浇筑强度的要求，单位小时生产能力可按高峰月浇筑强度计算，月有效生产时间可按 500 h 计，小时不均匀系数按 1.5 取值，并按最大仓面入仓强度要求校核。混凝土生产系统规模划分标准应按下表的规定确定。因此，设计生产能力为 400 m^3/h 的混凝土生产系统在规模上属于大型。

类型	特大型	大型	中型	小型
设计生产能力/（$m^3 \cdot h^{-1}$）	≥480	<480，≥180	<180，≥45	<45

链接

以往考试中考查过混凝土小时设计生产能力计算公式。根据《水电工程混凝土生产系统设计规范》,混凝土生产系统生产规模相关计算公式如下:

(1)混凝土月设计生产能力应按下式计算:$Q_{mA}=k_1Q_m$。式中各字母的含义如下:Q_{mA}为混凝土月设计生产能力(m^3/月);k_1为月不均衡系数,k_1取1.1~1.3;Q_m为混凝土浇筑高峰时段混凝土浇筑月强度(m^3/月)。

(2)混凝土小时设计生产能力应按下式计算:$Q_h=k_2Q_m/(MN)$。式中各字母的含义如下:Q_h为混凝土小时设计生产能力(m^3/h);k_2为日及小时不均衡系数,k_2取1.5;M为月工作日数,M取25(天/月);N为日工作小时数,按三班制,N取20(h/d)。

混凝土生产系统成品堆料场的储量(活容积)宜按混凝土浇筑月高峰日平均3~5天的需用量确定,布置特别困难时,其活容积不宜少于1天的需用量。

沥青混凝土拌和系统生产规模可按设备额定生产率的65%~75%计算,并宜选用强制式搅拌机。沥青混凝土拌和系统宜靠近铺筑现场集中设置,并远离生活区和易燃建筑物,沥青混凝土料运输时间不宜超过0.5 h。

(四)混凝土预冷、预热系统

预冷混凝土生产能力应根据高温时段各月预冷混凝土浇筑强度确定,并以同时段的预冷混凝土最大仓面入仓要求校核;预冷负荷应根据高温时段预冷混凝土浇筑强度、出机口温度、水温、气温、湿度等因素计算后确定,并按标准工况折算。

制冷系统布置及工艺设计应符合下列规定:

(1)制冷系统总体布置应与混凝土生产系统总体布置相结合,根据工艺流程特点,合理利用地形。

(2)制冷系统宜靠近冷负荷中心布置。

(3)主要车间选址应考虑风向,符合防火、防爆、卫生、交通、供配电和给排水等方面要求。

(4)制冷系统以生产冷风、冷水、片冰为主,宜采用氨制冷系统。

(5)混凝土骨料预冷方式应通过技术比较后确定,可采用冷水、加冰、风冷、水冷等单项或多项措施。

链接

混凝土预冷方式主要包括预冷骨料、预冷拌和水及加冰拌和。预冷骨料方式除了上述的冷水、加冰、风冷、水冷外,还可采用骨料堆场降温、真空汽化冷却骨料等方式。此外,还可采用液氮冷却混凝土方式。通常情况下不宜采用预冷胶凝材料(如水泥、粉煤灰)方式作为混凝土预冷方式。

低温季节预热系统设计时,骨料、水、水泥的初始温度应通过实测确定,设计阶段无实测数据时,可按下列规定选用:

(1)当骨料由异地运来时,初始温度可取与室外温度一致;当骨料自近处露天料堆运来时,骨料初始温度可取室外计算温度的1/2。

(2)水泥初温可根据室外气温、运输时间、储存条件等因素在10~15 ℃之间选取。

(3)拌和用水初温可在 2 ~5 ℃之间选取。

(五)供水、供电系统

施工供水量应满足不同时期日高峰生产用水和生活用水需要,并按消防用水量进行校核。施工用水、生活用水和消防用水应满足水质、水压要求。

施工电源宜优先采用网电并具备应急的备用电源,当无网电条件时可采用自备电源,自备电源容量确定应符合下列规定:

(1)用电负荷全由自备电源供给时,其容量应能满足施工用电最高负荷要求。

(2)作为系统补充电源时,其容量应采用施工用电最高负荷与系统供电容量的差值。

(3)事故备用电源,其容量应满足系统供电中断时工地一类负荷用电要求。

(4)自备电源除应满足施工供电负荷和大型电动机启动电压要求外,尚应考虑适当的备用容量或备用机组。

施工供电系统中的用电负荷,按停电造成的损失程度和用电重要性可划分为一类、二类、三类负荷,下面以典型例题的形式进行讲解。

典型例题

【单选题】下列供电设施或设备中,属于三类负荷的是(　　)。

A. 汛期的防洪设施　　B. 基坑降排水设备

C. 木材加工厂的主要设备　　D. 洞内照明设施

C。【解析】水利水电工程施工现场一类负荷主要有井、洞内的照明、排水、通风和基坑内的排水、汛期的防洪、泄洪设施以及医院的手术室、急诊室、局一级通信站以及其他因停电即可能造成人身伤亡或设备事故引起国家财产严重损失的重要负荷。由于单一电源无法确保连续供电,供电可靠性差,因此大中型电站需具有两个以上的电源,否则需建自备电厂。二类负荷主要有井(洞)以外的制冷、供水、供风、混凝土搅拌等系统以及土石方开挖、混凝土浇筑、混凝土预制构件厂等施工的主要设备。施工照明、砂石加工系统、金属结构及机电安装设备视实际情况根据停电可能造成损失的严重程度分属二类负荷或三类负荷。木材加工厂及钢筋加工厂的主要设备属三类负荷。

二、施工总布置

(一)一般规定

施工总布置规划应综合分析水工枢纽布置、主体建筑物规模、形式、特点、施工条件和工程所在地区社会、自然条件等因素,合理确定并统筹规划为工程服务的各种临时设施。

施工总布置方案应贯彻执行合理利用土地的方针,遵循施工临建与永久利用相结合、因地制宜、因时制宜、有利生产、方便生活、节约用地、易于管理、安全可靠、经济合理的原则,经全面系统比较论证后选定。

(二)施工总布置及场地选择

施工总布置应在施工导流方案、主体工程施工分区确定后,重点研究下列因素:

(1)施工临时设施项目的划分、组成、规模及场地布置。

(2)对外交通连接方式、主要站场位置、主要交通干线及跨河设施的布置。

(3)可利用场地的相对位置、范围、高程和面积。

(4)临建工程和永久设施结合的可行性。

(5)前后期结合和重复利用场地的可行性。

(6)供生产、生活设施布置的场地。

链接

以往考试中考查过施工总平面布置图的主要内容。施工总平面布置图包括下列内容:施工用地的范围;永久性和半永久性坐标位置,以及建筑场地的等高线(必要时);各种临时设施的位置;一切地上、地下已有和拟建的建筑物、构筑物及其他设施的平面位置和外轮廓尺寸;场内取土和弃土的区域位置。

(三)施工分区规划

施工总布置可按功能分为下列区域:

(1)主体工程施工区。

(2)施工工厂区。

(3)当地建材开采区。

(4)工程存、弃渣场区。

(5)仓库、站、场、码头等储运系统区。

(6)机电、金属结构和大型施工机械设备安装场区。

(7)施工管理及生活区。

(8)工程建设管理及生活区。

施工分区规划布置应遵守下列原则:

(1)应按对外交通运输方案,拟定场内、外交通连接方式,拟定车站、码头和各施工区的位置,并确定场内永久交通主干线走向。

(2)应根据建筑物布置、施工导流特点和当地建筑材料产地,以及工程主要土石方和混凝土运输流向,结合场地分布情况拟定场内主要交通干线。

(3)以混凝土建筑物为主的枢纽工程,施工区布置宜以砂石料开采、加工、混凝土拌和、浇筑系统为主;以当地材料坝为主的枢纽工程,施工区布置宜以土石料开采、加工、堆料场和上坝运输线路为主。

(4)机电设备、金属结构安装场地宜靠近主要安装地点。

(5)施工管理及生活区应设在主体工程施工区、施工工厂和仓库区的适中地段。

(6)工程建设管理区宜结合生产运行和工程建设管理需要统筹规划,场地应具有良好的外部环境,且交通方便,避免施工干扰。

(7)主要物资仓库、站(场)等储运系统宜布置在场内外交通干线连接处或沿线,并能满足主体工程施工需要。外来物资的转运站远离施工区时,应按独立系统设置仓库、堆场、道路、管理及生活设施。

(8)施工管理及生活营区的布置应考虑风向、日照、噪声、水源水质等因素,其生活设施与生产设施之间应有明显的界限。

(9)施工分区规划应考虑施工活动对周围环境的影响,减少噪声、粉尘、振动、污水等对办公及居住区、变电站、水厂等的危害。

(10)火工材料、油料等特种材料仓库布置应符合国家有关安全标准的规定。

(11)施工工厂、站场和仓库的建筑标准应满足生产工艺流程、技术要求及有关安全规定,宜采用定型化、标准化和装配式结构。

施工分区规划中各施工区房屋建筑面积和占地面积的确定应遵循下列原则:

(1)施工工厂区建筑面积和占地面积由施工工厂设计确定。

(2)各种仓库、堆料的储存量以及建筑面积、占地面积按《水利水电工程施工组织设计规范》确定,或按同类工程经验类比确定。

(3)施工管理及生活区房屋建筑面积根据工程规模,宜按施工总进度施工高峰年平均人数乘人均建筑面积综合指标计算,人均建筑面积综合指标可取 12 ~ 15 m^2/人。占地面积按《水利水电工程施工组织设计规范》确定。

(4)工程建设管理及生活区房屋建筑面积与占地面积应根据工程规模、建设工期、建设管理模式等,分析确定。

三、施工总进度

(一)一般规定

工程建设工期应根据工程特点、工程规模、技术难度、施工组织管理水平和施工机械化程度确定。

下面以典型例题的形式对工程建设全过程划分的内容进行讲解。

典型例题

【案例题】承包人承担某水闸工程施工,编制的施工总进度计划中相关工作如下:①场内道路;②水闸主体施工;③场地平整;④井点降水;⑤材料仓库;⑥基坑开挖;⑦地基处理;⑧办公、生活用房等。监理工程师批准了该施工总进度计划。

【问题】根据《水利水电工程施工组织设计规范》,指出背景资料的相关工作中属于工程准备期的工作(用编号表示);工程施工总工期中,除工程准备期外,还应包括哪些施工时段?

【答案】属于工程准备期的工作有:①③⑤⑧。

工程施工总工期中除工程准备期外还包括主体工程施工期、工程完建期。

【解析】工程建设全过程可划分为工程筹建期、工程准备期、主体工程施工期和工程完建期四个施工时段。(1)工程筹建期:主体工程开工前,为主体工程施工具备进场开工条件所需时间,其工作内容宜为对外交通、施工供电和通信系统、征地补偿和移民安置等工作。(2)工程准备期:准备工程开工起至关键线路上的主体工程开工或河道截流闭气前的工期,其工作内容宜包括场地平整、场内交通、施工工厂设施、必要的生活生产房屋建设以及实施经批准的试验性工程等。根据确定的施工导流方案,工程准备期内还应完成必要的导流工程。(3)主体工程施工期:自关键线路上的主体工程开工或河道截流闭气开始,至第一台机组发电或工程开始发挥效益为止的工期。(4)工程完建期:自水利水电工程第一台发电机组投入运行或工程开始发挥效益起,至工程完工的工期。工程建设相邻两个阶段的工作可交叉进行。工程施工总工期应为工程准备期、主体工程施工期和工程完建期之和。

编制施工总进度应遵守下列原则：

(1)应遵守基本建设程序。

(2)宜采用国内平均先进施工水平合理安排工期；地质条件复杂、气候条件恶劣或受洪水制约的工程，工期安排宜适当留有余地。

(3)应做到资源(人力、物资和资金等)均衡分配。

(4)单项工程施工进度应与施工总进度相互协调，各项目施工程序应前后兼顾、衔接合理、干扰少、施工均衡。

(5)在保证工程施工质量、施工总工期的前提下，应充分发挥投资效益。

(6)应确保工程项目的施工在安全、连续、稳定、均衡的状态下进行。

(7)应研究工程分期建设、降低初期建设投资、提前发挥效益的合理性。

施工总进度的表示形式应采用横道图或网络图。

在枢纽布置、建筑物形式和施工导流等方案比较中，应进行各方案控制性进度的比较。大、中型工程的施工总进度编制可利用网络计划技术，分析优化资源配置、施工强度、工期、关键线路。

(二)导流工程施工进度

导流工程施工进度应根据确定的施工导流方案，对导流工程的开工、截流、下闸、封堵等控制节点进行充分论证，对控制工程发挥效益的导流工程应尽早安排施工，并与其他准备工程工期相协调。

分期导流的一期导流工程宜安排在施工准备期内进行。一期围堰拆除进度应与后续围堰施工相协调。

河道截流宜安排在枯水期或汛后期进行，不宜安排在封冻期和流冰期，截流时间应根据围堰施工时段和安全度汛要求、所选时段各月或旬平均流量分析确定。

基坑初期排水应在围堰水下防渗设施完成之后进行。基坑初期排水时间应根据围堰边坡稳定允许的基坑降水速度与基坑水深确定。对土石围堰、覆盖层地基或软岩地基，应控制基坑水位下降速度，以保证基坑边坡安全。

导流泄水建筑物封堵时段宜选在汛后，封堵时间应根据河流水文特性、施工难度、水库蓄水及下游供水要求等因素综合分析确定。如汛前或汛期封堵，应进行充分论证，并采取保证工程安全度汛的措施。

(三)土石方明挖工程施工进度

土石方明挖宜根据开挖规模、岩土级别、枢纽布置、出渣道路及施工方案等分析计算开挖强度及相应的工期，并应根据下列因素确定：排水和降水措施；土方渠道及沟槽开挖规模，边坡稳定条件等。

石方明挖施工工期应根据开挖规模、岩体强度、施工方法、施工机械及出渣道路布置等确定。

(四)地基处理工程施工进度

地基处理工程进度应根据地质条件、处理方案、工程量、施工程序、施工水平、设备生产能力和总进度要求等因素研究确定。地质条件复杂、技术要求高、对总工期起控制作用的地基处理，应分析论证对施工总进度的影响，合理安排工期。

不良地质地基处理宜安排在建筑物覆盖前完成。固结灌浆时间可与混凝土浇筑交叉作业，固结灌浆宜在混凝土浇筑1~2层后进行，经过论证也可在混凝土浇筑前进行。帷幕灌浆应在本坝段和相邻坝段固结灌浆完成后进行，并应在蓄水前完成。帷幕灌浆宜在坝基混凝土浇筑面或廊道内进行，不占直线工期。

（五）土石方填筑工程施工进度

土石坝填筑有效施工工日应根据水文、气象条件分析确定。对于过水土石坝应分析坝体过水后恢复正常施工所需的时间，并应论证在设计要求的过水时间之前完成坝体防护工程施工。

沥青混凝土心墙坝体填筑进度应与沥青混凝土心墙施工进度相适应，沥青混凝土斜墙应在坝体填筑完成，并满足坝体沉降要求后，再进行施工。

（六）混凝土工程施工进度

混凝土工程施工进度应根据下列因素确定：当地自然条件、地形条件、施工导流与度汛方案；混凝土生产系统生产能力、水平及垂直运输条件和能力；浇筑能力及温度控制要求等。

常态混凝土的平均升高速度应根据坝型、浇筑块数量、浇筑块高度、浇筑设备能力以及温度控制要求等因素确定，宜通过浇筑排块或工程类比分析确定。

碾压混凝土平均升高速度应综合分析仓面面积、铺筑层厚度、混凝土生产和运输能力、浇筑能力、温度控制、防渗结构等因素后确定。

混凝土坝施工期历年度汛高程与工程面貌应按施工导流要求确定。

混凝土的接缝灌浆进度（包括厂坝间接缝灌浆）应满足施工期度汛与水库蓄水安全要求。

链接

施工进度计划的表达方法有：横道图、工程进度曲线、施工进度管理控制曲线、形象进度图、网络进度计划。

当通过压缩关键工作的持续时间来满足工期要求时，应优先考虑有作业空间、充足备用资源和增加费用最小的工作。

提示

横道图与网络图的具体内容可参考本系列图书《建设工程施工管理》科目进行学习。

四、专项施工方案

（一）专项施工方案的编制及论证要求

1. 编制要求

专项施工方案是指施工单位在编制施工组织设计的基础上，针对危险性较大的单项工程编制的安全技术措施文件。下面以典型例题的形式对专项施工方案的编制要求进行讲解。

典型例题

【案例题】某施工单位承担新庄穿堤涵洞拆除重建工程施工。根据《水利水电工程施工安全管理导则》，施工单位在施工前，针对本工程提出了需编制专项施工方案的单项工程清单。各专项施工方案以施工技术方案报审表形式报送，专项施工方案包括工程概况等内容。

【问题】根据《水利水电工程施工安全管理导则》，除工程概况外，专项施工方案中还应包括哪些方面的内容？

【答案】专项施工方案中还应包括编制依据、施工计划、施工工艺技术、施工安全保证措施、劳动力计划和设计计算书及相关图纸等。

【解析】专项施工方案应包括下列内容：(1)工程概况：危险性较大的单项工程概况、施工平面布置、施工要求和技术保证条件等。(2)编制依据：相关法律、法规、规章、制度、标准及图纸(国标图集)、施工组织设计等。(3)施工计划：包括施工进度计划、材料与设备计划等。(4)施工工艺技术：技术参数、工艺流程、施工方法、质量标准、检查验收等。(5)施工安全保证措施：组织保障、技术措施、应急预案、监测监控等。(6)劳动力计划：专职安全生产管理人员、特种作业人员等。(7)设计计算书及相关图纸等。

【案例题】某新建中型拦河闸工程，施工单位根据《水利水电工程施工安全管理导则》，编制围堰专项施工方案，并组织有关专业技术人员进行审核。

【问题】围堰专项施工方案经施工单位有关专业技术人员审核后，还需要履行哪些报审程序才可组织实施？

【答案】围堰专项施工方案经施工单位有关专业技术人员审核后，应由施工单位技术负责人签字确认，然后报监理单位，由项目总监理工程师审核签字，并报项目法人备案。

【解析】施工单位应在施工前，对达到一定规模的危险性较大的单项工程编制专项施工方案；对于超过一定规模的危险性较大的单项工程，施工单位应组织专家对专项施工方案进行审查论证。专项施工方案应由施工单位技术负责人组织施工技术、安全、质量等部门的专业技术人员进行审核。经审核合格的，应由施工单位技术负责人签字确认。实行分包的，应由总承包单位和分包单位技术负责人共同签字确认。无需专家论证的专项施工方案，经施工单位审核合格后应报监理单位，由项目总监理工程师审核签字，并报项目法人备案。

2. 专家论证要求

超过一定规模的危险性较大的单项工程专项施工方案应由施工单位组织召开审查论证会。审查论证会应有下列人员参加：

(1)专家组成员。

(2)项目法人单位负责人或技术负责人。

(3)监理单位总监理工程师及相关人员。

(4)施工单位分管安全的负责人、技术负责人、项目负责人、项目技术负责人、专项施工方案编制人员、项目专职安全生产管理人员。

(5)勘察、设计单位项目技术负责人及相关人员等。

专家组应由5名及以上符合相关专业要求的专家组成,各参建单位人员不得以专家身份参加审查论证会。

专家组成员应具备下列基本条件:

(1)诚实守信、作风正派、学术严谨。

(2)从事相关专业工作15年以上或具有丰富的专业经验。

(3)具有高级专业技术职称。

审查论证会应就下列主要内容进行审查论证,并提交论证报告。审查论证报告应对审查论证的内容提出明确的意见,并经专家组成员签字。

(1)专项施工方案是否完整、可行,质量、安全标准是否符合工程建设标准强制性条文规定。

(2)设计计算书是否符合有关标准规定。

(3)施工的基本条件是否符合现场实际等。

施工单位应根据审查论证报告修改完善专项施工方案,经施工单位技术负责人、总监理工程师、项目法人单位负责人审核签字后,方可组织实施。

(二)专项施工方案的安全管理

施工单位应严格按照专项施工方案组织施工,不得擅自修改、调整专项施工方案。如因设计、结构、外部环境等因素发生变化确需修改的,修改后的专项施工方案应当重新审核。对于超过一定规模的危险性较大的单项工程的专项施工方案,施工单位应重新组织专家进行论证。

监理、施工单位应指定专人对专项施工方案实施情况进行旁站监理。发现未按专项施工方案施工的,应要求其立即整改;存在危及人身安全紧急情况的,施工单位应立即组织作业人员撤离危险区域。总监理工程师、施工单位技术负责人应定期对专项施工方案实施情况进行巡查。

危险性较大的单项工程合格后,监理单位或施工单位应组织有关人员进行验收。验收合格的,经施工单位技术负责人及总监理工程师签字后,方可进行后续工程施工。

监理单位应编制危险性较大的单项工程监理规划和实施细则,制定工作流程、方法和措施。

监理单位发现未按专项施工方案实施的,应责令整改;施工单位拒不整改的,应及时向项目法人报告;如有必要,可直接向有关主管部门报告。项目法人接到监理单位报告后,应立即责令施工单位停工整改;施工单位仍不停工整改的,项目法人应及时向有关主管部门和安全生产监督机构报告。

(三)危险性较大的单项工程

危险性较大的单项工程的规模标准如表2-4所示。

表 2-4　危险性较大的单项工程的规模标准

划分			规模标准
达到一定规模的危险性较大的单项工程	基坑支护、降水工程		开挖深度达到3(含)~5 m或虽未超过3 m但地质条件和周边环境复杂的基坑(槽)支护、降水工程
	土方和石方开挖工程		开挖深度达到3(含)~5 m的基坑(槽)的土方和石方开挖工程
	模板工程及支撑体系	大模板等工具式模板工程	
		混凝土模板支撑工程	搭设高度5(含)~8 m;搭设跨度10(含)~18 m;施工总荷载10(含)~15 kN/m^2;集中线荷载15(含)~20 kN/m;高度大于支撑水平投影宽度且相对独立无联系构件的混凝土模板支撑工程
		承重支撑体系	用于钢结构安装等满堂支撑体系
	起重吊装及安装拆卸工程		采用非常规起重设备、方法,且单件起吊重量在10(含)~100 kN的起重吊装工程;采用起重机械进行安装的工程;起重机械设备自身的安装、拆卸
	脚手架工程		搭设高度24(含)~50 m的落地式钢管脚手架工程;附着式整体和分片提升脚手架工程;悬挑式脚手架工程;吊篮脚手架工程;自制卸料平台、移动操作平台工程;新型及异型脚手架工程
	其他		拆除、爆破工程;围堰工程;水上作业工程;沉井工程;临时用电工程;其他危险性较大的工程
超过一定规模的危险性较大的单项工程	深基坑工程		开挖深度超过5 m(含)的基坑(槽)的土方开挖、支护、降水工程
			开挖深度虽未超过5 m,但地质条件、周围环境和地下管线复杂,或影响毗邻建筑(构筑)物安全的基坑(槽)的土方开挖、支护、降水工程
	模板工程及支撑体系	工具式模板工程	滑模、爬模、飞模工程
		混凝土模板支撑工程	搭设高度8 m及以上;搭设跨度18 m及以上;施工总荷载15 kN/m^2 及以上;集中线荷载20 kN/m及以上
		承重支撑体系	用于钢结构安装等满堂支撑体系,承受单点集中荷载700 kg以上
	起重吊装及安装拆卸工程		采用非常规起重设备、方法,且单件起吊重量在100 kN及以上的起重吊装工程
			起重量300 kN及以上的起重设备安装工程;高度200 m及以上内爬起重设备的拆除工程
	脚手架工程		搭设高度50 m及以上落地式钢管脚手架工程
			提升高度在150 m及以上附着式整体和分片提升脚手架工程
			架体高度20 m及以上悬挑式脚手架工程

（续表）

划分		规模标准
超过一定规模的危险性较大的单项工程	拆除、爆破工程	采用爆破拆除的工程
		可能影响行人、交通、电力设施、通信设施或其他建筑物、构筑物安全的拆除工程
		文物保护建筑、优秀历史建筑或历史文化风貌区控制范围的拆除工程
	其他	开挖深度超过 16 m 的人工挖孔桩工程；地下暗挖工程、顶管工程、水下作业工程；采用新技术、新工艺、新材料、新设备及尚无相关技术标准的危险性较大的单项工程

典型例题

【单选题】某中型进水闸工程，项目法人质量安全检查中发现施工现场存在以下问题：下游防冲槽基坑内有一眼降水管井过滤层破坏；施工临时用电未按规定设置安全接地保护装置；上游黏土围堰未进行安全监测、监控；项目部安全管理制度不健全。

【问题】根据《水利水电工程施工安全管理导则》，本工程需要编制专项施工方案的危险性较大的单项工程有哪些？其中需要组织专家进行审查论证的单项工程有哪些？

【答案】需要编制专项施工方案的危险性较大的单项工程有土石方开挖工程、基坑降水工程、围堰工程、临时用电工程。

需要组织专家进行审查论证的单项工程有土石方开挖工程、基坑降水工程。

2F320030 水利水电工程造价与成本管理

一、水利水电工程设计阶段造价与成本管理

水利水电工程设计阶段造价与成本管理主要涉及概（估）算和预算，以下内容主要参考《水利工程设计概（估）算编制规定（工程部分）》和《水利建筑工程预算定额》讲解。

（一）建筑及安装工程费

建筑及安装工程费由直接费、间接费、利润、材料补差及税金组成。

1. 直接费

直接费指建筑安装工程施工过程中直接消耗在工程项目上的活劳动和物化劳动。由基本直接费、其他直接费组成。

基本直接费包括人工费、材料费、施工机械使用费。

其他直接费包括冬雨季施工增加费、夜间施工增加费、特殊地区施工增加费、临时设施费、安全生产措施费和其他。

（1）基本直接费。

①人工费。指直接从事建筑安装工程施工的生产工人开支的各项费用，内容包括：

a. 基本工资。由岗位工资和年应工作天数内非作业天数的工资组成。其中，岗位工资是指按照职工所在岗位各项劳动要素测评结果确定的工资；生产工人年应工作天数以内非

作业天数的工资,包括生产工人开会学习、培训期间的工资,调动工作、探亲、休假期间的工资,因气候影响的停工工资,女工哺乳期间的工资,病假在6个月以内的工资及产、婚、丧假期的工资。

b. 辅助工资。指在基本工资之外,以其他形式支付给生产工人的工资性收入,包括根据国家有关规定属于工资性质的各种津贴,主要包括艰苦边远地区津贴、施工津贴、夜餐津贴、节假日加班津贴等。

②材料费。指用于建筑安装工程项目上的消耗性材料、装置性材料和周转性材料摊销费。包括定额工作内容规定应计入的未计价材料和计价材料。

材料预算价格一般包括材料原价、运杂费、运输保险费和采购及保管费四项。

③施工机械使用费。指消耗在建筑安装工程项目上的机械磨损、维修和动力燃料费用等。包括折旧费、修理及替换设备费、安装拆卸费、机上人工费和动力燃料费等。

(2)其他直接费。

①冬雨季施工增加费。指在冬雨季施工期间为保证工程质量所需增加的费用。包括增加施工工序,增设防雨、保温、排水等设施增耗的动力、燃料、材料以及因人工、机械效率降低而增加的费用。

②夜间施工增加费。指施工场地和公用施工道路的照明费用。照明线路工程费用包括在"临时设施费"中;施工附属企业系统、加工厂、车间的照明费用,列入相应的产品中,均不包括在本项费用之内。

③特殊地区施工增加费。指在高海拔、原始森林、沙漠等特殊地区施工而增加的费用。

④临时设施费。指施工企业为进行建筑安装工程施工所必需的但又未被划入施工临时工程的临时建筑物、构筑物和各种临时设施的建设、维修、拆除、摊销等。如:供风、供水(支线)、供电(场内)、照明、供热系统及通信支线,土石料场,简易砂石料加工系统,小型混凝土拌和浇筑系统,木工、钢筋、机修等辅助加工厂,混凝土预制构件厂,场内施工排水,场地平整、道路养护及其他小型临时设施等。

⑤安全生产措施费。指为保证施工现场安全作业环境及安全施工、文明施工所需要,在工程设计已考虑的安全支护措施之外发生的安全生产、文明施工相关费用。

⑥其他。包括施工工具用具使用费,检验试验费,工程定位复测及施工控制网测设,工程点交、竣工场地清理,工程项目及设备仪表移交生产前的维护费,工程验收检测费等。

a. 施工工具用具使用费。指施工生产所需,但不属于固定资产的生产工具,检验、试验用具等的购置、摊销和维护费。

b. 检验试验费。指对建筑材料、构件和建筑安装物进行一般鉴定、检查所发生的费用,包括自设实验室所耗用的材料和化学药品费用,以及技术革新和研究试验费,不包括新结构、新材料的试验费和建设单位要求对具有出厂合格证明的材料进行试验、对构件进行破坏性试验,以及其他特殊要求检验试验的费用。

c. 工程项目及设备仪表移交生产前的维护费。指竣工验收前对已完工程及设备进行保护所需费用。

d. 工程验收检测费。指工程各级验收阶段为检测工程质量发生的检测费用。

2. 间接费

间接费指施工企业为建筑安装工程施工而进行组织与经营管理所发生的各项费用。间接费构成产品成本，由规费和企业管理费组成。

(1)规费。指政府和有关部门规定必须缴纳的费用。包括：

①社会保险费。

a. 养老保险费。指企业按照规定标准为职工缴纳的基本养老保险费。

b. 失业保险费。指企业按照规定标准为职工缴纳的失业保险费。

c. 医疗保险费。指企业按照规定标准为职工缴纳的基本医疗保险费。

d. 工伤保险费。指企业按照规定标准为职工缴纳的工伤保险费。

e. 生育保险费。指企业按照规定标准为职工缴纳的生育保险费。

②住房公积金。指企业按照规定标准为职工缴纳的住房公积金。

(2)企业管理费。指施工企业为组织施工生产和经营管理活动所发生的费用。内容包括：

①管理人员工资。指管理人员的基本工资、辅助工资。

②差旅交通费。指施工企业管理人员因公出差、工作调动的差旅费，误餐补助费，职工探亲路费，劳动力招募费，职工离退休、退职一次性路费，工伤人员就医路费，工地转移费，交通工具运行费及牌照费等。

③办公费。指企业办公用文具、印刷、邮电、书报、会议、水电、燃煤(气)等费用。

④固定资产使用费。指企业属于固定资产的房屋、设备、仪器等的折旧、大修理、维修费或租赁费等。

⑤工具用具使用费。指企业管理使用不属于固定资产的工具、用具、家具、交通工具和检验、试验、测绘、消防用具等的购置、维修和摊销费。

⑥职工福利费。指企业按照国家规定支出的职工福利费，以及由企业支付离退休职工的易地安家补助费、职工退职金、6 个月以上的病假人员工资、按规定支付给离休干部的各项经费。职工发生工伤时企业依法在工伤保险基金之外支付的费用，其他在社会保险基金之外依法由企业支付给职工的费用。

⑦劳动保护费。指企业按照国家有关部门规定标准发放的一般劳动防护用品的购置及修理费、保健费、防暑降温费、高空作业及进洞津贴、技术安全措施以及洗澡用水、饮用水的燃料费等。

⑧工会经费。指企业按职工工资总额计提的工会经费。

⑨职工教育经费。指企业为职工学习先进技术和提高文化水平按职工工资总额计提的费用。

⑩保险费。指企业财产保险、管理用车辆等保险费用，高空、井下、洞内、水下、水上作业等特殊工种安全保险费、危险作业意外伤害保险费等。

⑪财务费用。指施工企业为筹集资金而发生的各项费用，包括企业经营期间发生的短期融资利息净支出、汇兑净损失、金融机构手续费，企业筹集资金发生的其他财务费用，以及投标和承包工程发生的保函手续费等。

⑫税金。指企业按规定交纳的房产税、管理用车辆使用税、印花税、城市维护建设税、地方教育附加、教育费附加等。

⑬其他。包括技术转让费、企业定额测定费、施工企业进退场费、施工企业承担的施工辅助工程设计费、投标报价费、工程图纸资料费及工程摄影费、技术开发费、业务招待费、绿

化费、公证费、法律顾问费、审计费、咨询费等。

3. 利润

利润指按规定应计入建筑安装工程费用中的利润。

4. 材料补差

材料补差指根据主要材料消耗量、主要材料预算价格与材料基价之间的差值，计算的主要材料补差金额。材料基价是指计入基本直接费的主要材料的限制价格。

5. 税金

税金指国家对施工企业承担建筑、安装工程作业收入所征收的增值税。

（二）编制方法及计算标准

1. 基础单价编制

（1）人工预算单价。

人工预算单价按表 2-5 标准计算。

表 2-5　人工预算单价计算标准　　单位：元/工时

类别与等级	一般地区	一类区	二类区	三类区	四类区	五类区 西藏二类区	六类区 西藏三类区	西藏四类区
枢纽工程								
工长	11.55	11.80	11.98	12.26	12.76	13.61	14.63	15.40
高级工	10.67	10.92	11.09	11.38	11.88	12.73	13.74	14.51
中级工	8.90	9.15	9.33	9.62	10.12	10.96	11.98	12.75
初级工	6.13	6.38	6.55	6.84	7.34	8.19	9.21	9.98
引水工程								
工长	9.27	9.47	9.61	9.84	10.24	10.92	11.73	12.11
高级工	8.57	8.77	8.91	9.14	9.54	10.21	11.03	11.40
中级工	6.62	6.82	6.96	7.19	7.59	8.26	9.08	9.45
初级工	4.64	4.84	4.98	5.21	5.61	6.29	7.10	7.47
河道工程								
工长	8.02	8.19	8.31	8.52	8.86	9.46	10.17	10.49
高级工	7.40	7.57	7.70	7.90	8.25	8.84	9.55	9.88
中级工	6.16	6.33	6.46	6.66	7.01	7.60	8.31	8.63
初级工	4.26	4.43	4.55	4.76	5.10	5.70	6.41	6.73

（2）材料预算价格。

对于用量多、影响工程投资大的主要材料，如钢材、木材、水泥、粉煤灰、油料、火工产品、电缆及母线等，一般需编制材料预算价格。计算公式为：

材料预算价格 =（材料原价 + 运杂费）×（1 + 采购及保管费率）+ 运输保险费

《水利工程营业税改征增值税计价依据调整办法》规定，材料原价、运杂费、运输保险费和采购及保管费等分别按不含增值税进项税额的价格计算。采购及保管费，按现行计算标准乘以1.10调整系数。调整后的主要材料基价见表2-6。

表2-6 主要材料基价表

序号	材料名称	单位	基价/元
1	柴油	t	2 990
2	汽油	t	3 075
3	钢筋	t	2 560
4	水泥	t	255
5	炸药	t	5 150

下面以典型例题的形式对调整后的采购及保管费费率进行讲解。

典型例题

【单选题】根据《水利工程营业税改征增值税计价依据调整办法》，砂石材料采购及保管费费率为(　　)。

A. 2%　　B. 2.2%

C. 3%　　D. 3.3%

D。【解析】水泥、碎(砾)石、砂、块石的采购及保管费费率为3.3%；钢材与油料的采购及保管费费率均为2.2%；其他材料的采购及保管费费率为2.75%。

(3)施工电、风、水预算价格。

施工用电价格由基本电价、电能损耗摊销费和供电设施维修摊销费组成，根据施工组织设计确定的供电方式以及不同电源的电量所占比例，按国家或工程所在省(自治区、直辖市)规定的电网电价和规定的加价进行计算。

施工用水价格由基本水价、供水损耗和供水设施维修摊销费组成，根据施工组织设计所配置的供水系统设备组(台)时总费用和组(台)时总有效供水量计算。

施工用风价格由基本风价、供风损耗和供风设施维修摊销费组成，根据施工组织设计所配置的空气压缩机系统设备组(台)时总费用和组(台)时总有效供风量计算。

《水利工程营业税改征增值税计价依据调整办法》规定，电网供电价格中的基本电价应不含增值税进项税额；柴油发电机供电价格中的柴油发电机组(台)时总费用应按调整后的施工机械台时费定额和不含增值税进项税额的基础价格计算。施工用水、用风价格中的机械组(台)时总费用应按调整后的施工机械台时费定额和不含增值税进项税额的基础价格计算。

(4)施工机械使用费。

《水利工程营业税改征增值税计价依据调整办法》规定，施工机械使用费按调整后的施工机械台时费定额和不含增值税进项税额的基础价格计算。

《水利部办公厅关于调整水利工程计价依据增值税计算标准的通知》规定，工程部分的施工机械台时费定额的折旧费除以1.13调整系数，修理及替换设备费除以1.09调整系数。

(5)砂石料单价。

《水利工程营业税改征增值税计价依据调整办法》规定，自采砂石料单价根据料源情况、开采条件和工艺流程按相应定额和不含增值税进项税额的基础价格进行计算，并计取间接费、利润及税金。

自采砂石料按不含税金的单价参与工程费用计算。

外购砂石料价格不包含增值税进项税额,基价 70 元/m^3 不变。

(6)混凝土材料单价。

《水利工程营业税改征增值税计价依据调整办法》规定,混凝土材料单价按混凝土配合比中各项材料的数量和不含增值税进项税额的材料价格进行计算。

商品混凝土单价采用不含增值税进项税额的价格,基价 200 元/m^3 不变。

(7)未计价材料价格。《水利工程营业税改征增值税计价依据调整办法》规定,建筑及安装工程未计价材料采用不含增值税进项税额的价格。

链接

《水利工程营业税改征增值税计价依据调整办法》规定,前期工作阶段编制概(估)算文件时,材料价格应采用发布的不含税信息价格或市场调研的不含税价格。过渡阶段采用含税价格编制概(估)算文件时,项目审批前应调整概(估)算成果,其中材料价格可以采用将含税价格除以调整系数的方式调整为不含税价格,调整方法如下:

(1)材料原价。主要材料除以 1.17 调整系数(注意此系数已变更为 1.13),主要材料指水泥、钢筋、柴油、汽油、炸药、木材、引水管道、安装工程的电缆、轨道、钢板等未计价材料、其他占工程投资比例高的材料;次要材料除以 1.03 调整系数;购买的砂、石料、土料暂按除以 1.02 调整系数;商品混凝土除以 1.03 调整系数。

(2)运杂费。按原金额标准计算的运杂费除以 1.03 调整系数,按费率计算运杂费时费率乘以 1.10 调整系数。

2. 建筑工程单价编制

(1)直接费。

①基本直接费。包括人工费、材料费、机械使用费。

人工费 = 定额劳动量(工时)× 人工预算单价(元/工时)

材料费 = 定额材料用量 × 材料预算单价

机械使用费 = 定额机械使用量(台时)× 施工机械台时费(元/台时)

②其他直接费。

其他直接费 = 基本直接费 × 其他直接费费率之和

(2)间接费。

间接费 = 直接费 × 间接费费率

根据工程性质不同,间接费标准划分为枢纽工程、引水工程、河道工程三部分标准。间接费费率表按表 2-7 标准调整。

表 2-7 间接费费率表

序号	工程类别	计算基础	间接费费率/%		
			枢纽工程	引水工程	河道工程
一	建筑工程				
1	土方工程	直接费	8.5	5 ~ 6	4 ~ 5

（续表）

序号	工程类别	计算基础	间接费费率/%		
			枢纽工程	引水工程	河道工程
2	石方工程	直接费	12.5	10.5～11.5	8.5～9.5
3	砂石备料工程(自采)	直接费	5	5	5
4	模板工程	直接费	9.5	7～8.5	6～7
5	混凝土浇筑工程	直接费	9.5	8.5～9.5	7～8.5
6	钢筋制安工程	直接费	5.5	5	5
7	钻孔灌浆工程	直接费	10.5	9.5～10.5	9.25
8	锚固工程	直接费	10.5	9.5～10.5	9.25
9	疏浚工程	直接费	7.25	7.25	6.25～7.25
10	掘进机施工隧洞工程(1)	直接费	4	4	4
11	掘进机施工隧洞工程(2)	直接费	6.25	6.25	6.25
12	其他工程	直接费	10.5	8.5～9.5	7.25
二	机电、金属结构设备安装工程	人工费	75	70	70

(3)利润。

利润＝(直接费＋间接费)×利润率

利润按直接费和间接费之和的7%计算。

(4)材料补差。

材料补差＝(材料预算价格－材料基价)×材料消耗量

(5)税金。

税金指应计入建筑安装工程费用内的增值税销项税额,税率为9%。自采砂石料税率为3%。

税金＝(直接费＋间接费＋利润＋材料补差)×计算税率

(6)建筑工程单价。

建筑工程单价＝直接费＋间接费＋利润＋材料补差＋税金

链接

以往考试中考查过工程单价的构成要素。工程单价的构成要素包括量、价、费。“量”包括人工量、材料用量、施工机械台时数量;“价”包括人工预算单价、材料预算价格、施工机械台时费;“费”包括间接费、企业利润、税金、其他直接费。

(三)《水利建筑工程预算定额》的相关规定

1.土方工程说明

(1)《水利建筑工程预算定额》中土方工程包括土方开挖、运输、压实等定额共49节,适用于水利建筑工程的土方工程。

(2)土方定额的计量单位,除注明外,均按自然方计算。

(3)土方定额的名称。

①自然方:指未经扰动的自然状态的土方。

②松方:指自然方经人工或机械开挖而松动过的土方。

③实方:指填筑(回填)并经过压实后的成品方。

(4)土类级别划分,除冻土外,均按土石十六级分类法的前四级划分土类级别。

(5)土方开挖和填筑工程,除定额规定的工作内容外,还包括挖小排水沟、修坡、清除场地草皮杂物、交通指挥、安全设施及取土场和卸土场的小路修筑与维护等工作。

(6)一般土方开挖定额,适用于一般明挖土方工程和上口宽超过 16 m 的渠道及上口面积大于 80 m^2 柱坑土方工程。

(7)渠道土方开挖定额,适用于上口宽小于或等于 16 m 的梯形断面、长条形、底边需要修整的渠道土方工程。

(8)沟槽土方开挖定额,适用于上口宽小于或等于 4 m 的矩形断面或边坡陡于 1∶0.5 的梯形断面,长度大于宽度 3 倍的长条形,只修底不修边坡的土方工程,如截水墙、齿墙等各类墙基和电缆沟等。

(9)推土机的推土距离和铲运机的铲运距离是指取土中心至卸土中心的平均距离。推土机推松土时,定额乘以 0.8 的系数。

(10)挖掘机、轮斗挖掘机或装载机挖装土(含渠道土方)自卸汽车运输定额,适用于Ⅲ类土。Ⅰ,Ⅱ类土和Ⅳ类土按表 2-8 所列系数进行调整。

表 2-8　人工、机械调整系数

项目	人工	机械
Ⅰ,Ⅱ类土	0.91	0.91
Ⅲ类土	1	1
Ⅳ类土	1.09	1.09

(11)挖掘机或装载机挖土(含渠道土方)汽车运输定额已包括卸料场配备的推土机定额在内。

(12)挖掘机、装载机挖土料自卸汽车运输定额,系按挖装自然方拟定。如挖装松土时,其中人工及挖装机械乘 0.85 系数。

(13)压实定额适用于水利筑坝工程和堤、堰填筑工程。压实定额均按压实成品方计。根据技术要求和施工必须增加的损耗,在计算压实工程的备料量和运输量时,按下式计算:

每 100 压实成品方需要的自然方量 = $(100 + A)$ 设计干密度/天然干密度

综合系数 A,包括开挖、上坝运输、雨后清理、边坡削坡、接缝削坡、施工沉陷、取土坑、试验坑和不可避免的压坏等损耗因素。根据不同的施工方法和坝料按表 2-9 选取 A 值,使用时不再调整。

表 2-9　综合系数取值

项目	A/%
机械填筑混合坝坝体土料	5.86
机械填筑均质坝坝体土料	4.93

（续表）

项目	A/%
机械填筑心(斜)墙土料	5.70
人工填筑坝体土料	3.43
人工填筑心(斜)墙土料	3.43
坝体砂砾料、反滤料	2.20
坝体堆石料	1.40

2. 石方工程说明

(1)《水利建筑工程预算定额》中石方工程包括一般石方、保护层、沟槽、坑挖、平洞、斜井、竖井、预裂爆破等石方开挖和石渣运输定额共56节。

(2)石方工程定额的计量单位，除注明外，均按自然方计。

(3)一般石方开挖定额，适用于一般明挖石方工程；底宽超过7 m的沟槽；上口大于160 m^2的石方坑挖工程；倾角小于或等于20°，开挖厚度大于5 m(垂直于设计面的平均厚度)的坡面石方开挖。

(4)保护层石方开挖定额，适用于设计规定不允许破坏岩层结构的石方开挖工程，如河床坝基、两岸坝基、发电厂基础、消能池、廊道等工程连接岩基部分，厚度按设计规定计算。

(5)斜井石方开挖定额，适用于水平夹角为45°~75°的井挖工程。水平夹角6°~45°的斜井，按斜井石方开挖定额乘0.9系数计算。

(6)平洞、斜井、竖井、地下厂房石方开挖已考虑光面爆破。

3. 混凝土工程说明

(1)《水利建筑工程预算定额》中混凝土工程包括现浇混凝土、碾压混凝土、预制混凝土、沥青混凝土等定额共65节。

(2)混凝土定额的计量单位除注明外，均为建筑物或构筑物的成品实体方。

(3)现浇混凝土、碾压混凝土、预制混凝土部分包括预制混凝土构件吊(安)装、钢筋制作及安装、混凝土拌制、运输等定额。适用于拦河坝、水闸、船闸、厂房、隧洞、竖井、明渠、渡槽等各种水工建筑物工程。

(4)定额的工作内容。现浇混凝土包括冲(凿)毛、冲洗、清仓、铺水泥砂浆、平仓浇筑、振捣、养护，工作面运输及辅助工作。碾压混凝土包括冲毛、冲洗、清仓、铺水泥砂浆、平仓、碾压、切缝、养护，工作面运输及辅助工作。预制混凝土包括预制场冲洗、清理、配料、拌制、浇筑、振捣、养护，模板制作、安装、拆除、修整，预制场内的混凝土运输，材料场内运输和辅助工作，预制件场内吊移、堆放。

(5)各种坝型的现浇混凝土定额，不包括溢流面、闸墩、胸墙、工作桥、公路桥等。

(6)现浇混凝土定额不含模板制作、安装、拆除、修整。

(7)预制混凝土定额中的模板材料均按预算消耗量计算，包括制作(钢模为组装)、安装、拆除、维修的消耗、损耗，并考虑了周转和回收。

(8)材料定额中的“混凝土”一项，系指完成单位产品所需的混凝土半成品量，其中包括冲(凿)毛、干缩、施工损耗、运输损耗和接缝砂浆等的消耗量在内。混凝土半成品的单价，只计算配制混凝土所需水泥、砂石骨料、水、掺和料及其外加剂等的用量及价格。各项材料的用量，应按试验资料计算；没有试验资料时，可采用《水利建筑工程预算定额》中的混凝土材料配合表列示量。

(9)混凝土拌制。

①现浇混凝土定额各节，未列拌制混凝土所需的人工和机械。混凝土拌制按有关定额计算。

②“骨料或水泥系统”是指运输骨料或水泥及掺和料进入搅拌楼所必须配备与搅拌楼相衔接的机械设备。分别包括：自骨料接料斗开始的胶带输送机及供料设备；自水泥及掺和料罐开始的水泥提升机械或空气输送设备，以及胶带输送机和吸尘设备等。

③搅拌机(楼)清洗用水已计入拌制定额的零星材料费中。

④混凝土拌制定额按拌制常态混凝土拟定，若拌制其他混凝土，则按规定系数对定额进行调整。

⑤混凝土拌制定额均以半成品方为单位计算，不含施工损耗和运输损耗所消耗的人工、材料、机械的数量和费用。

(10)混凝土运输。

①“混凝土运输”是指混凝土自搅拌楼或搅拌机出料口至仓面的全部水平和垂直运输。

②混凝土运输单价，应根据设计选定的运输方式、机械类型，按相应运输定额计算综合单价。

③混凝土构件的预制、运输及吊(安)装定额，若预制混凝土构件重量超过定额中起重机械起重量时，可用相应起重量机械替换，台时数不作调整。

④混凝土运输定额均以半成品方为单位计算，不含施工损耗和运输损耗所消耗的人工、材料、机械的数量和费用。

(11)隧洞、竖井、地下厂房、明渠等混凝土衬砌定额中所列示的开挖断面及衬砌厚度按设计尺寸选取。

(12)钢筋制作安装定额，不分部位、规格型号综合计算。

(13)混凝土拌制及浇筑定额中，不包括加冰、骨料预冷、通水等温控所需的费用。

(14)混凝土浇筑的仓面清洗及养护用水，地下工程混凝土浇筑施工照明用电，已分别计入浇筑定额的用水量及其他材料费中。

(15)预制混凝土构件吊(安)装定额，仅系吊(安)装过程中的人工、材料、机械使用量。制作和运输的费用，包括在预制混凝土构件的预算单价中，另按预制构件制作及运输定额计算。

(16)隧洞衬砌定额，适用于水平夹角小于或等于6°的平洞和单独作业，如开挖、衬砌平行作业时，人工和机械定额乘以1.1系数；水平夹角大于6°的斜洞衬砌，按平洞定额的人工、机械乘以1.23系数执行。

(17)如设计采用耐磨混凝土、钢纤维混凝土、硅粉混凝土、铁矿石混凝土、高强混凝土、膨胀混凝土等特种混凝土，应采用试验资料中的材料配合比计算。

二、水利水电工程招投标阶段造价与成本管理

水利水电工程招投标阶段造价与成本管理主要涉及招投标工程量清单计价和投标报

价，以下内容主要参考《水利工程工程量清单计价规范》和《水利水电工程标准施工招标文件》。

（一）术语

1. 工程量清单

工程量清单是指表现招标工程的分类分项工程项目、措施项目、其他项目的名称和相应数量的明细清单。

2. 项目编码

项目编码采用十二位阿拉伯数字表示（由左至右计位）。一至九位为统一编码。其中，一、二位为水利工程顺序码，三、四位为专业工程顺序码，五、六位为分类工程顺序码，七、八、九位为分项工程顺序码，十至十二位为清单项目名称顺序码。

3. 工程单价

工程单价是指完成工程量清单中一个质量合格的规定计量单位项目所需的直接费（包括人工费、材料费、机械使用费和季节、夜间、高原、风沙等原因增加的直接费）、施工管理费、企业利润和税金，并考虑风险因素。

4. 措施项目

措施项目是指为完成工程项目施工，发生于该工程施工前和施工过程中招标人不要求列示工程量的施工措施项目。

5. 其他项目

其他项目是指为完成工程项目施工，发生于该工程施工过程中招标人要求计列的费用项目。

6. 零星工作项目

零星工作项目（或称“计日工”，下同）是指完成招标人提出的零星工作项目所需的人工、材料、机械单价。

7. 预留金

预留金（或称“暂定金额”，下同）是指招标人为暂定项目和可能发生的合同变更而预留的金额。

8. 企业定额

企业定额是指施工企业根据本企业的施工技术、生产效率和管理水平制定的，供本企业使用的，生产一个质量合格的规定计量单位项目所需的人工、材料和机械台时（班）消耗量。

（二）工程量清单编制

1. 一般规定

工程量清单应由具有编制招标文件能力的招标人，或受其委托具有相应资质的中介机构进行编制。

工程量清单应作为招标文件的组成部分，也是投标报价的主要依据。

工程量清单应由分类分项工程量清单、措施项目清单、其他项目清单和零星工作项目清单组成。

2. 分类分项工程量清单

分类分项工程量清单应包括序号、项目编码、项目名称、计量单位、工程数量、主要技术条款编码和备注。

分类分项工程量清单的项目编码，一至九位应按《水利工程工程量清单计价规范》的规定设置；十至十二位应根据招标工程的工程量清单项目名称由编制人设置，并应自 001 起顺序编码。

工程数量应按下列规定进行计算：

(1)工程数量应按规定的工程量计算规则和相关条款说明计算。

(2)工程数量的有效位数应遵守下列规定：以“m^3”“m^2”“m”“kg”“个”“项”“根”“块”“台”“套”“组”“面”“只”“相”“站”“孔”“束”等为单位的，应取整数；以“t”“km”为单位的，应保留小数点后两位数字，第三位数字四舍五入。

3. 措施项目清单

措施项目清单，应根据招标工程的具体情况，参照以下项目列项：环境保护措施、文明施工措施、安全防护措施、小型临时工程、施工企业进退场费、大型施工设备安拆费等。

编制措施项目清单，出现上述未列项目时，根据招标工程的规模、涵盖的内容等具体情况，编制人可作补充。

4. 其他项目清单

其他项目清单，暂列预留金一项，编制人可根据招标工程具体情况进行补充。

根据《建设工程工程量清单计价规范》，其他项目清单应按照下列内容列项：暂列金额；暂估价，包括材料暂估单价、工程设备暂估单价、专业工程暂估价；计日工；总承包服务费。

5. 零星工作项目清单

零星工作项目清单，编制人应根据招标工程具体情况，对工程实施过程中可能发生的变更或新增加的零星项目，列出人工(按工种)、材料(按名称和型号规格)、机械(按名称和型号规格)的计量单位，并随工程量清单发至投标人。

(三)工程量清单计价

实行工程量清单计价招标投标的水利工程，其招标标底、投标报价的编制，合同价款的确定与调整，以及工程价款的结算，均应按《水利工程工程量清单计价规范》执行。

工程量清单计价应包括按招标文件规定完成工程量清单所列项目的全部费用，包括分类分项工程费、措施项目费和其他项目费。

分类分项工程量清单计价应采用工程单价计价。

分类分项工程量清单的工程单价，应根据《水利工程工程量清单计价规范》规定的工程单价组成内容，按招标设计文件、图纸、清单项目的“主要工作内容”确定。除另有规定外，对有效工程量以外的超挖、超填工程量，施工附加量，加工、运输损耗量等，所消耗的人工、材料和机械费用，均应摊入相应有效工程量的工程单价之内。

措施项目清单的金额，应根据招标文件的要求以及工程的施工方案，以每一项措施项目为单位，按项计价。

其他项目清单由招标人按估算金额确定。

零星工作项目清单的单价由投标人确定。

(四)水利建筑工程工程量清单项目及计算规则

1. 土方开挖工程

(1)场地平整的工程量计算规则是按施工图纸所示场地平整面积计量。

(2)土方开挖工程工程量清单项目的工程量计算规则。一般土方开挖,渠道土方开挖,沟、槽土方开挖,坑土方开挖,砂砾石开挖,平洞土方开挖,斜洞土方开挖,竖井土方开挖均按施工图纸所示轮廓尺寸范围以内的有效自然方体积计量。施工过程中增加的超挖量和施工附加量所发生的费用,应摊入有效工程量的工程单价中。

(3)夹有孤石的土方开挖,大于0.7 m^3 的孤石按石方开挖计量。

(4)土方开挖工程均包括弃土运输的工作内容,开挖与运输不在同一标段的工程,应分别选取开挖与运输的工作内容计量。

2. 石方开挖工程

石方开挖工程工程量清单项目的工程量计算规则,按施工图纸所示轮廓尺寸计算的有效自然方体积计量。施工过程中增加的超挖量和施工附加量所发生的费用,应摊入有效工程量的工程单价中。

3. 土石方填筑工程

(1)填筑土石料的松实系数换算,无现场土工实验资料时,参照相关规定确定。

(2)土石方填筑工程工程量清单项目的工程量计算规则。按施工图纸所示尺寸计算的填筑体有效压实方体积计量。施工过程中增加的超填量、施工附加量、填筑体及基础的沉陷损失、填筑操作损耗等所发生的费用,应摊入有效工程量的工程单价中;抛投水下的抛填物,石料抛投体积按抛投石料的堆方体积计量,钢筋笼块石或混凝土块抛投体积按抛投钢筋笼或混凝土块的规格尺寸计算的体积计量。

(3)钢筋笼块石的钢筋笼加工,按招标设计文件要求和钢筋、钢构件加工及安装工程的计量计价规则计算,摊入钢筋笼块石抛投有效工程量的工程单价中。

4. 砌筑工程

(1)砌筑工程工程量清单项目的工程量计算规则。按施工图纸所示尺寸计算的有效砌筑体积计量。施工过程中的超砌量、施工附加量、砌筑操作损耗等所发生的费用,应摊入有效工程量的工程单价中。

(2)钢筋(铅丝)石笼笼体加工和砌筑体拉结筋,按施工图纸所示要求和钢筋、钢构件加工及安装工程的计量计价规则计算,分别摊入钢筋(铅丝)石笼和埋有拉结筋砌筑体的有效工程量的工程单价中。

5. 基础防渗和地基加固工程

(1)混凝土灌注桩按施工图纸所示尺寸计算的钻孔(沉管)灌注桩灌注混凝土的有效体积(不含灌注于桩顶设计高程以上需要挖去的混凝土)计量。检验试验、灌注于桩顶设计高程以上需要挖去的混凝土、钻孔(沉管)灌注混凝土的操作损耗等所发生的费用和周转使用沉管的费用,应摊入有效工程量的工程单价中。钢筋笼按钢筋、钢构件加工及安装工程的计量计价规则另行计量计价。

(2)振冲桩加固地基按施工图纸所示尺寸计算的有效振冲成孔长度计量(计量单位为m)。振冲试验、振冲桩体密实度和承载力等的检验、填料及在振冲造孔填料振密过程中的操作损耗等所发生的费用,应摊入有效工程量的工程单价中。

6. 混凝土工程

(1)普通混凝土按施工图纸所示尺寸计算的有效实体方体积计量。体积小于0.1 m^3 的圆角或斜角，钢筋和金属件占用的空间体积小于0.1 m^3 或截面积小于0.1 m^2 的孔洞、排水管、预埋管和凹槽等的工程量不予扣除。按设计要求对上述孔洞所回填的混凝土也不重复计量。施工过程中由于超挖引起的超填量，冲(凿)毛、拌和、运输和浇筑过程中的操作损耗所发生的费用(不包括以总价承包的混凝土配合比试验费)，应摊入有效工程量的工程单价中。

(2)温控混凝土与普通混凝土的工程量计算规则相同。温控措施费应摊入相应温控混凝土的工程单价中。

(3)混凝土冬季施工中对原材料(如砂石料)加温、热水拌和、成品混凝土的保温等措施所发生的冬季施工增加费应包含在相应混凝土的工程单价中。

(4)碾压混凝土按施工图纸所示尺寸计算的有效实体方体积计量。施工过程中由于超挖引起的超填量，冲(刷)毛、拌和、运输和碾压过程中的操作损耗所发生的费用(不包括配合比试验和生产性碾压试验的费用)，应摊入有效工程量的工程单价中。

(5)止水工程按施工图纸所示尺寸计算的有效长度计量。止水片的搭接长度、加工及安装过程中操作损耗等所发生的费用，应摊入有效工程量的工程单价中。

(6)伸缩缝按施工图纸所示尺寸计算的有效面积计量。缝中填料及其在加工及安装过程中的操作损耗所发生的费用，应摊入有效工程量的工程单价中。

(7)混凝土工程中的小型钢构件，如温控需要的冷却水管、预应力混凝土中固定锚索位置的钢管等所发生的费用，应分别摊入相应混凝土有效工程量的工程单价中。

链接

水利建筑工程工程量清单项目与计量相关的计价规定如下：

(1)土方开挖工程。承包人完成规定文件所列的“植被清理”工作所需的费用，包含在《工程量清单》相应土方明挖项目有效工程量的每立方米工程单价中，发包人不另行支付。土方明挖工程单价包括承包人按合同要求完成场地清理，测量放样，临时性排水措施(包括排水设备的安拆、运行和维修)，土方开挖、装卸和运输，边坡整治和稳定观测，基础、边坡面的检查和验收，以及将开挖可利用或废弃的土方运至监理人指定的堆放区并加以保护、处理等工作所需的费用。

(2)土石方填筑工程。坝(堤)体填筑按施工图纸所示尺寸计算的有效压实方体积以立方米为单位计量，由发包人按《工程量清单》相应项目有效工程量的每立方米工程单价支付。坝(堤)体全部完成后，最终结算的工程量应是经过施工期间压实并经自然沉陷后按施工图纸所示尺寸计算的有效压实方体积。若分次支付的累计工程量超出最终结算的工程量，发包人应扣除超出部分工程量。坝体填筑的现场碾压试验费用，由发包人按《工程量清单》相应项目的总价支付。

(五)投标报价说明

1. 工程量清单报价表组成

工程量清单报价表由主表与辅表组成。下面以典型例题的形式对工程量清单报价表的内容进行讲解。

典型例题

【案例题】某水利工程施工招标文件依据《水利水电工程标准施工招标文件》和《水利工程工程量清单计价规范》编制。招标人A编制的招标报价表由主表和辅表组成,其中主表由投标总价、工程项目总价表、零星工作项目清单计价表等组成。

【问题】除已列出的表格外,投标报价主表还应包括哪些表格?

【答案】投标报价主表还应包括:分类分项工程量清单计价表;措施项目清单计价表;其他项目清单计价表。

【解析】除上述投标报价主表外,工程量清单报价表还包括投标报价辅表,其主要包括:工程单价汇总表;工程单价费(税)率汇总表;投标人生产电、风、水、砂石基础单价汇总表;投标人生产混凝土配合比材料费表;招标人供应材料价格汇总表(若招标人提供);投标人自行采购主要材料预算价格汇总表;招标人提供施工机械台时(班)费汇总表(若招标人提供);投标人自备施工机械台时(班)费汇总表;总价项目分类分项工程分解表;工程单价计算表;人工费单价汇总表。

2. 工程量清单报价表填写规定

(1)除招标文件另有规定外,投标人不得随意增加、删除或涂改招标文件工程量清单中的任何内容。工程量清单中列明的所有需要填写的单价和合价,投标人均应填写;未填写的单价和合价,视为已包括在工程量清单的其他单价和合价中。

(2)工程量清单中的工程单价是完成工程量清单中一个质量合格的规定计量单位项目所需的直接费(包括人工费、材料费、机械使用费和季节、夜间、高原、风沙等原因增加的直接费),并考虑到风险因素。投标人应根据规定的工程单价组成内容,按招标文件和《水利工程工程量清单计价规范》清单项目的“主要工作内容”确定工程单价。除另有规定外,对有效工程量以外的超挖、超填工程量,施工附加量,加工、运输损耗量等,所消耗的人工、材料和机械费用,均应摊入相应有效工程量的工程单价内。

(3)投标金额(价格)均应以人民币表示。

(4)投标总价应按工程项目总价表合计金额填写。

(5)工程项目总价表中一级项目名称按招标文件工程项目总价表中的相应名称填写,并按分类分项工程量清单计价表中相应项目合计金额填写。

链接

工程项目总价表一般包括分类分项工程、措施项目和其他项目等内容。其中,措施项目包含安全生产费用,且安全生产费用应专款专用,并不低于工程建筑安装造价的2%。

(6)分类分项工程量清单计价表中的序号、项目编码、项目名称、计量单位、工程数量和合同技术条款章节号,按招标文件分类分项工程量清单计价表中的相应内容填写,并填写相应项目的单价和合价。

(7)措施项目清单计价表中的序号、项目名称按招标文件措施项目清单计价表中的相应内容填写,并填写相应措施项目的金额和合计金额。

(8)其他项目清单计价表中的序号、项目名称、金额,按招标文件其他项目清单计价表中的相应内容填写。

(9)计日工项目计价表的序号、人工、材料、机械的名称、型号规格以及计量单位,按招标文件计日工项目计价表中的相应内容填写,并填写相应项目单价。

(10)辅助表格填写:

①工程单价汇总表,按工程单价计算表中的相应内容、价格(费率)填写。

②工程单价费(税)率汇总表,按工程单价计算表中的相应内容、费(税)率填写。

③投标人生产电、风、水、砂石基础单价汇总表,按基础单价分析计算成果的相应内容、价格填写,并附相应基础单价的分析计算书。

④投标人生产混凝土配合比材料费表,按表中工程部位、混凝土强度等级(附抗渗、抗冻等级)、水泥强度等级、级配、水灰比、相应材料用量和单价填写,填写的单价必须与工程单价计算表中采用的相应混凝土材料单价一致。

⑤招标人供应材料价格汇总表,按招标人供应的材料名称、型号规格、计量单位和供应价填写,并填写经分析计算后的相应材料预算价格,填写的预算价格必须与工程单价计算表中采用的相应材料预算价格一致(若招标人提供)。

⑥投标人自行采购主要材料预算价格汇总表,按表中的序号、材料名称、型号规格、计量单位和预算价格填写,填写的预算价必须与工程单价计算表中采用的相应材料预算价格一致。

⑦招标人提供施工机械台时(班)费汇总表,按招标人提供的机械名称、型号规格和招标人收取的台时(班)折旧费填写;投标人填写的台时(班)费用合计金额必须与工程单价计算表中相应的施工机械台时(班)费单价一致(若招标人提供)。

⑧投标人自备施工机械台时(班)费汇总表,按表中的序号、机械名称、型号规格、一类费用和二类费用填写,填写的台时(班)费合计金额必须与工程单价计算表中相应的施工机械台时(班)费单价一致。

⑨投标人应参照分类分项工程量清单计价表格式编制总价项目分类分项工程分解表,每个总价项目分类分项工程一份。

⑩投标金额大于或等于投标总标价万分之五的工程项目,必须编报工程单价计算表。工程单价计算表,按表中的施工方法、序号、名称、型号规格、计量单位、数量、单价、合价填写,填写的人工、材料和机械等基础价格,必须与人工费单价汇总表、基础材料单价汇总表、主要材料预算价格汇总表及施工机械台时(班)费汇总表中的单价相一致,填写的施工管理费、企业利润和税金等费(税)率必须与工程单价费(税)率汇总表中的费(税)率相一致。

⑪人工费单价汇总表应按人工费单价计算表的内容、价格填写,并附相应的人工费单价计算表。

链接

实际投标中,可根据具体情况选用不同的投标报价策略,包括无利润报价、投标报价低报、投标报价高报和不平衡报价等。其中,投标报价低报适用的情况有:支付条件好的工程;施工条件好的工程;投标竞争对手较多的工程;对工期没有紧急要求的工程;施工结束而施工机械设备没有可转移的工地的工程;有意开拓某一地区市场且有相应策略;该工程附近有项目且有可利用的设备、人员等;工程量大、工作简单的工程。投标报价高报适用的情况有:施工条件差(如场地狭窄、地处闹市)的工程;专业要求高的技术密集型工程,且公司在此方面有专长;总价低自己不愿做,又不得不投标的工程;较高风险的特殊工程;业主对工期要求比较急的工程;参与投标的单位较少的工程;没有理想的支付条件的工程;可以高报计日工单价的工程。

2F320040 水利水电工程施工招标投标管理

一、施工招标管理

(一)招标范围的相关规定

1. 必须进行招标的项目

《中华人民共和国招标投标法》(以下简称《招标投标法》)第三条规定,在中华人民共和国境内进行下列工程建设项目包括项目的勘察、设计、施工、监理以及与工程建设有关的重要设备、材料等的采购,必须进行招标:

(1)大型基础设施、公用事业等关系社会公共利益、公众安全的项目。

(2)全部或者部分使用国有资金投资或者国家融资的项目。

(3)使用国际组织或者外国政府贷款、援助资金的项目。

前款所列项目的具体范围和规模标准,由国务院发展改革部门会同国务院有关部门制订,报国务院批准。法律或者国务院对必须进行招标的其他项目的范围有规定的,依照其规定。

《必须招标的工程项目规定》第二条规定,全部或者部分使用国有资金投资或者国家融资的项目包括:

(1)使用预算资金200万元人民币以上,并且该资金占投资额10%以上的项目。

(2)使用国有企业事业单位资金,并且该资金占控股或者主导地位的项目。

第三条规定,使用国际组织或者外国政府贷款、援助资金的项目包括:

(1)使用世界银行、亚洲开发银行等国际组织贷款、援助资金的项目。

(2)使用外国政府及其机构贷款、援助资金的项目。

第四条规定,不属于《必须招标的工程项目规定》第二条、第三条规定情形的大型基础设施、公用事业等关系社会公共利益、公众安全的项目,必须招标的具体范围由国务院发展改革部门会同国务院有关部门按照确有必要、严格限定的原则制订,报国务院批准。

第五条规定,《必须招标的工程项目规定》第二条至第四条规定范围内的项目,其勘察、设计、施工、监理以及与工程建设有关的重要设备、材料等的采购达到下列标准之一的,必须招标:

(1)施工单项合同估算价在400万元人民币以上。

(2)重要设备、材料等货物的采购,单项合同估算价在200万元人民币以上。

(3)勘察、设计、监理等服务的采购,单项合同估算价在100万元人民币以上。

同一项目中可以合并进行的勘察、设计、施工、监理以及与工程建设有关的重要设备、材料等的采购，合同估算价合计达到前款规定标准的，必须招标。

2. 可以不进行招标的项目

《招标投标法》第六十六条规定，涉及国家安全、国家秘密、抢险救灾或者属于利用扶贫资金实行以工代赈、需要使用农民工等特殊情况，不适宜进行招标的项目，按照国家有关规定可以不进行招标。

《中华人民共和国招标投标法实施条例》（以下简称《招标投标法实施条例》）第九条规定，除《招标投标法》第六十六条规定的可以不进行招标的特殊情况外，有下列情形之一的，可以不进行招标：

（1）需要采用不可替代的专利或者专有技术。

（2）采购人依法能够自行建设、生产或者提供。

（3）已通过招标方式选定的特许经营项目投资人依法能够自行建设、生产或者提供。

（4）需要向原中标人采购工程、货物或者服务，否则将影响施工或者功能配套要求。

（5）国家规定的其他特殊情形。

（二）施工招标应当具备的条件

《水利工程建设项目招标投标管理规定》第十六条规定，施工招标应当具备的条件：

（1）初步设计已经批准。

（2）建设资金来源已落实，年度投资计划已经安排。

（3）具有能满足招标要求的设计文件，已与设计单位签订适应施工进度要求的图纸交付合同或协议。

（4）有关建设项目永久征地、临时征地和移民搬迁的实施、安置工作已经落实或已有明确安排。

（三）施工招标工作的程序

《水利工程建设项目招标投标管理规定》第十七条规定，招标工作一般按下列程序进行：

（1）招标前，按项目管理权限向水行政主管部门提交招标报告备案。报告具体内容应当包括：招标已具备的条件、招标方式、分标方案、招标计划安排、投标人资质（资格）条件、评标方法、评标委员会组建方案以及开标、评标的工作具体安排等。

（2）编制招标文件。

（3）发布招标信息（招标公告或投标邀请书）。

（4）发售资格预审文件。

（5）按规定日期接受潜在投标人编制的资格预审文件。

（6）组织对潜在投标人资格预审文件进行审核。

（7）向资格预审合格的潜在投标人发售招标文件。

（8）组织购买招标文件的潜在投标人现场踏勘。

（9）接受投标人对招标文件有关问题要求澄清的函件，对问题进行澄清，并书面通知所有潜在投标人。

（10）组织成立评标委员会，并在中标结果确定前保密。

（11）在规定时间和地点，接受符合招标文件要求的投标文件。

（12）组织开标评标会。

(13)在评标委员会推荐的中标候选人中,确定中标人。

(14)向水行政主管部门提交招标投标情况的书面总结报告。

(15)发中标通知书,并将中标结果通知所有投标人。

(16)进行合同谈判,并与中标人订立书面合同。

第十八条规定,采用邀请招标方式的,招标人应当向3个以上有投标资格的法人或其他组织发出投标邀请书。投标人少于3个的,招标人应当依照规定重新招标。

(四)招标过程中的相关规定

1. 资格预审公告和招标公告内容

依法必须招标项目的资格预审公告和招标公告,应当载明以下内容:

(1)招标项目名称、内容、范围、规模、资金来源。

(2)投标资格能力要求,以及是否接受联合体投标。

(3)获取资格预审文件或招标文件的时间、方式。

(4)递交资格预审文件或投标文件的截止时间、方式。

(5)招标人及其招标代理机构的名称、地址、联系人及联系方式。

(6)采用电子招标投标方式的,潜在投标人访问电子招标投标交易平台的网址和方法。

(7)其他依法应当载明的内容。

2. 招标文件(资格预审文件)发售期

招标人应当按招标公告或者投标邀请书规定的时间、地点出售招标文件或资格预审文件。自招标文件或者资格预审文件出售之日起至停止出售之日止,最短不得少于5日。

3. 招标文件的疑问、澄清及修改

对于潜在投标人在阅读招标文件和现场踏勘中提出的疑问,招标人可以书面形式或召开投标预备会的方式解答,但需同时将解答以书面方式通知所有购买招标文件的潜在投标人。该解答的内容为招标文件的组成部分。

投标人应仔细阅读和检查招标文件的全部内容。如发现缺页或附件不全,应及时向招标人提出,以便补齐。如有疑问,应在投标截止时间17天前以书面形式提出澄清申请,要求招标人对招标文件予以澄清。招标文件的澄清将在投标截止时间15天前,以书面形式通知所有购买招标文件的投标人,但不指明澄清问题的来源。如果澄清通知发出的时间距投标截止时间不足15天,投标截止时间应相应延长。投标人在收到澄清通知后,应在1天内以书面形式告知招标人,确认已收到该澄清通知。

在投标截止时间15天前,招标人可以书面形式修改招标文件,并通知所有已购买招标文件的投标人。如果修改招标文件的时间距投标截止时间不足15天,相应延长投标截止时间。投标人收到修改通知后,应在1天内以书面形式告知招标人,确认已收到该修改通知。

4. 招标文件(资格预审文件)异议处理

潜在投标人或者其他利害关系人对资格预审文件有异议的,应当在提交资格预审申请文件截止时间2日前提出;对招标文件有异议的,应当在投标截止时间10日前提出。招标人应当自收到异议之日起3日内作出答复;作出答复前,应当暂停招标投标活动。

5. 投标有效期

招标文件应当规定一个适当的投标有效期,以保证招标人有足够的时间完成评标和与

中标人签订合同。投标有效期从投标人提交投标文件截止之日起计算。在原投标有效期结束前,出现特殊情况的,招标人可以书面形式要求所有投标人延长投标有效期。投标人同意延长的,不得要求或被允许修改其投标文件的实质性内容,但应当相应延长其投标保证金的有效期;投标人拒绝延长的,其投标失效,但投标人有权收回其投标保证金。因延长投标有效期造成投标人损失的,招标人应当给予补偿,但因不可抗力需要延长投标有效期的除外。

6. 重新招标和不再招标

下面以典型例题的形式对重新招标和不再招标的情形进行讲解。

典型例题

【单选题】已经通过审批的水利工程建设项目,重新招标时投标人仍少于3个的,经(　　)批准后可不再进行招标。

A. 地方人民政府　　B. 项目法人

C. 政府监督部门　　D. 项目审查部门

C。【解析】重新招标的情形包括:投标截止时间止,投标人少于3个的;经评标委员会评审后否决所有投标的;评标委员会否决不合格投标或者界定为废标后因有效投标不足3个使得投标明显缺乏竞争,评标委员会决定否决全部投标的;同意延长投标有效期的投标人少于3个的;中标候选人均未与招标人签订合同的。重新招标后,仍出现上述情形之一的,属于必须审批的水利工程建设项目,经政府监督部门批准后不再进行招标。

7. 以不合理条件限制、排斥潜在投标人或投标人的情形

招标人不得以不合理的条件限制、排斥潜在投标人或者投标人。下面以典型例题的形式对其具体情形进行讲解。

典型例题

【案例题】某工程招标文件设定投标最高限价为3 000万元,招标文件中有关投标人资格条件要求如下:

(1)有企业法人地位,注册地不在凤山市的,在凤山市必须成立分公司。

(2)近5年至少有2项类似工程业绩,类似工程指合同额不低于2 500万元的泵站施工(下同)。

【问题】上述资格条件要求是否合理?并说明理由。

【答案】不合理。理由:依法必须进行招标的项目以特定行政区域或者特定行业的业绩、奖项作为加分条件或者中标条件属于以不合理条件限制、排斥潜在投标人或者投标人。

【解析】以不合理条件限制、排斥潜在投标人或者投标人还包括:(1)就同一招标项目向潜在投标人或者投标人提供有差别的项目信息。(2)设定的资格、技术、商务条件与招标项目的具体特点和实际需要不相适应或者与合同履行无关。(3)对潜在投标人或者投标人采取不同的资格审查或者评标标准。(4)限定或者指定特定的专利、商标、品牌、原产地或者供应商。(5)依法必须进行招标的项目非法限定潜在投标人或者投标人的所有制形式或者组织形式。

链接

《招标投标法实施条例》中关于招标的部分规定如下：

(1)招标人可以自行决定是否编制标底。一个招标项目只能有一个标底。标底必须保密。招标人设有最高投标限价的，应当在招标文件中明确最高投标限价或者最高投标限价的计算方法。招标人不得规定最低投标限价。

(2)招标人不得组织单个或者部分潜在投标人踏勘项目现场。

二、施工投标管理

(一)投标人资格要求

1. 投标人应具备的条件

根据《水利水电工程标准施工招标文件》，已进行资格预审的，投标人应是收到招标人发出投标邀请书的单位。未进行资格预审的，投标人应具备承担本标段施工的资质条件、能力和信誉，具体包括资质要求、财务要求、业绩要求、信誉要求、项目经理资格、技术负责人资格及其他要求。

资质要求通常包括资质符合性、资质证书有效性。

链接

2020年12月2日，住房和城乡建设部发布的《住房和城乡建设部关于印发建设工程企业资质管理制度改革方案的通知》中，将10类施工总承包企业特级资质调整为施工综合资质，可承担各行业、各等级施工总承包业务；保留12类施工总承包资质，将民航工程的专业承包资质整合为施工总承包资质；将36类专业承包资质整合为18类；将施工劳务企业资质改为专业作业资质，由审批制改为备案制。综合资质和专业作业资质不分等级；施工总承包资质、专业承包资质等级原则上压减为甲、乙两级(部分专业承包资质不分等级)，其中，施工总承包甲级资质在本行业内承揽业务规模不受限制。

业绩要求通常指相似工程的业绩，包括结构、规模、功能、造价等。填报“近5年完成的类似项目情况表”应附中标通知书、合同协议书、合同工程完工证书(工程竣工证书副本)、工程接收证书(工程竣工验收证书)的复印件。

信誉要求通常指信用等级。水利建设市场主体信用等级分为AAA，AA，A，B和C三等五级，各信用等级对应的综合得分 X 分别为：AAA级，90分≤X≤100分，信用很好；AA级，80分≤X<90分，信用良好；A级，70分≤X<80分，信用较好；B级，60分≤X<70分，信用一般；C级，X<60分，信用较差。

项目经理资格通常指资格条件，包括具有二级及以上水利水电工程注册建造师证书；在“信用中国”及各有关部门网站中经查询没有因行贿、严重违法失信被限制投标或从业等惩戒行为；没有在建工程；有一定数量的类似工程业绩，且已通过合同工程完工验收；具备有效的B类安全生产考核合格证书。

2. 投标人不得存在的情形

投标人不得存在下列情形之一：

(1)为招标人不具有独立法人资格的附属机构(单位)。

(2)为本标段前期准备提供设计或咨询服务的,但设计施工总承包的除外。

(3)为本标段的监理人。

(4)为本标段的代建人。

(5)为本标段提供招标代理服务的。

(6)与本标段的监理人或代建人或招标代理机构同为一个法定代表人的。

(7)与本标段的监理人或代建人或招标代理机构相互控股或参股的。

(8)与本标段的监理人或代建人或招标代理机构相互任职或工作的。

(9)被责令停业的。

(10)被暂停或取消投标资格的。

(11)财产被接管或冻结的。

(12)在最近3年内有骗取中标或严重违约或重大工程质量问题的。

(二)投标文件要求

1. 投标文件的组成

投标文件应包括下列内容:

(1)投标函及投标函附录。

(2)法定代表人身份证明或附有法定代表人身份证明的授权委托书。

(3)联合体协议书。

(4)投标保证金。

(5)已标价工程量清单。

(6)施工组织设计。

(7)项目管理机构。

(8)拟分包项目情况表。

(9)资格审查资料。

(10)投标人须知前附表规定的其他材料。

投标人须知前附表规定不接受联合体投标的,或投标人没有组成联合体的,投标文件不包括上述第(3)项所指的联合体协议书。

2. 投标保证金

投标人在递交投标文件的同时,应按投标人须知前附表规定的金额、担保形式和《水利水电工程标准施工招标文件》规定的投标保证金格式递交投标保证金,并作为其投标文件的组成部分。联合体投标的,其投标保证金由牵头人递交,并应符合投标人须知前附表的规定。

投标人不按上述要求提交投标保证金的,其投标文件作无效标处理。

招标人与中标人签订合同后5个工作日内,向未中标的投标人和中标人退还投标保证金。

有下列情形之一的,投标保证金将不予退还:

(1)投标人在规定的投标有效期内撤销或修改其投标文件。

(2)中标人在收到中标通知书后,无正当理由拒签合同协议书或未按招标文件规定提交履约担保。

3. 投标文件的编制

投标文件应当对招标文件有关工期、投标有效期、质量要求、技术标准和要求、招标范围等实质性内容作出响应。

投标文件应采用不褪色的材料书写或打印。投标文件正本除封面、封底、目录、分隔页外，其余每一页均应加盖投标人单位公章，并由投标人的法定代表人或其委托代理人签字。已标价的工程量清单还应加盖注册水利工程造价工程师执业印章。投标文件应尽量避免涂改、行间插字或删除。如果出现上述情况，修改之处应加盖投标人单位公章或由投标人的法定代表人或其委托代理人签字确认。

投标文件正本 1 份，副本 4 份。正本和副本的封面上应清楚地标记“正本”或“副本”的字样。当副本和正本不一致时，以正本为准。

投标文件的正本与副本应采用 A4 纸印刷（图表页可例外），分别装订成册，编制目录和页码，并不得采用活页装订。

链接

《招标投标法实施条例》中关于投标的部分规定如下：

未通过资格预审的申请人提交的投标文件，以及逾期送达或者不按照招标文件要求密封的投标文件，招标人应当拒收。

三、施工开标管理

（一）开标时间和地点

招标人在规定的投标截止时间（开标时间）和投标人须知前附表规定的地点公开开标，并邀请所有投标人的法定代表人或其委托代理人准时参加。投标人的法定代表人或其委托代理人未参加开标会的，招标人可将其投标文件按无效标处理。

（二）开标程序

主持人按下列程序进行开标：

（1）宣布开标纪律。

（2）公布在投标截止时间前递交投标文件的投标人名称，并确认投标人法定代表人或其委托代理人是否在场。

（3）宣布主持人、开标人、唱标人、记录人、监标人等有关人员姓名。

（4）除投标人须知前附表另有约定外，由投标人推荐的代表检查投标文件的密封情况。

（5）宣布投标文件开启顺序：按递交投标文件的先后顺序的逆序。

（6）设有标底的，公布标底。

（7）按照宣布的开标顺序当众开标，公布投标人名称、标段名称、投标保证金的递交情况、投标报价、质量目标、工期及其他招标文件规定开标时公布的内容，并进行文字记录。

（8）主持人、开标人、唱标人、记录人、监标人、投标人的法定代表人或其委托代理人等有关人员在开标记录上签字确认。

（9）开标结束。

四、施工评标管理

（一）评标委员会

评标由招标人依法组建的评标委员会负责。评标委员会由招标人或其委托的招标代理机构熟悉相关业务的代表，以及有关技术、经济等方面的专家组成。

（二）评标原则

评标活动遵循公平、公正、科学和择优的原则。

（三）评标要求

评标委员会可以书面方式要求投标人对投标文件中含义不明确、对同类问题表述不一致或者有明显文字和计算错误的内容作必要的澄清、说明或补正。评标委员会不得向投标人提出带有暗示性或诱导性的问题，或向其明确投标文件中的遗漏和错误。

评标委员会在对实质上响应招标文件要求的投标进行报价评估时，除招标文件另有约定外，应当按下述原则进行修正：

（1）用数字表示的数额与用文字表示的数额不一致时，以文字数额为准。

（2）单价与工程量的乘积与总价之间不一致时，以单价为准。若单价有明显的小数点错位，应以总价为准，并修改单价。

评标委员会完成评标后，应向招标人提出书面评标报告。评标报告由评标委员会全体成员签字。依法必须进行招标的项目，招标人应当自收到评标报告之日起 3 日内公示中标候选人，公示期不得少于 3 日。投标人或者其他利害关系人对依法必须进行招标的项目的评标结果有异议的，应当在中标候选人公示期间提出。招标人应当自收到异议之日起 3 日内作出答复；作出答复前，应当暂停招标投标活动。中标通知书由招标人发出。

提示

如对招标人的处理结果不满意，投标人可针对评标提出投诉。

评标委员会推荐的中标候选人应当限定在 1 至 3 人，并标明排列顺序。招标人应当接受评标委员会推荐的中标候选人，不得在评标委员会推荐的中标候选人之外确定中标人。

（四）评标办法

1. 经评审的最低投标价法

评标时采用经评审的最低投标价法。评标委员会对满足招标文件实质要求的投标文件，根据规定的量化因素及量化标准进行价格折算，按照经评审的投标价由低到高的顺序推荐中标候选人，或根据招标人授权直接确定中标人，但投标报价低于其成本的除外。经评审的投标价相等时，投标报价低的优先；投标报价也相等的，由招标人自行确定。

（1）评审标准。

①初步评审标准。

a. 形式评审标准。投标人名称应与营业执照、资质证书、安全生产许可证一致；投标文件的签字盖章符合“投标人须知”规定；投标文件格式符合“投标文件格式”的要求；联合体投标人应提交联合体协议书，并明确联合体牵头人；只能有一个报价；投标文件的正本、副本数量符合“投标人须知”规定；投标文件的印刷与装订符合“投标人须知”规定。

b. 资格评审标准（适用于未进行资格预审的）。具备有效的营业执照；具备有效的安全生产许可证;具备有效的资质证书且资质等级符合“投标人须知”规定;财务状况符合“投标人须知”规定;业绩符合“投标人须知”规定;信誉符合“投标人须知”规定;项目经理资格符合“投标人须知”规定;联合体投标人符合“投标人须知”规定;企业主要负责人具备有效的安全生产考核合格证书;技术负责人资格符合“投标人须知”规定;委托代理人、安全管理人员(专职安全生产管理人员)、质量管理人员、财务负责人应是投标人本单位人员,其中安全管理人员(专职安全生产管理人员)具备有效的安全生产考核合格证书。

c. 响应性评审标准。投标范围符合“投标人须知”规定;计划工期符合“投标人须知”规定;工程质量符合“投标人须知”规定;投标有效期符合“投标人须知”规定;投标保证金符合“投标人须知”规定;权利义务符合“合同条款及格式”规定的权利义务;已标价工程量清单符合“工程量清单”的有关要求;技术标准和要求符合“技术标准和要求”的规定。

d. 施工组织设计和项目管理机构评审标准。

②详细评审标准。

其量化因素有单价遗漏、付款条件等。

(2)评标程序。

①初步评审。评标委员会可以要求投标人提交“投标人须知”规定的有关证明和证件的原件,以便核验。评标委员会依据规定的标准对投标文件进行初步评审。有一项不符合评审标准的,作废标处理。(适用于未进行资格预审的)

评标委员会依据规定的标准对投标文件进行初步评审。有一项不符合评审标准的,作废标处理。当投标人资格预审申请文件的内容发生重大变化时,评标委员会依据规定的标准对其更新资料进行评审。(适用于已进行资格预审的)

②详细评审。评标委员会发现投标人的报价明显低于其他投标报价,或者在设有标底时明显低于标底,使得其投标报价可能低于其成本的,应当要求该投标人作出书面说明并提供相应的证明材料。投标人不能合理说明或者不能提供相应证明材料的,由评标委员会认定该投标人以低于成本报价竞标,其投标作废标处理。

③投标文件的澄清和补正。在评标过程中,评标委员会可以书面形式要求投标人对所提交的投标文件中不明确的内容进行书面澄清或说明,或者对细微偏差进行补正。评标委员会不接受投标人主动提出的澄清、说明或补正。澄清、说明和补正不得改变投标文件的实质性内容(算术性错误修正的除外)。投标人的书面澄清、说明和补正属于投标文件的组成部分。评标委员会对投标人提交的澄清、说明或补正有疑问的,可以要求投标人进一步澄清、说明或补正,直至满足评标委员会的要求。

2. 综合评估法

评标时采用综合评估法。评标委员会对满足招标文件实质性要求的投标文件,按照规定的评分标准进行打分,并按得分由高到低顺序推荐中标候选人,或根据招标人授权直接确定中标人,但投标报价低于其成本的除外。综合评分相等时,以投标报价低的优先;投标报价也相等的,由招标人自行确定。

(1)评审标准。

①初步评审标准。包括形式评审标准、资格评审标准、响应性评审标准,其内容与经评审的最低投标价法基本一致。

②评细评审分值构成。包括施工组织设计、项目管理机构、投标报价、其他评分因素(如

投标人综合实力)。

采用有效报价的平均数确定评标基准价(适用于招标人不提供标底的):

$$S=\begin{cases}\dfrac{a_1+a_2+\cdots+a_n-M-N}{n-2} & (n\geqslant 5)\\ \dfrac{a_1+a_2+\cdots+a_n}{n} & (n\leqslant 4)\end{cases}$$

式中 S——评标基准价;

a_i——投标人的有效报价($i=1,2,\cdots,n$),有效报价约定见评标办法前附表;

n——有效报价的投标人个数;

M——最高的投标人有效报价;

N——最低的投标人有效报价。

采用复合标底确定评标基准价(适用于招标人提供标底的):

$$S=T\times A+\frac{a_1+a_2+\cdots+a_n}{n}\times(1-A)$$

式中 S——评标基准价;

a_i——投标人的有效报价($i=1,2,\cdots,n$),有效报价约定见评标办法前附表;

T——招标人标底;

A——招标人标底在评标基准价中所占的权重,权重约定见评标办法前附表;

n——有效报价的投标人个数。

投标报价的偏差率计算方法:

$$偏差率=\frac{投标人报价-评标基准价}{评标基准价}\times 100\%$$

(2)评标程序。综合评估法的评标程序与经评审的最低投标价法基本一致。

提示

上述两种水利工程施工招标评标办法中,施工招标一般采用后者。

五、招投标的相关法律规定

(一)电子招投标规定

《电子招标投标办法》第二条规定,本办法所称电子招标投标活动是指以数据电文形式,依托电子招标投标系统完成的全部或者部分招标投标交易、公共服务和行政监督活动。数据电文形式与纸质形式的招标投标活动具有同等法律效力。

第三条规定,电子招标投标系统根据功能的不同,分为交易平台、公共服务平台和行政监督平台。交易平台是以数据电文形式完成招标投标交易活动的信息平台。公共服务平台是满足交易平台之间信息交换、资源共享需要,并为市场主体、行政监督部门和社会公众提供信息服务的信息平台。行政监督平台是行政监督部门和监察机关在线监督电子招标投标活动的信息平台。

第十六条规定,招标人或者其委托的招标代理机构应当在其使用的电子招标投标交易平台注册登记，选择使用除招标人或招标代理机构之外第三方运营的电子招标投标交易平台的，还应当与电子招标投标交易平台运营机构签订使用合同，明确服务内容、服务质量、服务费用等权利和义务，并对服务过程中相关信息的产权归属、保密责任、存档等依法作出约定。电子招标投标交易平台运营机构不得以技术和数据接口配套为由，要求潜在投标人购买指定的工具软件。

第二十一条规定，在投标截止时间前，电子招标投标交易平台运营机构不得向招标人或者其委托的招标代理机构以外的任何单位和个人泄露下载资格预审文件、招标文件的潜在投标人名称、数量以及可能影响公平竞争的其他信息。

第二十二条规定，招标人对资格预审文件、招标文件进行澄清或者修改的，应当通过电子招标投标交易平台以醒目的方式公告澄清或者修改的内容，并以有效方式通知所有已下载资格预审文件或者招标文件的潜在投标人。

第二十七条规定，投标人应当在投标截止时间前完成投标文件的传输递交，并可以补充、修改或者撤回投标文件。投标截止时间前未完成投标文件传输的，视为撤回投标文件。投标截止时间后送达的投标文件，电子招标投标交易平台应当拒收。电子招标投标交易平台收到投标人送达的投标文件，应当即时向投标人发出确认回执通知，并妥善保存投标文件。在投标截止时间前，除投标人补充、修改或者撤回投标文件外，任何单位和个人不得解密、提取投标文件。

（二）招投标领域营商环境专项整治工作规定

2019 年 8 月 20 日，国家发展改革委办公厅等部门联合发布的《工程项目招投标领域营商环境专项整治工作方案》提出，根据《招标投标法》《招标投标法实施条例》等有关规定，清理、排查、纠正在招投标法规政策文件、招标公告、投标邀请书、资格预审公告、资格预审文件、招标文件以及招投标实践操作中，对不同所有制企业设置的各类不合理限制和壁垒。

（三）建立健全招标投标领域优化营商环境长效机制规定

2021 年 2 月 25 日，国家发展改革委等部门联合发布了《关于建立健全招标投标领域优化营商环境长效机制的通知》，就建立健全招标投标领域优化营商环境长效机制有关要求通知如下：充分认识建立健全招标投标领域优化营商环境长效机制的重要性；严格规范地方招标投标制度规则制定活动；加大地方招标投标制度规则清理整合力度；全面推行“双随机一公开”监管模式；畅通招标投标异议、投诉渠道；建立营商环境问题线索和意见建议常态化征集机制；落实地方主体责任。

（四）公平竞争审查制度规定

《公平竞争审查制度实施细则》第二条规定，行政机关以及法律、法规授权的具有管理公共事务职能的组织（以下统称政策制定机关），在制定市场准入和退出、产业发展、招商引资、招标投标、政府采购、经营行为规范、资质标准等涉及市场主体经济活动的规章、规范性文件、其他政策性文件以及“一事一议”形式的具体政策措施（以下统称政策措施）时，应当进行公平竞争审查，评估对市场竞争的影响，防止排除、限制市场竞争。经公平竞争审查认为不具有排除、限制竞争效果或者符合例外规定的，可以实施；具有排除、限制竞争效果且不符合例外规定的，应当不予出台或者调整至符合相关要求后出台；未经公平竞争审查的，不得出台。

第五条规定，政策制定机关应当建立健全公平竞争内部审查机制，明确审查机构和程序，可以由政策制定机关的具体业务机构负责，也可以采取内部特定机构统一审查或者由具体业务机构初审后提交特定机构复核等方式。

第十三条规定,市场准入和退出标准。

(1)不得设置不合理或者歧视性的准入和退出条件,包括但不限于:

①设置明显不必要或者超出实际需要的准入和退出条件,排斥或者限制经营者参与市场竞争。

②没有法律、行政法规或者国务院规定依据,对不同所有制、地区、组织形式的经营者实施不合理的差别化待遇,设置不平等的市场准入和退出条件。

③没有法律、行政法规或者国务院规定依据,以备案、登记、注册、目录、年检、年报、监制、认定、认证、认可、检验、监测、审定、指定、配号、复检、复审、换证、要求设立分支机构以及其他任何形式,设定或者变相设定市场准入障碍。

④没有法律、行政法规或者国务院规定依据,对企业注销、破产、挂牌转让、搬迁转移等设定或者变相设定市场退出障碍。

⑤以行政许可、行政检查、行政处罚、行政强制等方式,强制或者变相强制企业转让技术,设定或者变相设定市场准入和退出障碍。

(2)未经公平竞争不得授予经营者特许经营权,包括但不限于:

①在一般竞争性领域实施特许经营或者以特许经营为名增设行政许可。

②未明确特许经营权期限或者未经法定程序延长特许经营权期限。

③未依法采取招标、竞争性谈判等竞争方式,直接将特许经营权授予特定经营者。

④设置歧视性条件,使经营者无法公平参与特许经营权竞争。

(3)不得限定经营、购买、使用特定经营者提供的商品和服务,包括但不限于:

①以明确要求、暗示、拒绝或者拖延行政审批、重复检查、不予接入平台或者网络、违法违规给予奖励补贴等方式,限定或者变相限定经营、购买、使用特定经营者提供的商品和服务。

②在招标投标、政府采购中限定投标人所在地、所有制形式、组织形式,或者设定其他不合理的条件排斥或者限制经营者参与招标投标、政府采购活动。

③没有法律、行政法规或者国务院规定依据,通过设置不合理的项目库、名录库、备选库、资格库等条件,排斥或限制潜在经营者提供商品和服务。

(4)不得设置没有法律、行政法规或者国务院规定依据的审批或者具有行政审批性质的事前备案程序,包括但不限于:

①没有法律、行政法规或者国务院规定依据,增设行政审批事项,增加行政审批环节、条件和程序。

②没有法律、行政法规或者国务院规定依据,设置具有行政审批性质的前置性备案程序。

(5)不得对市场准入负面清单以外的行业、领域、业务等设置审批程序,主要指没有法律、行政法规或者国务院规定依据,采取禁止进入、限制市场主体资质、限制股权比例、限制经营范围和商业模式等方式,限制或者变相限制市场准入。

第十四条规定,商品和要素自由流动标准。

(1)不得对外地和进口商品、服务实行歧视性价格和歧视性补贴政策,包括但不限于:

①制定政府定价或者政府指导价时,对外地和进口同类商品、服务制定歧视性价格。

②对相关商品、服务进行补贴时,对外地同类商品、服务,国际经贸协定允许外的进口同类商品以及我国作出国际承诺的进口同类服务不予补贴或者给予较低补贴。

(2)不得限制外地和进口商品、服务进入本地市场或者阻碍本地商品运出、服务输出,包括但不限于:

①对外地商品、服务规定与本地同类商品、服务不同的技术要求、检验标准,或者采取重复检验、重复认证等歧视性技术措施。

②对进口商品规定与本地同类商品不同的技术要求、检验标准,或者采取重复检验、重复认证等歧视性技术措施。

③没有法律、行政法规或者国务院规定依据,对进口服务规定与本地同类服务不同的技术要求、检验标准,或者采取重复检验、重复认证等歧视性技术措施。

④设置专门针对外地和进口商品、服务的专营、专卖、审批、许可、备案,或者规定不同的条件、程序和期限等。

⑤在道路、车站、港口、航空港或者本行政区域边界设置关卡,阻碍外地和进口商品、服务进入本地市场或者本地商品运出和服务输出。

⑥通过软件或者互联网设置屏蔽以及采取其他手段,阻碍外地和进口商品、服务进入本地市场或者本地商品运出和服务输出。

(3)不得排斥或者限制外地经营者参加本地招标投标活动。下面以典型例题的形式对其具体情形进行讲解。

典型例题

【多选题】根据《国务院关于在市场体系建设中建立公平竞争审查制度的意见》,下列行为中,属于排斥外地经营者参加本地投标活动的有(　　)。

A. 限定个人只能购买本地企业的服务

B. 在边界设置关卡,阻碍本地产品运出

C. 不依法及时发布招标信息

D. 直接拒绝外地经营者参加本地投标

E. 限制外地经营者在本地设立分支机构

CD。【解析】除选项 C,D 外,排斥或者限制外地经营者参加本地投标活动的情形还包括:(1)不依法有效、完整地发布招标信息。(2)对外地经营者设定歧视性的资质资格要求或者评标评审标准。(3)将经营者在本地区的业绩、所获得的奖项荣誉作为投标条件、加分条件、中标条件或者用于评价企业信用等级,限制或者变相限制外地经营者参加本地招标投标活动。(4)没有法律、行政法规或者国务院规定依据,要求经营者在本地注册设立分支机构,在本地拥有一定办公面积,在本地缴纳社会保险等,限制或者变相限制外地经营者参加本地招标投标活动。(5)通过设定与招标项目的具体特点和实际需要不相适应或者与合同履行无关的资格、技术和商务条件,限制或者变相限制外地经营者参加本地招标投标活动。

(4)不得排斥、限制或者强制外地经营者在本地投资或者设立分支机构,包括但不限于:

①直接拒绝外地经营者在本地投资或者设立分支机构。

②没有法律、行政法规或者国务院规定依据,对外地经营者在本地投资的规模、方式以及设立分支机构的地址、模式等进行限制。

③没有法律、行政法规或者国务院规定依据，直接强制外地经营者在本地投资或者设立分支机构。

④没有法律、行政法规或者国务院规定依据，将在本地投资或者设立分支机构作为参与本地招标投标、享受补贴和优惠政策等的必要条件，变相强制外地经营者在本地投资或者设立分支机构。

(5)不得对外地经营者在本地的投资或者设立的分支机构实行歧视性待遇，侵害其合法权益，包括但不限于：

①对外地经营者在本地的投资不给予与本地经营者同等的政策待遇。

②对外地经营者在本地设立的分支机构在经营规模、经营方式、税费缴纳等方面规定与本地经营者不同的要求。

③在节能环保、安全生产、健康卫生、工程质量、市场监管等方面，对外地经营者在本地设立的分支机构规定歧视性监管标准和要求。

提示

影响生产经营成本标准和影响生产经营行为标准的具体内容可参考《公平竞争审查制度实施细则》进行学习。

2F320050 水利水电工程施工合同管理

一、施工合同管理的一般规定

(一)施工合同文件的构成

1. 词语定义

合同文件(或称合同)：指合同协议书、中标通知书、投标函及投标函附录、专用合同条款、通用合同条款、技术标准和要求、图纸、已标价工程量清单，以及其他合同文件。

中标通知书：指发包人通知承包人中标的函件。

投标函：指构成合同文件组成部分的由承包人填写并签署的投标函。

投标函附录：指附在投标函后构成合同文件的投标函附录。

技术标准和要求：指构成合同文件组成部分的名为技术标准和要求(合同技术条款)的文件，包括合同双方当事人约定对其所作的修改或补充。

图纸：指列入合同的招标图纸、投标图纸和发包人按合同约定向承包人提供的施工图纸和其他图纸(包括配套说明和有关资料)。

已标价工程量清单：指构成合同文件组成部分的由承包人按照规定的格式和要求填写并标明价格的工程量清单。

其他合同文件：指经合同双方当事人确认构成合同文件的其他文件。

2. 合同文件的优先顺序

组成合同的各项文件应互相解释，互为说明。除专用合同条款另有约定外，解释合同文件的优先顺序如下：

(1)合同协议书。

(2)中标通知书。
(3)投标函及投标函附录。
(4)专用合同条款。
(5)通用合同条款。
(6)技术标准和要求。
(7)图纸。
(8)已标价工程量清单。
(9)其他合同文件。

3. 合同协议书

承包人按中标通知书规定的时间与发包人签订合同协议书。除法律另有规定或合同另有约定外,发包人和承包人的法定代表人或其委托代理人在合同协议书上签字并盖单位章后,合同生效。

(二)《民法典》关于建设工程合同管理的规定

建设工程合同是承包人进行工程建设,发包人支付价款的合同。建设工程合同包括工程勘察、设计、施工合同。

建设工程合同应当采用书面形式。

发包人可以与总承包人订立建设工程合同,也可以分别与勘察人、设计人、施工人订立勘察、设计、施工承包合同。发包人不得将应当由一个承包人完成的建设工程支解成若干部分发包给数个承包人。总承包人或者勘察、设计、施工承包人经发包人同意,可以将自己承包的部分工作交由第三人完成。第三人就其完成的工作成果与总承包人或者勘察、设计、施工承包人向发包人承担连带责任。承包人不得将其承包的全部建设工程转包给第三人或者将其承包的全部建设工程支解以后以分包的名义分别转包给第三人。禁止承包人将工程分包给不具备相应资质条件的单位。禁止分包单位将其承包的工程再分包。建设工程主体结构的施工必须由承包人自行完成。

勘察、设计合同的内容一般包括提交有关基础资料和概预算等文件的期限、质量要求、费用以及其他协作条件等条款。

施工合同的内容一般包括工程范围、建设工期、中间交工工程的开工和竣工时间、工程质量、工程造价、技术资料交付时间、材料和设备供应责任、拨款和结算、竣工验收、质量保修范围和质量保证期、相互协作等条款。

建设工程实行监理的,发包人应当与监理人采用书面形式订立委托监理合同。发包人与监理人的权利和义务以及法律责任,应当依照《民法典》第三编委托合同以及其他有关法律、行政法规的规定。

二、发包人、监理人、承包人的义务和责任

(一)发包人

发包人的义务如下:

(1)遵守法律。发包人在履行合同过程中应遵守法律,并保证承包人免于承担因发包人违反法律而引起的任何责任。

(2)发出开工通知。发包人应委托监理人按约定向承包人发出开工通知。

(3)提供施工场地。发包人应在合同双方签订合同协议书后的14天内,将本合同工程的施工场地范围图提交给承包人。发包人提供的施工场地范围图应标明场地范围内永久占地与临时占地的范围和界限,以及指明提供给承包人用于施工场地布置的范围和界限及其有关资料。发包人提供的施工用地范围在专用合同条款中约定。除专用合同条款另有约定外,发包人应按技术标准和要求(合同技术条款)的约定,向承包人提供施工场地内的工程地质图纸和报告,以及地下障碍物图纸等施工场地有关资料,并保证资料的真实、准确、完整。

(4)协助承包人办理证件和批件。发包人应协助承包人办理法律规定的有关施工证件和批件。

(5)组织设计交底。发包人应根据合同进度计划,组织设计单位向承包人进行设计交底。

(6)支付合同价款。发包人应按合同约定向承包人及时支付合同价款。

(7)组织竣工验收(组织法人验收)。发包人应按合同约定及时组织法人验收。

(8)其他义务。其他义务在专用合同条款中补充约定。

(二)监理人

1.监理人的职责和权力

监理人受发包人的委托,享有合同约定的权力。监理人的权力范围在专用合同条款中约定。当监理人认为出现了危及生命、工程或毗邻财产等安全的紧急事件时,在不免除合同约定的承包人责任的情况下,监理人可以指示承包人实施为消除或减少这种危险所必须进行的工作,即使没有发包人的事先批准,承包人也应立即遵照执行。监理人应按约定增加相应的费用,并通知承包人。

监理人发出的任何指示应视为已得到发包人的批准,但监理人无权免除或变更合同约定的发包人和承包人的权利、义务和责任。

合同约定应由承包人承担的义务和责任,不因监理人对承包人提交文件的审查或批准,对工程、材料和设备的检查和检验,以及为实施监理作出的指示等职务行为而减轻或解除。

2.总监理工程师

发包人应在发出开工通知前将总监理工程师的任命通知承包人。总监理工程师更换时,应在调离14天前通知承包人。总监理工程师短期离开施工场地的,应委派代表代行其职责,并通知承包人。

3.监理人员

总监理工程师可以授权其他监理人员负责执行其指派的一项或多项监理工作。总监理工程师应将被授权监理人员的姓名及其授权范围通知承包人。被授权的监理人员在授权范围内发出的指示视为已得到总监理工程师的同意,与总监理工程师发出的指示具有同等效力。总监理工程师撤销某项授权时,应将撤销授权的决定及时通知承包人。

监理人员对承包人的任何工作、工程或其采用的材料和工程设备未在约定的或合理的期限内提出否定意见的,视为已获批准,但不影响监理人在以后拒绝该项工作、工程、材料或工程设备的权利。

承包人对总监理工程师授权的监理人员发出的指示有疑问的,可向总监理工程师提出书面异议,总监理工程师应在48 h内对该指示予以确认、更改或撤销。

除专用合同条款另有约定外，总监理工程师不应将约定应由总监理工程师作出确定的权利授权或委托给其他监理人员。

4. 监理人的指示

监理人应按约定向承包人发出指示，监理人的指示应盖有监理人授权的施工场地机构章，并由总监理工程师或总监理工程师按约定授权的监理人员签字。

承包人收到监理人按规定作出的指示后应遵照执行。指示构成变更的，应按相关规定处理。

在紧急情况下，总监理工程师或被授权的监理人员可以当场签发临时书面指示，承包人应遵照执行。承包人应在收到上述临时书面指示后24 h内，向监理人发出书面确认函。监理人在收到书面确认函后24 h内未予答复的，该书面确认函应被视为监理人的正式指示。

除合同另有约定外，承包人只从总监理工程师或按规定被授权的监理人员处取得指示。

由于监理人未能按合同约定发出指示、指示延误或指示错误而导致承包人费用增加和（或）工期延误的，由发包人承担赔偿责任。

5. 商定或确定

合同约定总监理工程师应按照本款对任何事项进行商定或确定时，总监理工程师应与合同当事人协商，尽量达成一致。不能达成一致的，总监理工程师应认真研究后审慎确定。

总监理工程师应将商定或确定的事项通知合同当事人，并附详细依据。对总监理工程师的确定有异议的，构成争议，按照约定处理。在争议解决前，双方应暂按总监理工程师的确定执行，按照约定对总监理工程师的确定作出修改的，按修改后的结果执行。

（三）承包人

1. 承包人的一般义务

（1）遵守法律。承包人在履行合同过程中应遵守法律，并保证发包人免于承担因承包人违反法律而引起的任何责任。

（2）依法纳税。承包人应按有关法律规定纳税，应缴纳的税金包括在合同价格内。

（3）完成各项承包工作。承包人应按合同约定以及监理人根据规定作出的指示，实施、完成全部工程，并修补工程中的任何缺陷。除另有约定外，承包人应提供为完成合同工作所需的劳务、材料、施工设备、工程设备和其他物品，并按合同约定负责临时设施的设计、建造、运行、维护、管理和拆除。

（4）对施工作业和施工方法的完备性负责。承包人应按合同约定的工作内容和施工进度要求，编制施工组织设计和施工措施计划，并对所有施工作业和施工方法的完备性和安全可靠性负责。

（5）保证工程施工和人员的安全。承包人应按约定采取施工安全措施，确保工程及其人员、材料、设备和设施的安全，防止因工程施工造成的人身伤害和财产损失。

（6）负责施工场地及其周边环境与生态的保护工作。承包人应按照约定负责施工场地及其周边环境与生态的保护工作。

（7）避免施工对公众与他人的利益造成损害。承包人在进行合同约定的各项工作时，不得侵害发包人与他人使用公用道路、水源、市政管网等公共设施的权利，避免对邻近的公共设施产生干扰。承包人占用或使用他人的施工场地，影响他人作业或生活的，应承担相应责任。

（8）为他人提供方便。承包人应按监理人的指示为他人在施工场地或附近实施与工程有关的其他各项工作提供可能的条件。除合同另有约定外，提供有关条件的内容和可能发生的费用，由监理人按规定商定或确定。

(9)工程的维护和照管。除合同另有约定外，合同工程完工证书颁发前，承包人应负责照管和维护工程。合同工程完工证书颁发时尚有部分未完工程的，承包人还应负责该未完工程的照管和维护工作，直至完工后移交给发包人为止。

(10)其他义务。其他义务在专用合同条款中补充约定。

2. 履约担保

承包人应保证其履约担保在发包人颁发合同工程完工证书前一直有效。发包人应在合同工程完工证书颁发后28天内将履约担保退还给承包人。

3. 分包

承包人不得将其承包的全部工程转包给第三人，或将其承包的全部工程肢解后以分包的名义转包给第三人。

承包人不得将工程主体、关键性工作分包给第三人。除专用合同条款另有约定外，未经发包人同意，承包人不得将工程的其他部分或工作分包给第三人。

4. 承包人项目经理

承包人应按合同约定指派项目经理，并在约定的期限内到职。

下面以典型例题的形式对承包人项目经理的其他规定进行讲解。

典型例题

【案例题】发包人与承包人依据《水利水电工程标准施工招标文件》签订了河道整治工程施工合同。施工过程中，项目经理因故要短期离开施工现场，事前履行了相关手续。

【问题】说明项目经理离开现场前要履行什么手续？

【答案】承包人项目经理短期离开施工场地，应事先征得监理人同意，并派代表行使其职责。

【案例题】某新建泵站施工中，为加强项目部管理，承包人提出更换项目经理并按合同约定的要求履行了相关手续。承包人于2022年2月25日更换了项目经理。

【问题】承包人更换项目经理应办理哪些手续？

【答案】承包人更换项目经理应事先征得发包人同意，并应在更换14天前通知发包人和监理人。

【解析】承包人项目经理除遵守上述短期离开与更换的规定外，还应遵守下列规定：(1)在情况紧急且无法与监理人取得联系时，可采取保证工程和人员生命财产安全的紧急措施，并在采取措施后24 h内向监理人提交书面报告。(2)承包人项目经理可以授权其下属人员履行其某项职责，但事先应将这些人员的姓名和授权范围通知监理人。

5. 承包人人员的管理

承包人应在接到开工通知后28天内，向监理人提交承包人在施工场地的管理机构以及人员安排的报告，其内容应包括管理机构的设置、各主要岗位的技术和管理人员名单及其资格，以及各工种技术工人的安排状况。承包人应向监理人提交施工场地人员变动情况的报告。

特殊岗位的工作人员均应持有相应的资格证明，监理人有权随时检查。监理人认为有必要时，可进行现场考核。

6. 撤换承包人项目经理和其他人员

承包人应对其项目经理和其他人员进行有效管理。监理人要求撤换不能胜任本职工作、行为不端或玩忽职守的承包人项目经理和其他人员的，承包人应予以撤换。

7. 保障承包人人员的合法权益

承包人应与其雇佣的人员签订劳动合同，并按时发放工资。

承包人应按劳动法的规定安排工作时间，保证其雇佣人员享有休息和休假的权利。因工程施工的特殊需要占用休假日或延长工作时间的，应不超过法律规定的限度，并按法律规定给予补休或付酬。

8. 工程价款应专款专用

发包人按合同约定支付给承包人的各项价款应专用于合同工程。

9. 承包人现场查勘

发包人应将其持有的现场地质勘探资料、水文气象资料提供给承包人，并对其准确性负责。但承包人应对其阅读上述有关资料后所作出的解释和推断负责。

承包人应对施工场地和周围环境进行查勘，并收集有关地质、水文、气象条件、交通条件、风俗习惯以及其他为完成合同工作有关的当地资料。在全部合同工作中，应视为承包人已充分估计了应承担的责任和风险。

10. 不利物质条件

除专用合同条款另有约定外，不利物质条件是指在施工中遭遇不可预见的外界障碍或自然条件造成施工受阻。

承包人遇到不利物质条件时，应采取适应不利物质条件的合理措施继续施工，并及时通知监理人。承包人应有权根据相关约定，要求延长工期及增加费用。监理人收到此类要求后，应在分析上述外界障碍或自然条件是否不可预见及不可预见程度的基础上，按照通用合同条款的约定办理。

三、材料和工程设备

（一）承包人提供的材料和工程设备

除约定由发包人提供的材料和工程设备外，承包人负责采购、运输和保管完成本合同工作所需的材料和工程设备。承包人应对其采购的材料和工程设备负责。

承包人应按专用合同条款的约定，将各项材料和工程设备的供货人及品种、规格、数量和供货时间等报送监理人审批。承包人应向监理人提交其负责提供的材料和工程设备的质量证明文件，并满足合同约定的质量标准。

对承包人提供的材料和工程设备，承包人应会同监理人进行检验和交货验收，查验材料合格证明和产品合格证书，并按合同约定和监理人指示，进行材料的抽样检验和工程设备的检验测试，检验和测试结果应提交监理人，所需费用由承包人承担。

（二）发包人提供的材料和工程设备

发包人提供的材料和工程设备，应在专用合同条款中写明材料和工程设备的名称、规格、数量、价格、交货方式、交货地点和计划交货日期等。

承包人应根据合同进度计划的安排,向监理人报送要求发包人交货的日期计划。发包人应按照监理人与合同双方当事人商定的交货日期,向承包人提交材料和工程设备。

发包人应在材料和工程设备到货 7 天前通知承包人,承包人应会同监理人在约定的时间内,赴交货地点共同进行验收。发包人提供的材料和工程设备运至交货地点验收后,由承包人负责接收、卸货、运输和保管。

发包人要求向承包人提前交货的,承包人不得拒绝,但发包人应承担承包人由此增加的费用。

承包人要求更改交货日期或地点的,应事先报请监理人批准。由于承包人要求更改交货时间或地点所增加的费用和(或)工期延误由承包人承担。

发包人提供的材料和工程设备的规格、数量或质量不符合合同要求,或由于发包人原因发生交货日期延误及交货地点变更等情况的,发包人应承担由此增加的费用和(或)工期延误,并向承包人支付合理利润。

(三)材料和工程设备专用于合同工程

运入施工场地的材料、工程设备,包括备品备件、安装专用工器具与随机资料,必须专用于合同工程,未经监理人同意,承包人不得运出施工场地或挪作他用。

随同工程设备运入施工场地的备品备件、专用工器具与随机资料,应由承包人会同监理人按供货人的装箱单清点后共同封存,未经监理人同意不得启用。承包人因合同工作需要使用上述物品时,应向监理人提出申请。

(四)禁止使用不合格的材料和工程设备

监理人有权拒绝承包人提供的不合格材料或工程设备,并要求承包人立即进行更换。监理人应在更换后再次进行检查和检验,由此增加的费用和(或)工期延误由承包人承担。

监理人发现承包人使用了不合格的材料和工程设备,应即时发出指示要求承包人立即改正,并禁止在工程中继续使用不合格的材料和工程设备。

发包人提供的材料或工程设备不符合合同要求的,承包人有权拒绝,并可要求发包人更换,由此增加的费用和(或)工期延误由发包人承担。

四、施工设备和临时设施

(一)承包人提供的施工设备和临时设施

承包人应按合同进度计划的要求,及时配置施工设备和修建临时设施。进入施工场地的承包人设备需经监理人核查后才能投入使用。承包人更换合同约定的承包人设备的,应报监理人批准。

除专用合同条款另有约定外,承包人应自行承担修建临时设施的费用,需要临时占地的,应由发包人办理申请手续并承担相应费用。

(二)发包人提供的施工设备和临时设施

发包人提供的施工设备或临时设施在专用合同条款中约定。

(三)要求承包人增加或更换施工设备

承包人使用的施工设备不能满足合同进度计划和(或)质量要求时,监理人有权要求承包人增加或更换施工设备,承包人应及时增加或更换,由此增加的费用和(或)工期延误由承包人承担。

（四）施工设备和临时设施专用于合同工程

除合同另有约定外，运入施工场地的所有施工设备以及在施工场地建设的临时设施应专用于合同工程。未经监理人同意，不得将上述施工设备和临时设施中的任何部分运出施工场地或挪作他用。

经监理人同意，承包人可根据合同进度计划撤走闲置的施工设备。

五、测量放线

（一）施工控制网

除专用合同条款另有约定外，施工控制网由承包人负责测设，发包人应在合同协议书签订后的14天内，向承包人提供测量基准点、基准线和水准点及其相关资料。承包人应在收到上述资料后的28天内，将施测的施工控制网资料提交监理人审批。监理人应在收到报批件后的14天内批复承包人。

承包人应负责管理施工控制网点。施工控制网点丢失或损坏的，承包人应及时修复。承包人应承担施工控制网点的管理与修复费用，并在工程竣工后将施工控制网点移交发包人。

（二）施工测量

承包人应负责施工过程中的全部施工测量放线工作，并配置合格的人员、仪器、设备和其他物品。

监理人可以指示承包人进行抽样复测，当复测中发现错误或出现超过合同约定的误差时，承包人应按监理人指示进行修正或补测，并承担相应的复测费用。

（三）基准资料错误的责任

发包人应对其提供的测量基准点、基准线和水准点及其书面资料的真实性、准确性和完整性负责。发包人提供上述基准资料错误导致承包人测量放线工作的返工或造成工程损失的，发包人应当承担由此增加的费用和（或）工期延误，并向承包人支付合理利润。承包人发现发包人提供的上述基准资料存在明显错误或疏忽的，应及时通知监理人。

（四）监理人使用施工控制网

监理人需要使用施工控制网的，承包人应提供必要的协助，发包人不再为此支付费用。

（五）补充地质勘探

在合同实施期间，监理人可以指示承包人进行必要的补充地质勘探和提供有关资料；承包人为本合同永久工程施工的需要进行补充地质勘探时，须经监理人批准，并应向监理人提交有关资料，上述补充勘探的费用由发包人承担。承包人为其临时工程所需进行的补充地质勘探，其费用由承包人承担。

六、进度计划

（一）合同进度计划

承包人应按技术标准和要求（合同技术条款）约定的内容和期限以及监理人的指示，编制详细的施工总进度计划及其说明提交监理人审批。监理人应在技术标准和要求（合同技术条款）约定的期限内批复承包人，否则该进度计划视为已得到批准。经监理人批准的施工进度计划称为合同进度计划，是控制合同工程进度的依据。承包人还应根据合同进度计划，编制更为详细的分阶段或单位工程或分部工程进度计划，报监理人审批。

（二）合同进度计划的修订

不论何种原因造成工程的实际进度与合同进度计划不符时，承包人均应在14天内向监理人提交修订合同进度计划的申请报告，并附有关措施和相关资料，报监理人审批，监理人应在收到申请报告后的14天内批复。当监理人认为需要修订合同进度计划时，承包人应按监理人的指示，在14天内向监理人提交修订的合同进度计划，并附调整计划的相关资料，提交监理人审批。监理人应在收到进度计划后的14天内批复。

不论何种原因造成施工进度延迟，承包人均应按监理人的指示，采取有效措施赶上进度。承包人应在向监理人提交修订合同进度计划的同时，编制一份赶工措施报告提交监理人审批。由于发包人原因造成施工进度延迟，应按发包人的工期延误的约定办理；由于承包人原因造成施工进度延迟，应按承包人的工期延误的约定办理。

（三）单位工程进度计划

监理人认为有必要时，承包人应按监理人指示的内容和期限，并根据合同进度计划的进度控制要求，编制单位工程进度计划，提交监理人审批。

七、开工和竣工（完工）

（一）开工

监理人应在开工日期7天前向承包人发出开工通知。监理人在发出开工通知前应获得发包人同意。工期自监理人发出的开工通知中载明的开工日期起计算。承包人应在开工日期后尽快施工。

承包人应按约定的合同进度计划，向监理人提交工程开工报审表，经监理人审批后执行。开工报审表应详细说明按合同进度计划正常施工所需的施工道路、临时设施、材料设备、施工人员等施工组织措施的落实情况以及工程的进度安排。

若发包人未能按合同约定向承包人提供开工的必要条件，承包人有权要求延长工期。监理人应在收到承包人的书面要求后，按约定与合同双方商定或确定增加的费用和延长的工期。

承包人在接到开工通知后14天内未按进度计划要求及时进场组织施工，监理人可通知承包人在接到通知后7天内提交一份说明其进场延误的书面报告，报送监理人。书面报告应说明不能及时进场的原因和补救措施，由此增加的费用和工期延误责任由承包人承担。

（二）竣工（完工）

承包人应在约定的期限内完成合同工程。合同工程实际完工日期在合同工程完工证书中明确。

（三）发包人的工期延误

在履行合同过程中，由于发包人的下列原因造成工期延误的，承包人有权要求发包人延长工期和（或）增加费用，并支付合理利润。需要修订合同进度计划的，按照约定办理。

（1）增加合同工作内容。

（2）改变合同中任何一项工作的质量要求或其他特性。

（3）发包人迟延提供材料、工程设备或变更交货地点的。

（4）因发包人原因导致的暂停施工。

(5)提供图纸延误。

(6)未按合同约定及时支付预付款、进度款。

(7)发包人造成工期延误的其他原因。

(四)异常恶劣的气候条件

当工程所在地发生危及施工安全的异常恶劣气候时,发包人和承包人应按合同通用合同条款暂停施工的约定,及时采取暂停施工或部分暂停施工措施。异常恶劣气候条件解除后,承包人应及时安排复工。

异常恶劣气候条件造成的工期延误和工程损坏,应由发包人与承包人参照《水利水电工程标准施工招标文件》通用合同条款中的约定协商处理。

合同工程界定异常恶劣气候条件的范围在专用合同条款中约定。

(五)承包人的工期延误

由于承包人原因,未能按合同进度计划完成工作,或监理人认为承包人施工进度不能满足合同工期要求的,承包人应采取措施加快进度,并承担加快进度所增加的费用。由于承包人原因造成工期延误,承包人应支付逾期竣工违约金。逾期竣工违约金的计算方法在专用合同条款中约定。承包人支付逾期竣工违约金,不免除承包人完成工程及修补缺陷的义务。

(六)工期提前

发包人要求承包人提前完工,或承包人提出提前完工的建议能够给发包人带来效益的,应由监理人与承包人共同协商采取加快工程进度的措施和修订合同进度计划。发包人应承担承包人由此增加的费用,并向承包人支付专用合同条款约定的相应奖金。

发包人要求提前完工的,双方协商一致后应签订提前完工协议,协议内容包括:

(1)提前的时间和修订后的进度计划。

(2)承包人的赶工措施。

(3)发包人为赶工提供的条件。

(4)赶工费用(包括利润和奖金)。

八、暂停施工

(一)承包人暂停施工的责任

因下列暂停施工增加的费用和(或)工期延误由承包人承担:

(1)承包人违约引起的暂停施工。

(2)由于承包人原因为工程合理施工和安全保障所必需的暂停施工。

(3)承包人擅自暂停施工。

(4)承包人其他原因引起的暂停施工。

(5)专用合同条款约定由承包人承担的其他暂停施工。

(二)发包人暂停施工的责任

由于发包人原因引起的暂停施工造成工期延误的,承包人有权要求发包人延长工期和(或)增加费用,并支付合理利润。

属于下列任何一种情况引起的暂停施工,均为发包人的责任:

(1)由于发包人违约引起的暂停施工。

(2)由于不可抗力的自然或社会因素引起的暂停施工。

(3)专用合同条款中约定的其他由于发包人原因引起的暂停施工。

(三)监理人暂停施工指示

监理人认为有必要时,可向承包人作出暂停施工的指示,承包人应按监理人指示暂停施工。不论由于何种原因引起的暂停施工,暂停施工期间承包人应负责妥善保护工程并提供安全保障。

由于发包人的原因发生暂停施工的紧急情况,且监理人未及时下达暂停施工指示的,承包人可先暂停施工,并及时向监理人提出暂停施工的书面请求。监理人应在接到书面请求后的 24 h 内予以答复,逾期未答复的,视为同意承包人的暂停施工请求。

(四)暂停施工后的复工

暂停施工后,监理人应与发包人和承包人协商,采取有效措施积极消除暂停施工的影响。当工程具备复工条件时,监理人应立即向承包人发出复工通知。承包人收到复工通知后,应在监理人指定的期限内复工。

承包人无故拖延和拒绝复工的,由此增加的费用和工期延误由承包人承担;因发包人原因无法按时复工的,承包人有权要求发包人延长工期和(或)增加费用,并支付合理利润。

(五)暂停施工持续 56 天以上

监理人发出暂停施工指示后 56 天内未向承包人发出复工通知,除了该项停工属于承包人暂停施工的责任的情况外,承包人可向监理人提交书面通知,要求监理人在收到书面通知后 28 天内准许已暂停施工的工程或其中一部分工程继续施工。如监理人逾期不予批准,则承包人可以通知监理人,将工程受影响的部分视为按规定的可取消工作。如暂停施工影响到整个工程,可视为发包人违约,应按发包人违约的约定办理。

由于承包人责任引起的暂停施工,如承包人在收到监理人暂停施工指示后 56 天内不认真采取有效的复工措施,造成工期延误,可视为承包人违约,应按承包人违约的约定办理。

九、工程质量

(一)工程质量要求

工程质量验收按合同约定验收标准执行。

因承包人原因造成工程质量达不到合同约定验收标准的,监理人有权要求承包人返工直至符合合同要求为止,由此造成的费用增加和(或)工期延误由承包人承担。

因发包人原因造成工程质量达不到合同约定验收标准的,发包人应承担由于承包人返工造成的费用增加和(或)工期延误,并支付承包人合理利润。

(二)承包人的质量管理

承包人应在施工场地设置专门的质量检查机构,配备专职质量检查人员,建立完善的质量检查制度。承包人应按技术标准和要求(合同技术条款)约定的内容和期限,编制工程质量保证措施文件,包括质量检查机构的组织和岗位责任、质量检查人员的组成、质量检查程序和实施细则等,提交监理人审批。监理人应在技术标准和要求(合同技术条款)约定的期限内批复承包人。

承包人应加强对施工人员的质量教育和技术培训,定期考核施工人员的劳动技能,严格执行规范和操作规程。

（三）承包人的质量检查

承包人应按合同约定对材料、工程设备以及工程的所有部位及其施工工艺进行全过程的质量检查和检验，并作详细记录，编制工程质量报表，报送监理人审查。

（四）监理人的质量检查

监理人有权对工程的所有部位及其施工工艺、材料和工程设备进行检查和检验。承包人应为监理人的检查和检验提供方便，包括监理人到施工场地，或制造、加工地点，或合同约定的其他地方进行察看和查阅施工原始记录。承包人还应按监理人指示，进行施工场地取样试验、工程复核测量和设备性能检测，提供试验样品、提交试验报告和测量成果以及监理人要求进行的其他工作。监理人的检查和检验，不免除承包人按合同约定应负的责任。

（五）工程隐蔽部位覆盖前的检查

工程隐蔽部位覆盖前的检查包括通知监理人检查、监理人未到场检查、监理人重新检查、承包人私自覆盖四项内容。下面以典型例题的形式对其具体内容进行讲解。

典型例题

【案例题】某中型水库除险加固工程施工过程中，承包人通知监理单位对防浪墙地基进行检查，监理人员在约定的时间未到达现场，由于工期紧，承包人对防浪墙地基进行了覆盖。

【问题】指出承包人做法的不妥之处，并说明原因。

【答案】不妥之处：承包人对防浪墙地基进行了覆盖。理由：对于工程隐蔽部位，监理人未按约定的时间进行检查的，承包人自行完成覆盖工作后应作相应记录报送监理人签字确认。

【解析】除了上述监理人未到场检查的内容外，其他三项具体内容如下：(1)通知监理人检查：经承包人自检确认的工程隐蔽部位具备覆盖条件后，承包人应通知监理人在约定的期限内检查。承包人的通知应附有自检记录和必要的检查资料。监理人应按时到场检查。经监理人检查确认质量符合隐蔽要求，并在检查记录上签字后，承包人才能进行覆盖。监理人检查确认质量不合格的，承包人应在监理人指示的时间内修整返工后，由监理人重新检查。(2)监理人重新检查：承包人按规定覆盖工程隐蔽部位后，监理人对质量有疑问的，可要求承包人对已覆盖的部位进行钻孔探测或揭开重新检验，承包人应遵照执行，并在检验后重新覆盖恢复原状。经检验证明工程质量符合合同要求的，由发包人承担由此增加的费用和（或）工期延误，并支付承包人合理利润；经检验证明工程质量不符合合同要求的，由此增加的费用和（或）工期延误由承包人承担。(3)承包人私自覆盖：承包人未通知监理人到场检查，私自将工程隐蔽部位覆盖的，监理人有权指示承包人钻孔探测或揭开检查，由此增加的费用和（或）工期延误由承包人承担。

（六）清除不合格工程

承包人使用不合格材料、工程设备，或采用不适当的施工工艺，或施工不当，造成工程不合格的，监理人可以随时发出指示，要求承包人立即采取措施进行补救，直至达到合同要求的质量标准，由此增加的费用和（或）工期延误由承包人承担。

由于发包人提供的材料或工程设备不合格造成的工程不合格，需要承包人采取措施补救的，发包人应承担由此增加的费用和（或）工期延误，并支付承包人合理利润。

（七）质量评定

发包人应组织承包人进行工程项目划分，并确定单位工程、主要分部工程、重要隐蔽单元工程和关键部位单元工程。

工程实施过程中，单位工程、主要分部工程、重要隐蔽单元工程和关键部位单元工程的项目划分需要调整时，承包人应报发包人确认。

承包人应在单元（工序）工程质量自评合格后，报监理人核定质量等级并签证认可。

除专用合同条款另有约定外，承包人应在重要隐蔽单元工程及关键部位单元工程质量自评合格以及监理人抽检后，由监理人组织承包人等单位组成的联合小组，共同检查核定其质量等级并填写签证表。发包人按有关规定完成质量结论报工程质量监督机构核备手续。

承包人应在分部工程质量自评合格后，报监理人复核和发包人认定。发包人负责按有关规定完成分部工程质量结论报工程质量监督机构核备（核定）手续。

承包人应在单位工程质量自评合格后，报监理人复核和发包人认定。发包人负责按有关规定完成单位工程质量结论报工程质量监督机构核定手续。

除专用合同条款另有约定外，工程质量等级分为合格和优良，应分别达到约定的标准。

提示

质量评定的具体内容详见2F320070。

（八）质量事故处理

发生质量事故时，承包人应及时向发包人和监理人报告。

质量事故调查处理由发包人按相关规定履行手续，承包人应配合。

承包人应对质量缺陷进行备案。发包人委托监理人对质量缺陷备案情况进行监督检查并履行相关手续。

除专用合同条款另有约定外，工程竣工验收时，发包人负责向竣工验收委员会汇报并提交历次质量缺陷处理的备案资料。

提示

质量事故处理的相关内容详见2F320060。

十、变更

（一）变更的范围和内容

在履行合同中发生以下情形之一，应按照本款规定进行变更。

（1）取消合同中任何一项工作，但被取消的工作不能转由发包人或其他人实施。

（2）改变合同中任何一项工作的质量或其他特性。

（3）改变合同工程的基线、标高、位置或尺寸。

（4）改变合同中任何一项工作的施工时间或改变已批准的施工工艺或顺序。

（5）为完成工程需要追加的额外工作。

（6）增加或减少专用合同条款中约定的关键项目工程量超过其工程总量的一定数量百分比。

上述第(1)~(6)项的变更内容引起工程施工组织和进度计划发生实质性变动和影响其原定的价格时,才予调整该项目的单价。第(6)项情形下单价调整方式在专用合同条款中约定。

(二)变更权

在履行合同过程中,经发包人同意,监理人可按约定的变更程序向承包人作出变更指示,承包人应遵照执行。没有监理人的变更指示,承包人不得擅自变更。

(三)变更程序

1. 变更的提出

(1)在合同履行过程中,可能发生变更的范围和内容约定情形的,监理人可向承包人发出变更意向书。变更意向书应说明变更的具体内容和发包人对变更的时间要求,并附必要的图纸和相关资料。变更意向书应要求承包人提交包括拟实施变更工作的计划、措施和竣工时间等内容的实施方案。发包人同意承包人根据变更意向书要求提交的变更实施方案的,由监理人按约定发出变更指示。

(2)在合同履行过程中,发生变更的范围和内容约定情形的,监理人应按照约定向承包人发出变更指示。

(3)承包人收到监理人按合同约定发出的图纸和文件,经检查认为其中存在变更的范围和内容约定情形的,可向监理人提出书面变更建议。变更建议应阐明要求变更的依据,并附必要的图纸和说明。监理人收到承包人书面建议后,应与发包人共同研究,确认存在变更的,应在收到承包人书面建议后的14天内作出变更指示。经研究后不同意作为变更的,应由监理人书面答复承包人。

(4)若承包人收到监理人的变更意向书后认为难以实施此项变更,应立即通知监理人,说明原因并附详细依据。监理人与承包人和发包人协商后确定撤销、改变或不改变原变更意向书。

2. 变更估价

(1)除专用合同条款对期限另有约定外,承包人应在收到变更指示或变更意向书后的14天内,向监理人提交变更报价书,报价内容应根据约定的估价原则,详细开列变更工作的价格组成及其依据,并附必要的施工方法说明和有关图纸。

(2)变更工作影响工期的,承包人应提出调整工期的具体细节。监理人认为有必要时,可要求承包人提交要求提前或延长工期的施工进度计划及相应施工措施等详细资料。

(3)除专用合同条款对期限另有约定外,监理人收到承包人变更报价书后的14天内,根据约定的估价原则,按照约定商定或确定变更价格。

3. 变更指示

(1)变更指示只能由监理人发出。

(2)变更指示应说明变更的目的、范围、变更内容以及变更的工程量及其进度和技术要求,并附有关图纸和文件。承包人收到变更指示后,应按变更指示进行变更工作。

(四)变更的估价原则

除专用合同条款另有约定外,因变更引起的价格调整按照规范约定处理。下面以典型例题的形式对变更估价的原则进行讲解。

典型例题

【案例题】某泵站工程施工过程中，发现实际地质情况与发包人提供的地质情况不同，经设计变更，新增了地基处理工程（合同工程量清单中无地基处理相关子目）。

【问题】写出上述资料中变更工作的估价原则。

【答案】已标价工程量清单中无适用或类似子目的单价，可按照成本加利润的原则，由监理人商定或确定变更工作的单价。

【解析】变更的估价原则除上述内容外，还包括：(1)已标价工程量清单中有适用于变更工作的子目的，采用该子目的单价。(2)已标价工程量清单中无适用于变更工作的子目，但有类似子目的，可在合理范围内参照类似子目的单价，由监理人按约定商定或确定变更工作的单价。

（五）暂列金额

暂列金额只能按照监理人的指示使用，并对合同价格进行相应调整。

（六）暂估价

暂估价是指发包人在工程量清单中给定的用于支付必然发生，但暂时不能确定价格的材料、设备以及专业工程的金额，可能会影响招标效果。

下面以典型例题的形式对暂估价的其他规定进行讲解。

典型例题

【案例题】某中型灌区由政府投资建设，招标工作启动时，地方政府临时提出结合新农村建设增加生态景观工程。该生态景观工程估算投资 450 万元，其设计尚未批复。发包人将其以暂估价形式列入灌区施工招标工程量清单中，并约定通过招标选择相应承包人。

【问题】指出生态景观工程暂估价组织招标的形式和适用情形。

【答案】生态景观工程暂估价招标组织方式：

(1)承包人不具备承担暂估价项目的能力或具备承担暂估价项目的能力但明确不参与投标的，由发包人和承包人组织招标。

(2)承包人具备承担暂估价项目的能力且明确参与投标的，由发包人组织招标。

【解析】除上述规定外，暂估价还应符合下列要求：暂估价项目中标金额与工程量清单中所列金额差以及相应的税金等其他费用列入合同价格。必须招标的暂估价项目招标组织形式、发包人和承包人组织招标时双方的权利义务关系在专用合同条款中约定。发包人在工程量清单中给定暂估价的材料和工程设备不属于依法必须招标的范围或未达到规定的规模标准的，应由承包人按约定提供。经监理人确认的材料、工程设备的价格与工程量清单中所列的暂估价的金额差以及相应的税金等其他费用列入合同价格。发包人在工程量清单中给定暂估价的专业工程不属于依法必须招标的范围或未达到规定的规模标准的，由监理人按照变更的估价原则进行估价，但专用合同条款另有约定的除外。经估价的专业工程与工程量清单中所列的暂估价的金额差以及相应的税金等其他费用列入合同价格。

十一、价格调整

由于物价波动原因引起合同价格需要调整的，其价格调整方式在专用合同条款中约定。

（一）采用价格指数调整价格差额

1. 价格调整公式

因人工、材料和设备等价格波动影响合同价格时，根据投标函附录中的价格指数和权重表约定的数据，按以下公式计算差额并调整合同价格。

$$\Delta P = P_0\left[A + \left(B_1 \times \frac{F_{t1}}{F_{01}} + B_2 \times \frac{F_{t2}}{F_{02}} + B_3 \times \frac{F_{t3}}{F_{03}} + \cdots + B_n \times \frac{F_{tn}}{F_{0n}}\right) - 1\right]$$

式中　ΔP——需调整的价格差额；

P_0——约定的付款证书中承包人应得到的已完成工程量的金额，此项金额应不包括价格调整、不计质量保证金的扣留和支付、预付款的支付和扣回，约定的变更及其他金额已按现行价格计价的，也不计在内；

A——定值权重（即不调部分的权重）；

$B_1, B_2, B_3, \cdots, B_n$——各可调因子的变值权重（即可调部分的权重），为各可调因子在投标函投标总报价中所占的比例；

$F_{t1}, F_{t2}, F_{t3}, \cdots, F_{tn}$——各可调因子的现行价格指数，指约定的付款证书相关周期最后一天的前42天的各可调因子的价格指数；

$F_{01}, F_{02}, F_{03}, \cdots, F_{0n}$——各可调因子的基本价格指数，指基准日期的各可调因子的价格指数。

以上价格调整公式中的各可调因子、定值和变值权重，以及基本价格指数及其来源在投标函附录价格指数和权重表中约定。价格指数应首先采用有关部门提供的价格指数，缺乏上述价格指数时，可采用有关部门提供的价格代替。

2. 暂时确定调整差额

在计算调整差额时得不到现行价格指数的，可暂用上一次价格指数计算，并在以后的付款中再按实际价格指数进行调整。

3. 承包人工期延误后的价格调整

由于承包人原因未在约定的工期内竣工的，则对原约定竣工日期后继续施工的工程，在使用价格调整公式时，应采用原约定竣工日期与实际竣工日期的两个价格指数中较低的一个作为现行价格指数。

（二）采用造价信息调整价格差额

施工期内，因人工、材料、设备和机械台班价格波动影响合同价格时，人工、机械使用费按国家或省（自治区、直辖市）建设行政管理部门、行业建设管理部门或其授权的工程造价管理机构发布的人工成本信息、机械台班单价或机械使用费系数进行调整；需要进行价格调整的材料，其单价和采购数应由监理人复核，监理人确认需调整的材料单价及数量，作为调整工程合同价格差额的依据。

工程造价信息的来源以及价格调整的项目和系数在专用合同条款中约定。

十二、计量与支付

（一）计量

1. 计量单位、计量方法与计量周期

计量采用国家法定的计量单位。

结算工程量应按工程量清单中约定的方法计量。

除专用合同条款另有约定外，单价子目已完成工程量按月计量，总价子目的计量周期按批准的支付分解报告确定。

2. 单价子目的计量

（1）已标价工程量清单中的单价子目工程量为估算工程量。结算工程量是承包人实际完成的，并按合同约定的计量方法进行计量的工程量。

（2）承包人对已完成的工程进行计量，向监理人提交进度付款申请单、已完成工程量报表和有关计量资料。

（3）监理人对承包人提交的工程量报表进行复核，以确定实际完成的工程量。对数量有异议的，可要求承包人按相关约定进行共同复核和抽样复测。承包人应协助监理人进行复核并按监理人要求提供补充计量资料。承包人未按监理人要求参加复核，监理人复核或修正的工程量视为承包人实际完成的工程量。

（4）监理人认为有必要时，可通知承包人共同进行联合测量、计量，承包人应遵照执行。

（5）承包人完成工程量清单中每个子目的工程量后，监理人应要求承包人派员共同对每个子目的历次计量报表进行汇总，以核实最终结算工程量。监理人可要求承包人提供补充计量资料，以确定最后一次进度付款的准确工程量。承包人未按监理人要求派员参加的，监理人最终核实的工程量视为承包人完成该子目的准确工程量。

（6）监理人应在收到承包人提交的工程量报表后的7天内进行复核，监理人未在约定时间内复核的，承包人提交的工程量报表中的工程量视为承包人实际完成的工程量，据此计算工程价款。

3. 总价子目的计量

下面以典型例题的形式对总价子目的分解和计量进行讲解。

典型例题

【案例题】某水利工程施工招标文件合同部分关于总价子目的计量和支付方面内容如下：①除价格调整因素外，总价子目的计量与支付以总价为基础，不得调整；②承包人应按照工程量清单要求对总价子目进行分解；③总价子目的工程量是承包人用于结算的最终工程量；④承包人实际完成的工程量仅作为工程目标管理和控制进度支付的依据；⑤承包人应按照批准的各总价子目支付周期对已完成的总价子目进行计量。

【问题】指出并改正总价子目计量和支付内容中的不妥之处。

【答案】不妥之处一：除价格调整因素外，总价子目的计量与支付应以总价为基础。改正：总价子目的计量与支付应以总价为基础，不因价格调整因素而改变。

不妥之处二：总价子目的工程量是承包人用于结算的最终工程量。改正：除变更外，总价子目的工程量是承包人用于结算的最终工程量。

（二）预付款

1. 预付款

预付款用于承包人为合同工程施工购置材料、工程设备、施工设备、修建临时设施以及组织施工队伍进场等，分为工程预付款和工程材料预付款。预付款必须专用于合同工程。预付款的额度和预付办法在专用合同条款中约定。

2. 预付款保函（担保）

（1）承包人应在收到第一次工程预付款的同时向发包人提交工程预付款担保，担保金额应与第一次工程预付款金额相同，工程预付款担保在第一次工程预付款被发包人扣回前一直有效。

（2）工程材料预付款的担保在专用合同条款中约定。

（3）预付款担保的担保金额可根据预付款扣回的金额相应递减。

3. 预付款的扣回与还清

预付款在进度付款中扣回，扣回与还清办法在专用合同条款中约定。在颁发合同工程完工证书前，由于不可抗力或其他原因解除合同时，预付款尚未扣清的，尚未扣清的预付款余额应作为承包人的到期应付款。

链接

预付款的扣回公式如下：$R=A(C-F_1S)/[(F_2-F_1)S]$。式中：R 为每次进度付款中累计扣回的金额；A 为工程预付款总金额；S 为签约合同价；C 为合同累计完成金额；F_1 为开始扣款时合同累计完成金额达到签约合同价的比例；F_2 为全部扣清时合同累计完成金额达到签约合同价的比例。

（三）工程进度付款

1. 付款周期

付款周期同计量周期。

2. 进度付款申请单

承包人应在每个付款周期末，按监理人批准的格式和专用合同条款约定的份数，向监理人提交进度付款申请单，并附相应的支持性证明文件。

下面以典型例题的形式对进度付款申请单的内容进行讲解。

典型例题

【案例题】某小型水库除险加固工程施工过程中，承包人按合同约定向监理人提交了进度付款申请单及相应的支持性证明文件。

【问题】承包人提交的进度付款申请单内容有哪些？

【答案】进度付款申请单的内容有：截至本次付款周期末已实施工程的价款；应增加和扣减的变更、索赔金额；应支付的预付款和扣减的返还预付款、质量保证金等。

3. 进度付款证书和支付时间

（1）监理人在收到承包人进度付款申请单以及相应的支持性证明文件后的 14 天内完成核查，提出发包人到期应支付给承包人的金额以及相应的支持性材料，经发包人审查同意后,由监理人向承包人出具经发包人签认的进度付款证书。监理人有权扣发承包人未能按照合同要求履行任何工作或义务的相应金额。

(2)发包人应在监理人收到进度付款申请单后的28天内,将进度应付款支付给承包人。发包人不按期支付的,按专用合同条款的约定支付逾期付款违约金。

(3)监理人出具进度付款证书,不应视为监理人已同意、批准或接受了承包人完成的该部分工作。

(4)进度付款涉及政府投资资金的,按照国库集中支付等国家相关规定和专用合同条款的约定办理。

4. 工程进度付款的修正

在对以往历次已签发的进度付款证书进行汇总和复核中发现错、漏或重复的,监理人有权予以修正,承包人也有权提出修正申请。经双方复核同意的修正,应在本次进度付款中支付或扣除。

(四)质量保证金

监理人应从第一个工程进度付款周期开始,在发包人的进度付款中,按专用合同条款的约定扣留质量保证金,直至扣留的质量保证金总额达到专用合同条款约定的金额或比例为止。质量保证金的计算额度不包括预付款的支付与扣回金额。

合同工程完工证书颁发后14天内,发包人将质量保证金总额的一半支付给承包人。在约定的缺陷责任期(工程质量保修期)满时,发包人将在30个工作日内会同承包人按照合同约定的内容核实承包人是否完成保修责任。如无异议,发包人应当在核实后将剩余的质量保证金支付给承包人。

在约定的缺陷责任期满时,承包人没有完成缺陷责任的,发包人有权扣留与未履行责任剩余工作所需金额相应的质量保证金余额,并有权根据约定要求延长缺陷责任期,直至完成剩余工作为止。

下面以典型例题的形式对保证金的预留比例进行讲解。

典型例题

【单选题】根据《住房城乡建设部财政部关于印发建设工程质量保证金管理办法的通知》,保证金总额预留比例不得高于工程价款结算总额(　　)。

A. 2.5%　　B. 3%

C. 5%　　D. 8%

B。【解析】保证金总额预留比例不得高于工程价款结算总额的3%;保函金额不得高于工程价款结算总额的3%。

(五)竣工结算(完工结算)

1. 竣工(完工)付款申请单

承包人应在合同工程完工证书颁发后28天内,按专用合同条款约定的份数向监理人提交完工付款申请单,并提供相关证明材料。完工付款申请单应包括下列内容:完工结算合同总价、发包人已支付承包人的工程价款、应扣留的质量保证金、应支付的完工付款金额。

监理人对完工付款申请单有异议的,有权要求承包人进行修正和提供补充资料。经监理人和承包人协商后，由承包人向监理人提交修正后的完工付款申请单。

提示

综合上述内容，承包人项目经理的职责包括组织提交开工报审表、组织提交完工付款申请单。除此之外，项目经理的职责还包括组织开展二级安全教育培训。

2. 竣工（完工）付款证书及支付时间

监理人在收到承包人提交的完工付款申请单后的 14 天内完成核查，提出发包人到期应支付给承包人的价款送发包人审核并抄送承包人。发包人应在收到后 14 天内审核完毕，由监理人向承包人出具经发包人签认的完工付款证书。监理人未在约定时间内核查，又未提出具体意见的，视为承包人提交的完工付款申请单已经监理人核查同意。发包人未在约定时间内审核又未提出具体意见的，监理人提出发包人到期应支付给承包人的价款视为已经发包人同意。

发包人应在监理人出具完工付款证书后的 14 天内，将应支付款支付给承包人。发包人不按期支付的，按相关约定，将逾期付款违约金支付给承包人。

承包人对发包人签认的完工付款证书有异议的，发包人可出具完工付款申请单中承包人已同意部分的临时付款证书。存在争议的部分，按相关约定办理。

完工付款涉及政府投资资金的，按相关约定办理。

（六）最终结清

1. 最终结清申请单

工程质量保修责任终止证书签发后，承包人应按监理人批准的格式提交最终结清申请单。提交最终结清申请单的份数在专用合同条款中约定。

发包人对最终结清申请单内容有异议的，有权要求承包人进行修正和提供补充资料，由承包人向监理人提交修正后的最终结清申请单。

2. 最终结清证书和支付时间

（1）监理人收到承包人提交的最终结清申请单后的 14 天内，提出发包人应支付给承包人的价款送发包人审核并抄送承包人。发包人应在收到后 14 天内审核完毕，由监理人向承包人出具经发包人签认的最终结清证书。监理人未在约定时间内核查，又未提出具体意见的，视为承包人提交的最终结清申请已经监理人核查同意；发包人未在约定时间内审核又未提出具体意见的，监理人提出应支付给承包人的价款视为已经发包人同意。

（2）发包人应在监理人出具最终结清证书后的 14 天内，将应支付款支付给承包人。发包人不按期支付的，按相关约定，将逾期付款违约金支付给承包人。

（3）承包人对发包人签认的最终结清证书有异议的，按相关约定办理。

（4）最终结清付款涉及政府投资资金的，按相关约定办理。

（七）竣工财务决算

发包人负责编制本工程项目竣工财务决算，承包人应按专用合同条款的约定提供竣工财务决算编制所需的相关材料。

（八）竣工审计

发包人负责完成本工程竣工审计手续，承包人应完成相关配合工作。

十三、竣工验收

（一）验收及类别

本工程验收工作按主持单位分为法人验收和政府验收。法人验收和政府验收的类别在专用合同条款中约定。除专用合同条款另有约定外，法人验收由发包人主持。承包人应完成法人验收和政府验收的配合工作，所需费用应含在已标价工程量清单中。

（二）施工期运行

施工期运行是指合同工程尚未全部完工，其中某单位工程或部分工程已完工，需要投入施工期运行的，经发包人按约定验收合格，证明能确保安全后，才能在施工期投入运行。需要在施工期运行的单位工程或部分工程在专用合同条款中约定。

在施工期运行中发现工程或工程设备损坏或存在缺陷的，由承包人按约定进行修复。

（三）试运行

除专用合同条款另有约定外，承包人应按规定进行工程及工程设备试运行，负责提供试运行所需的人员、器材和必要的条件，并承担全部试运行费用。

由于承包人的原因导致试运行失败的，承包人应采取措施保证试运行合格，并承担相应费用。由于发包人的原因导致试运行失败的，承包人应当采取措施保证试运行合格，发包人应承担由此产生的费用，并支付承包人合理利润。

提示

水利水电工程竣工验收的具体内容详见2F320090。

十四、缺陷责任与保修责任

（一）缺陷责任期（工程质量保修期）的起算时间

除专用合同条款另有约定外，缺陷责任期（工程质量保修期）从工程通过合同工程完工验收后开始计算。在合同工程完工验收前，已经发包人提前验收的单位工程或部分工程，若未投入使用，其缺陷责任期（工程质量保修期）亦从工程通过合同工程完工验收后开始计算；若已投入使用，其缺陷责任期（工程质量保修期）从通过单位工程或部分工程投入使用验收后开始计算。缺陷责任期（工程质量保修期）的期限在专用合同条款中约定。

（二）缺陷责任期的延长

由于承包人原因造成某项缺陷或损坏使某项工程或工程设备不能按原定目标使用而需要再次检查、检验和修复的，发包人有权要求承包人相应延长缺陷责任期，但缺陷责任期最长不超过2年。

（三）缺陷责任期终止证书（工程质量保修责任终止证书）

合同工程完工验收或投入使用验收后，发包人与承包人应办理工程交接手续，承包人应向发包人递交工程质量保修书。

缺陷责任期（工程质量保修期）满后30个工作日内，发包人应向承包人颁发工程质量保修责任终止证书，并退还剩余的质量保证金，但保修责任范围内的质量缺陷未处理完成的应除外。

十五、保险

(一)工程保险

除专用合同条款另有约定外,承包人应以发包人和承包人的共同名义向双方同意的保险人投保建筑工程一切险、安装工程一切险。具体的投保内容、保险金额、保险费率、保险期限等有关内容在专用合同条款中约定。

(二)人身意外伤害险

发包人应在整个施工期间为其现场机构雇用的全部人员,投保人身意外伤害险,缴纳保险费,并要求其监理人也进行此项保险。

承包人应在整个施工期间为其现场机构雇用的全部人员,投保人身意外伤害险,缴纳保险费,并要求其分包人也进行此项保险。

十六、违约

(一)承包人违约

1. 承包人违约的情形

在履行合同过程中发生的下列情况属承包人违约:

(1)承包人违反约定,私自将合同的全部或部分权利转让给其他人,或私自将合同的全部或部分义务转移给其他人。

(2)承包人违反约定,未经监理人批准,私自将已按合同约定进入施工场地的施工设备、临时设施或材料撤离施工场地。

(3)承包人违反约定使用了不合格材料或工程设备,工程质量达不到标准要求,又拒绝清除不合格工程。

(4)承包人未能按合同进度计划及时完成合同约定的工作,已造成或预期造成工期延误。

(5)承包人在缺陷责任期(工程质量保修期)内,未能对合同工程完工验收鉴定书所列的缺陷清单的内容或缺陷责任期(工程质量保修期)内发生的缺陷进行修复,而又拒绝按监理人指示再进行修补。

(6)承包人无法继续履行或明确表示不履行或实质上已停止履行合同。

(7)承包人不按合同约定履行义务的其他情况。

2. 对承包人违约的处理

(1)承包人发生"承包人无法继续履行或明确表示不履行或实质上已停止履行合同"约定的违约情况时,发包人可通知承包人立即解除合同,并按有关法律处理。

(2)承包人发生除"承包人无法继续履行或明确表示不履行或实质上已停止履行合同"约定以外的其他违约情况时,监理人可向承包人发出整改通知,要求其在指定的期限内改正。承包人应承担其违约所引起的费用增加和(或)工期延误。

(3)经检查证明承包人已采取了有效措施纠正违约行为,具备复工条件的,可由监理人签发复工通知复工。

(二)发包人违约

1. 发包人违约的情形

在履行合同过程中发生的下列情形,属发包人违约:

(1)发包人未能按合同约定支付预付款或合同价款,或拖延、拒绝批准付款申请和支付凭证,导致付款延误的。

(2)发包人原因造成停工的。

(3)监理人无正当理由没有在约定期限内发出复工指示,导致承包人无法复工的。

(4)发包人无法继续履行或明确表示不履行或实质上已停止履行合同的。

(5)发包人不履行合同约定其他义务的。

2. 发包人违约解除合同

(1)发生"发包人无法继续履行或明确表示不履行或实质上已停止履行合同的"约定的违约情况时,承包人可书面通知发包人解除合同。

(2)承包人按规定暂停施工 28 天后,发包人仍不纠正违约行为的,承包人可向发包人发出解除合同通知。但承包人的这一行动不免除发包人承担的违约责任,也不影响承包人根据合同约定享有的索赔权利。

(三)第三人造成的违约

在履行合同过程中,一方当事人因第三人的原因造成违约的,应当向对方当事人承担违约责任。一方当事人和第三人之间的纠纷,依照法律规定或者按照约定解决。

十七、索赔

(一)承包人索赔的提出

根据合同约定,承包人认为有权得到追加付款和(或)延长工期的,应按以下程序向发包人提出索赔:

(1)承包人应在知道或应当知道索赔事件发生后 28 天内,向监理人递交索赔意向通知书,并说明发生索赔事件的事由。承包人未在前述 28 天内发出索赔意向通知书的,丧失要求追加付款和(或)延长工期的权利。

(2)承包人应在发出索赔意向通知书后 28 天内,向监理人正式递交索赔通知书。索赔通知书应详细说明索赔理由以及要求追加的付款金额和(或)延长的工期,并附必要的记录和证明材料。

(3)索赔事件具有连续影响的,承包人应按合理时间间隔继续递交延续索赔通知,说明连续影响的实际情况和记录,列出累计的追加付款金额和(或)工期延长天数。

(4)在索赔事件影响结束后的 28 天内,承包人应向监理人递交最终索赔通知书,说明最终要求索赔的追加付款金额和延长的工期,并附必要的记录和证明材料。

(二)承包人索赔处理程序

下面以典型例题的形式对承包人索赔处理程序进行讲解。

典型例题

【单选题】监理人收到承包人索赔通知书后,答复索赔处理结果的时间为(　　)天内。

A. 15　　B. 28

C. 30　　D. 42

D。【解析】监理人收到索赔通知书后，应及时审查索赔通知书内容、查验承包人的记录和证明材料，必要时可要求承包人提交原始记录副本。监理人答复索赔处理结果的时间为收到索赔通知书或有关索赔的进一步证明材料后的 42 天内。承包人接受索赔处理结果的，发包人在作出索赔处理结果答复后 28 天内完成赔付。

（三）承包人提出索赔的期限

承包人按约定接受了完工付款证书后，应被认为已无权再提出在合同工程完工证书颁发前所发生的任何索赔。

承包人按约定提交的最终结清申请单中，只限于提出合同工程完工证书颁发后发生的索赔。提出索赔的期限自接受最终结清证书时终止。

（四）发包人的索赔

发生索赔事件后，监理人应及时书面通知承包人，详细说明发包人有权得到的索赔金额和（或）延长缺陷责任期的细节和依据。发包人提出索赔的期限和要求与承包人提出索赔的期限和要求相同，延长缺陷责任期的通知应在缺陷责任期届满前发出。

监理人按约定商定或确定发包人从承包人处得到赔付的金额和（或）缺陷责任期的延长期。承包人应付给发包人的金额可从拟支付给承包人的合同价款中扣除，或由承包人以其他方式支付给发包人。

承包人对监理人发出的索赔书面通知内容持异议时，应在收到书面通知后的 14 天内，将持有异议的书面报告及其证明材料提交监理人。监理人应在收到承包人书面报告后的 14 天内，将索赔处理意见通知承包人，并按相关约定执行赔付。若承包人不接受监理人的索赔处理意见，可按争议的解决的规定办理。

十八、施工分包的要求

（一）《水利建设工程施工分包管理规定》关于分包管理的规定

水利部负责全国水利建设工程施工分包的监督管理工作。各流域机构和各级水行政主管部门负责本辖区内有管辖权的水利建设工程施工分包的监督管理工作。

施工分包是指施工企业将其所承包的水利工程中的部分工程发包给其他施工企业，或者将劳务作业发包给其他企业或组织完成的活动，但仍需履行并承担与项目法人所签合同确定的责任和义务。

水利工程施工分包按分包性质分为工程分包和劳务作业分包。工程分包是指承包人将其所承包工程中的部分工程发包给具有与分包工程相应资质的其他施工企业完成的活动。劳务作业分包是指承包人将其承包工程中的劳务作业发包给其他企业或组织完成的活动。

水利建设工程的主要建筑物的主体结构不得进行工程分包。主要建筑物是指失事以后将造成下游灾害或严重影响工程功能和效益的建筑物，如堤坝、泄洪建筑物、输水建筑物、电站厂房和泵站等。主要建筑物的主体结构，由项目法人要求设计单位在设计文件或招标文件中明确。

承揽工程分包的分包人必须具有与所分包承建的工程相应的资质，并在其资质等级许可范围内承揽业务。

工程分包应在施工承包合同中约定，或经项目法人书面认可。劳务作业分包由承包人与分包人通过劳务合同约定。分包人必须自行完成所承包的任务。

在合同实施过程中，有下列情况之一的，项目法人可向承包人推荐分包人：

(1)由于重大设计变更导致施工方案重大变化，致使承包人不具备相应的施工能力。

(2)由于承包人原因，导致施工工期拖延，承包人无力在合同规定的期限内完成合同任务。

(3)项目有特殊技术要求、特殊工艺或涉及专利权保护的。

如承包人同意，则应由承包人与分包人签订分包合同，并对该推荐分包人的行为负全部责任；如承包人拒绝，则可由承包人自行选择分包人，但需经项目法人书面认可。

项目法人一般不得直接指定分包人。但在合同实施过程中，如承包人无力在合同规定的期限内完成合同中的应急防汛、抢险等危及公共安全和工程安全的项目，项目法人经项目的上级主管部门同意，可根据工程技术、进度的要求，对该应急防汛、抢险等项目的部分工程指定分包人。因非承包人原因形成指定分包条件的，项目法人的指定分包不得增加承包人的额外费用；因承包人原因形成指定分包条件的，承包人应负责因指定分包增加的相应费用。由指定分包人造成的与其分包工作有关的一切索赔、诉讼和损失赔偿由指定分包人直接对项目法人负责，承包人不对此承担责任。职责划分可由承包人与项目法人签订协议明确。

承包人和分包人应当依法签订分包合同，并履行合同约定的义务。分包合同必须遵循承包合同的各项原则，满足承包合同中技术、经济条款。承包人应在分包合同签订后7个工作日内，送发包人备案。

发包人或其委托的监理单位要对承包人和分包人签订的分包合同的实施情况进行监督检查。

除规定的指定分包外，承包人对其分包项目的实施以及分包人的行为向发包人负全部责任。承包人应对分包项目的工程进度、质量、安全、计量和验收等实施监督和管理。

分包人应当按照分包合同的约定对其分包的工程向承包人负责，分包人应接受承包人对分包项目所进行的工程进度、质量、安全、计量和验收的监督和管理。承包人和分包人就分包项目对发包人承担连带责任。

承包人和分包人应当设立项目管理机构，组织管理所承包或分包工程的施工活动。项目管理机构应当具有与所承担工程的规模、技术复杂程度相适应的技术、经济管理人员。其中项目负责人、技术负责人、财务负责人、质量管理人员、安全管理人员必须是本单位人员。

（二）《水利工程施工转包违法分包等违法行为认定查处管理暂行办法》关于分包管理的规定

水利部负责全国水利工程施工转包、违法分包、出借借用资质等违法行为认定查处的监督管理工作。县级以上地方人民政府水行政主管部门负责本行政区域内有管辖权的水利工程施工转包、违法分包、出借借用资质等违法行为的认定查处和监督管理工作。

转包是指施工单位承包工程后，不履行合同约定的责任和义务，将其承包的工程全部转给他人施工的行为。

违法分包是指施工单位承包工程后违反法律法规规定或者施工合同关于分包的约定，把部分工程或劳务作业分包给其他单位或个人施工的行为。

出借借用资质是指允许其他单位、个人以本单位名义承揽工程或者单位、个人以其他单位的名义承揽工程的行为。其中，承揽工程包括参与投标、订立合同、办理有关施工手续、从事施工等活动。

下面以典型例题的形式对转包、违法分包、出借借用资质的具体情形进行讲解。

典型例题

【单选题】根据《水利工程施工转包违法分包等违法行为认定查处管理暂行办法》，承包人未设立现场管理机构的属于(　　)。

A. 转包　　B. 违法分包

C. 出借资质　　D. 借用资质

A。**【解析】**除选项 A 外，转包的情形还包括：承包人将其承包的全部工程转给其他单位或个人施工的；承包人将其承包的全部工程肢解以后以分包的名义转给其他单位或个人施工的；承包人将其承包的全部工程以内部承包合同等形式交由分公司施工，但分公司成立未履行合法手续的；采取联营合作等形式的承包人，其中一方将应由其实施的全部工程交由联营合作方施工的；全部工程由劳务作业分包单位实施，劳务作业分包单位计取报酬是除上缴给承包人管理费之外全部工程价款的；承包人未派驻项目负责人、技术负责人、财务负责人、质量管理负责人、安全管理负责人等主要管理人员或者派驻的上述人员中全部不是本单位人员的；承包人不履行管理义务，只向实际施工单位收取管理费的。

【多选题】根据《水利工程施工转包违法分包等违法行为认定查处管理暂行办法》，下列情形中，属于违法分包的有(　　)。

A. 承包人将工程分包给不具备相应资质的单位

B. 承包人将工程分包给不具备相应资质的个人

C. 承包人将工程分包给不具备安全生产许可的单位

D. 承包人将工程分包给不具备安全生产许可的个人

E. 承包人未设立现场管理机构

ABCD。**【解析】**除选项 A，B，C，D 外，违法分包的情形还包括：施工合同中没有约定，又未经项目法人书面同意，承包人将其承包的部分工程分包给其他单位施工的；承包人将主要建筑物的主体结构工程分包的；工程分包单位将其承包的工程中非劳务作业部分再分包的；劳务作业分包单位将其承包的劳务作业再分包的；劳务作业分包单位除计取劳务作业费用外，还计取主要建筑材料款和大中型机械设备费用的；承包人未与分包人签订分包合同，或分包合同未遵循承包合同的各项原则，不满足承包合同中相应要求的。

【单选题】根据《水利工程施工转包违法分包等违法行为认定查处管理暂行办法》，“工程款支付凭证上载明的单位与施工合同中载明的承包单位不一致”的情形属于(　　)。

A. 转包　　B. 违法分包

C. 出借借用资质　　D. 其他违法行为

C。【解析】除选项 C 外，出借借用资质的情形还包括：单位或个人借用其他单位的资质承揽工程的；投标人法定代表人的授权代表人不是投标人本单位人员的；实际施工单位使用承包人资质中标后，以承包人分公司、项目部等名义组织实施，但两者无实质产权、人事、财务关系的；工程分包的发包单位不是该工程的承包人的，但项目法人依约作为发包单位的除外；劳务作业分包的发包单位不是该工程的承包人或工程分包单位的；承包人派驻施工现场的项目负责人、技术负责人、财务负责人、质量管理负责人、安全管理负责人中部分人员不是本单位人员的；承包人与项目法人之间没有工程款收付关系；合同约定由承包人负责采购、租赁的主要建筑材料、工程设备等，由其他单位或个人采购、租赁，或者承包人不能提供有关采购、租赁合同及发票等证明，又不能进行合理解释并提供材料证明的。

专家解读

本单位人员是指在本单位工作，并与本单位签订劳动合同，由本单位支付劳动报酬、缴纳社会保险的人员。

2F320060　水利水电工程质量管理

一、水利工程质量管理

水利工程是指由国家投资、中央和地方合资、地方投资以及其他投资方式兴建的防洪、除涝、灌溉、水力发电、供水、围垦等(包括配套与附属工程)各类水利工程。水利工程质量是指在国家和水利行业现行的有关法律、法规、技术标准和批准的设计文件及工程合同中，对兴建的水利工程的安全、适用、经济、美观等特性的综合要求。

(一)基本规定

水利工程质量实行项目法人(建设单位)负责、监理单位控制、施工单位保证和政府监督相结合的质量管理体制。水利工程质量由项目法人(建设单位)负全面责任。监理、施工、设计单位按照合同及有关规定对各自承担的工作负责。质量监督机构履行政府部门监督职能，不代替项目法人(建设单位)、监理、设计、施工单位的质量管理工作。水利工程建设各方均有责任和权利向有关部门和质量监督机构反映工程质量问题。

水利工程项目法人(建设单位)、监理、设计、施工等单位的负责人，对本单位的质量工作负领导责任。各单位在工程现场的项目负责人对本单位在工程现场的质量工作负直接领导责任。各单位的工程技术负责人对质量工作负技术责任。具体工作人员为直接责任人。

(二)工程质量监督管理

政府对水利工程的质量实行监督的制度。水利工程按照分级管理的原则由相应水行政主管部门授权的质量监督机构实施质量监督。

各级水利工程质量监督机构，必须建立健全质量监督工作机制，完善监督手段，增强质量监督的权威性和有效性。各级水利工程质量监督机构，要加强对贯彻执行国家和水利部有关质量法规、规范情况的检查，坚决查处有法不依、执法不严、违法不究以及滥用职权的行为。

水利工程质量监督机构负责监督设计、监理、施工单位在其资质等级允许范围内从事水利工程建设的质量工作;负责检查、督促建设、监理、设计、施工单位建立健全质量体系。水利工程质量监督机构,按照国家和水利行业有关工程建设法规、技术标准和设计文件实施工程质量监督,对施工现场影响工程质量的行为进行监督检查。

水利工程质量监督实施以抽查为主的监督方式,运用法律和行政手段,做好监督抽查后的处理工作。工程竣工验收前,质量监督机构应对工程质量结论进行核备。未经质量核备的工程,项目法人不得报验,工程主管部门不得验收。

根据需要,质量监督机构可委托具有相应资质的检测单位,对水利工程有关部位以及所采用的建筑材料和工程设备进行抽样检测。

链接

根据《水利工程质量检测管理规定》,检测单位资质分为岩土工程、混凝土工程、金属结构、机械电气和量测共五个类别,每个类别分为甲级、乙级两个等级。质量检测的其他内容参考《水利工程质量检测管理规定》进行学习。

水利建设工程质量监督工作主要包括:受理质量监督申请;制订质量监督工作计划;确认工程项目划分;确认或核备质量评定标准;开展质量监督检查;核备工程质量结论;质量问题处理;编写工程质量评价意见或质量监督报告;列席项目法人组织的验收;参加项目主管部门主持或委托有关部门主持的验收;建立质量监督档案;受理质量举报投诉。

(三)项目法人(建设单位)质量管理

项目法人(建设单位)应根据国家和水利部有关规定依法设立,主动接受水利工程质量监督机构对其质量体系的监督检查。

项目法人(建设单位)应根据工程规模和工程特点,按照水利部有关规定,通过资质审查招标选择勘测设计、施工、监理单位并实行合同管理。在合同文件中,必须有工程质量条款,明确图纸、资料、工程、材料、设备等的质量标准及合同双方的质量责任。

项目法人(建设单位)要加强工程质量管理,建立健全施工质量检查体系,根据工程特点建立质量管理机构和质量管理制度。

项目法人(建设单位)在工程开工前,应按规定向水利工程质量监督机构办理工程质量监督手续。在工程施工过程中,应主动接受质量监督机构对工程质量的监督检查。

项目法人(建设单位)应组织设计和施工单位进行设计交底;施工中应对工程质量进行检查,工程完工后,应及时组织有关单位进行工程质量验收、签证。

(四)监理单位质量管理

监理单位必须持有水利部颁发的监理单位资格等级证书,依照核定的监理范围承担相应水利工程的监理任务。监理单位必须接受水利工程质量监督机构对其监理资格质量检查体系及质量监理工作的监督检查。

监理单位必须严格执行国家法律、水利行业法规、技术标准,严格履行监理合同。

监理单位根据所承担的监理任务向水利工程施工现场派出相应的监理机构,人员配备必须满足项目要求。监理工程师应当持证上岗。

监理单位应根据监理合同参与招标工作,从保证工程质量全面履行工程承建合同出发,签发施工图纸;审查施工单位的施工组织设计和技术措施;指导监督合同中有关质量标准、要求的实施;参加工程质量检查、工程质量事故调查处理和工程验收工作。

（五）设计单位质量管理

设计单位必须按其资质等级及业务范围承担勘测设计任务，并应主动接受水利工程质量监督机构对其资质等级及质量体系的监督检查。

设计单位必须建立健全设计质量保证体系，加强设计过程质量控制，健全设计文件的审核、会签批准制度，做好设计文件的技术交底工作。

设计文件必须符合下列基本要求：

(1)设计文件应当符合国家、水利行业有关工程建设法规、工程勘测设计技术规程、标准和合同的要求。

(2)设计依据的基本资料应完整、准确、可靠，设计论证充分，计算成果可靠。

(3)设计文件的深度应满足相应设计阶段有关规定要求，设计质量必须满足工程质量、安全需要并符合设计规范的要求。

设计单位应按合同规定及时提供设计文件及施工图纸，在施工过程中要随时掌握施工现场情况，优化设计，解决有关设计问题。对大中型工程，设计单位应按合同规定在施工现场设立设计代表机构或派驻设计代表。

设计单位应按水利部有关规定在阶段验收、单位工程验收和竣工验收中，对施工质量是否满足设计要求提出评价意见。

链接

根据《水利工程勘测设计失误问责办法（试行）》，对责任单位的问责方式包括：责令整改；警示约谈；通报批评；建议责令停业整顿；建议降低资质等级；建议吊销资质证书。对责任人的问责方式包括：书面检查；警示约谈；通报批评；留用察看；调离岗位；降级撤职。

（六）施工单位质量管理

施工单位必须按其资质等级和业务范围承揽工程施工任务，接受水利工程质量监督机构对其资质和质量保证体系的监督检查。

施工单位必须依据国家、水利行业有关工程建设法规、技术规程、技术标准的规定以及设计文件和施工合同的要求进行施工，并对其施工的工程质量负责。

施工单位不得将其承接的水利建设项目的主体工程进行转包。对工程的分包，分包单位必须具备相应资质等级，并对其分包工程的施工质量向总包单位负责，总包单位对全部工程质量向项目法人（建设单位）负责。工程分包必须经过项目法人（建设单位）的认可。

施工单位要推行全面质量管理，建立健全质量保证体系，制定和完善岗位质量规范、质量责任及考核办法，落实质量责任制。在施工过程中要加强质量检验工作，认真执行“三检制”，切实做好工程质量的全过程控制。

工程发生质量事故，施工单位必须按照有关规定向监理单位、项目法人（建设单位）及有关部门报告，并保护好现场，接受工程质量事故调查，认真进行事故处理。

竣工工程质量必须符合国家和水利行业现行的工程标准及设计文件要求，并应向项目法人（建设单位）提交完整的技术档案、试验成果及有关资料。

（七）建筑材料、设备采购的质量管理和工程保修

建筑材料和工程设备的质量由采购单位承担相应责任。凡进入施工现场的建筑材料和工程设备均应按有关规定进行检验。经检验不合格的产品不得用于工程。

建筑材料和工程设备的采购单位具有按合同规定自主采购的权利，其他单位或个人不得干预。建筑材料或工程设备应当符合相关要求。

水利工程保修期从通过单项合同工程完工验收之日算起，保修期限按法律法规和合同约定执行。工程质量出现永久性缺陷的，承担责任的期限不受以上保修期限制。

水利工程在规定的保修期内，出现工程质量问题，一般由原施工单位承担保修，所需费用由责任方承担。

（八）水利工程责任单位责任人质量终身责任追究

1. 基本规定

责任单位是指承担水利工程项目建设的单位，包括建设、勘察、设计、施工、监理等单位。

责任单位责任人包括责任单位的法定代表人、项目负责人和直接责任人等。项目负责人是指承担水利工程项目建设的建设单位（项目法人）项目负责人、勘察单位项目负责人、设计单位项目负责人、施工单位项目经理、监理单位总监理工程师等。水利工程开工建设前，建设、勘察、设计、施工、监理等单位应明确项目负责人及其职责。建设、勘察、设计、施工、监理等单位直接责任人是指项目负责人以外的，按各自职责承担质量责任的人员。

2. 终身责任

水利工程责任单位责任人的质量终身责任，是指水利工程责任单位责任人按照国家法律法规和有关规定，在工程合理使用年限内对工程质量承担相应责任。国务院水行政主管部门负责对全国水利工程责任单位责任人质量终身责任管理工作进行指导和监督管理。

建设单位（项目法人）、勘察单位、设计单位、施工单位、监理单位依法对水利工程质量负责。建设单位（项目法人）对水利工程质量负首要责任，对工程质量承担全面责任。勘察、设计、施工单位对水利工程质量负主体责任，分别对工程建设的勘察、设计和施工质量承担直接责任。监理单位依据有关规定和合同，对水利工程质量负相应责任。水利工程实行总承包的，总承包单位应当对全部工程质量负责；水利工程勘察、设计、施工、设备采购的一项或者多项实行总承包的，总承包单位应当对其承包的工程或者采购的设备的质量负责。依法分包的，分包单位应当依据有关规定和合同对所分包工程的质量负责。

建设单位（项目法人）法定代表人对水利工程质量负总责，勘察、设计、施工、监理等单位法定代表人按各自职责对所承建项目的水利工程质量负领导责任。

建设单位（项目法人）项目负责人对水利工程质量承担全面责任，不得违法发包、肢解发包，不得以任何理由要求勘察、设计、施工、监理等单位违反法律法规和工程建设强制性标准，降低工程质量，其违法违规或不当行为造成工程质量事故或质量问题的，应当承担责任。勘察、设计单位项目负责人应当保证勘察、设计文件符合法律法规和工程建设强制性标准的要求，对因勘察、设计导致的工程质量事故或质量问题应当承担责任。施工单位项目经理应当按照经核查并签发的施工图、施工技术要求等设计文件和施工技术标准进行施工，不得转包、违法分包，不得使用不合格的建筑材料、建筑构配件和设备等，对因施工导致的工程质量事故或质量问题承担责任。监理单位总监理工程师应当按照法律法规、有关技术标准、设计文件和监理合同进行监理，及时制止各种违法违规施工行为，对施工质量承担监理责任。

责任单位直接责任人按各自职责对所参加水利工程建设项目的质量负相应责任，对签字的文件、报告、图纸、证书、证明等资料负责。

3. 管理制度

水利工程质量终身责任管理实行书面承诺和竣工后永久性标识等制度。

项目负责人应当在办理工程质量监督手续前签署工程质量终身责任承诺书，连同项目负责人证明材料，由建设单位(项目法人)报工程质量监督机构备案。项目负责人如有更换的，应按规定重新备案。

水利工程竣工验收合格后，建设单位(项目法人)应当在水利工程明显部位设置永久性标识，载明主要建筑物的建设、勘察、设计、施工、监理等单位名称和项目负责人姓名。

建设单位(项目法人)应当建立水利工程责任单位项目负责人质量终身责任信息档案，主要内容包括项目负责人证明材料，包括任命文件、授权书等；项目负责人的工程质量终身责任承诺书、身份证复印件、执业资格证书复印件、变更材料等。

工程档案中有关直接责任人签字确认的文件材料，作为直接责任人质量终身责任的依据。

4. 责任追究

符合下列情形之一的，县级以上人民政府水行政主管部门应当依法追究责任单位责任人的质量终身责任：

(1)发生工程质量事故。

(2)发生投诉、举报、群体性事件、媒体负面报道等情形，并造成恶劣社会影响的严重工程质量问题。

(3)由于勘察、设计或施工质量原因造成尚在合理使用年限内的水利工程不能正常使用或在洪水防御、抗震等设计标准范围内不能正常发挥作用。

(4)存在其他因质量原因需追究责任的违法违规行为。

违反法律法规规定，造成工程质量事故或严重质量问题的，应依法追究相关责任单位的责任。

发生上述所列情形之一的，对相关责任单位责任人按以下方式进行责任追究：

(1)责任人为依法履行公职的人员，将违法违规相关材料移交其上级主管部门及纪检监察部门。

(2)责任人为相关注册执业人员，因过错造成质量事故的，责令停止执业 1 年；造成重大质量事故的，吊销执业资格证书，5 年以内不予注册；情节特别恶劣的，终身不予注册。

(3)依照有关规定，给予单位罚款处罚的，对责任人处单位罚款数额 5% 以上 10% 以下的罚款。

(4)涉嫌犯罪的，移送司法机关。

各级水行政主管部门应当及时公布责任单位责任人质量责任追究情况，将其违法违规等不良行为及处罚结果记入个人信用档案，给予信用惩戒。鼓励各级水行政主管部门向社会公开所管辖范围内的水利工程项目负责人质量终身责任承诺等质量责任信息。

责任人因调动工作、退休等原因离开单位后，被发现在原单位工作期间违反国家法律法规、工程建设标准及有关规定，以及责任单位已合并、分立或被撤销、注销、吊销营业执照或者宣告破产的，责任人被发现在该单位工作期间违反国家法律法规、工程建设标准及有关规定，造成所参建项目发生上述所列情形之一的，仍应按规定依法追究相应责任。

二、水利工程质量事故处理

工程质量事故是指在水利工程建设过程中，由于建设管理、监理、勘测、设计、咨询、施工、材料、设备等原因造成工程质量不符合规程规范和合同规定的质量标准，影响使用寿命和对工程安全运行造成隐患和危害的事件。

（一）基本规定

发生质量事故，必须坚持“事故原因不查清楚不放过、主要事故责任者和职工未受到教育不放过、补救和防范措施不落实不放过、责任人员未受到处理不放过”的原则，认真调查事故原因，研究处理措施，查明事故责任，做好事故处理工作。

水利工程质量事故处理实行分级管理的制度。水利部负责全国水利工程质量事故处理管理工作，并负责部属重点工程质量事故处理工作。各流域机构负责本流域水利工程质量事故处理管理工作，并负责本流域中央投资为主的、省（自治区、直辖市）界及国际边界河流上的水利工程质量事故处理工作。各省、自治区、直辖市水利（水电）厅（局）负责本辖区水利工程质量事故处理管理工作和所属水利工程质量事故处理工作。

（二）事故分类

下面以典型例题的形式对水利工程质量事故的分类进行讲解。

典型例题

【案例题】某拦河闸工程上游围堰背水侧发生管涌，事故处理后不影响工程正常使用和工程寿命，处理事故延误工期 22 天。

【问题】根据《水利工程质量事故处理暂行规定》，水利工程质量事故共分为哪几类？指出资料中的质量事故类别。

【答案】水利工程质量事故按直接经济损失大小，检查、处理事故对工期的影响时间长短和对工程正常使用的影响分为一般质量事故、较大质量事故、重大质量事故、特大质量事故四类。上述资料中的质量事故属于一般质量事故。

【解析】水利工程质量事故划分标准如下表所示。直接经济损失费用为必需条件，其余两项主要适用于大中型工程。小于一般质量事故的质量问题称为质量缺陷。

损失情况＼事故类别		特大质量事故	重大质量事故	较大质量事故	一般质量事故
事故处理所需的物质、器材和设备、人工等直接损失费用/人民币万元	大体积混凝土，金结制作和机电安装工程	>3 000	>500，≤3 000	>100，≤500	>20，≤100
	土石方工程，混凝土薄壁工程	>1 000	>100，≤1 000	>30，≤100	>10，≤30
事故处理所需合理工期/月		>6	>3，≤6	>1，≤3	≤1
事故处理后对工程功能和寿命影响		影响工程正常使用，需限制条件运行	不影响正常使用，但对工程寿命有较大影响	不影响正常使用，但对工程寿命有一定影响	不影响正常使用和工程寿命
经济损失和工期延误影响		特大经济损失，较长时间延误工期	重大经济损失，较长时间延误工期	较大经济损失，延误较短工期	一定经济损失

提示

应重点学习水利工程质量事故分类标准，掌握事故判定三标准（钱最重要）及判定规则。

（三）事故报告

发生质量事故后，项目法人必须将事故的简要情况向项目主管部门报告。项目主管部门接到事故报告后，按照管理权限向上级水行政主管部门报告。一般质量事故向项目主管部门报告。较大质量事故逐级向省级水行政主管部门或流域机构报告。重大质量事故逐级向省级水行政主管部门或流域机构报告并抄报水利部。特大质量事故逐级向水利部和有关部门报告。

事故发生后，事故单位要严格保护现场，采取有效措施抢救人员和财产，防止事故扩大。因抢救人员、疏导交通等原因需移动现场物件时，应当作出标志、绘制现场简图并作出书面记录，妥善保管现场重要痕迹、物证，并进行拍照或录像。

发生（发现）较大、重大和特大质量事故，事故单位要在 48 h 内向规定单位写出书面报告；突发性事故，事故单位要在 4 h 内电话向上述单位报告。

事故报告应当包括以下内容：

（1）工程名称、建设规模、建设地点、工期，项目法人、主管部门及负责人电话。

（2）事故发生的时间、地点、工程部位以及相应的参建单位名称。

（3）事故发生的简要经过、伤亡人数和直接经济损失的初步估计。

（4）事故发生原因初步分析。

（5）事故发生后采用的措施及事故控制情况。

（6）事故报告单位、负责人及联系方式。

有关单位接到事故报告后，必须采取有效措施，防止事故扩大，并立即按照管理权限向上级部门报告或组织事故调查。

（四）事故调查

发生质量事故，要按照规定的管理权限组织调查组进行调查，查明事故原因，提出处理意见，提交事故调查报告。事故调查组成员由主管部门根据需要确定并实行回避制度。

一般事故由项目法人组织设计、施工、监理等单位进行调查，调查结果报项目主管部门核备。较大质量事故由项目主管部门组织调查组进行调查，调查结果报上级主管部门批准并报省级水行政主管部门核备。重大质量事故由省级以上水行政主管部门组织调查组进行调查，调查结果报水利部核备。特大质量事故由水利部组织调查。

调查组有权向事故单位、各有关单位和个人了解事故的有关情况。有关单位和个人必须实事求是地提供有关文件或材料，不得以任何方式阻碍或干扰调查组正常工作。

事故调查组提交的调查报告经主持单位同意后，调查工作即告结束。事故调查费用暂由项目法人垫付，待查清责任后，由责任方负担。

（五）工程处理

发生质量事故，必须针对事故原因提出工程处理方案，经有关单位审定后实施。

一般事故，由项目法人负责组织有关单位制定处理方案并实施，报上级主管部门备案。

较大质量事故，由项目法人负责组织有关单位制定处理方案，经上级主管部门审定后实施，报省级水行政主管部门或流域机构备案。

重大质量事故，由项目法人负责组织有关单位提出处理方案，征得事故调查组意见后，报省级水行政主管部门或流域机构审定后实施。

特大质量事故，由项目法人负责组织有关单位提出处理方案，征得事故调查组意见后，报省级水行政主管部门或流域机构审定后实施，并报水利部备案。

事故处理需要进行设计变更的，需原设计单位或有资质的单位提出设计变更方案。需要进行重大设计变更的，必须经原设计审批部门审定后实施。

事故部位处理完成后，必须按照管理权限经过质量评定与验收后，方可投入使用或进入下一阶段施工。

三、水电工程质量管理

（一）基本规定

水电工程建设必须遵守国家有关质量管理的法律、法规和政策，并应在有关文件、合同中予以具体体现。

各方均应按合同约定的质量标准履行自己的义务。合同中有关质量约定不明确，按照合同条款内容不能确定，当事人又不能通过协商达成协议的，按国家质量标准履行，没有国家质量标准的，按同行公议标准履行。

（二）设计质量管理

承担水电建设项目设计任务的单位，必须持有国家有关部门正式颁发的并与工程项目的建设规模相适应的水电勘测设计资质证书；严禁无证设计或越级设计。

工程的勘测设计，必须按有关规定，由项目法人与设计单位签订勘测设计合同。

项目法人可以实行设计进度质量保留金制度。在设计经费按合同及时支付的条件下，设计进度质量保留金按设计费的3%～5%扣留，在第一台机组投产时返还保留金的60%，项目竣工时返还剩余部分。因勘测设计责任造成工程质量事故的，项目法人有权扣除部分以至全部保留金。

招标设计和施工图设计，必须按照国家有关部门批准的可行性研究报告或初步设计报告的原则进行。工程规模、安全设防标准、枢纽总体布置、主要建筑物形式、施工期度汛标准及其他涉及工程安全的重大问题的设计原则、标准和方案发生重大变更时，必须由项目法人组织设计单位编制相应的设计文件，并由项目法人报原设计审批部门审查批准。

对于项目法人、监理、施工等单位和个人提出的一般设计变更建议，设计单位应认真听取并加以论证，积极采纳合理化建议，并对采纳建议所作的设计质量负责。对于设计单位不同意采纳的设计变更建议，项目法人有权作出一般设计变更的决策，并对决策方案的正确性负责，设计单位受项目法人委托进行变更设计时对自己所作的设计成果负责。

设计优化及采用新材料、新工艺、新型结构必须以保证工程质量为前提，应进行技术经济论证，并充分考虑当前施工水平对工程安全的影响。

设计单位推荐材料、设备时应遵循“定型不定厂”的原则，不得指定供货厂家或产品。

（三）施工质量管理

招标时，项目法人应对投标施工单位的以下方面进行详细了解、审查、分析判断，以确保施工单位的能力满足保证工程质量的要求:施工单位的资质及质量保证体系;施工单位以往的相关工程业绩;施工单位以往的施工质量情况;施工单位对本工程所作的施工组织设计、施工方法和措施,投入本工程的项目经理人选、主要技术力量及设备的情况。

施工单位在近5年内工程发生重大及以上质量事故的,应视其整改情况决定取舍;在近1年内工程发生特大质量事故的,不得独立中标承建大型水电站主体工程的施工任务。

施工单位的质量保留金依合同按月进度付款的一定比例逐月扣留。因施工原因造成工程质量事故的,项目法人有权扣除部分以至全部保留金。

(四)施工质量检查与工程验收

施工准备工程质量检查,由施工单位负责进行,监理单位应对关键部位(或项目)的施工准备情况进行抽查。

单元工程的检查验收,施工单位应按"三级检查制度"(班组初检、作业队复检、项目部终检)的原则进行自检,在自检合格的基础上,由监理单位进行终检验收。经监理单位同意,施工单位的自检工作分级层次可以适当简化。

监理单位对隐蔽工程和关键部位进行终检验收时,设计单位应参加并签署意见。监理单位签署终检验收结论时,应认真考虑设计等单位的意见。

分部分项工程验收签证,应在施工单位进行一次系统的整体检查验收的基础上,由监理单位组织进行联合检查验收。设计、运行等单位均应在分部分项工程验收签证上签字或签署意见,监理单位签署验收结论。

(五)质量监督

1. 质量监督检查工作方式

(1)水电建设工程质量监督一般采取巡视检查的工作方式。巡视检查主要分为阶段性质量监督检查、专项质量监督检查和随机抽查质量监督检查。阶段性质量监督检查不得省略或替代;专项质量监督检查主要针对一定建设规模、具有一定技术特点的工程开展;随机抽查质量监督检查主要以不定期的方式开展。

(2)质监机构根据工程建设的实际情况确定每年开展巡视检查的次数和时间。除因故停工的项目外,工程准备期通常每年开展1次质量监督检查;主体工程施工期通常每年开展1~2次质量监督检查,重要施工阶段可增加检查次数;工程完建期可仅进行阶段性质量监督检查。对停工项目可视情况开展汛前或汛期监督检查。

(3)阶段性质量监督检查包括首次质量监督、截流阶段质量监督、蓄水阶段质量监督、机组启动阶段质量监督和竣工阶段枢纽工程专项验收质量监督。

(4)质量监督检查一般采取听取工程建设情况汇报、查看工程现场、抽查工程多建单位的有关原始记录资料和自查报告、与工程参建单位进行座谈等形式,并通过检查工程质量管理体系建立和运行情况、工程建设强制性标准条文执行情况、设计变更履行变更手续情况和对质量监督检查意见的整改落实情况等方式进行。

(5)阶段性质量监督检查、专项质量监督检查应按规定的责任主体质量行为和工程实体质量监督检查内容逐条检查,检查方式为重点抽查验证。随机抽查则需结合具体工程建设特点、技术难点、形象面貌等情况,以重点抽查验证的检查方式按照《大纲》附件中相应的质量行为、实体质量监督检查内容进行选择性抽查或开展集中的实体质量验证性抽查检测。

(6)质监机构应对影响工程主体结构安全和主要使用功能的关键部位、重要隐蔽工程、质量问题突出或怀疑有质量缺陷的项目进行重点抽查；必要时，可通过具备资质的第三方检验检测机构独立进行验收性抽样检测或质量分析与评价。

(7)质量监督检查中发现的质量缺陷或一般质量问题，质监机构应及时通知并要求建设单位组织整改，建设单位应在规定时间内将整改结果以书面形式报质监机构备案。对监督检查中发现的重大质量问题或质量隐患，除通知建设单位按要求限期整改外，质监机构还应及时上报地方能源主管部门和国家能源局派出机构，涉及国务院或国务院投资主管部门审批、核准的工程还应上报国家能源局电力安全监管司及电力可靠性管理和工程质量监督中心。

2. 质量监督检查内容

(1)建设单位。

建设单位质量监督检查包括以下内容：工程项目按规定进行招投标并与承包商签订合同；项目负责人已经单位法定代表人授权，并已签署工程质量终身责任承诺书；质量管理组织机构已建立，质量管理人员数量、专业满足工程质量管理要求；质量管理制度已制定；无任意压缩合同约定工期的行为；监理规划、施工组织设计已审批；工程采用的专业标准清单已审批，更新及时；工程建设有关质量标准强制性条文实施管理措施已制定；工程项目开工申请已审批；及时组织分部工程、单位工程验收，按有关规定参加重要工程、隐蔽工程的单元工程验收；按国家及行业规范规定组织阶段验收，验收程序和过程符合规定要求；按照国家有关规定组织工程安全鉴定工作；对建设过程中发生的重大设计变更，及时组织设计单位编制专题报告，并按规定程序报审；对有关质量监督检查提出的意见及时整改和落实。

(2)勘察、设计单位。

勘察、设计单位质量监督检查包括以下内容：项目负责人已经单位法定代表人授权，并已签署工程质量终身责任承诺书。专业人员具有相应资格；已建立勘察、设计、科研、试验结果校审签证制度；明确了设计现场服务机构及相应职责；勘察设计由两个以上单位承担时，各责任方履行了规定的各自职责；勘察设计文件满足国家强制性标准的要求，按照有关国家、行业规程规范进行设计，对重大技术问题进行充分的试验和论证；勘察资料与工程实际情况相符合，重大偏差及时反馈修改设计并采取相应的措施；建设过程中发生的重大设计变更已经过充分分析论证。一般设计变更编制了设计变更文件；设计文件供应及时，满足现场施工需要；设计产品执行校审程序和专业会签；现场设计服务机构制定了相应的设计服务管理制度，并建立了技术质量责任制；派出以设计项目经理或设计总工程师为首的专业配套、人员相对稳定的设计代表常驻工地；根据工程进展及时完成设计交底，交底记录齐全；及时开展地质编录、预测预报等工作，根据现场开挖揭露的地质条件，做好现场调变更设计；收集施工反馈信息，检查现场地质、施工成果与设计假定、设计要求的符合程度，对存在的问题向建设单位或监理单位反映意见和提供技术支持；工程建设有关质量标准强制性条文已执行；按要求参加重要工程、隐蔽工程、关键部位的质量检查及工程验收签证；按规定参与质量事故的调查与分析；对有关质量监督检查提出的意见及时整改和落实。

(3)监理单位。

监理单位质量监督检查包括以下内容：总监理工程师已经单位法定代表人授权，并已签署工程质量终身责任承诺书；现场监理机构组建符合合同文件规定，相应的规章制度和工作程序已建立；人员专业配备及数量符合工程各专业质量控制要求以及合同约定，资格符合要求；总监理工程师变更已经建设单位批准，驻现场时间符合合同约定；与被监理的施工承包单位和建筑材料、设备供应单位没有隶属关系和其他利益关系，不存在同体监理以及转让监理现象；检测设备、计量器具配置满足监理需要，按规定检定（校准）合格且在有效期内；已编制适合工程情况的监理规划、监理实施细则，审批手续齐全；已编制并发布适合工程情况的监理工作用表；组织或参加材料进场和设备、构配件开箱检查验收以及原材料见证取样，按规定和合同约定对主要原材料、中间产品进行平行检测，对涉及结构安全的试块、试件以及有关材料进行见证取样；按规定对施工质量管理和现场质量控制进行检查，对施工过程进行现场巡视，对重点工序、重要部位及隐蔽工程实行旁站监理；坚持监理例会制度，对发现的质量问题能够及时闭环处理；对设计文件检查与签发及时；及时组织设计交底，处理交底中发现的问题；实行质量检查验收签证和质量评定制度；监理旁站记录及监理月报等资料和文件及时、准确反映工程质量情况；对现场工程质量问题处理及时发出监理指令，并跟踪检查闭环处理情况；对工程质量事故报告及时，按规定参与调查和处理；及时对施工单位的质量检验结果进行核实，及时对单元工程质量等级进行了复核，签字手续完备；及时审批施工单位施工措施、计划和技术方案；在工程开工前检查开工准备及开工条件，进行工程项目划分；按规定发布开工令、停工令、返工令和复工令；本阶段应执行的工程建设有关质量标准强制性条文实施情况已检查；对有关质量监督检查提出的意见及时整改和落实。

（4）施工单位。

施工单位质量监督检查包括以下内容：项目经理已经单位法定代表人授权，并已签署工程质量终身责任承诺书；项目部组织机构健全，专业人员配置满足工程实际需要和合同要求。项目经理资格符合要求，驻现场时间符合合同规定，变更已经建设单位批准；特种作业人员持证上岗；施工质检员的专业、数量配备满足施工质量检查的要求，经培训合格；质量管理制度已制定；开工前施工组织设计、施工方案、质量保证措施、施工试验方案及时报审，超过一定规模的危大工程专项施工方案通过专家论证，技术交底记录齐全；按合同约定设立的试验检测、测量等专业机构资质、执业人员资格符合国家或行业相关规定，检测设备、计量器具按规定检定（校准）合格，且在有效期内；检测试验项目计划已制定并报审；单位工程开工申请及时审批；专业绿色施工措施已制定并报审；施工作业符合设计图纸及有关施工技术标准要求，无擅自修改设计图纸现象；供应方有关资料已按规定报审，进场工程材料、半成品、构配件及金属结构、启闭机、机电设备等的质量证明文件齐全；施工质量"三检制"落实到位，质量检验评定及时、准确，资料齐全，施工日志记录规范；施工期观测资料的收集、整理和分析及时，报告完整；对施工质量缺陷及时进行了调查登记并建立台账，对质量缺陷按有关要求处理，消缺处理手续完备；质量事故报告及时；对有关质量监督检查提出的意见及时整改和落实。

（5）检验检测单位。

检验检测单位质量监督检查包括以下内容：母体机构资质满足国家或行业规定，现场派出机构按母体机构授权范围开展工作；质量管理体系、计量认证体系建立和执行情况满足要求；检测人员资格满足检验检测工作要求；仪器设备配备满足检验检测需要并按规定进行检定校准；检测环境满足规范要求；检测项目和频次满足规范和设计要求，检测依据正确、有效，检测试验记录与报告内容齐全且符合国家现行有关标准的规定；检测资料及时整编并提交相关单位，定期进行检测结果汇总分析，发现质量问题时及时报告有关单位；对有关质量监督检查提出的意见及时整改和落实。

链接

根据《关于进一步加强电力建设工程质量监督管理工作的意见》，国家能源局依法依规对全国电力建设工程质量实施统一监督管理。国家能源局电力安全监管司归口全国电力建设工程质量监督管理工作，其他有关司和单位依其职责做好相关工作。质量监督机构不代替建设、监理、设计、施工等单位的质量管理工作。未经审批、核准、备案的电力建设工程，质监机构不得受理其质量监督注册申请。未通过质监机构监督检查的电力工程，不得投入运行。

四、水利建设质量工作考核

水利建设质量工作考核对象为各省、自治区、直辖市水利（水务）厅（局），新疆生产建设兵团水利局（以下简称省级水行政主管部门）。

水利建设质量工作考核年度为每年 7 月 1 日至次年 6 月 30 日。

水利建设质量工作考核内容包括质量管理工作和质量提升工作两部分，其中质量管理工作分值占考核总分的 75%，质量提升工作分值占考核总分的 25%。根据水利建设质量工作发展实际，每个考核年度另行制定考核评分细则。

考核各省级水行政主管部门水利建设质量工作情况，分为质量管理评价和工程质量现场抽查两部分：

（1）质量管理评价。主要考核各省级水行政主管部门质量管理情况，包括质量管理措施方面和质量管理效果方面。质量管理效果的考核指标和要点见表 2-10。

表 2-10　质量管理效果的考核指标和要点

指标	要点
项目法人质量管理	质量管理体系建立情况；质量管理程序报备情况；质量主体责任履行情况；对参建单位的质量检查情况；历次稽察、检查、巡查提出质量问题整改
勘察设计质量保证	设计成果质量；设计审查意见落实情况；现场服务体系建立情况；现场设计服务情况
监理质量控制	质量控制体系建立情况；相关材料报送情况；监理控制责任履职情况
施工质量保证	质量保证体系建立情况；施工过程质量控制情况；施工现场管理情况；已完工程实体质量情况
项目投资、政府验收、质量监督	项目投资；政府验收；质量监督计划；参建单位质量行为和实体质量检查；工程质量核备
施工现场管理、实体质量	施工现场管理情况；实体质量情况

（2）工程质量现场抽查。主要考核水利建设项目质量现场管理和工程实体质量状况。

水利建设质量工作考核采用评分法，满分为 100 分。考核结果分 4 个等级，具体内容见表 2-11。

表 2-11　考核结果等级

等级	标准
A 级	得分 90 分及以上
B 级	得分 80 分及以上,90 分以下
C 级	得分在 60 分及以上,80 分以下
D 级	得分 60 分以下

考核年度内存在以下情况的,直接认定为 D 级:

(1)发生重、特大质量事故的。

(2)因在建水利工程安全度汛措施不到位或工程质量问题造成水库垮坝、重要堤防决口等事故的。

(3)考核工作中存在弄虚作假、故意隐瞒情况的。

水利建设质量工作考核方式:发布细则;考核评价;考核结果认定与发布。

2F320070　水利水电工程施工质量评定

水利水电工程质量是指工程满足国家和水利行业相关标准及合同约定要求的程度,在安全、功能、适用、外观及环境保护等方面的特性总和。质量评定是指将质量检验结果与国家和行业技术标准以及合同约定的质量标准所进行的比较活动。

一、项目划分

(一)项目名称

水利水电工程质量检验与评定应进行项目划分。项目按级划分为单位工程、分部工程、单元(工序)工程等三级。

工程中永久性房屋(管理设施用房)、专用公路、专用铁路等工程项目,可按相关行业标准划分和确定项目名称。

(二)项目划分原则

水利水电工程项目划分应结合工程结构特点、施工部署及施工合同要求进行,划分结果应有利于保证施工质量以及施工质量管理。

单元工程项目的划分应按下列原则确定:

(1)按《水利水电工程单元工程施工质量验收评定标准》(以下简称《单元工程评定标准》)规定进行划分。

(2)河(渠)道开挖、填筑及衬砌单元工程划分界线宜设在变形缝或结构缝处,长度一般不大于 100 m。同一分部工程中各单元工程的工程量(或投资)不宜相差太大。

(3)《单元工程评定标准》中未涉及的单元工程可依据工程结构、施工部署或质量考核要求,按层、块、段进行划分。

链接

普通混凝土单元工程包括的工序有:基础面或施工缝处理、模板安装、钢筋制作及安装、预埋件(止水、伸缩缝等)制作及安装、混凝土浇筑(含养护、脱模)、外观质量检查。

下面以典型例题的形式对单位工程、分部工程的划分原则进行讲解。

典型例题

【案例题】某堤防除险加固工程，主体工程开工前，项目法人组织监理、设计、施工等单位对本合同段工程进行了项目划分。分部工程项目划分时，要求同种类分部工程的工程量差值不超过50%，不同种类分部工程的投资差额不超过1倍。

【问题】简要说明堤防工程中的单位工程、分部工程项目划分原则。

【答案】堤防工程中单位工程按招标标段或工程结构划分。规模较大的交叉联结建筑物及管理设施以每座独立的建筑物为一个单位工程。分部工程按长度或功能划分。

【解析】除堤防工程划分外，其他工程划分原则如下表所示。同一单位工程中，各个分部工程的工程量（或投资）不宜相差太大，每个单位工程中的分部工程数目，不宜少于5个。

工程类别	工程项目	
	单位工程	分部工程
枢纽工程	一般以每座独立的建筑物为一个单位工程。当工程规模大时，可将一个建筑物中具有独立施工条件的一部分划分为一个单位工程	土建部分按设计的主要组成部分划分；金属结构及启闭机安装工程和机电设备安装工程按组合功能划分
引水（渠道）工程	按招标标段或工程结构划分单位工程。大、中型引水（渠道）建筑物以每座独立的建筑物为一个单位工程	河（渠）道按施工部署或长度划分。大、中型建筑物按工程结构主要组成部分划分
除险加固工程	按招标标段或加固内容，并结合工程量划分单位工程	按加固内容或部位划分

（三）项目划分程序

下面以典型例题的形式对项目划分程序的相关内容进行讲解。

典型例题

【案例题】某引调水工程，监理机构组织项目法人、设计和施工等单位对工程进行项目划分，确定了主要分部工程、重要隐蔽单元工程等内容。项目法人在主体工程开工后一周内将项目划分表及说明书面报工程质量监督机构确认。

【问题】指出并改正上述资料中项目法人的不妥之处。

【答案】不妥之处一：监理机构组织项目法人、设计和施工等单位对工程进行项目划分。改正：由项目法人组织监理、设计及施工等单位进行工程项目划分。

不妥之处二：项目法人在主体工程开工后一周内将项目划分表及说明书面报工程质量监督机构确认。改正：项目法人在主体工程开工前将项目划分表及说明书面报质量监督机构确认。

【解析】除上述规定外，工程质量监督机构收到项目划分书面报告后，应在 14 个工作日内对项目划分进行确认并将确认结果书面通知项目法人。工程实施过程中，需对单位工程、主要分部工程、重要隐蔽单元工程和关键部位单元工程的项目划分进行调整时，项目法人应重新报送工程质量监督机构确认。

二、施工质量检验

（一）基本规定

承担工程检测业务的检测单位应具有水行政主管部门颁发的资质证书。其设备和人员的配备应与所承担的任务相适应，有健全的管理制度。

工程施工质量检验中使用的计量器具、试验仪器仪表及设备应定期进行检定，并具备有效的检定证书。国家规定需强制检定的计量器具应经县级以上计量行政部门认定的计量检定机构或其授权设置的计量检定机构进行检定。

检测人员应熟悉检测业务，了解被检测对象性质和所用仪器设备性能，经考核合格后，持证上岗。参与中间产品及混凝土（砂浆）试件质量资料复核的人员应具有工程师以上工程系列技术职称，并从事过相关试验工作。

工程质量检验项目和数量应符合《单元工程评定标准》规定。工程质量检验方法，应符合《单元工程评定标准》和国家及行业现行技术标准的有关规定。工程质量检验数据应真实可靠，检验记录及签证应完整齐全。工程项目中如遇《单元工程评定标准》中尚未涉及的项目质量评定标准时，其质量标准及评定表格，由项目法人组织监理、设计及施工单位按水利部有关规定进行编制和报批。

工程中永久性房屋、专用公路、专用铁路等项目的施工质量检验与评定可按相应行业标准执行。

项目法人、监理、设计、施工和工程质量监督等单位根据工程建设需要，可委托具有相应资质等级的水利工程质量检测单位进行工程质量检测。施工单位自检性质的委托检测项目及数量，应按《单元工程评定标准》及施工合同约定执行。对已建工程质量有重大分歧时，由项目法人委托第三方具有相应资质等级的质量检测单位进行检测，检测数量视需要确定，检测费用由责任方承担。

堤防工程竣工验收前，项目法人应委托具有相应资质等级的质量检测单位进行抽样检测，工程质量抽检项目和数量由工程质量监督机构确定。

对涉及工程结构安全的试块、试件及有关材料，应实行见证取样。见证取样资料由施工单位制备，记录应真实齐全，参与见证取样人员应在相关文件上签字。

链接

见证取样应由施工单位有关人员在监理单位或项目法人监督下进行现场取样，试样送到具有相应资质等级的工程质量检测机构进行试验。

工程中出现检验不合格的项目时，应按以下规定进行处理：

（1）原材料、中间产品一次抽样检验不合格时，应及时对同一取样批次另取两倍数量进行检验。如仍不合格,则该批次原材料或中间产品应定为不合格,不得使用。

(2)单元(工序)工程质量不合格时,应按合同要求进行处理或返工重做,并经重新检验且合格后方可进行后续工程施工。

(3)混凝土(砂浆)试件抽样检验不合格时,应委托具有相应资质等级的质量检测单位对相应工程部位进行检验。如仍不合格,由项目法人组织有关单位进行研究,并提出处理意见。

(4)工程完工后的质量抽检不合格,或其他检验不合格的工程,应按有关规定进行处理,合格后才能进行验收或后续工程施工。

(二)质量检验职责范围

1. 永久性工程施工质量检验

永久性工程(包括主体工程及附属工程)施工质量检验应符合下列规定:

(1)施工单位应依据工程设计要求、施工技术标准和合同约定,结合《单元工程评定标准》的规定确定检验项目及数量并进行自检,自检过程应有书面记录,同时结合自检情况如实填写水利部颁发的《水利水电工程施工质量评定表》。

链接

在填写《水利水电工程单元工程施工质量验收评定表》时,检验(检查、检测)记录应真实、准确,检测结果中的数据为终检数据,并在施工单位自评意见栏中由终检负责人签字。检测结果可以是实测值,也可以是偏差值,填写偏差值时必须附实测记录。监理工程师复核质量等级时,对施工单位填写的质量检验资料或质量等级如有不同意见,在"质量等级"栏填写核定的质量等级并签字。

(2)监理单位应根据《单元工程评定标准》和抽样检测结果复核工程质量。其平行检测和跟踪检测的数量按《水利工程施工监理规范》(以下简称《监理规范》)或合同约定执行。

(3)项目法人应对施工单位自检和监理单位抽检过程进行督促检查,对报工程质量监督机构核备、核定的工程质量等级进行认定。

(4)工程质量监督机构应对项目法人、监理、勘测、设计、施工单位以及工程其他参建单位的质量行为和工程实物质量进行监督检查。检查结果应按有关规定及时公布,并书面通知有关单位。

2. 临时工程质量检验

临时工程质量检验及评定标准,应由项目法人组织监理、设计及施工等单位根据工程特点,参照《单元工程评定标准》和其他相关标准确定,并报相应的工程质量监督机构核备。

(三)质量检验内容

质量检验包括施工准备检查,原材料与中间产品质量检验,水工金属结构、启闭机及机电产品质量检查,单元(工序)工程质量检验,质量事故检查和质量缺陷备案,工程外观质量检验等。

主体工程开工前,施工单位应组织人员进行施工准备检查,并经项目法人或监理单位确认合格且履行相关手续后,才能进行主体工程施工。

施工单位应按《单元工程评定标准》及有关技术标准对水泥、钢材等原材料与中间产品质量进行检验，并报监理单位复核。不合格产品，不得使用。

施工单位应按《单元工程评定标准》检验工序及单元工程质量，做好书面记录，在自检合格后，填写《水利水电工程施工质量评定表》报监理单位复核。监理单位根据抽检资料核定单元（工序）工程质量等级。发现不合格单元（工序）工程，应要求施工单位及时进行处理，合格后才能进行后续工程施工。

施工单位应及时将原材料、中间产品及单元（工序）工程质量检验结果报监理单位复核。并应按月将施工质量情况报送监理单位，由监理单位汇总分析后报项目法人和工程质量监督机构。

单位工程完工后，项目法人应组织监理、设计、施工及工程运行管理等单位组成工程外观质量评定组，现场进行工程外观质量检验评定，并将评定结论报工程质量监督机构核定。参加工程外观质量评定的人员应具有工程师以上技术职称或相应执业资格。评定组人数应不少于 5 人，大型工程不宜少于 7 人。

（四）质量事故检查和质量缺陷备案

根据《水利工程质量事故处理暂行规定》，水利水电工程质量事故分为一般质量事故、较大质量事故、重大质量事故和特大质量事故四类。

质量事故发生后，有关单位应按“三不放过”原则，调查事故原因，研究处理措施，查明事故责任者，并根据《水利工程质量事故处理暂行规定》做好事故处理工作。

在施工过程中，因特殊原因使得工程个别部位或局部发生达不到技术标准和设计要求（但不影响使用），且未能及时进行处理的工程质量缺陷问题（质量评定仍定为合格），应以工程质量缺陷备案形式进行记录备案。

质量缺陷备案表由监理单位组织填写，内容应真实、准确、完整。各工程参建单位代表应在质量缺陷备案表上签字，若有不同意见应明确记载。质量缺陷备案表应及时报工程质量监督机构备案。质量缺陷备案资料按竣工验收的标准制备。工程竣工验收时，项目法人应向竣工验收委员会汇报并提交历次质量缺陷备案资料。

工程质量事故处理后，应由项目法人委托具有相应资质等级的工程质量检测单位检测后，按照处理方案确定的质量标准，重新进行工程质量评定。

质量缺陷备案表的内容包括质量缺陷产生的部位、原因，对质量缺陷是否处理和如何处理以及对建筑物使用的影响等。

（五）数据处理

检验和分析数据可靠性时，应符合下列要求：检查取样应具有代表性；检验方法及仪器设备应符合国家及行业规定；操作应准确无误。

实测数据是评定质量的基础资料，严禁伪造或随意舍弃检测数据。对可疑数据，应检查分析原因，并做出书面记录。

三、施工质量评定

（一）合格标准

合格标准是工程验收标准。不合格工程必须进行处理且达到合格标准后，才能进行后续工程施工或验收。

单元（工序）工程施工质量合格标准应按照《单元工程评定标准》或合同约定的合格标准执行。当达不到合格标准时，应及时处理。处理后的质量等级应按下列规定重新确定：

（1）全部返工重做的，可重新评定质量等级。

（2）经加固补强并经设计和监理单位鉴定能达到设计要求时，其质量评为合格。

（3）处理后的工程部分质量指标仍达不到设计要求时，经设计复核，项目法人及监理单位确认能满足安全和使用功能要求，可不再进行处理；或经加固补强后，改变了外形尺寸或造成工程永久性缺陷的，经项目法人、监理及设计单位确认能基本满足设计要求，其质量可定为合格，但应按规定进行质量缺陷备案。

分部工程施工质量同时满足下列标准时，其质量评为合格：

（1）所含单元工程的质量全部合格，质量事故及质量缺陷已按要求处理，并经检验合格。

（2）原材料、中间产品及混凝土（砂浆）试件质量全部合格，金属结构及启闭机制造质量合格，机电产品质量合格。

工程项目施工质量同时满足下列标准时，其质量评为合格：

（1）单位工程质量全部合格。

（2）工程施工期及试运行期，各单位工程观测资料分析结果均符合国家和行业技术标准以及合同约定的标准要求。

下面以典型例题的形式对单位工程施工质量合格标准进行讲解。

典型例题

【单选题】根据《水利水电工程施工质量检验与评定规程》，单位工程施工质量等级为合格，其外观质量得分率至少应达（　　）。

A. 85%　　B. 80%

C. 75%　　D. 70%

D。**【解析】**单位工程施工质量等级为合格的标准：所含分部工程质量全部合格；质量事故已按要求进行处理；工程外观质量得分率至少应达 70%；单位工程施工质量检验与评定资料基本齐全；工程施工期及试运行期，单位工程观测资料分析结果符合标准要求。

（二）优良标准

优良等级是为工程项目质量创优而设置。单元工程施工质量优良标准应按照《单元工程评定标准》以及合同约定的优良标准执行。全部返工重做的单元工程，经检验达到优良标准时，可评为优良等级。

工程项目施工质量同时满足下列标准时，其质量评为优良：

（1）单位工程质量全部合格，其中 70% 以上单位工程质量达到优良等级，且主要单位工程质量全部优良。

（2）工程施工期及试运行期，各单位工程观测资料分析结果均符合国家和行业技术标准以及合同约定的标准要求。

下面以典型例题的形式对分部工程、单位工程施工质量优良标准进行讲解。

典型例题

【案例题】某混凝土分部工程有50个单元工程，单元工程质量全部经监理单位复核认可，50个单元工程质量全部合格，其中优良单元工程38个；主要单元工程以及重要隐蔽单元工程共20个，优良19个；施工过程中检验水泥共10批，钢筋共20批，砂共15批，石子共15批，质量均合格，混凝土试件：C25共19组、C20共10组、C10共5组，质量全部合格，施工中未发生过质量事故。

【问题】根据上述资料，评定此分部工程的质量等级，并说明理由。

【答案】此分部工程的质量等级为优良。理由：因为所含单元工程质量全部合格，其中优良率为38/50×100%＝76%＞70%；主要单元工程以及重要隐蔽单元工程质量优良率为19/20×100%＝95%＞90%；中间产品质量全部合格；同一强度等级混凝土试件组数均小于30，质量全部合格，且未发生过质量事故。

【解析】除上述标准外，原材料质量、金属结构及启闭机制造质量合格，机电产品质量合格也是分部工程质量优良的标准。

【案例题】某水利枢纽工程包括节制闸和船闸工程，船闸单位工程共有20个分部工程，分部工程质量全部合格，其中优良分部工程16个；主要分部工程10个，工程质量全部优良。施工过程中未发生质量事故。外观质量得分率为86.5%，质量检验评定资料齐全，工程观测分析结果符合国家和行业标准以及合同约定的标准。

【问题】根据上述资料，说明船闸单位工程的质量等级，并说明理由。

【答案】船闸单位工程的质量等级为优良。理由：所含分部工程质量全部合格，其中优良率＝16/20×100%＝80%＞70%；主要分部工程质量全部优良，且施工中未发生过较大质量事故；外观质量得分率为86.5%＞85%；质量检验评定资料齐全；工程观测分析结果符合国家和行业标准以及合同约定的标准。

（三）质量评定工作的组织与管理

单元（工序）工程质量在施工单位自评合格后，应报监理单位复核，由监理工程师核定质量等级并签证认可。

重要隐蔽单元工程及关键部位单元工程质量经施工单位自评合格、监理单位抽检后，由项目法人（或委托监理）、监理、设计、施工、工程运行管理（施工阶段已经有时）等单位组成联合小组，共同检查核定其质量等级并填写签证表，报工程质量监督机构核备。

分部工程质量，在施工单位自评合格后，由监理单位复核，项目法人认定。分部工程验收的质量结论由项目法人报工程质量监督机构核备。大型枢纽工程主要建筑物的分部工程验收的质量结论由项目法人报工程质量监督机构核定。

单位工程质量，在施工单位自评合格后，由监理单位复核，项目法人认定。单位工程验收的质量结论由项目法人报工程质量监督机构核定。

工程项目质量，在单位工程质量评定合格后，由监理单位进行统计并评定工程项目质量等级，经项目法人认定后，报工程质量监督机构核定。

阶段验收前，工程质量监督机构应提交工程质量评价意见。

工程质量监督机构应按有关规定在工程竣工验收前提交工程质量监督报告，工程质量监督报告应有工程质量是否合格的明确结论。

提示

质量评定工作的组织可按下表记忆。

质量评定工作的组织

项目名称	施工单位	监理单位	项目法人	质监机构
单元(工序)工程	自评	复核,监理工程师核定并签证认可	—	—
重要隐蔽单元工程及关键部位单元工程	自评	抽检	联合小组(法人或委托监理、监理、设计、施工、运行管理)核定	核备
分部工程	自评	复核	认定	核备
大型枢纽工程主要建筑物的分部工程	自评	复核	认定	核定
单位工程	自评	复核	认定	核定
工程项目	单位工程质量评定合格	统计并评定质量等级	认定	核定

四、单元工程施工质量等级评定标准

水利部批准了《水利水电工程单元工程施工质量验收评定标准——土石方工程》等多项标准为水利行业标准。其中,《水利水电工程单元工程施工质量验收评定标准——混凝土工程》中的基本规定在历年考试中考查频次较多,以下进行主要介绍。

(一)相关术语

单元工程是指依据建筑物设计结构、施工部署和质量考核要求,将分部工程划分为若干个层、块、区、段,每一层、块、区、段为一个单元工程,通常是由若干个工序组成的综合体,是施工质量考核的基本单位。

工序是指按施工的先后顺序将单元工程划分成的若干个具体施工过程或施工步骤。对单元工程质量影响较大的工序称为主要工序。

主控项目是指对单元工程的功能起决定作用或对安全、卫生、环境保护有重大影响的检验项目。

一般项目是指除主控项目以外的检验项目。

(二)基本规定

1. 一般要求

单元工程划分应符合下列要求:

(1)分部工程开工前应由建设监理单位组织设计、施工等单位,根据标准要求,共同划分单元工程。

(2)建设单位应根据工程性质和部位确定重要隐蔽单元工程和关键部位单元工程。

(3)单元工程划分结果应书面报送质量监督机构备案。

单元工程按工序划分情况,应分为划分工序单元工程和不划分工序单元工程。

(1)划分工序单元工程应先进行工序施工质量验收评定。应在工序验收评定合格和施工项目实体质量检验合格的基础上,进行单元工程施工质量验收评定。

(2)不划分工序单元工程的施工质量验收评定,应在单元工程中所包含的检验项目检验合格和施工项目实体质量检验合格的基础上进行。

检验项目应分为主控项目和一般项目。

工序和单元工程施工质量等各类项目的检验,应采用随机布点和监理工程师现场指定区位相结合的方式进行。检验方法及数量应符合相关标准的规定。

工序和单元工程施工质量验收评定表及其备查资料的制备应由工程施工单位负责,其规格宜采用国际标准 A4(210 mm×297 mm),验收评定表一式 4 份,备查资料一式 2 份,其中验收评定表及其备查资料各 1 份应由监理单位保存,其余应由施工单位保存。

2. 工序施工质量验收评定

单元工程中的工序分为主要工序和一般工序。主要工序和一般工序的划分应按《水利水电工程单元工程施工质量验收评定标准——混凝土工程》的规定执行。

工序施工质量验收评定应具备下列条件:

(1)工序中所有施工项目(或施工内容)已完成,现场具备验收条件。

(2)工序中所包含的施工质量检验项目经施工单位自检全部合格。

工序施工质量验收评定应按下列程序进行:

(1)施工单位应首先对已经完成的工序施工质量按标准进行自检,并做好检验记录。

(2)施工单位自检合格后,应填写工序施工质量验收评定表,质量责任人履行相应签认手续后,向监理单位申请复核。

(3)监理单位收到申请后,应在 4 h 内进行复核。复核包括下列内容:

①核查施工单位报验资料是否真实、齐全。

②结合平行检测和跟踪检测结果等,复核工序施工质量检验项目是否符合标准的要求。

③在施工单位提交的工序施工质量验收评定表中填写复核记录,并签署工序施工质量评定意见,核定工序施工质量等级,相关责任人履行相应签认手续。

工序施工质量验收评定应包括下列资料。

(1)施工单位报验时,应提交下列资料:

①各班(组)的初检记录、施工队复检记录、施工单位专职质检员终检记录。

②工序中各施工质量检验项目的检验资料。

③施工单位自检完成后,填写的工序施工质量验收评定表。

(2)监理单位应提交下列资料:

①监理单位对工序中施工质量检验项目的平行检测资料。

②监理工程师签署质量复核意见的工序施工质量验收评定表。

工序施工质量验收评定分为合格和优良两个等级,其标准应符合下列规定:

(1)合格等级标准应符合下列规定:

①主控项目,检验结果应全部符合标准的要求。

②一般项目,逐项应有 70% 及以上的检验点合格,且不合格点不应集中。

③各项报验资料应符合标准的要求。

(2)优良等级标准应符合下列规定:

①主控项目，检验结果应全部符合标准的要求。

②一般项目，逐项应有 90% 及以上的检验点合格，且不合格点不应集中。

③各项报验资料应符合标准的要求。

3. 单元工程施工质量验收评定

单元工程施工质量验收评定应具备下列条件：

(1)单元工程所含工序(或所有施工项目)已完成，施工现场具备验收的条件。

(2)已完工序施工质量经验收评定全部合格，有关质量缺陷已处理完毕或有监理单位批准的处理意见。

单元工程施工质量验收评定应按下列程序进行：

(1)施工单位应首先对已经完成的单元工程施工质量进行自检，并填写检验记录。

(2)施工单位自检合格后，应填写单元工程施工质量验收评定表，向监理单位申请复核。

(3)监理单位收到申报后，应在 8 h 内进行复核。复核应包括下列内容：

①核查施工单位报验资料是否真实、齐全。

②对照施工图纸及施工技术要求，结合平行检测和跟踪检测结果等，复核单元工程质量是否达到标准的要求。

③检查已完单元遗留问题的处理情况，在施工单位提交的单元工程施工质量验收评定表中填写复核记录，并签署单元工程施工质量评定意见，核定单元工程施工质量等级，相关责任人履行相应签认手续。

④对验收中发现的问题提出处理意见。

(4)重要隐蔽单元工程和关键部位单元工程施工质量的验收评定应由建设单位(或委托监理单位)主持，应由建设、设计、监理、施工等单位的代表组成联合小组，共同验收评定，并应在验收前通知工程质量监督机构。

单元工程施工质量验收评定应包括下列资料。

(1)施工单位申请验收评定时，应提交下列资料：

①单元工程中所含工序(或检验项目)验收评定的检验资料。

②原材料、拌和物与各项实体检验项目的检验记录资料。

③施工单位自检完成后，填写的单元工程施工质量验收评定表。

(2)监理单位应提交下列资料：

①监理单位对单元工程施工质量的平行检测资料。

②监理工程师签署质量复核意见的单元工程施工质量验收评定表。

划分工序单元工程施工质量评定分为合格和优良两个等级，其标准应符合下列规定：

(1)合格等级标准应符合下列规定：

①各工序施工质量验收评定应全部合格。

②各项报验资料应符合标准的要求。

(2)优良等级标准应符合下列规定：

①各工序施工质量验收评定应全部合格，其中优良工序应达到 50% 及以上，且主要工序应达到优良等级。

②各项报验资料应符合标准的要求。

不划分工序单元工程施工质量评定分为合格和优良两个等级，其标准应符合下列规定：

(1)合格等级标准应符合下列规定:

①主控项目,检验结果应全部符合标准的要求。

②一般项目,逐项应有70%及以上的检验点合格,且不合格点不应集中。

③各项报验资料应符合标准的要求。

(2)优良等级标准应符合下列规定:

①主控项目,检验结果应全部符合标准的要求。

②一般项目,逐项应有90%及以上的检验点合格,且不合格点不应集中。

③各项报验资料应符合标准的要求。

链接

根据《水利水电工程单元工程施工质量验收评定标准——堤防工程》,不划分工序单元工程施工质量评定等级中,合格等级和优良等级标准除了上述内容外,还分别规定"河道疏浚工程,一般项目逐项应有90%及以上的检验点合格为合格""河道疏浚工程,一般项目逐项应有95%及以上的检验点合格为优良"。

单元工程施工质量验收评定未达到合格标准时,应及时进行处理,处理后应按下列规定进行验收评定:

(1)全部返工重做的,重新进行验收评定。

(2)经加固补强并经设计和监理单位鉴定能达到设计要求时,其质量评定为合格。

(3)处理后的单元工程部分质量指标仍未达到设计要求时,经原设计单位复核,建设单位及监理单位确认能满足安全和使用功能要求,可不再进行处理;或经加固补强后,改变了建筑物外形尺寸或造成工程永久缺陷的,经建设单位、设计单位及监理单位确认能基本满足设计要求,其质量可评定为合格,并按规定进行质量缺陷备案。

2F320080　水利水电工程建设安全生产管理

一、水利工程建设安全生产管理

(一)基本规定

水利工程建设安全生产管理,坚持安全第一,预防为主的方针。

发生生产安全事故,必须查清事故原因,查明事故责任,落实整改措施,做好事故处理工作,并依法追究有关人员的责任。

项目法人(或者建设单位,下同)、勘察(测)单位、设计单位、施工单位、建设监理单位及其他与水利工程建设安全生产有关的单位,必须遵守安全生产法律、法规和《水利工程建设安全生产管理规定》,保证水利工程建设安全生产,依法承担水利工程建设安全生产责任。

(二)项目法人的安全责任

项目法人在对施工投标单位进行资格审查时,应当对投标单位的主要负责人、项目负责人以及专职安全生产管理人员是否经水行政主管部门安全生产考核合格进行审查。有关人员未经考核合格的,不得认定投标单位的投标资格。

项目法人应当向施工单位提供施工现场及施工可能影响的毗邻区域内供水、排水、供电、供气、供热、通讯、广播电视等地下管线资料，气象和水文观测资料，拟建工程可能影响的相邻建筑物和构筑物、地下工程的有关资料，并保证有关资料的真实、准确、完整，满足有关技术规范的要求。对可能影响施工报价的资料，应当在招标时提供。

项目法人不得调减或挪用批准概算中所确定的水利工程建设有关安全作业环境及安全施工措施等所需费用。工程承包合同中应当明确安全作业环境及安全施工措施所需费用。

项目法人应当组织编制保证安全生产的措施方案，并自工程开工之日起15个工作日内报有管辖权的水行政主管部门、流域管理机构或者其委托的水利工程建设安全生产监督机构（以下简称安全生产监督机构）备案。建设过程中安全生产的情况发生变化时，应当及时对保证安全生产的措施方案进行调整，并报原备案机关。保证安全生产的措施方案应当根据有关法律法规、强制性标准和技术规范的要求并结合工程的具体情况编制，应当包括以下内容：

（1）项目概况。

（2）编制依据。

（3）安全生产管理机构及相关负责人。

（4）安全生产的有关规章制度制定情况。

（5）安全生产管理人员及特种作业人员持证上岗情况等。

（6）生产安全事故的应急救援预案。

（7）工程度汛方案、措施。

（8）其他有关事项。

项目法人在水利工程开工前，应当就落实保证安全生产的措施进行全面系统的布置，明确施工单位的安全生产责任。

项目法人应当将水利工程中的拆除工程和爆破工程发包给具有相应水利水电工程施工资质等级的施工单位。项目法人应当在拆除工程或者爆破工程施工15日前，将下列资料报送水行政主管部门、流域管理机构或者其委托的安全生产监督机构备案：

（1）拟拆除或拟爆破的工程及可能危及毗邻建筑物的说明。

（2）施工组织方案。

（3）堆放、清除废弃物的措施。

（4）生产安全事故的应急救援预案。

（三）勘察（测）、设计、建设监理及其他有关单位的安全责任

勘察（测）单位应当按照法律、法规和工程建设强制性标准进行勘察（测），提供的勘察（测）文件必须真实、准确，满足水利工程建设安全生产的需要。勘察（测）单位在勘察（测）作业时，应当严格执行操作规程，采取措施保证各类管线、设施和周边建筑物、构筑物的安全。勘察（测）单位和有关勘察（测）人员应当对其勘察（测）成果负责。

设计单位应当按照法律、法规和工程建设强制性标准进行设计，并考虑项目周边环境对施工安全的影响，防止因设计不合理导致生产安全事故的发生。设计单位应当考虑施工安全操作和防护的需要，对涉及施工安全的重点部位和环节在设计文件中注明，并对防范生产安全事故提出指导意见。采用新结构、新材料、新工艺以及特殊结构的水利工程，设计单位应当在设计中提出保障施工作业人员安全和预防生产安全事故的措施建议。设计单位和有关设计人员应当对其设计成果负责。设计单位应当参与与设计有关的生产安全事故分析，并承担相应的责任。

建设监理单位和监理人员应当按照法律、法规和工程建设强制性标准实施监理，并对水利工程建设安全生产承担监理责任。建设监理单位应当审查施工组织设计中的安全技术措施或者专项施工方案是否符合工程建设强制性标准。建设监理单位在实施监理过程中，发现存在生产安全事故隐患的，应当要求施工单位整改；对情况严重的，应当要求施工单位暂时停止施工，并及时向水行政主管部门、流域管理机构或者其委托的安全生产监督机构以及项目法人报告。

为水利工程提供机械设备和配件的单位，应当按照安全施工的要求提供机械设备和配件，配备齐全有效的保险、限位等安全设施和装置，提供有关安全操作的说明，保证其提供的机械设备和配件等产品的质量和安全性能达到国家有关技术标准。

（四）施工单位的安全责任

施工单位从事水利工程的新建、扩建、改建、加固和拆除等活动，应当具备国家规定的注册资本、专业技术人员、技术装备和安全生产等条件，依法取得相应等级的资质证书，并在其资质等级许可的范围内承揽工程。

施工单位应当依法取得安全生产许可证后，方可从事水利工程施工活动。

施工单位主要负责人依法对本单位的安全生产工作全面负责。施工单位应当建立健全安全生产责任制度和安全生产教育培训制度，制定安全生产规章制度和操作规程，保证本单位建立和完善安全生产条件所需资金的投入，对所承担的水利工程进行定期和专项安全检查，并做好安全检查记录。施工单位的项目负责人应当由取得相应执业资格的人员担任，对水利工程建设项目的安全施工负责，落实安全生产责任制度、安全生产规章制度和操作规程，确保安全生产费用的有效使用，并根据工程的特点组织制定安全施工措施，消除安全事故隐患，及时、如实报告生产安全事故。

施工单位在工程报价中应当包含工程施工的安全作业环境及安全施工措施所需费用。对列入建设工程概算的上述费用，应当用于施工安全防护用具及设施的采购和更新、安全施工措施的落实、安全生产条件的改善，不得挪作他用。

施工单位应当设立安全生产管理机构，按照国家有关规定配备专职安全生产管理人员。施工现场必须有专职安全生产管理人员。专职安全生产管理人员负责对安全生产进行现场监督检查。发现生产安全事故隐患，应当及时向项目负责人和安全生产管理机构报告；对违章指挥、违章操作的，应当立即制止。

施工单位在建设有度汛要求的水利工程时，应当根据项目法人编制的工程度汛方案、措施制定相应的度汛方案，报项目法人批准；涉及防汛调度或者影响其他工程、设施度汛安全的，由项目法人报有管辖权的防汛指挥机构批准。

垂直运输机械作业人员、安装拆卸工、爆破作业人员、起重信号工、登高架设作业人员等特种作业人员，必须按照国家有关规定经过专门的安全作业培训，并取得特种作业操作资格证书后，方可上岗作业。

施工单位应当在施工组织设计中编制安全技术措施和施工现场临时用电方案，对下列达到一定规模的危险性较大的工程应当编制专项施工方案，并附具安全验算结果，经施工单位技术负责人签字以及总监理工程师核签后实施，由专职安全生产管理人员进行现场监督：基坑支护与降水工程；土方和石方开挖工程；模板工程；起重吊装工程；脚手架工程；拆除、爆破工程；围堰工程；其他危险性较大的工程。

对上述所列工程中涉及高边坡、深基坑、地下暗挖工程、高大模板工程的专项施工方案，施工单位还应当组织专家进行论证、审查。

提示

专项施工方案的规定可参照2F320020相关内容进行学习。

施工单位在使用施工起重机械和整体提升脚手架、模板等自升式架设设施前，应当组织有关单位进行验收，也可以委托具有相应资质的检验检测机构进行验收；使用承租的机械设备和施工机具及配件的，由施工总承包单位、分包单位、出租单位和安装单位共同进行验收。验收合格的方可使用。

施工单位的主要负责人、项目负责人、专职安全生产管理人员应当经水行政主管部门对其安全生产知识和管理能力考核合格。施工单位应当对管理人员和作业人员每年至少进行一次安全生产教育培训，其教育培训情况记入个人工作档案。安全生产教育培训考核不合格的人员，不得上岗。施工单位在采用新技术、新工艺、新设备、新材料时，应当对作业人员进行相应的安全生产教育培训。

链接

水利水电工程施工企业主要负责人、项目负责人和专职安全生产管理人员以下统称为安管人员。安管人员安全生产考核实行分类考核。安管人员应具备与从事水利水电工程施工相应的安全生产知识和管理能力，经考核管理部门考试合格后，申请取得水利水电工程施工企业主要负责人、项目负责人和专职安全生产管理人员安全生产考核合格证书（以下简称证书）。证书有效期3年。安管人员应在证书有效期满前3个月内，向考核管理部门提出延续申请。证书每延续一次有效期3年，有效期满未申请延续的证书自动失效。

（五）监督管理

水行政主管部门和流域管理机构按照分级管理权限，负责水利工程建设安全生产的监督管理。水行政主管部门或者流域管理机构委托的安全生产监督机构，负责水利工程施工现场的具体监督检查工作。

水利部负责全国水利工程建设安全生产的监督管理工作，其主要职责是：

（1）贯彻、执行国家有关安全生产的法律、法规和政策，制定有关水利工程建设安全生产的规章、规范性文件和技术标准。

（2）监督、指导全国水利工程建设安全生产工作，组织开展对全国水利工程建设安全生产情况的监督检查。

（3）组织、指导全国水利工程建设安全生产监督机构的建设、管理以及水利水电工程施工单位的主要负责人、项目负责人和专职安全生产管理人员的安全生产考核工作。

流域管理机构负责所管辖的水利工程建设项目的安全生产监督工作。

省、自治区、直辖市人民政府水行政主管部门负责本行政区域内所管辖的水利工程建设安全生产的监督管理工作，其主要职责是：

（1）贯彻、执行有关安全生产的法律、法规、规章、政策和技术标准，制定地方有关水利工程建设安全生产的规范性文件。

(2)监督、指导本行政区域内所管辖的水利工程建设安全生产工作,组织开展对本行政区域内所管辖的水利工程建设安全生产情况的监督检查。

(3)组织、指导本行政区域内水利工程建设安全生产监督机构的建设工作以及有关的水利水电工程施工单位的主要负责人、项目负责人和专职安全生产管理人员的安全生产考核工作。

市、县级人民政府水行政主管部门水利工程建设安全生产的监督管理职责,由省、自治区、直辖市人民政府水行政主管部门规定。

水行政主管部门或者流域管理机构委托的安全生产监督机构,应当严格按照有关安全生产的法律、法规、规章和技术标准,对水利工程施工现场实施监督检查。安全生产监督机构应当配备一定数量的专职安全生产监督人员。

水行政主管部门或者其委托的安全生产监督机构应当自收到规定的有关备案资料后20日内,将有关备案资料抄送同级应急管理部门。流域管理机构抄送项目所在地省级应急管理部门,并报水利部备案。

水行政主管部门、流域管理机构或者其委托的安全生产监督机构依法履行安全生产监督检查职责时,有权采取下列措施:

(1)要求被检查单位提供有关安全生产的文件和资料。

(2)进入被检查单位施工现场进行检查。

(3)纠正施工中违反安全生产要求的行为。

(4)对检查中发现的安全事故隐患,责令立即排除;重大安全事故隐患排除前或者排除过程中无法保证安全的,责令从危险区域内撤出作业人员或者暂时停止施工。

各级水行政主管部门和流域管理机构应当建立举报制度,及时受理对水利工程建设生产安全事故及安全事故隐患的检举、控告和投诉;对超出管理权限的,应当及时转送有管理权限的部门。举报制度应当包括以下内容:

(1)公布举报电话、信箱或者电子邮件地址,受理对水利工程建设安全生产的举报。

(2)对举报事项进行调查核实,并形成书面材料。

(3)督促落实整顿措施,依法作出处理。

(六)生产安全事故的应急管理

1. 生产安全事故的分级

根据《水利部生产安全事故应急预案》,生产安全事故分为特别重大事故、重大事故、较大事故和一般事故四个等级,分级标准如图2-1所示。

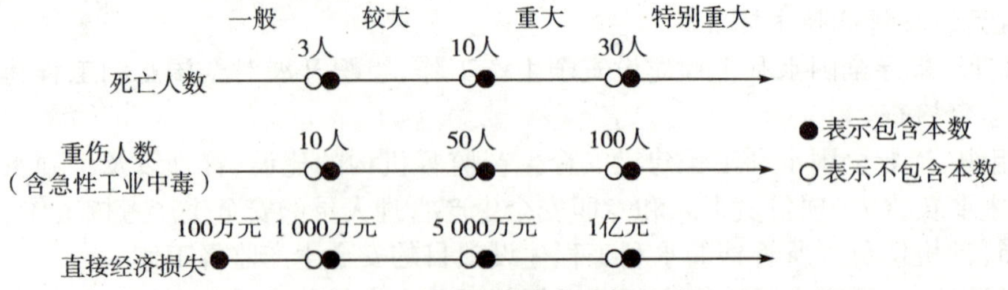

图2-1　生产安全事故分级标准

较大涉险事故,是指发生涉险10人以上,或者造成3人以上被困或下落不明,或者需要紧急疏散500人以上,或者危及重要场所和设施(电站、重要水利设施、危化品库、油气田和车站、码头、港口、机场及其他人员密集场所)的事故。

2. 生产安全事故的应急救援

各级地方人民政府水行政主管部门应当根据本级人民政府的要求，制定本行政区域内水利工程建设特大生产安全事故应急救援预案，并报上一级人民政府水行政主管部门备案。流域管理机构应当编制所管辖的水利工程建设特大生产安全事故应急救援预案，并报水利部备案。

项目法人应当组织制定本建设项目的生产安全事故应急救援预案，并定期组织演练。应急救援预案应当包括紧急救援的组织机构、人员配备、物资准备、人员财产救援措施、事故分析与报告等方面的方案。

施工单位应当根据水利工程施工的特点和范围，对施工现场易发生重大事故的部位、环节进行监控，制定施工现场生产安全事故应急救援预案。实行施工总承包的，由总承包单位统一组织编制水利工程建设生产安全事故应急救援预案，工程总承包单位和分包单位按照应急救援预案，各自建立应急救援组织或者配备应急救援人员，配备救援器材、设备，并定期组织演练。

链接

根据《水利部生产安全事故应急预案》，水利部直属单位（工程）和地方水利工程生产安全事故应急响应均设定为三个等级，分别是一级、二级、三级。两者均为发生特别重大生产安全事故，启动一级响应；发生重大生产安全事故，启动二级响应；发生较大生产安全事故，启动三级响应。其中，水利部直属单位（工程）的生产安全事故一级响应的流程为：启动响应→成立应急指挥部→会商研究部署→派遣现场工作组→跟踪事态进展→调配应急资源→及时发布信息→其他应急工作→响应终止。

3. 生产安全事故信息报告和先期处置研判

根据《水利部生产安全事故应急预案》，事故报告方式分快报和书面报告，事故性质未确定时可先行报告。事故报告程序和时限如下：

（1）水利部直属单位（工程）或地方水利工程发生重特大生产安全事故，各单位应力争20 min内快报、40 min内书面报告水利部；水利部在接到事故报告后30 min内快报、1 h内书面报告国务院总值班室。

（2）水利部直属单位（工程）发生较大生产安全事故和有人员死亡的一般生产安全事故、地方水利工程发生较大生产安全事故，应在事故发生1 h内快报、2 h内书面报告至监督司。

（3）接到国务院总值班室要求核报的信息，电话反馈时间不得超过30 min，要求报送书面信息的，反馈时间不得超过1 h。各单位接到水利部要求核报的信息，应通过各种渠道迅速核实，按照时限要求反馈相关情况。原则上，电话反馈时间不得超过20 min，要求报送书面信息的，反馈时间不得超过40 min。对事故情况不得迟报、漏报、谎报或者瞒报。

（4）事故报告后出现新情况的，应按有关规定及时补报相关信息。

除上报水行政主管部门外，各单位还应按照相关法律法规将事故信息报告地方政府及其有关部门。

报告的内容和要求如下：

（1）快报。快报可采用电话、手机短信、微信、电子邮件等多种方式，但须通过电话确认。快报内容应包含事故发生单位名称、地址、负责人姓名和联系方式，发生时间、具体地点，已经造成的伤亡、失踪、失联人数和损失情况，可视情况附现场照片等信息资料。

（2）书面报告。书面报告内容应包含事故发生单位概况，发生单位负责人和联系人姓名及联系方式，发生时间、地点以及事故现场情况，发生经过，已经造成伤亡、失踪、失联人数，初步估计的直接经济损失，已经采取的应对措施，事故当前状态以及其他应报告的情况。

水利生产经营单位发生生产安全事故后，除按照国家有关规定上报事故情况，要立即启动相应的生产安全事故应急预案，采取下列一项或者多项应急处置措施：迅速控制危险源，组织抢救遇险人员；根据事故危害程度，组织现场人员撤离或者采取可能的应急措施后撤离；及时通知可能受到事故影响的单位和人员；采取必要措施，防止事故危害扩大和次生、衍生灾害发生；根据需要请求邻近的应急救援队伍参加救援，并向参加救援的应急救援队伍提供相关技术资料、信息和处置方法；维护事故现场秩序，保护事故现场和相关证据；法律、法规规定的其他应急救援措施。

链接

根据《水利工程生产安全重大事故隐患判定标准（试行）》，水利工程建设各参建单位和运行管理单位是事故隐患判定工作的主体。水利工程生产安全重大事故隐患判定分为直接判定法和综合判定法，应先采用直接判定法，不能用直接判定法的，采用综合判定法判定。对于排查出的事故隐患，有关责任单位要立即组织整改，不能立即整改的，要做到整改责任、资金、措施、时限和应急预案“五落实”。水利工程建设项目生产安全重大事故隐患清单的具体内容可扫描右侧二维码获取。

码上看内容

根据《构建水利安全生产风险管控“六项机制”的实施意见》，为深入推进安全风险分级管控和隐患排查治理双重预防机制建设，进一步提升水利安全生产风险管控能力，防范化解各类安全风险，现就构建水利安全生产风险查找、研判、预警、防范、处置和责任等风险管控“六项机制”，“六项机制”的主要任务有：健全风险查找机制，提升风险发现能力；健全风险研判机制，提升科学评价能力；健全风险预警机制，提升高效应对能力；健全风险防范机制，提升精准防控能力；健全风险处置机制，提升风险化解能力；健全风险责任机制，提升管控履职能力。其具体要求可扫描右侧二维码获取。

码上看内容

二、水利安全生产标准化管理

水利安全生产标准化管理主要涉及评审管理和动态管理，以下内容主要参考《水利安全生产标准化评审管理暂行办法》和《水利部关于水利安全生产标准化达标动态管理的实施意见》进行讲解。

（一）《水利安全生产标准化评审管理暂行办法》的相关规定

1. 基本要求

《水利安全生产标准化评审管理暂行办法》适用于水利部部属水利生产经营单位，以及申请一级的非部属水利生产经营单位安全生产标准化评审。水利生产经营单位是指水利工程项目法人、从事水利水电工程施工的企业和水利工程管理单位。其中水利工程项目法人为施工工期 2 年以上的大中型水利工程项目法人。小型水利工程项目法人和施工工期 2 年以下的大中型水利工程项目法人不参加安全生产标准化评审，但应按照安全生产标准化评审标准开展安全生产标准化建设工作。农村水电站安全生产标准化评审办法另行制定。

水利工程项目法人评审执行《水利工程项目法人安全生产标准化评审标准》;从事水利水电工程施工的企业评审执行《水利水电施工企业安全生产标准化评审标准》;水利工程管理单位评审执行《水利工程管理单位安全生产标准化评审标准》。以下统称《评审标准》。

链接

《水利水电施工企业安全生产标准化评审标准》共设置8个一级项目、28个二级项目和149个三级项目。以往考试中会考查一级评审项目所包括的二级评审项目有哪些,具体内容详见下表。

水利水电施工企业安全生产标准化一、二级评审项目

一级评审项目	二级评审项目
目标职责	目标、机构与职责、全员参与、安全生产投入、安全文化建设、安全生产信息化建设
制度化管理	法规标准识别、规章制度、操作规程、文档管理
教育培训	教育培训管理、人员教育培训
现场管理	设备设施管理、作业安全、职业健康、警示标志
安全风险管控及隐患排查治理	安全风险管理、重大危险源辨识和管理、隐患排查治理、预测预警
应急管理	应急准备、应急处置、应急评估
事故管理	事故报告、事故调查和处理、事故档案管理
持续改进	绩效评定、持续改进

水利安全生产标准化等级分为一级、二级和三级,依据评审得分确定,评审满分为100分。具体标准为:

(1)一级:评审得分90分以上(含),且各一级评审项目得分不低于应得分的70%。

(2)二级:评审得分80分以上(含),且各一级评审项目得分不低于应得分的70%。

(3)三级:评审得分70分以上(含),且各一级评审项目得分不低于应得分的60%。

(4)不达标:评审得分低于70分,或任何一项一级评审项目得分低于应得分的60%。

水利部安全生产标准化评审委员会负责部属水利生产经营单位一、二、三级和非部属水利生产经营单位一级安全生产标准化评审的指导、管理和监督,其办公室设在水利部监督司。评审具体组织工作由中国水利企业协会承担。

水利安全生产标准化等级是体现水利生产经营单位安全生产管理水平的重要标志,可作为业绩考核、行业表彰、信用评级以及评价水利生产经营单位参与水利市场竞争能力的重要参考依据。

2. 单位自评和申请

水利生产经营单位应按照《评审标准》组织开展安全生产标准化建设,自主开展等级评定,形成自评报告。自评报告内容应包括:单位概况及安全管理状况、基本条件的符合情况、自主评定工作开展情况、自主评定结果、发现的主要问题、整改计划及措施、整改完成情况等。

水利生产经营单位在策划、实施安全生产标准化工作和自主开展安全生产标准化等级评定时，可以聘请专业技术咨询机构提供支持。

申请水利安全生产标准化评审的单位应具备以下条件：

(1)设立有安全生产行政许可的，应依法取得国家规定的相应安全生产行政许可。

(2)水利工程项目法人所管辖的建设项目、水利水电施工企业在评审期(申请等级评审之日前1年)内，未发生较大及以上生产安全事故，不存在非法违法生产经营建设行为，重大事故隐患已治理达到安全生产要求。

(3)水利工程管理单位在评审期内，未发生造成人员死亡、重伤3人以上或直接经济损失超过100万元以上的生产安全事故，不存在非法违法生产经营建设行为，重大事故隐患已治理达到安全生产要求。

3. 评审机构评审和水利部审定

水利部对申请材料进行审核，符合申请条件的，通知申请单位开展评审机构评审。

水利部安全生产标准化评审委员会对评审报告进行审定，达到申请等级的，公示后由水利部公告、颁证授牌。

评审未达到申请等级的，限期整改后重新申请评审；对部属水利生产经营单位可征得其同意，根据评审结果确定其安全生产标准化等级。

4. 监督管理

水利部对取得水利安全生产标准化等级证书的单位，实施分类指导和督促检查，一级单位抓巩固，二级单位抓提升，三级单位抓改进，并视情况组织检查、抽查，对检查、抽查中发现的重大问题进行通报。

水利生产经营单位取得水利安全生产标准化等级证书后，每年应对本单位安全生产标准化的情况至少进行一次自我评审，并形成报告，及时发现和解决生产经营中的安全问题，持续改进，不断提高安全生产水平。

安全生产标准化等级证书有效期为3年，有效期满需要延期的，须于期满前3个月，向水利部提出延期申请。水利生产经营单位在安全生产标准化等级证书有效期内，完成年度自我评审，保持绩效，持续改进安全生产标准化工作，经评审机构复评，水利部审定，符合延期条件的，可延期3年。

取得水利安全生产标准化等级证书的单位，在证书有效期内发生下列行为之一的，由水利部撤销其安全生产标准化等级，并予以公告：

(1)在评审过程中弄虚作假、申请材料不真实的。

(2)不接受检查的。

(3)迟报、漏报、谎报、瞒报生产安全事故的。

(4)水利工程项目法人所管辖建设项目、水利水电施工企业发生较大及以上生产安全事故后，水利工程管理单位发生造成人员死亡、重伤3人以上或经济损失超过100万元以上的生产安全事故后，在半年内申请复评不合格的。

(5)水利工程项目法人所管辖建设项目、水利水电施工企业复评合格后再次发生较大及以上生产安全事故的；水利工程管理单位复评合格后再次发生造成人员死亡、重伤3人以上或经济损失超过100万元以上的生产安全事故的。

被撤销水利安全生产标准化等级的单位，自撤销之日起，须按降低至少一个等级重新申请评审；且自撤销之日起满1年后，方可申请被降低前的等级评审。

水利安全生产标准化三级单位构成撤销等级条件的，责令限期整改。整改期满，经评审符合三级单位要求的，予以公告。整改期限不得超过1年。

评审机构应客观、公正、独立地开展评审工作，对评审结果负责，在评审过程中出现下列行为之一的，取消其水利安全生产标准化评审机构资格：

(1)出具虚假或严重失实的评审报告的。

(2)泄露被评审单位的经济技术和商业秘密的。

(3)发生其他违法、违规行为，情节严重的。

链接

水利建设工程项目除了对安全生产标准化进行评审外，还可评审文明工地。获得文明工地的可作为水利建设市场主体信用评价、中国水利工程优质(大禹)奖和水利安全生产标准化评审的重要参考。文明工地实行届期制，每2年通报一次。在上一届期已是文明工地的，如符合条件，可继续申报下一届。

(二)《水利部关于水利安全生产标准化达标动态管理的实施意见》的相关规定

1. 工作目标

坚持“人民至上、生命至上”，建立健全安全生产标准化管理机制，实行分级监督、差异化管理，积极应用相关监督执法成果和水利生产安全事故、水利建设市场主体信用评价“黑名单”等相关信息，对水利部公告的达标单位全面开展动态管理，建立警示和退出机制，巩固提升达标单位安全管理水平，为水利事业健康发展提供有力的安全保障。

2. 实施方法

(1)按照“谁审定谁动态管理”的原则，水利部对标准化一级达标单位和部属达标单位实施动态管理，地方水行政主管部门可参照本实施意见对其审定的标准化达标单位实施动态管理。

(2)水利生产经营单位获得安全生产标准化等级证书后，即进入动态管理阶段。动态管理实行累积记分制，记分周期同证书有效期，证书到期后动态管理记分自动清零。

(3)动态管理记分依据有关监督执法成果以及水利生产安全事故、水利建设市场主体信用评价“黑名单”等各类相关信息，记分标准如下：

①因水利工程建设与运行相关安全生产违法违规行为，被有关行政机关实施行政处罚的：警告、通报批评记3分/次；罚款记4分/次；没收违法所得、没收非法财物记5分/次；限制开展生产经营活动、责令停产停业记6分/次；暂扣许可证件记8分/次；降低资质等级记10分/次；吊销许可证件、责令关闭、限制从业记20分/次。同一安全生产相关违法违规行为同时受到两类及以上行政处罚的，按较高分数进行量化记分，不重复记分。

②水利部组织的安全生产巡查、稽察和其他监督检查(举报调查)整改文件中，因安全生产问题被要求约谈或责令约谈的，记2分/次。

③未提交年度自评报告的，记3分/次；经查年度自评报告不符合规定的，记2分/次；年度自评报告迟报的，记1分/次。

④因安全生产问题被列入全国水利建设市场监管服务平台“重点关注名单”且处于公开期内

的，记10分。被列入全国水利建设市场监管服务平台"黑名单"且处于公开期内的，记20分。

⑤存在以下任何一种情形的，记15分：发生1人（含）以上死亡的，或者3人（含）以上重伤，或者100万元以上直接经济损失的一般水利生产安全事故且负有责任的；存在重大事故隐患或者安全管理突出问题的；存在非法违法生产经营建设行为的；生产经营状况发生重大变化的；按照水利安全生产标准化相关评审规定和标准不达标的。

⑥存在以下任何一种情形的，记20分：发现在评审过程中弄虚作假、申请材料不真实的；不接受检查的；迟报、漏报、谎报、瞒报生产安全事故的；发生较大及以上水利生产安全事故且负有责任的。

（4）达标单位在证书有效期内累计记分达到10分，实施黄牌警示；累计记分达到15分，证书期满后将不予延期；累计记分达到20分，撤销证书。

链接

根据《水利工程建设质量与安全生产监督检查办法（试行）》，质量管理违规行为分为一般质量管理违规行为、较重质量管理违规行为、严重质量管理违规行为；安全生产管理违规行为分为一般安全生产管理违规行为、较重安全生产管理违规行为、严重安全生产管理违规行为。

三、电力建设工程施工安全管理

根据《电力建设工程施工安全监督管理办法》，电力建设工程包括火电、水电、核电（除核岛外）、风电、太阳能发电等发电建设工程，输电、配电等电网建设工程，及其他电力设施建设工程。电力建设工程施工安全包括电力建设、勘察设计、施工、监理单位等涉及施工安全的生产活动。因此，水电建设工程施工安全管理应符合《电力建设工程施工安全监督管理办法》的相关规定。

（一）基本规定

电力建设工程施工安全坚持"安全第一、预防为主、综合治理"的方针，建立"企业负责、职工参与、行业自律、政府监管、社会监督"的管理机制。

电力建设单位、勘察设计单位、施工单位、监理单位及其他与电力建设工程施工安全有关的单位，必须遵守安全生产法律法规和标准规范，建立健全安全生产保证体系和监督体系，建立安全生产责任制和安全生产规章制度，保证电力建设工程施工安全，依法承担安全生产责任。

开展电力建设工程施工安全的科学技术研究和先进技术的推广应用，推进企业和工程建设项目实施安全生产标准化建设，推进电力建设工程安全生产科学管理，提高电力建设工程施工安全水平。

（二）建设单位安全责任

建设单位对电力建设工程施工安全负全面管理责任，具体内容包括：

（1）建立健全安全生产组织和管理机制，负责电力建设工程安全生产组织、协调、监督职责。

（2）建立健全安全生产监督检查和隐患排查治理机制，实施施工现场全过程安全生产管理。

(3)建立健全安全生产应急响应和事故处置机制,实施突发事件应急抢险和事故救援。

(4)建立电力建设工程项目应急管理体系,编制应急综合预案,组织勘察设计、施工、监理等单位制定各类安全事故应急预案,落实应急组织、程序、资源及措施,定期组织演练,建立与国家有关部门、地方政府应急体系的协调联动机制,确保应急工作有效实施。

(5)及时协调和解决影响安全生产重大问题。

建设工程实行工程总承包的,总承包单位应当按照合同约定,履行建设单位对工程的安全生产责任;建设单位应当监督工程总承包单位履行对工程的安全生产责任。

建设单位应当按照国家有关规定实施电力建设工程招投标管理,具体包括:

(1)应当将电力建设工程发包给具有相应资质等级的单位,禁止中标单位将中标项目的主体和关键性工作分包给他人完成。

(2)应当在电力建设工程招标文件中对投标单位的资质、安全生产条件、安全生产费用使用、安全生产保障措施等提出明确要求。

(3)应当审查投标单位主要负责人、项目负责人、专职安全生产管理人员是否满足国家规定的资格要求。

(4)应当与勘察设计、施工、监理等中标单位签订安全生产协议。

按照国家有关安全生产费用投入和使用管理规定,电力建设工程概算应当单独计列安全生产费用,不得在电力建设工程投标中列入竞争性报价。根据电力建设工程进展情况,及时、足额向参建单位支付安全生产费用。

建设单位应当向参建单位提供满足安全生产的要求的施工现场及毗邻区域内各种地下管线、气象、水文、地质等相关资料,提供相邻建筑物和构筑物、地下工程等有关资料。

建设单位应当组织参建单位落实防灾减灾责任,建立健全自然灾害预测预警和应急响应机制,对重点区域、重要部位地质灾害情况进行评估检查。应当对施工营地选址布置方案进行风险分析和评估,合理选址。组织施工单位对易发生泥石流、山体滑坡等地质灾害工程项目的生活办公营地、生产设备设施、施工现场及周边环境开展地质灾害隐患排查,制定和落实防范措施。

建设单位应当执行定额工期,不得压缩合同约定的工期。如工期确需调整,应当对安全影响进行论证和评估。论证和评估应当提出相应的施工组织措施和安全保障措施。

建设单位应当履行工程分包管理责任,严禁施工单位转包和违法分包,将分包单位纳入工程安全管理体系,严禁以包代管。

建设单位应在电力建设工程开工报告批准之日起15日内,将保证安全施工的措施,包括电力建设工程基本情况、参建单位基本情况、安全组织及管理措施、安全投入计划、施工组织方案、应急预案等内容向建设工程所在地国家能源局派出机构备案。

(三)勘察设计单位安全责任

勘察设计单位应当按照法律法规和工程建设强制性标准进行电力建设工程的勘察设计,提供的勘察设计文件应当真实、准确、完整,满足工程施工安全的需要。在编制设计计划书时应当识别设计适用的工程建设强制性标准并编制条文清单。

勘察单位在勘察作业过程中,应当制定并落实安全生产技术措施,保证作业人员安全,保障勘察区域各类管线、设施和周边建筑物、构筑物安全。

电力建设工程所在区域存在自然灾害或电力建设活动可能引发地质灾害风险时,勘察设计单位应当制定相应专项安全技术措施，并向建设单位提出灾害防治方案建议。应当监控基础开挖、洞室开挖、水下作业等重大危险作业的地质条件变化情况，及时调整设计方案和安全技术措施。

设计单位在规划阶段应当开展安全风险、地质灾害分析和评估，优化工程选线、选址方案；可行性研究阶段应当对涉及电力建设工程安全的重大问题进行分析和评价；初步设计应当提出相应施工方案和安全防护措施。

对于采用新技术、新工艺、新流程、新设备、新材料和特殊结构的电力建设工程，勘察设计单位应当在设计文件中提出保障施工作业人员安全和预防生产安全事故的措施建议；不符合现行相关安全技术规范或标准规定的，应当提请建设单位组织专题技术论证，报送相应主管部门同意。

勘察设计单位应当根据施工安全操作和防护的需要，在设计文件中注明涉及施工安全的重点部位和环节，提出防范安全生产事故的指导意见；工程开工前，应当向参建单位进行技术和安全交底，说明设计意图；施工过程中，对不能满足安全生产要求的设计，应当及时变更。

（四）施工单位安全责任

施工单位应当具备相应的资质等级，具备国家规定的安全生产条件，取得安全生产许可证，在许可的范围内从事电力建设工程施工活动。

施工单位应当按照国家法律法规和标准规范组织施工，对其施工现场的安全生产负责。应当设立安全生产管理机构，按规定配备专（兼）职安全生产管理人员，制定安全管理制度和操作规程。

施工单位应当按照国家有关规定计列和使用安全生产费用。应当编制安全生产费用使用计划，专款专用。

电力建设工程实行施工总承包的，由施工总承包单位对施工现场的安全生产负总责，具体包括：

（1）施工单位或施工总承包单位应当自行完成主体工程的施工，除可依法对劳务作业进行劳务分包外，不得对主体工程进行其他形式的施工分包；禁止任何形式的转包和违法分包。

（2）施工单位或施工总承包单位依法将主体工程以外项目进行专业分包的，分包单位必须具有相应资质和安全生产许可证，合同中应当明确双方在安全生产方面的权利和义务。施工单位或施工总承包单位履行电力建设工程安全生产监督管理职责，承担工程安全生产连带管理责任，分包单位对其承包的施工现场安全生产负责。

（3）施工单位或施工总承包单位和专业承包单位实行劳务分包的，应当分包给具有相应资质的单位，并对施工现场的安全生产承担主体责任。

施工单位应当履行劳务分包安全管理责任，将劳务派遣人员、临时用工人员纳入其安全管理体系，落实安全措施，加强作业现场管理和控制。

电力建设工程开工前，施工单位应当开展现场查勘，编制施工组织设计、施工方案和安全技术措施并按技术管理相关规定报建设单位、监理单位同意。分部分项工程施工前，施工单位负责项目管理的技术人员应当向作业人员进行安全技术交底，如实告知作业场所和工作岗位可能存在的风险因素、防范措施以及现场应急处置方案，并由双方签字确认；对复杂自然条件、复杂结构、技术难度大及危险性较大的分部分项工程需编制专项施工方案并附安全验算结果，必要时召开专家会议论证确认。

施工单位应当定期组织施工现场安全检查和隐患排查治理，严格落实施工现场安全措施，杜绝违章指挥、违章作业、违反劳动纪律行为发生。

施工单位应当对因电力建设工程施工可能造成损害和影响的毗邻建筑物、构筑物、地下管线、架空线缆、设施及周边环境采取专项防护措施。对施工现场出入口、通道口、孔洞口、邻近带电区、易燃易爆及危险化学品存放处等危险区域和部位采取防护措施并设置明显的安全警示标志。

链接

除上述地点外，施工单位还应当在施工起重机械、临时用电设施、脚手架、楼梯口、电梯井口、桥梁口、隧道口、基坑边沿等危险部位，设置明显的安全警示标志。

施工单位应当制定用火、用电、易燃易爆材料使用等消防安全管理制度，确定消防安全责任人，按规定设置消防通道、消防水源，配备消防设施和灭火器材。

施工单位应当按照国家有关规定采购、租赁、验收、检测、发放、使用、维护和管理施工机械、特种设备，建立施工设备安全管理制度、安全操作规程及相应的管理台账和维保记录档案。施工单位使用的特种设备应当是取得许可生产并经检验合格的特种设备。特种设备的登记标志、检测合格标志应当置于该特种设备的显著位置。安装、改造、修理特种设备的单位，应当具有国家规定的相应资质，在施工前按规定履行告知手续，施工过程按照相关规定接受监督检验。

施工单位应当按照相关规定组织开展安全生产教育培训工作。企业主要负责人、项目负责人、专职安全生产管理人员、特种作业人员需经培训合格后持证上岗，新入场人员应当按规定经过三级安全教育。

链接

根据《水利水电工程施工安全管理导则》，施工单位对新进场的工人，必须进行公司、项目、班组三级安全教育培训，经考核合格后，方能允许上岗。三级安全教育培训应包括下列主要内容：

(1)公司安全教育培训。国家和地方有关安全生产法律、法规、规章、制度、标准、企业安全管理制度和劳动纪律、从业人员安全生产权利和义务等。

(2)项目安全教育培训。工地安全生产管理制度、安全职责和劳动纪律、个人防护用品的使用和维护、现场作业环境特点、不安全因素的识别和处理、事故防范等。

(3)班组安全教育培训。本工种的安全操作规程和技能、劳动纪律、安全作业与职业卫生要求、作业质量与安全标准、岗位之间衔接配合注意事项、危险点识别、事故防范和紧急避险方法等。

施工单位对电力建设工程进行调试、试运行前，应当按照法律法规和工程建设强制性标准，编制调试大纲、试验方案，对各项试验方案制定安全技术措施并严格实施。

施工单位应当根据电力建设工程施工特点、范围，制定应急救援预案、现场处置方案，对施工现场易发生事故的部位、环节进行监控。实行施工总承包的，由施工总承包单位组织分包单位开展应急管理工作。

（五）监理单位安全责任

监理单位应当按照法律法规和工程建设强制性标准实施监理，履行电力建设工程安全生产管理的监理职责。监理单位资源配置应当满足工程监理要求，依据合同约定履行电力建设工程施工安全监理职责，确保安全生产监理与工程质量控制、工期控制、投资控制的同步实施。

监理单位应当建立健全安全监理工作制度，编制含有安全监理内容的监理规划和监理实施细则，明确监理人员安全职责以及相关工作安全监理措施和目标。

监理单位应当组织或参加各类安全检查活动，掌握现场安全生产动态，建立安全管理台账。重点审查、监督下列工作：

（1）按照工程建设强制性标准和安全生产标准及时审查施工组织设计中的安全技术措施和专项施工方案。

（2）审查和验证分包单位的资质文件和拟签订的分包合同、人员资质、安全协议。

（3）审查安全管理人员、特种作业人员、特种设备操作人员资格证明文件和主要施工机械、工器具、安全用具的安全性能证明文件是否符合国家有关标准；检查现场作业人员及设备配置是否满足安全施工的要求。

（4）对大中型起重机械、脚手架、跨越架、施工用电、危险品库房等重要施工设施投入使用前进行安全检查签证。土建交付安装、安装交付调试及整套启动等重大工序交接前进行安全检查签证。

（5）对工程关键部位、关键工序、特殊作业和危险作业进行旁站监理；对复杂自然条件、复杂结构、技术难度大及危险性较大分部分项工程专项施工方案的实施进行现场监理；监督交叉作业和工序交接中的安全施工措施的落实。

（6）监督施工单位安全生产费的使用、安全教育培训情况。

在实施监理过程中，发现存在生产安全事故隐患的，应当要求施工单位及时整改；情节严重的，应当要求施工单位暂时或部分停止施工，并及时报告建设单位。施工单位拒不整改或者不停止施工的，监理单位应当及时向国家能源局派出机构和政府有关部门报告。

（六）监督管理

国家能源局依法实施电力建设工程施工安全的监督管理，具体内容包括：

（1）建立健全电力建设工程安全生产监管机制，制定电力建设工程施工安全行业标准。

（2）建立电力建设工程施工安全生产事故和重大事故隐患约谈、诫勉制度。

（3）加强层级监督指导，对事故多发地区、安全管理薄弱的企业和安全隐患突出的项目、部位实施重点监督检查。

国家能源局派出机构按照国家能源局授权实施辖区内电力建设工程施工安全监督管理，具体内容如下：

（1）部署和组织开展辖区内电力建设工程施工安全监督检查。

（2）建立电力建设工程施工安全生产事故和重大事故隐患约谈、诫勉制度。

（3）依法组织或参加辖区内电力建设工程施工安全事故的调查与处理，做好事故分析和上报工作。

国家能源局及其派出机构履行电力建设工程施工安全监督管理职责时，可以采取下列监管措施：

(1)要求被检查单位提供有关安全生产的文件和资料(含相关照片、录像及电子文本等),按照国家规定如实公开有关信息。

(2)进入被检查单位施工现场进行监督检查,纠正施工中违反安全生产要求的行为。

(3)对检查中发现的生产安全事故隐患,责令整改;对重大生产安全事故隐患实施挂牌督办,重大生产安全事故隐患整改前或整改过程中无法保证安全的,责令其从危险区域撤出作业人员或者暂时停止施工。

(4)约谈存在生产安全事故隐患整改不到位的单位,受理和查处有关安全生产违法行为的举报和投诉,披露违反有关规定的行为和单位,并向社会公布。

(5)法律法规规定的其他措施。

国家能源局及其派出机构应建立电力建设工程施工安全领域相关单位和人员的信用记录,并将其纳入国家统一的信用信息平台,依法公开严重违法失信信息,并对相关责任单位和人员采取一定期限内市场禁入等惩戒措施。

生产安全事故或自然灾害发生后,有关单位应当及时启动相关应急预案,采取有效措施,最大程度减少人员伤亡、财产损失,防止事故扩大和衍生事故发生。建设、勘察设计、施工、监理等单位应当按规定报告事故信息。

四、水电工程建设风险管理

风险管理是指在对项目建设及试运行进行风险界定基础上,开展相关风险识别、风险分析和风险评价,从而选择和实施最佳风险控制,包括风险排查、风险监控以及风险沟通、应急预案等,期望以最小成本保障总目标最大限度实现的一系列管理及协调活动。

(一)风险管理的作用

所有项目及其生命期中的每一过程与决策都存在风险。因此,在项目进行的每一阶段都应当对风险进行管理,并且风险管理过程应当与项目管理过程以及与产品有关的过程相结合。风险管理需要全员参与。要求建立结构化的风险管理过程,以利于促进开放性沟通和风险的高效费比管理。

(二)风险管理的基本要求

水电工程建设风险管理应制订总体目标及年度目标,且应进一步制订风险管理工作计划和措施保障风险管理目标的实现。水电工程建设风险管理可通过合同方式约定参加建设方及相关各方的风险管理责任与保障措施。

水电工程建设风险可依据风险事故损失性质,按下列分类:人员伤亡风险;经济损失风险;工期延误风险;环境影响风险;社会影响风险。

水电工程建设的风险管理应划分为下列阶段:

(1)流域水电规划与设计阶段风险管理。

(2)土建施工阶段风险管理。

(3)金属结构及机电设备安装工程阶段风险管理。

(4)试运行阶段风险管理。

水电工程建设的风险管理应涵盖工程阶段风险管理及商务风险管理。商务风险管理应贯穿于水电工程项目规划设计、施工安装以及试运行各阶段,内容应包括投资决策风险、招投标风险、合同风险等。

(三)风险辨识

风险辨识应包括收集资料、分析不确定性及识别风险、形成初步风险清单并分类三大步骤。

风险辨识可选用风险核查表法、头脑风暴法、专家个人调查法、德尔菲法、图解技术法、常识经验判断法、实验或实验结果法等。

(四)风险分析方法

风险分析应根据工程的特点、评估要求和工程建设风险类型进行,分析方法应包括定性化方法、定量化方法、综合化方法等。

流域水电规划与设计阶段宜采用定性化方法,必要时也可用定量化方法或综合化方法辅助。在后续的工程勘测与设计阶段,一般风险宜采用定性化方法,对于重大风险,应增加定量化方法、综合化方法。

土建施工、金属结构及机电设备安装和试运行阶段的风险管理,宜采用综合化方法。

(五)风险估计

项目建设应从风险发生可能性与损失严重性进行风险估计。

风险发生可能性与损失严重性等级标准划分,宜采用概率或频率进行表示,可主要分为风险发生可能性与损失严重性两种等级划分方法,具体等级标准应符合表 2-12、表 2-13 的规定。

表 2-12　风险发生可能性程度等级标准

等级	可能性	概率或频率值
1	不可能	<0.000 1
2	可能性极少	0.000 1 ~0.001
3	偶尔	0.001 ~0.01
4	有可能	0.01 ~0.1
5	经常	>0.1

表 2-13　风险损失严重性程度等级标准

等级		A	B	C	D	E
严重程度		轻微	较大	严重	很严重	灾难性
人员伤亡	建设人员	重伤 3 人以下	死亡(含失踪)3 人以下或重伤 3 ~9 人	死亡(含失踪)3 ~9 人或重伤 10 ~29 人	死亡(含失踪)10 ~29 人或重伤 30 人及以上	死亡(含失踪)30 人及以上
	第三方	轻伤 1 人	轻伤 2 ~10 人	重伤 1 人及轻伤 10 人以上	重伤 2 ~9 人及以上	死亡(含失踪)1 人及以上
经济损失	工程本身	100 万元以下	1 000 万元以下	1 000 万 ~5 000 万元	5 000 万 ~1 亿元	1 亿元以上
	第三方	10 万元以下	10 万 ~50 万元	50 万 ~100 万元	100 万 ~200 万元	200 万元以上

（续表）

等级		A	B	C	D	E
工期延误	长期工程	延误少于1月	延误1～3月	延误3～6月	延误6～12月	延误大于12月（或延误一个汛期）
	短期工程	延误少于10天	延误10～30天	延误30～60天	延误60～90天	延误大于90天
环境影响		涉及范围很小的自然灾害及次生灾害	涉及范围较小的自然灾害及次生灾害	涉及范围大的自然灾害及次生灾害	涉及范围很大的自然灾害及次生灾害	涉及范围非常大的自然灾害及次生灾害
社会影响		轻微的，或需紧急转移安置50人以下	较严重的，或需紧急转移安置50～100人	严重的，或需紧急转移安置100～500人	很严重的，或需紧急转移安置500～1 000人	恶劣的，或需紧急转移安置1 000人以上

（六）风险评价等级标准

项目建设风险评价等级编制宜分为四级，其风险等级标准的矩阵应符合表2-14的规定。

表2-14 风险等级标准的矩阵

可能性等级		损失等级				
		A	B	C	D	E
		轻微	较大	严重	很严重	灾难性
1	不可能	Ⅰ级	Ⅰ级	Ⅰ级	Ⅱ级	Ⅱ级
2	可能性极少	Ⅰ级	Ⅰ级	Ⅱ级	Ⅱ级	Ⅲ级
3	偶尔	Ⅰ级	Ⅱ级	Ⅱ级	Ⅲ级	Ⅳ级
4	有可能	Ⅰ级	Ⅱ级	Ⅲ级	Ⅲ级	Ⅳ级
5	经常	Ⅱ级	Ⅲ级	Ⅲ级	Ⅳ级	Ⅳ级

基于不同等级的风险，应采用不同的风险控制措施，各等级风险的接受准则应符合表2-15的规定。

表2-15 风险接受准则

等级	接受准则	应对策略	控制方案
Ⅰ级	可忽略	宜进行风险状态监控	宜开展日常审核检查
Ⅱ级	可接受	宜加强风险状态监控	宜加强日常审核检查
Ⅲ级	有条件可接受	应实施风险管理降低风险，且风险降低所需成本应小于风险发生后的损失	应实施风险防范与监测，制订风险处置措施

（续表）

等级	接受准则	应对策略	控制方案
Ⅳ级	不可接受	应采取风险控制措施降低风险，应至少将其风险等级降低至可接受或有条件可接受的水平	应编制风险预警与应急处置方案，或进行有关方案修正或调整，或规避风险

（七）风险控制措施

风险控制应采用经济、可行、积极的处置措施规避、减少、隔离、转移风险，具体应采用风险规避、风险转移、风险缓解、风险自留、风险利用等方法。

下面以典型例题的形式对其要求进行讲解。

典型例题

【单选题】下列风险处置类型中，宜采用保险或合同条款将责任进行风险转移的是（　　）。

A. 损失大、概率大　　B. 损失小、概率大

C. 损失大、概率小　　D. 损失小、概率小

C。【解析】选项 A 应采取风险规避；选项 B 宜采取风险缓解；选项 C 宜采取风险转移；选项 D 宜采取风险自留。除此之外，有利于工程项目目标的风险，宜采用风险利用。采用工程保险等方法转移剩余风险时，工程保险不应被作为唯一减轻或降低风险的应对措施。

（八）风险控制专项措施

项目建设应制订并落实应急管理制度，完善应急管理体系，加强应急设施、装备、物资管理，保证应急资源充足，预防或减少突发事件带来的损失。

风险控制专项措施工作重点应包括下列内容：隐患排查；风险监控；应急管理。

2F320090　水利水电工程验收

一、水利水电建设工程验收

为加强水利水电建设工程验收管理，使水利水电建设工程验收制度化、规范化，保证工程验收质量，特制定《水利水电建设工程验收规程》。

（一）基本规定

水利水电建设工程验收按验收主持单位可分为法人验收和政府验收。法人验收应包括分部工程验收、单位工程验收、水电站（泵站）中间机组启动验收、合同工程完工验收等；政府验收应包括阶段验收、专项验收、竣工验收等。验收主持单位可根据工程建设需要增设验收的类别和具体要求。

链接

根据《小型水电站建设工程验收规程》，该标准适用于新建的总装机容量 50 MW 及以下、1.0 MW 及以上的小型水电站建设工程（以下简称小水电工程）的验收。改扩建的小水电工程和新建的总装机容量 1.0 MW 以下的小水电站工程验收可参照执行。小

水电工程验收工作按工程项目划分及验收流程可分为分部工程验收、单位工程验收、合同工程完工验收、阶段验收(含机组启动验收)、专项验收和竣工验收,各项验收工作应互相衔接,避免重复。小水电工程验收工作按验收主持单位可分为法人验收和政府验收,法人验收应包括分部工程验收、单位工程验收、合同工程完工验收及中间机组启动验收等;政府验收应包括阶段验收(含首末台机组启动验收)、专项验收、竣工验收等,验收主持单位可根据工程建设需要增设验收的类别和具体要求。

工程验收应以下列文件为主要依据:

(1)国家现行有关法律、法规、规章和技术标准。

(2)有关主管部门的规定。

(3)经批准的工程立项文件、初步设计文件、调整概算文件。

(4)经批准的设计文件及相应的工程变更文件。

(5)施工图纸及主要设备技术说明书等。

(6)法人验收还应以施工合同为依据。

工程验收应包括以下主要内容:

(1)检查工程是否按照批准的设计进行建设。

(2)检查已完工程在设计、施工、设备制造安装等方面的质量及相关资料的收集、整理和归档情况。

(3)检查工程是否具备运行或进行下一阶段建设的条件。

(4)检查工程投资控制和资金使用情况。

(5)对验收遗留问题提出处理意见。

(6)对工程建设作出评价和结论。

政府验收应由验收主持单位组织成立的验收委员会负责;法人验收应由项目法人组织成立的验收工作组负责。验收委员会(工作组)由有关单位代表和有关专家组成。验收的成果性文件是验收鉴定书,验收委员会(工作组)成员应在验收鉴定书上签字。对验收结论持有异议的,应将保留意见在验收鉴定书上明确记载并签字。

工程验收结论应经2/3以上验收委员会(工作组)成员同意。验收过程中发现的问题,其处理原则应由验收委员会(工作组)协商确定。主任委员(组长)对争议问题有裁决权。若1/2以上的委员(组员)不同意裁决意见时,法人验收应报请验收监督管理机关决定;政府验收应报请竣工验收主持单位决定。

工程项目中需要移交非水利行业管理的工程,验收工作宜同时参照相关行业主管部门的有关规定。

当工程具备验收条件时,应及时组织验收。未经验收或验收不合格的工程不应交付使用或进行后续工程施工。验收工作应相互衔接,不应重复进行。

工程验收应在施工质量检验与评定的基础上,对工程质量提出明确结论意见。

验收资料制备由项目法人统一组织,有关单位应按要求及时完成并提交。项目法人应对提交的验收资料进行完整性、规范性检查。

验收资料分为应提供的资料和需备查的资料。有关单位应保证其提交资料的真实性并承担相应责任。

工程验收的图纸、资料和成果性文件应按竣工验收资料要求制备。除图纸外，验收资料的规格宜为国际标准 A4（210 mm × 297 mm）。文件正本应加盖单位印章且不应采用复印件。

工程验收所需费用应进入工程造价，由项目法人列支或按合同约定列支。

水利水电建设工程的验收除应遵守《水利水电建设工程验收规程》外，还应符合国家现行有关标准的规定。

链接

竣工验收主持单位为水利部或者流域管理机构的，可以根据工程实际情况会同省级人民政府或者有关部门共同主持。竣工验收主持单位应当在工程初步设计的批准文件中明确。

（二）工程验收监督管理

水利部负责全国水利工程建设项目验收的监督管理工作。水利部所属流域管理机构（以下简称流域管理机构）按照水利部授权，负责流域内水利工程建设项目验收的监督管理工作。县级以上地方人民政府水行政主管部门按照规定权限负责本行政区域内水利工程建设项目验收的监督管理工作。

法人验收监督管理机关应对工程的法人验收工作实施监督管理。由水行政主管部门或者流域管理机构组建项目法人的，该水行政主管部门或者流域管理机构是本工程的法人验收监督管理机关；由地方人民政府组建项目法人的，该地方人民政府水行政主管部门是本工程的法人验收监督管理机关。

链接

根据《小型水电站建设工程验收规程》，水利部负责指导全国小水电工程验收监督管理工作。县级以上地方人民政府水行政主管部门按照规定权限负责本行政区域内小水电工程验收监督管理工作。

地方各级人民政府水行政主管部门按照地方小水电工程分级管理规定，主持或参与本行政区域内小水电工程政府验收工作，并作为法人验收监督管理机关对本行政区域内小水电工程的法人验收工作实施监督管理。

工程验收监督管理的方式应包括现场检查、参加验收活动、对验收工作计划与验收成果性文件进行备案等。

水行政主管部门、流域管理机构以及法人验收监督管理机关可根据工作需要到工程现场检查工程建设情况、验收工作开展情况以及对接到的举报进行调查处理等。

工程验收监督管理应包括以下主要内容：验收工作是否及时；验收条件是否具备；验收人员组成是否符合规定；验收程序是否规范；验收资料是否齐全；验收结论是否明确。

当发现工程验收不符合有关规定时，验收监督管理机关应及时要求验收主持单位予以纠正，必要时可要求暂停验收或重新验收并同时报告竣工验收主持单位。

法人验收监督管理机关应对收到的验收备案文件进行检查，不符合有关规定的备案文件应要求有关单位进行修改、补充和完善。

项目法人应在开工报告批准后 60 个工作日内，制定法人验收工作计划，报法人验收监督管理机关备案。当工程建设计划进行调整时，法人验收工作计划也应相应地进行调整并重新备案。

链接

根据《水利工程建设项目验收管理规定》，项目法人应当自工程开工之日起60个工作日内，制定法人验收工作计划，报法人验收监督管理机关和竣工验收主持单位备案。

根据《小型水电站建设工程验收规程》，项目法人应在第一个单位工程验收前60个工作日以前，制定法人验收工作计划，报法人验收监督管理机关备案。当工程建设计划调整时，法人验收工作计划也应相应调整并重新备案。

提示

考试时注意区分试题所依据的规定或标准。

法人验收过程中发现的技术性问题原则上应按合同约定进行处理。合同约定不明确的，应按国家或行业技术标准规定处理。当国家或行业技术标准暂无规定时，应由法人验收监督管理机关负责协调解决。

（三）分部工程验收

分部工程验收应由项目法人（或委托监理单位）主持。验收工作组应由项目法人、勘测、设计、监理、施工、主要设备制造（供应）商等单位的代表组成。运行管理单位可根据具体情况决定是否参加。质量监督机构宜派代表列席大型枢纽工程主要建筑物的分部工程验收会议。

大型工程分部工程验收工作组成员应具有中级及其以上技术职称或相应执业资格；其他工程的验收工作组成员应具有相应的专业知识或执业资格。参加分部工程验收的每个单位代表人数不宜超过2名。

分部工程具备验收条件时，施工单位应向项目法人提交验收申请报告。项目法人应在收到验收申请报告之日起10个工作日内决定是否同意进行验收。

分部工程验收应具备以下条件：

（1）所有单元工程已完成。

（2）已完单元工程施工质量经评定全部合格，有关质量缺陷已处理完毕或有监理机构批准的处理意见。

（3）合同约定的其他条件。

分部工程验收应包括以下主要内容：

（1）检查工程是否达到设计标准或合同约定标准的要求。

（2）评定工程施工质量等级。

（3）对验收中发现的问题提出处理意见。

分部工程验收应按以下程序进行：

（1）听取施工单位工程建设和单元工程质量评定情况的汇报。

（2）现场检查工程完成情况和工程质量。

（3）检查单元工程质量评定及相关档案资料。

（4）讨论并通过分部工程验收鉴定书。

项目法人应在分部工程验收通过之日后10个工作日内，将验收质量结论和相关资料报质量监督机构核备。大型枢纽工程主要建筑物分部工程的验收质量结论应报质量监督机构核定。

质量监督机构应在收到验收质量结论之日后20个工作日内，将核备(定)意见书面反馈项目法人。

当质量监督机构对验收质量结论有异议时，项目法人应组织参加验收单位进一步研究，并将研究意见报质量监督机构。当双方对质量结论仍然有分歧意见时，应报上一级质量监督机构协调解决。

分部工程验收遗留问题处理情况应有书面记录并有相关责任单位代表签字，书面记录应随分部工程验收鉴定书一并归档。

分部工程验收鉴定书正本数量可按参加验收单位、质量和安全监督机构各1份以及归档所需要的份数确定。自验收鉴定书通过之日起30个工作日内，由项目法人发送有关单位，并报送法人验收监督管理机关备案。

(四)单位工程验收

单位工程验收应由项目法人主持。验收工作组应由项目法人、勘测、设计、监理、施工、主要设备制造(供应)商、运行管理等单位的代表组成。必要时，可邀请上述单位以外的专家参加。

单位工程验收工作组成员应具有中级及其以上技术职称或相应执业资格，每个单位代表人数不宜超过3名。

链接

根据《小型水电站建设工程验收规程》，单位工程验收中，验收工作组成员应具备相应的专业知识或相应执业资格，其中具有中级及以上技术职称的成员应占1/2以上，且每个单位代表人数不宜超过2名。

单位工程完工并具备验收条件时，施工单位应向项目法人提出验收申请报告。项目法人应在收到验收申请报告之日起10个工作日内决定是否同意进行验收。

项目法人组织单位工程验收时，应提前通知质量和安全监督机构。主要建筑物单位工程验收应通知法人验收监督管理机关。法人验收监督管理机关可视情况决定是否列席验收会议，质量和安全监督机构应派员列席验收会议。

单位工程验收应具备以下条件：所有分部工程已完建并验收合格；分部工程验收遗留问题已处理完毕并通过验收，未处理的遗留问题不影响单位工程质量评定并有处理意见；合同约定的其他条件。

单位工程验收应包括以下主要内容：检查工程是否按批准的设计内容完成；评定工程施工质量等级；检查分部工程验收遗留问题处理情况及相关记录；对验收中发现的问题提出处理意见。

单位工程验收应按以下程序进行：听取工程参建单位工程建设有关情况的汇报；现场检查工程完成情况和工程质量；检查分部工程验收有关文件及相关档案资料；讨论并通过单位工程验收鉴定书。

需要提前投入使用的单位工程应进行单位工程投入使用验收。单位工程投入使用验收应由项目法人主持，根据工程具体情况，经竣工验收主持单位同意，单位工程投入使用验收也可由竣工验收主持单位或其委托的单位主持。

单位工程投入使用验收除应满足单位工程验收应具备的条件外，还应满足以下条件：

（1）工程投入使用后，不影响其他工程正常施工，且其他工程施工不影响该单位工程安全运行。

（2）已经初步具备运行管理条件，需移交运行管理单位的，项目法人与运行管理单位已签订提前使用协议书。

单位工程投入使用验收除完成单位工程验收应包括的工作内容外，还应对工程是否具备安全运行条件进行检查。

项目法人应在单位工程验收通过之日起10个工作日内，将验收质量结论和相关资料报质量监督机构核定。

质量监督机构应在收到验收质量结论之日起20个工作日内，将核定意见反馈项目法人。

当质量监督机构对验收质量结论有异议时，应按相关规定执行。

单位工程验收鉴定书正本数量可按参加验收单位、质量和安全监督机构、法人验收监督管理机关各1份以及归档所需要的份数确定。自验收鉴定书通过之日起30个工作日内，由项目法人发送有关单位并报法人验收监督管理机关备案。

（五）合同工程完工验收

施工合同约定的建设内容完成后，应进行合同工程完工验收。当合同工程仅包含一个单位工程（分部工程）时，宜将单位工程（分部工程）验收与合同工程完工验收一并进行，但应同时满足相应的验收条件。

合同工程完工验收应由项目法人主持。验收工作组应由项目法人以及与合同工程有关的勘测、设计、监理、施工、主要设备制造（供应）商等单位的代表组成。

合同工程具备验收条件时，施工单位应向项目法人提出验收申请报告。项目法人应在收到验收申请报告之日起20个工作日内决定是否同意进行验收。

合同工程完工验收应具备以下条件：合同范围内的工程项目和工作已按合同约定完成；工程已按规定进行了有关验收；观测仪器和设备已测得初始值及施工期各项观测值；工程质量缺陷已按要求进行处理；工程完工结算已完成；施工现场已经进行清理；需移交项目法人的档案资料已按要求整理完毕；合同约定的其他条件。

合同工程完工验收应包括以下主要内容：检查合同范围内工程项目和工作完成情况；检查施工现场清理情况；检查已投入使用工程运行情况；检查验收资料整理情况；鉴定工程施工质量；检查工程完工结算情况；检查历次验收遗留问题的处理情况；对验收中发现的问题提出处理意见；确定合同工程完工日期；讨论并通过合同工程完工验收鉴定书。

合同工程完工验收鉴定书正本数量可按参加验收单位、质量和安全监督机构以及归档所需要的份数确定。自验收鉴定书通过之日起30个工作日内，应由项目法人发送有关单位，并报送法人验收监督管理机关备案。

（六）阶段验收

1. 一般规定

阶段验收应包括枢纽工程导（截）流验收、水库下闸蓄水验收、引（调）排水工程通水验收、水电站（泵站）首（末）台机组启动验收、部分工程投入使用验收以及竣工验收主持单位根据工程建设需要增加的其他验收。

链接

根据《小型水电站建设工程验收规程》，阶段验收应包括工程导(截)流前的验收、水库(拦河闸)蓄水前的验收、机组启动验收以及竣工验收主持单位根据工程建设需要增加的其他验收。

阶段验收应由竣工验收主持单位或其委托的单位主持。阶段验收委员会应由验收主持单位、质量和安全监督机构、运行管理单位的代表以及有关专家组成；必要时，可邀请地方人民政府以及有关部门参加。工程参建单位应派代表参加阶段验收，并作为被验收单位在验收鉴定书上签字。

工程建设具备阶段验收条件时，项目法人应提出阶段验收申请报告。阶段验收申请报告应由法人验收监督管理机关审查后转报竣工验收主持单位，竣工验收主持单位应自收到申请报告之日起20个工作日内决定是否同意进行阶段验收。

阶段验收应包括以下主要内容：检查已完工程的形象面貌和工程质量；检查在建工程的建设情况；检查未完工程的计划安排和主要技术措施落实情况，以及是否具备施工条件；检查拟投入使用工程是否具备运行条件；检查历次验收遗留问题的处理情况；鉴定已完工程施工质量；对验收中发现的问题提出处理意见；讨论并通过阶段验收鉴定书。

大型工程在阶段验收前，验收主持单位根据工程建设需要，可成立专家组先进行技术预验收。

技术预验收工作可参照竣工技术预验收的规定进行。阶段验收的工作程序可参照竣工验收会议的规定进行。

阶段验收鉴定书数量按参加验收单位、法人验收监督管理机关、质量和安全监督机构各1份以及归档所需要的份数确定。自验收鉴定书通过之日起30个工作日内，由验收主持单位发送有关单位。

2. 枢纽工程导(截)流验收

枢纽工程导(截)流前，应进行导(截)流验收。

导(截)流验收应具备以下条件：导流工程已基本完成，具备过流条件，投入使用(包括采取措施后)不影响其他后续工程继续施工；满足截流要求的水下隐蔽工程已完成；截流设计已获批准，截流方案已编制完成，并做好各项准备工作；工程度汛方案已经有管辖权的防汛指挥部门批准，相关措施已落实；截流后壅高水位以下的移民搬迁安置和库底清理已完成并通过验收；有航运功能的河道，碍航问题已得到解决。

导(截)流验收应包括以下主要内容：检查已完水下工程、隐蔽工程、导(截)流工程是否满足导(截)流要求；检查建设征地、移民搬迁安置和库底清理完成情况；审查截流方案，检查导(截)流措施和准备工作落实情况；检查为解决碍航等问题而采取的工程措施落实情况；鉴定与截流有关已完工程施工质量；对验收中发现的问题提出处理意见；讨论并通过阶段验收鉴定书。

工程分期导(截)流时，应分期进行导(截)流验收。

3. 水库下闸蓄水验收

水库下闸蓄水前，应进行下闸蓄水验收。

下闸蓄水验收应具备以下条件：挡水建筑物的形象面貌满足蓄水位的要求；蓄水淹没范围内的移民搬迁安置和库底清理已完成并通过验收；蓄水后需要投入使用的泄水建筑物已

基本完成，具备过流条件；有关观测仪器、设备已按设计要求安装和调试，并已测得初始值和施工期观测值；蓄水后未完工程的建设计划和施工措施已落实；蓄水安全鉴定报告已提交；蓄水后可能影响工程安全运行的问题已处理，有关重大技术问题已有结论；蓄水计划、导流洞封堵方案等已编制完成，并做好各项准备工作；年度度汛方案（包括调度运用方案）已经有管辖权的防汛指挥部门批准，相关措施已落实。

下闸蓄水验收应包括以下主要内容：检查已完工程是否满足蓄水要求；检查建设征地、移民搬迁安置和库区清理完成情况；检查近坝库岸处理情况；检查蓄水准备工作落实情况；鉴定与蓄水有关的已完工程施工质量；对验收中发现的问题提出处理意见；讨论并通过阶段验收鉴定书。

工程分期蓄水时，宜分期进行下闸蓄水验收。

拦河水闸工程可根据工程规模、重要性，由竣工验收主持单位决定是否组织蓄水（挡水）验收。

4. 引（调）排水工程通水验收

引（调）排水工程通水前，应进行通水验收。

通水验收应具备以下条件：引（调）排水建筑物的形象面貌满足通水的要求；通水后未完工程的建设计划和施工措施已落实；引（调）排水位以下的移民搬迁安置和障碍物清理已完成并通过验收；引（调）排水的调度运用方案已编制完成；度汛方案已得到有管辖权的防汛指挥部门批准，相关措施已落实。

通水验收应包括以下主要内容：检查已完工程是否满足通水的要求；检查建设征地、移民搬迁安置和清障完成情况；检查通水准备工作落实情况；鉴定与通水有关的工程施工质量；对验收中发现的问题提出处理意见；讨论并通过阶段验收鉴定书。

工程分期（或分段）通水时，应分期（或分段）进行通水验收。

5. 水电站（泵站）机组启动验收

水电站（泵站）每台机组投入运行前，应进行机组启动验收。

首（末）台机组启动验收应由竣工验收主持单位或其委托单位组织的机组启动验收委员会负责；中间机组启动验收应由项目法人组织的机组启动验收工作组负责。验收委员会（工作组）应有所在地区电力部门的代表参加。根据机组规模情况，竣工验收主持单位也可委托项目法人主持首（末）台机组启动验收。

机组启动验收前，项目法人应组织成立机组启动试运行工作组开展机组启动试运行工作。首（末）台机组启动试运行前，项目法人应将试运行工作安排报验收主持单位备案，必要时，验收主持单位可派专家到现场收集有关资料，指导项目法人进行机组启动试运行工作。

机组启动试运行工作组应进行以下主要工作：

（1）审查批准施工单位编制的机组启动试运行试验文件和机组启动试运行操作规程等。

（2）检查机组及相应附属设备安装、调试、试验以及分部试运行情况，决定是否进行充水试验和空载试运行。

（3）检查机组充水试验和空载试运行情况。

（4）检查机组带主变压器与高压配电装置试验和并列及负荷试验情况，决定是否进行机组带负荷连续运行。

（5）检查机组带负荷连续运行情况。

(6)检查带负荷连续运行结束后消缺处理情况。

(7)审查施工单位编写的机组带负荷连续运行情况报告。

机组带负荷连续运行应符合以下要求:

(1)水电站机组带额定负荷连续运行时间为72 h;泵站机组带额定负荷连续运行时间为24 h或7天内累计运行时间为48 h,包括机组无故障停机次数不少于3次。

(2)受水位或水量限制无法满足上述要求时,经过项目法人组织论证并提出专门报告报验收主持单位批准后,可适当降低机组启动运行负荷以及减少连续运行的时间。

链接

根据《小型水电站建设工程验收规程》,机组启动试运行应进行机组启动试验、机组带额定负荷连续运行72 h试验。

首(末)台机组启动验收前,验收主持单位应组织进行技术预验收,技术预验收应在机组启动试运行完成后进行。

技术预验收应具备以下条件:

(1)与机组启动运行有关的建筑物基本完成,满足机组启动运行要求。

(2)与机组启动运行有关的金属结构及启闭设备安装完成,并经过调试合格,可满足机组启动运行要求。

(3)过水建筑物已具备过水条件,满足机组启动运行要求。

(4)压力容器、压力管道以及消防系统等已通过有关主管部门的检测或验收。

(5)机组、附属设备以及油、水、气等辅助设备安装完成,经调试合格并经分部试运转,满足机组启动运行要求。

(6)必要的输配电设备安装调试完成,并通过电力部门组织的安全性评价或验收,送(供)电准备工作已就绪,通信系统满足机组启动运行要求。

(7)机组启动运行的测量、监测、控制和保护等电气设备已安装完成并调试合格。

(8)有关机组启动运行的安全防护措施已落实,并准备就绪。

(9)按设计要求配备的仪器、仪表、工具及其他机电设备已能满足机组启动运行的需要。

(10)机组启动运行操作规程已编制,并得到批准。

(11)水库水位控制与发电水位调度计划已编制完成,并得到相关部门的批准。

(12)运行管理人员的配备可满足机组启动运行的要求。

(13)水位和引水量满足机组启动运行最低要求。

(14)机组按要求完成带负荷连续运行。

技术预验收应包括以下主要内容:听取有关建设、设计、监理、施工和试运行情况报告;检查评价机组及其辅助设备质量、有关工程施工安装质量;检查试运行情况和消缺处理情况;对验收中发现的问题提出处理意见;讨论形成机组启动技术预验收工作报告。

首(末)台机组启动验收应具备以下条件:技术预验收工作报告已提交;技术预验收工作报告中提出的遗留问题已处理。

首(末)台机组启动验收应包括以下主要内容:听取工程建设管理报告和技术预验收工作报告;检查机组和有关工程施工和设备安装以及运行情况;鉴定工程施工质量;讨论并通过机组启动验收鉴定书。

中间机组启动验收可参照首(末)台机组启动验收的要求进行。机组启动验收鉴定书是机组交接和投入使用运行的依据。

链接

根据《小型水电站建设工程验收规程》,提出机组启动验收鉴定书后,应办理机组交接手续进行试生产运行,试生产期限为 6 个月(经过一个汛期)至 12 个月。

6. 部分工程投入使用验收

项目施工工期因故拖延,并预期完成计划不确定的工程项目,部分已完成工程需要投入使用的,应进行部分工程投入使用验收。

在部分工程投入使用验收申请报告中,应包含项目施工工期拖延的原因、预期完成计划的有关情况和部分已完成工程提前投入使用的理由等内容。

部分工程投入使用验收应具备以下条件:

(1)拟投入使用工程已按批准设计文件规定的内容完成并已通过相应的法人验收。

(2)拟投入使用工程已具备运行管理条件。

(3)工程投入使用后,不影响其他工程正常施工,且其他工程施工不影响拟投入使用工程安全运行(包括采取防护措施)。

(4)项目法人与运行管理单位已签订工程提前使用协议。

(5)工程调度运行方案已编制完成;度汛方案已经有管辖权的防汛指挥部门批准,相关措施已落实。

部分工程投入使用验收应包括以下主要内容:检查拟投入使用工程是否已按批准设计完成;检查工程是否已具备正常运行条件;鉴定工程施工质量;检查工程的调度运用、度汛方案落实情况;对验收中发现的问题提出处理意见;讨论并通过部分工程投入使用验收鉴定书。

部分工程投入使用验收鉴定书是部分工程投入使用运行的依据,也是施工单位向项目法人交接和项目法人向运行管理单位移交的依据。

提前投入使用的部分工程如有单独的初步设计,可组织进行单项工程竣工验收。

(七)专项验收

工程竣工验收前,应按有关规定进行专项验收。专项验收主持单位应按国家和相关行业的有关规定确定。

项目法人应按国家和相关行业主管部门的规定,向有关部门提出专项验收申请报告,并做好有关准备和配合工作。

专项验收应具备的条件、验收主要内容、验收程序以及验收成果性文件的具体要求等应执行国家及相关行业主管部门有关规定。

专项验收成果性文件应是工程竣工验收成果性文件的组成部分。

链接

枢纽工程导(截)流、水库下闸蓄水等阶段验收前,涉及移民安置的,应当完成相应的移民安置专项验收。工程竣工验收前,应当按照有关规定,进行环境保护、水土保持、移民安置以及工程档案等专项验收。经商有关部门同意,专项验收可以与竣工验收一并进行。项目法人应当自收到专项验收成果文件之日起 10 个工作日,将专项验收成果文件报送竣工验收主持单位备案。

提示

环境保护、水土保持、移民安置、工程档案等专项验收的相关规定详见2F320090其他内容。

（八）竣工验收

1. 一般规定

竣工验收应在工程建设项目全部完成并满足一定运行条件后1年内进行。不能按期进行竣工验收的，经竣工验收主持单位同意，可适当延长期限，但最长不应超过6个月。一定运行条件是指：泵站工程经过一个排水或抽水期；河道疏浚工程完成后；其他工程经过6个月（经过一个汛期）至12个月。

工程具备验收条件时，项目法人应提出竣工验收申请报告。竣工验收申请报告应由法人验收监督管理机关审查后转报竣工验收主持单位。

工程未能按期进行竣工验收的，项目法人应向竣工验收主持单位提出延期竣工验收专题申请报告。申请报告应包括延期竣工验收的主要原因及计划延长的时间等内容。

项目法人编制完成竣工财务决算后，应报送竣工验收主持单位财务部门进行审查和审计部门进行竣工审计。审计部门应出具竣工审计意见。项目法人应对审计意见中提出的问题进行整改并提交整改报告。

竣工验收分为竣工技术预验收和竣工验收两个阶段。

大型水利工程在竣工技术预验收前，应按照有关规定进行竣工验收技术鉴定。中型水利工程，竣工验收主持单位可根据需要决定是否进行竣工验收技术鉴定。

竣工验收应具备以下条件：工程已按批准设计全部完成；工程重大设计变更已经有审批权的单位批准；各单位工程能正常运行；历次验收所发现的问题已基本处理完毕；各专项验收已通过；工程投资已全部到位；竣工财务决算已通过竣工审计，审计意见中提出的问题已整改并提交了整改报告；运行管理单位已明确，管理养护经费已基本落实；质量和安全监督工作报告已提交，工程质量达到合格标准；竣工验收资料已准备就绪。

链接

根据《小型水电站建设工程验收规程》，竣工验收应具备以下条件：工程已按批准的设计全部完成；工程重大设计变更已经有审批权的单位批准；各单位工程能正常运行，机组已全部投运（不属于本期建设机组除外）；机组试生产期已届满，水工建筑物已经过一个洪水期和冰冻期的考验；历次验收所发现的问题已基本处理完毕；各专项验收已通过；质量和安全监督工作报告已提交，工程质量达到合格标准；国有资金投资项目的竣工财务决算已通过竣工审计，审计意见中提出的问题已整改并提交了整改报告；竣工验收资料已准备就绪。

工程有少量建设内容未完成，但不影响工程正常运行，且能符合财务有关规定，项目法人已对尾工作出安排的，经竣工验收主持单位同意，可进行竣工验收。

竣工验收应按以下程序进行：项目法人组织进行竣工验收自查；项目法人提交竣工验收申请报告；竣工验收主持单位批复竣工验收申请报告；进行竣工技术预验收；召开竣工验收会议；印发竣工验收鉴定书。

2. 竣工验收自查

申请竣工验收前，项目法人应组织竣工验收自查。自查工作应由项目法人主持，勘测、设计、监理、施工、主要设备制造（供应）商以及运行管理等单位的代表参加。

竣工验收自查应包括以下主要内容：

（1）检查有关单位的工作报告。

（2）检查工程建设情况，评定工程项目施工质量等级。

（3）检查历次验收、专项验收的遗留问题和工程初期运行所发现问题的处理情况。

（4）确定工程尾工内容及其完成期限和责任单位。

（5）对竣工验收前应完成的工作作出安排。

（6）讨论并通过竣工验收自查工作报告。

项目法人组织工程竣工验收自查前，应提前10个工作日通知质量和安全监督机构，同时向法人验收监督管理机关报告。质量和安全监督机构应派员列席自查工作会议。

项目法人应在完成竣工验收自查工作之日起10个工作日内，将自查的工程项目质量结论和相关资料报质量监督机构。

参加竣工验收自查的人员应在自查工作报告上签字。项目法人应自竣工验收自查工作报告通过之日起30个工作日内，将自查报告报法人验收监督管理机关。

3. 工程质量抽样检测

根据竣工验收的需要，竣工验收主持单位可以委托具有相应资质的工程质量检测单位对工程质量进行抽样检测。项目法人应与工程质量检测单位签订工程质量检测合同。检测所需费用由项目法人列支，质量不合格工程所发生的检测费用由责任单位承担。

工程质量检测单位不应与参与工程建设的项目法人、设计、监理、施工、设备制造（供应）商等单位隶属同一经营实体。

根据竣工验收主持单位的要求和项目的具体情况，项目法人应负责提出工程质量抽样检测的项目、内容和数量，经质量监督机构审核后报竣工验收主持单位核定。

工程质量检测单位应按照有关技术标准对工程进行质量检测，按合同要求及时提出质量检测报告并对检测结论负责。项目法人应自收到检测报告10个工作日内将检测报告报竣工验收主持单位。

对抽样检测中发现的质量问题，项目法人应及时组织有关单位研究处理。在影响工程安全运行以及使用功能的质量问题未处理完毕前，不应进行竣工验收。

4. 竣工技术预验收

竣工技术预验收应由竣工验收主持单位组织的专家组负责。技术预验收专家组成员应具有高级技术职称或相应执业资格，成员的2/3以上应来自工程非参建单位。工程参建单位的代表应参加技术预验收，负责回答专家组提出的问题。

链接

根据《小型水电站建设工程验收规程》，竣工技术预验收应由竣工验收主持单位组织的专家组负责。竣工技术预验收专家组成员的2/3以上应具有中级及以上技术职称或相应执业资格，1/3以上应具有高级技术职称或相应执业资格，成员的2/3以上应来自非参建单位。工程参建单位的代表应参加技术预验收，负责回答专家组提出的问题。

竣工技术预验收专家组可下设专业工作组，并在各专业工作组检查意见的基础上形成竣工技术预验收工作报告。

竣工技术预验收应包括以下主要内容：检查工程是否按批准的设计完成；检查工程是否存在质量隐患和影响工程安全运行的问题；检查历次验收、专项验收的遗留问题和工程初期运行中所发现问题的处理情况；对工程重大技术问题作出评价；检查工程尾工安排情况；鉴定工程施工质量；检查工程投资、财务情况；对验收中发现的问题提出处理意见。

竣工技术预验收应按以下程序进行：现场检查工程建设情况并查阅有关工程建设资料；听取项目法人、设计、监理、施工、质量和安全监督机构、运行管理等单位工作报告；听取竣工验收技术鉴定报告和工程质量抽样检测报告；专业工作组讨论并形成各专业工作组意见；讨论并通过竣工技术预验收工作报告；讨论并形成竣工验收鉴定书初稿。

竣工技术预验收工作报告应是竣工验收鉴定书的附件。

5. 竣工验收

竣工验收委员会可设主任委员1名，副主任委员以及委员若干名，主任委员应由验收主持单位代表担任。竣工验收委员会应由竣工验收主持单位、有关地方人民政府和部门、有关水行政主管部门和流域管理机构、质量和安全监督机构、运行管理单位的代表以及有关专家组成。工程投资方代表可参加竣工验收委员会。

项目法人、勘测、设计、监理、施工和主要设备制造（供应）商等单位应派代表参加竣工验收，负责解答验收委员会提出的问题，并应作为被验收单位代表在验收鉴定书上签字。

竣工验收会议应包括以下主要内容和程序：

（1）现场检查工程建设情况及查阅有关资料。

（2）召开大会：宣布验收委员会组成人员名单；观看工程建设声像资料；听取工程建设管理工作报告；听取竣工技术预验收工作报告；听取验收委员会确定的其他报告；讨论并通过竣工验收鉴定书；验收委员会委员和被验收单位代表在竣工验收鉴定书上签字。

工程项目质量达到合格以上等级的，竣工验收的质量结论意见应为合格。

竣工验收鉴定书数量应按验收委员会组成单位、工程主要参建单位各1份以及归档所需要份数确定。自鉴定书通过之日起30个工作日内，应由竣工验收主持单位发送有关单位。

（九）工程移交及遗留问题处理

1. 工程交接

通过合同工程完工验收或投入使用验收后，项目法人与施工单位应在30个工作日内组织专人负责工程的交接工作，交接过程应有完整的文字记录且有双方交接负责人签字。

链接

根据《小型水电站建设工程验收规程》，通过合同工程完工验收后，项目法人与施工单位应在20个工作日内组织专人负责工程的交接工作，交接过程应有完整的文字记录且有双方交接负责人签字。

项目法人与施工单位应在施工合同或验收鉴定书约定的时间内完成工程及其档案资料的交接工作。

工程办理具体交接手续的同时，施工单位应向项目法人递交工程质量保修书。保修书的内容包括：合同工程完工验收情况；质量保修的范围和内容；质量保修期；质量保修责任；质量保修费用；其他。其应符合合同约定的条件。

工程质量保修期应从工程通过合同工程完工验收后开始计算，但合同另有约定的除外。

在施工单位递交了工程质量保修书、完成施工场地清理以及提交有关竣工资料后，项目法人应在30个工作日内向施工单位颁发合同工程完工证书。

链接

根据《小型水电站建设工程验收规程》，在施工单位递交了工程质量保修书，提交有关竣工资料，完成施工场地清理后，项目法人应在20个工作日内向施工单位颁发合同工程完工证书。

2. 工程移交

工程通过投入使用验收后，项目法人宜及时将工程移交运行管理单位管理，并与其签订工程提前启用协议。

在竣工验收鉴定书印发后60个工作日内，项目法人与运行管理单位应完成工程移交手续。

工程移交应包括工程实体、其他固定资产和工程档案资料等，应按照初步设计等有关批准文件进行逐项清点，并办理移交手续。

办理工程移交，应有完整的文字记录和双方法定代表人签字。

链接

根据《小型水电站建设工程验收规程》，完成工程交接后，项目法人应及时组织将工程移交运行管理。工程移交应包括工程实体、其他固定资产和工程档案资料等，应按照初步设计等有关批准文件进行逐项清点，并办理移交手续，工程移交过程应有完整的文字记录。

3. 验收遗留问题及尾工处理

有关验收成果性文件应对验收遗留问题有明确的记载。影响工程正常运行的，不应作为验收遗留问题处理。

验收遗留问题和尾工的处理应由项目法人负责。项目法人应按照竣工验收鉴定书、合同约定等要求，督促有关责任单位完成处理工作。

验收遗留问题和尾工处理完成后，有关单位应组织验收，并形成验收成果性文件。项目法人应参加验收并负责将验收成果性文件报竣工验收主持单位。

工程竣工验收后，应由项目法人负责处理的验收遗留问题，项目法人已撤销的，应由组建或批准组建项目法人的单位或其指定的单位处理完成。

4. 工程竣工证书颁发

工程质量保修期满后30个工作日内，项目法人应向施工单位颁发工程质量保修责任终止证书。但保修责任范围内的质量缺陷未处理完成的应除外。

链接

根据《小型水电站建设工程验收规程》，在工程质量保修期内，施工单位已完成了保修责任范围内的质量缺陷的处理，在工程质量保修期满后20个工作日内，项目法人应向施工单位颁发工程质量保修责任终止证书。

工程质量保修期满以及验收遗留问题和尾工处理完成后,项目法人应向工程竣工验收主持单位申请领取竣工证书。申请报告应包括以下内容:

(1)工程移交情况。

(2)工程运行管理情况。

(3)验收遗留问题和尾工处理情况。

(4)工程质量保修期有关情况。

竣工验收主持单位应自收到项目法人申请报告后30个工作日内决定是否颁发工程竣工证书。颁发竣工证书应符合以下条件:

(1)竣工验收鉴定书已印发。

(2)工程遗留问题和尾工处理已完成并通过验收。

(3)工程已全面移交运行管理单位管理。

链接

根据《小型水电站建设工程验收规程》,竣工验收主持单位应自收到项目法人申请报告后20个工作日内决定是否颁发工程竣工证书。

工程竣工证书是项目法人全面完成工程项目建设管理任务的证书,也是工程参建单位完成相应工程建设任务的最终证明文件。

工程竣工证书数量应按正本3份和副本若干份颁发,正本应由项目法人、运行管理单位和档案部门保存,副本应由工程主要参建单位保存。

(十)罚则

根据《水利工程建设项目验收管理规定》,违反规定,项目法人不按时限要求组织法人验收或者不具备验收条件而组织法人验收的,由法人验收监督管理机关责令改正。

项目法人以及其他参建单位提交验收资料不真实导致验收结论有误的,由提交不真实验收资料的单位承担责任。竣工验收主持单位收回验收鉴定书,对责任单位予以通报批评;造成严重后果的,依照有关法律法规处罚。

二、水电工程验收

为加强水电工程建设管理,规范验收工作,保障水电工程安全及上下游人民生命财产安全,根据《水库大坝安全管理条例》《建设工程质量管理条例》和国家有关规定,制定《水电工程验收管理办法》。

(一)基本规定

水电工程验收包括阶段验收和竣工验收。阶段验收分为工程截流验收、蓄水验收和水轮发电机组启动验收。截流验收和蓄水验收前应进行建设征地移民安置专项验收。工程竣工验收在枢纽工程、建设征地移民安置、环境保护、水土保持、消防、劳动安全与工业卫生、工程决算和工程档案专项验收的基础上进行。

水电工程在截流、蓄水、机组启动前以及工程完工后,必须进行验收。

水电工程验收工作,应当做到科学、客观、公正、规范。

国家能源局负责水电工程验收的监督管理工作。省级人民政府能源主管部门负责本行政区域内水电工程验收的管理、指导、协调和监督。跨省(自治区、直辖市)水电工程验收工作由项目所涉及省(自治区、直辖市)的省级人民政府能源主管部门共同负责。各级能源主管部门按规定权限负责和参与本行政区域内水电工程验收的管理、指导、协调和监督。

工程蓄水验收、枢纽工程专项验收和工程竣工验收由省级人民政府能源主管部门负责,并委托有资质单位作为验收主持单位,组织验收委员会进行。省级人民政府能源主管部门也可直接作为验收主持单位组织验收。工程截流验收由项目法人会同工程所在地省级人民政府能源主管部门共同组织验收委员会进行;水轮发电机组启动验收由项目法人会同电网经营管理单位共同组织验收委员会进行,具体要求按相关规定执行。建设征地移民安置、环境保护、水土保持、消防、劳动安全与工业卫生、工程决算和工程档案专项验收按相关法规和规定办理。

水电工程验收的主要依据是:

(1)国家有关法律、法规及行业有关规定。

(2)国家及行业相关规程规范与技术标准。

(3)项目审批、核准、备案文件。

(4)经批准的可行性研究设计、施工图设计、设计变更及概算调整等文件。

(5)工程建设的有关招标文件、合同文件及合同中明确采用的质量标准和技术文件等。

项目法人应组织协调设计、施工、监理、监测、设备制造安装、运行、安全鉴定、质量监督等单位提交验收所需的资料,协助验收委员会开展工作。以上单位对各自在工程验收中所提交资料的真实性负责。

(二)工程蓄水验收

项目法人应根据工程进度安排,在计划下闸蓄水前6个月,向工程所在地省级人民政府能源主管部门报送工程蓄水验收申请,并抄送验收主持单位。

工程蓄水验收申请材料应包括以下主要内容:

(1)项目基本情况。包括工程开发任务、建设规模、建设方案、投资规模、主要投资方、项目审批(核准)情况等。

(2)项目进展情况。包括工程进度、形象面貌、投资完成情况及其安全度汛措施等。

(3)蓄水验收计划安排。

(4)建设征地移民安置实施情况。

(5)工程蓄水安全鉴定单位建议。

验收主持单位收到工程蓄水验收申请材料后,应会同工程所在地省级人民政府能源主管部门,并邀请相关部门、项目法人所属计划单列企业集团(或中央管理企业)、有关单位和专家共同组成验收委员会进行验收。必要时可组织专家组进行现场检查和技术预验收。验收委员会主任委员由验收主持单位有关负责同志担任。

通过水电工程蓄水验收应当具备的基本条件:

(1)工程形象面貌满足水库蓄水要求,挡水、引水、泄水建筑物满足防洪度汛和工程安全要求。

(2)近坝区影响工程安全运行滑坡体、危岩体、崩塌堆积体等地质灾害已按设计要求进行处理。

(3)与蓄水有关的建筑物的内外部监测仪器、设备已按设计要求埋设和调试,并已测得初始值。需进行水库地震监测的工程,其水库地震监测系统已投入运行,并取得本底值。

(4)已编制下闸蓄水施工组织设计,制定水库调度和度汛规划,以及蓄水期事故应急救援预案。

(5)安全鉴定单位已提交工程蓄水安全鉴定报告,并有可以下闸蓄水的明确结论。

(6)建设征地移民安置已通过专项验收,并有不影响工程蓄水的明确结论。

验收委员会完成蓄水验收工作后,应出具工程蓄水验收鉴定书。验收主持单位应在下闸蓄水前将验收鉴定书报送省级人民政府能源主管部门。省级人民政府能源主管部门认为不具备下闸蓄水条件的,应在5个工作日内通知验收主持单位和项目法人。验收主持单位应在下闸蓄水1个月后、3个月内,将下闸蓄水及蓄水后的有关情况报省级人民政府能源主管部门。

水电工程分期蓄水的,可以分期进行验收。

(三)枢纽工程专项验收

项目法人应根据工程进度安排,在枢纽工程专项验收计划前3个月,向工程所在地省级人民政府能源主管部门报送枢纽工程专项验收申请,并抄送验收主持单位。

验收申请报告应包括以下主要内容:

(1)项目基本情况。

(2)项目建设情况。包括工程进度、工程面貌、投资完成情况等。

(3)工程运行情况。包括工程蓄水、水轮发电机组和各单项工程运行情况、工程运行效益情况等。

(4)枢纽工程专项验收计划安排。

验收主持单位收到枢纽工程专项验收申请材料后,应会同工程所在地省级人民政府能源主管部门,并邀请相关部门、项目法人所属计划单列企业集团(或中央管理企业)、有关单位和专家共同组成验收委员会进行验收。必要时可组织专家组进行现场检查和技术预验收。验收委员会主任委员由验收主持单位有关负责同志担任。

通过水电工程枢纽工程专项验收应当具备的基本条件:

(1)枢纽工程已按批准的设计文件全部建成,工程重大设计变更已完成变更手续。

(2)施工单位在质量保证期内已及时完成剩余尾工和质量缺陷处理工作。

(3)工程运行已经过至少一个洪水期的考验,多年调节水库需经过至少两个洪水期考验,最高库水位已经达到或基本达到正常蓄水位,全部机组均能按额定出力正常运行,每台机组至少正常运行2 000 h(含电网调度安排的备用时间),各单项工程运行正常。

(4)工程安全鉴定单位已提出工程竣工安全鉴定报告,并有可以安全运行的结论意见。

验收委员会完成枢纽工程专项验收工作后,应出具枢纽工程专项验收鉴定书。验收主持单位应及时将验收鉴定书报送省级人民政府能源主管部门。

水电工程分期建设的,可根据工程建设进度分期或一次性进行验收。

(四)竣工验收

项目法人应在工程基本完工或全部机组投产发电后的1年内,开展竣工验收相关工作,单独或与枢纽工程专项一并向省级人民政府能源主管部门报送开展工程竣工验收工作的申请,并抄送验收主持单位。

验收申请报告应包括项目基本情况、工程建设运行情况、专项验收计划及竣工验收总体安排等内容。

验收主持单位收到竣工验收申请材料后,应会同工程所在地省级人民政府能源主管部门,并邀请相关部门、项目法人所属计划单列企业集团(或中央管理企业)、有关单位和专家共同组成验收委员会进行验收。必要时可组织专家组进行现场检查和技术预验收。验收委员会主任委员由验收主持单位有关负责同志担任。

枢纽工程、建设征地移民安置、环境保护、水土保持、消防、劳动安全与工业卫生、工程决算和工程档案专项验收完成后,项目法人应对验收工作进行总结,向验收委员会提交工程竣工验收总结报告。工程竣工验收总结报告应包括项目基本情况,各专项验收鉴定书的主要结论以及所提主要问题和建议的处理情况,遗留单项工程的竣工验收计划安排等。

水电工程通过竣工验收的条件:

(1)已按规定完成各专项竣工验收的全部工作。

(2)各专项验收意见均有明确的可以通过工程竣工验收的结论。

(3)已妥善处理竣工验收中的遗留问题和完成尾工。

(4)符合其他有关规定。

验收委员会完成竣工验收工作后,应出具竣工验收鉴定书。验收主持单位应及时将工程竣工验收总结报告、验收鉴定书及相关资料报送省级人民政府能源主管部门。

省级人民政府能源主管部门在收到工程竣工验收总结报告和验收鉴定书后,对符合竣工验收条件的水电工程颁发竣工验收证书(批复)。

水电工程竣工验收完成后,项目法人应当按国家有关规定办理档案、固定资产移交等相关手续。

(五)其他

验收结论应当经2/3以上验收委员会成员同意,验收委员会成员应当在验收鉴定书上签字。验收委员会成员对验收结论持有异议的,应当将保留意见在验收鉴定书上明确记载并签字。

验收过程中如发生争议,由验收委员会主任委员协调、裁决,并将验收委员会成员提出的涉及重大问题的保留意见列入备忘录,作为验收鉴定书的附件。主任委员裁决意见有半数以上委员反对或难以裁决的重大问题,应由验收委员会报请验收主持单位决定,重大事项应及时报省级人民政府能源主管部门。

三、小型病险水库除险加固项目验收

(一)基本规定

小型病险水库除险加固项目(以下简称小型除险加固项目)验收分为法人验收和政府验收,法人验收包括分部工程验收和单位工程验收,政府验收包括蓄水验收(或主体工程完工验收,下同)和竣工验收。

小型除险加固项目具备验收条件时,应当及时组织验收。未经验收或者验收不合格的,不得投入使用或者进行后续工程施工。

小型除险加固项目验收的依据是国家有关法律、法规、规章和技术标准,有关主管部门的规定,大坝安全鉴定(安全评价)成果及核查意见(报告),经批准的初步设计文件、调整概算文件、设计变更文件,施工图纸及技术说明,设备技术说明书,施工合同等。

省级人民政府水行政主管部门负责本行政区域内小型除险加固项目验收的组织和监督管理工作。市(地)级、县级人民政府水行政主管部门负责本行政区域内小型除险加固项目

的法人验收监督管理工作。

（二）关于法人验收

法人验收由项目法人主持，项目法人可以委托监理单位主持分部工程验收，涉及坝体与坝基防渗、设置在软基上的溢洪道、坝下埋涵等关键部位（以下简称“关键部位”）的分部工程验收应由项目法人主持。

法人验收程序主要包括施工单位提出验收申请、项目法人（或监理单位）主持召开验收会议、项目法人将验收质量结论报质量监督机构核备或核定、项目法人印发验收鉴定书。

法人验收应成立验收工作组。工作组由项目法人、勘测设计、监理、施工、设备制造（供应）等单位的代表组成。对于分部工程验收，质量监督机构宜派员列席涉及关键部位的验收会议。对于单位工程验收，运行管理单位应参加验收会议，质量监督机构应派员列席验收会议。

分部工程验收应具备的条件为该分部工程已完建，施工质量经评定全部合格，有关质量缺陷已处理完毕或有监理机构批准的处理意见以及满足合同约定的其他条件。

分部工程验收主要内容包括：现场检查工程完成情况和工程质量；检查工程是否满足设计要求或合同约定；检查单元工程质量评定及相关档案资料；评定工程施工质量；对验收中发现的问题提出处理意见；讨论并通过分部工程验收鉴定书。

对于分部工程验收中涉及的关键部位，验收工作组应对其设计、施工、监理及质量检验评定等相关资料进行重点检查，对于存在关键资料缺失、造假等影响到工程质量和安全准确评价的不予通过验收。

单位工程验收应具备的条件为该单位工程中所有分部工程已完建并验收合格；分部工程验收遗留问题已基本处理完毕，未处理的遗留问题不影响单位工程质量评定并有处理意见；合同约定的其他条件。

单位工程验收主要内容包括：现场检查工程完成情况和工程质量；检查工程是否按批准的设计内容完成；检查分部工程验收有关文件及相关档案资料；评定工程施工质量；检查分部工程验收遗留问题处理情况及相关记录；对验收中发现的问题提出处理意见；讨论并通过单位工程验收鉴定书。

项目法人应在法人验收通过之日起 10 个工作日内，将验收质量结论报质量监督机构核备（定）。质量监督机构应在收到核备（定）材料之日起 20 个工作日内完成核备（定）并反馈项目法人。

项目法人应当自法人验收通过之日起 30 个工作日内，制作法人验收鉴定书，发送参加验收单位并报送法人验收监督管理机关备案。

法人验收监督管理机关应加强对法人验收的监督管理，对法人验收工作情况组织检查，当发现验收工作中存在问题时，应及时要求项目法人予以纠正，必要时可要求暂停验收或重新验收。

（三）关于政府验收

小型除险加固项目竣工验收由省级人民政府水行政主管部门会同财政部门或由其委托市（地）级水行政主管部门会同财政部门主持，蓄水验收由省级人民政府水行政主管部门或由其委托市（地）级水行政主管部门主持，具体验收方案由省级人民政府水行政主管部门确定。

政府验收程序主要包括项目法人提出验收申请、验收主持单位召开验收会议、印发验收鉴定书等。验收会议程序主要包括现场检查工程建设情况、查阅有关资料、听取有关工作报告、讨论并通过验收鉴定书等。

政府验收主持单位应成立验收委员会进行验收。验收委员会由验收主持单位、有关地方人民政府和相关部门、水库主管部门、质量和安全监督机构、运行管理等单位的代表以及相关专业的专家组成。项目法人、勘测设计、监理、施工和设备制造(供应)等单位应派代表参加验收会议,解答验收委员会提出的有关问题,并作为被验收单位代表在验收鉴定书上签字。

政府验收鉴定书通过之日起30个工作日内,应由验收主持单位发送有关单位。市(地)级人民政府水行政主管部门主持的政府验收,验收鉴定书应报省级人民政府水行政主管部门核备。

主体工程完工后,水库蓄水运用前,应进行蓄水验收,通过验收后方可投入蓄水运用。

蓄水验收应具备以下条件:

(1)挡水、泄水、引水建筑物和基础处理等影响工程安全的建设内容已按批准的设计建设完成。

(2)主体工程所有单位工程验收合格,满足蓄水要求,具备投入正常运行条件。

(3)有关监测、观测设施已按设计要求基本完成安装和调试。

(4)可能影响蓄水后工程安全运行的问题和历次验收发现的问题,已基本处理完毕。

(5)未完工程和遗留问题已明确处理方案。

(6)工程初期蓄水方案、运行调度规程(方案)、度汛方案已编制完成,并经有管辖权的水行政主管部门批准。

(7)水库安全管理规章制度已建立,运行管护主体、人员已落实,大坝安全管理应急预案已报批。

(8)验收资料已准备就绪。

(9)验收主持单位认定的其他条件。

蓄水验收应包括以下主要内容:

(1)检查工程设计内容是否涵盖大坝安全鉴定(安全评价)成果及核查意见(报告)提出的病险问题,如有调整是否经过分析论证。

(2)检查挡水、泄水、引水建筑物和基础处理等影响工程安全的建设内容是否已按批准设计完成。

(3)检查工程是否存在质量隐患和影响工程安全运行的问题。

(4)检查工程是否满足蓄水要求,是否具备正常运行条件。

(5)鉴定工程施工质量。

(6)检查工程的初期蓄水方案、运行调度规程(方案)、度汛方案、大坝安全管理应急预案落实情况。

(7)检查运行管护主体、人员落实情况。

(8)对验收中发现的问题提出处理意见。

(9)确定未完工程清单及完工期限和责任单位等。

(10)讨论并通过蓄水验收鉴定书。

小Ⅰ型病险水库蓄水验收前,验收主持单位应组织专家组进行技术预验收,专家组构成应基本涵盖除险加固涉及的主要专业。专家组应现场检查工程建设情况,查阅有关建设资料，听取项目法人、设计、施工、监理等有关单位汇报，对照蓄水验收条件和验收内容对工程逐项进行检查和评价，对工程关键部位进行重点检查，提交技术预验收工作报告，提出能否进行蓄水验收的建议。专家组成员应在技术预验收工作报告上签字，对技术预验收结论持有异议的，应将保留意见在技术预验收工作报告上明确记载并签字。

小Ⅱ型病险水库蓄水验收应邀请相关专业专家参加验收委员会，验收委员会应安排验收专家查阅设计、施工、监理及质量安全评价资料，检查工程现场，验收专家应重点就工程建设内容、质量和安全等问题进行评价，提出验收意见并在验收鉴定书上签字。

小型除险加固项目通过蓄水验收后，项目法人应抓紧未完工程建设，做好竣工验收的各项准备工作。

竣工验收应在小型除险加固项目全部完成并经过一个汛期运用考验后的 6 个月内进行。

项目法人编制完成竣工财务决算后，应报送竣工验收主持单位的财务部门进行审查和审计部门进行竣工审计。对竣工审计意见中提出的问题，项目法人应进行整改并提交整改报告。

根据项目实际情况，需要进行专项验收的，应按照有关规定进行。

竣工验收主持单位可以根据竣工验收工作需要，委托具有相应资质的工程质量检测单位对工程质量进行抽样检测。

竣工验收应具备以下条件：

(1)工程已按批准设计的内容建设完成，并已投入运行。

(2)工程重大设计变更已经有审批权的单位批准，一般设计变更已履行有关程序，并出具了相应文件。

(3)工程投资已基本到位，竣工财务决算已完成并通过竣工审计，审计提出的问题已整改并提交了整改报告。

(4)蓄水验收已完成，历次验收和工程运行期间发现的问题已基本处理完毕，遗留问题已明确处理方案。

(5)归档资料符合工程档案管理的有关规定。

(6)工程质量和安全监督报告已提交，工程质量达到合格标准。

(7)工程运行管理措施已落实。

(8)验收资料已准备就绪。

竣工验收应包括以下主要内容：

(1)检查工程是否按批准的设计完成，设计变更是否履行有关程序。

(2)检查工程是否存在质量隐患和影响工程安全运行的问题。

(3)检查历次验收遗留问题和在工程运行中所发现问题的处理情况，检查工程尾工安排情况。

(4)鉴定工程质量是否合格。

(5)检查工程投资、财务管理情况及竣工审计整改落实情况。

(6)检查工程档案管理情况。

(7)检查工程初期蓄水方案、运行调度规程(方案)、度汛方案、大坝安全管理应急预案以及工程管理机构、人员、经费、管理制度等运行管理条件的落实情况。

(8)研究验收中发现的问题，提出处理意见。

(9)讨论并通过竣工验收鉴定书。

项目法人和其他有关单位应当按照竣工验收鉴定书的要求妥善处理竣工验收遗留问题,完成工程尾工。验收遗留问题处理完毕和尾工完成并通过验收后,项目法人应当将处理情况和验收成果及时报送竣工验收主持单位。

项目法人与工程运行管理单位不是同一单位的,工程竣工验收鉴定书印发后60个工作日内应完成工程移交手续。

四、水利水电工程专项验收

根据《水利工程建设项目验收管理规定》,水利工程专项验收包括环境保护、水土保持、移民安置以及工程档案等专项验收。根据《水电工程验收管理办法》,水电工程专项验收包括枢纽工程、建设征地移民安置、环境保护、水土保持、消防、劳动安全与工业卫生、工程决算和工程档案等专项验收。以下重点介绍环境保护专项验收、水土保持专项验收、移民安置专项验收、工程档案专项验收。

(一)环境保护专项验收

1. 验收技术工作程序

水利水电建设项目竣工环境保护验收技术工作分为三个阶段:准备、验收调查、现场验收。

(1)准备阶段。

①收集分析工程的基础信息和资料,了解和研读建设项目环境影响评价文件、初步设计环保篇章、环境影响评价文件技术评估报告和环境影响评价审批文件等。

②初步调查建设项目工程概况和配套环保设施运行情况、设计变更情况、环境敏感目标以及主要环境问题等。

③确定验收调查执行标准、调查时段、调查范围、调查内容和重点、采用的技术手段和方法,调查工作进度安排,编制验收调查实施方案。

(2)验收调查阶段。

①根据验收调查实施方案,主要调查工程施工期和运行期的实际环境影响,环境影响评价文件、环境影响评价审批文件和初步设计文件提出的环保措施落实情况,环保设施运行情况及治理效果,环境监测,公众意见调查等。

②针对调查中发现的问题,提出整改和补救措施,明确验收调查结论,编制验收调查报告。

(3)现场验收阶段。

为建设项目竣工环境保护验收现场检查提供技术支持,包括汇报验收调查情况等。

2. 验收工况要求

建设项目运行生产能力达到其设计生产能力的75%以上并稳定运行,相应环保设施已投入运行。如果短期内生产能力无法达到设计能力的75%,验收调查应在主体工程稳定运行、环境保护设施正常运行的条件下进行,注明实际调查工况。

对于没有工况负荷的建设项目,如堤防、河道整治工程、河流景观建设工程等,以工程完工运用且相应环保设施及措施完成并投入运行后进行。

对于灌溉工程项目,以构筑物完建,灌溉引水量达到设计规模的75%以上。

对于分期建设、分期运行的项目,按照工程实施阶段,可分为蓄水前阶段和发电运行阶段进行验收调查。蓄水前阶段验收调查主要是施工调查。

对于在项目筹建期编制了水通、电通、路通、通信通和场地平整"四通一平"工程环境影响报告书的项目,工程运行满足验收工况后,一并进行竣工环境保护验收。

3. 验收调查时段和范围

根据水利水电建设项目特点,验收调查应包括工程前期、施工期、运行期三个时段。

验收调查范围原则上与环境影响评价文件的评价范围一致;当工程实际建设内容发生变更或环境影响评价文件未能全面反映出项目建设的实际生态影响或其他环境影响时,应根据工程实际变更和实际环境影响情况,结合现场踏勘对调查范围进行适当调整。

4. 验收调查原则和方法

验收调查应以批准的环境影响评价文件、审批文件和工程设计文件为基本要求,对建设项目的环境保护设施和措施进行核查。验收调查应坚持客观、公正、系统全面、重点突出的原则。

验收调查应采用充分利用已有资料、工程建设过程回顾、现场调查、环境监测、公众意见调查相结合的方法,并充分利用先进的技术手段和方法。

5. 验收重点

(1)工程设计及环境影响评价文件中提出的造成环境影响的主要工程内容。

(2)重要生态保护区和环境敏感目标。

(3)环境保护设计文件、环境影响评价文件及环境影响评价审批文件中提出的环境保护措施落实情况及其效果等。主要有:调水工程和水电站下游减水、脱水段生态影响及下泄生态流量的保障措施;水温分层型水库的下泄低温水的减缓措施;大、中型水库的初期蓄水对下游影响的减缓措施;节水灌溉和灌区建设工程节水措施;河道整治工程淤泥的处置措施等。

(4)配套环境保护设施的运行情况及治理效果。

(5)实际突出或严重的环境影响,工程施工和运行以来发生的环境风险事故以及应急措施,公众强烈反应的环境问题。

(6)工程环境保护投资落实情况。

(二)水土保持专项验收

1. 基本要求

生产建设项目水土保持设施自主验收(以下简称自主验收)包括水土保持设施验收报告编制和竣工验收两个阶段。

自主验收应以水土保持方案(含变更)及其批复,水土保持初步设计和施工图设计及其审批(审查、审定)意见为主要依据。

自主验收应包括以下主要内容:水土保持设施建设完成情况;水土保持设施质量;水土流失防治效果;水土保持设施的运行、管理及维护情况。

自主验收合格应具备下列条件:

(1)水土保持方案(含变更)编报、初步设计和施工图设计等手续完备。

(2)水土保持监测资料齐全,成果可靠。

(3)水土保持监理资料齐全,成果可靠。

(4)水土保持设施按经批准的水土保持方案(含变更)、初步设计和施工图设计建成,符合国家、地方、行业标准、规范、规程的规定。

(5)水土流失防治指标达到了水土保持方案批复的要求。

(6)重要防护对象不存在严重水土流失危害隐患。

(7)水土保持设施具备正常运行条件,满足交付使用要求,且运行、管理及维护责任得到落实。

验收资料制备由项目法人(或者生产建设单位,下同)负责组织,有关单位制备的资料应加盖制备单位公章,并对其真实性负责。

水土保持设施验收资料应按规定保存,并符合档案管理要求。水利水电项目移民安置或专项设施迁改建的水土保持设施可单独验收。

2. 水土保持设施验收报告编制

水土保持设施验收报告由第三方技术服务机构(以下简称第三方)编制。

第三方编制水土保持设施验收报告,应符合水土保持设施验收报告示范文本的格式要求,对项目法人法定义务履行情况、水土流失防治任务完成情况、防治效果情况和组织管理情况等进行评价,作出水土保持设施是否符合验收合格条件的结论,并对结论负责。

第三方开展评价工作应采用资料查阅、走访、现场核查等方法,其中涉及重要防护对象的应全部核查。

3. 水土保持设施竣工验收

竣工验收应在第三方提交水土保持设施验收报告后,生产建设项目投产运行前完成。

竣工验收应由项目法人组织,一般包括现场查看、资料查阅、验收会议等环节。

竣工验收应成立验收组,验收组由项目法人和水土保持设施验收报告编制、水土保持监测、监理、方案编制、施工等有关单位代表组成。项目法人可根据生产建设项目的规模、性质、复杂程度等情况邀请水土保持专家参加验收组。

验收结论应经2/3以上验收组成员同意。

验收组应从水土保持设施竣工图中选择有代表性、典型性的水土保持设施进行查看,有重要防护对象的应重点查看。

验收组应对验收资料进行重点抽查,并对抽查资料的完整性、合规性提出意见。

验收会议的内容包括:水土保持方案编制、监测、监理等单位汇报相应工作及成果;第三方汇报验收报告编制工作及成果;验收组成员质询、讨论,并发表个人意见;讨论形成验收意见和结论;验收组成员对验收结论持有异议的,应将不同意见明确记载并签字。

存在下列情况之一的,竣工验收结论应为不通过:

(1)未依法依规履行水土保持方案及重大变更的编报审批程序的。

(2)未依法依规开展水土保持监测或补充开展的水土保持监测不符合规定的。

(3)未依法依规开展水土保持监理工作。

(4)废弃土石渣未堆放在经批准的水土保持方案确定的专门存放地的。

(5)水土保持措施体系、等级和标准未按经批准的水土保持方案要求落实的。

(6)重要防护对象无安全稳定结论或结论为不稳定的。

(7)水土保持分部工程和单位工程未经验收或验收不合格的。

(8)水土保持监测总结报告、监理总结报告等材料弄虚作假或存在重大技术问题的。

(9)未依法依规缴纳水土保持补偿费的。

项目法人按规范格式制发水土保持设施验收鉴定书。

(三)移民安置专项验收

1.基本规定

水利水电工程阶段性验收和竣工验收前,应组织工程阶段性移民安置验收和工程竣工移民安置验收。工程阶段性移民安置验收是指枢纽工程导(截)流、水库下闸蓄水(含分期蓄水)等阶段的移民安置验收。

移民安置验收应按自验、初验、终验顺序,自下而上组织进行。枢纽工程以外的堤防、河道等水利水电工程移民安置验收,可根据实际情况适当简化验收程序和内容。

移民安置验收应包括下列依据:

(1)国家颁发的有关法律、法规、规章、政策和标准。

(2)经批准的移民安置规划大纲、工程初步设计报告中的移民安置规划、移民安置实施设计文件以及设计变更和概算调整等批准文件、移民安置年度计划。

(3)水利水电工程建设项目法人与地方人民政府或者其规定的移民管理机构签订的移民安置协议。

(4)其他移民安置相关文件。

移民安置验收内容应包括农村移民安置、城(集)镇迁建、工矿企业迁建或者处理、专项设施迁建或者复建、防护工程建设、水库库底清理、移民资金使用管理、移民档案管理、水库移民后期扶持政策落实情况、建设用地手续办理等类别。

2.验收程序

(1)一般规定。

移民安置验收前,项目法人应会同与其签订移民安置协议的地方人民政府编制移民安置验收工作计划。移民安置验收工作计划应报移民安置验收主持单位备案。移民安置验收工作计划应对移民安置自验和初验工作作出安排,对移民安置终验提出建议。移民安置验收工作计划内容主要包括移民安置验收的组织或主持单位、时间安排和验收依据、范围、内容、程序、方法、标准等内容。

移民安置验收组织和主持单位应按移民安置验收工作计划组织开展验收工作。

移民安置自验、初验、终验均应形成验收报告。移民安置验收报告应经2/3以上的验收委员会委员同意,验收委员会委员应在移民安置验收报告上签字。对移民安置验收报告持不同意见的,应在移民安置验收报告中明确记载其保留意见并签字。移民安置验收中发现的问题,其处理原则应由验收委员会协商确定,主任委员对争议问题有裁决权。

对移民安置验收报告中提出的问题,有关单位应按处理意见及时整改,并将整改结果报移民安置验收组织或者主持单位。移民安置监督评估单位应及时监督评估验收报告提出的有关问题的处理情况。

移民安置验收组织或主持单位应在移民安置验收通过之日起30个工作日内,将移民安置验收报告印送有关单位。移民安置验收未通过,移民安置验收组织或者主持单位,应在移民安置验收不予通过之日起20个工作日内,将不予通过验收的理由及整改意见书面通知验收申请单位。验收申请单位应及时整改,并按验收程序重新申请验收。

(2)自验。移民安置自验组织单位应在通过移民安置自验之日起30个工作日内,向初验组织单位提出初验申请。自验程序和会议应符合相关规定。

(3)初验。移民安置初验组织单位应在接到初验申请之日起 20 个工作日内,作出是否组织初验的决定。初验程序和会议应符合相关规定。移民安置初验组织单位应在通过移民安置初验之日起 30 个工作日内,向移民安置验收主持单位提出移民安置终验申请。

(4)终验。移民安置验收主持单位应在接到终验申请之日起 20 个工作日内,作出是否组织终验的决定。终验程序和会议应符合相关规定。

(四)工程档案专项验收

项目档案是指水利工程建设项目在前期、实施、竣工验收等各阶段过程中形成的,具有保存价值并经过整理归档的文字、图表、音像、实物等形式的水利工程建设项目文件(以下简称项目文件)。做好水利工程建设项目的项目文件管理和归档工作是进行工程档案专项验收的前提。

1. 项目文件管理与归档

项目文件内容必须真实、准确,与工程实际相符;应格式规范、内容准确、文字清晰、页面整洁、编号规范、签字及盖章完备,满足耐久性要求。

竣工图是项目档案的重要组成部分,一般由施工单位负责编制,须符合《水利工程建设项目竣工图编制要求》。

《水利工程建设项目竣工图编制要求》的相关内容如下:

(1)竣工图编制基本要求。

①工程竣工时应编制竣工图,竣工图一般由施工单位负责编制。

②不同的建筑物、构筑物应分别编制竣工图。

③竣工图应完整、准确、规范、修改到位,真实反映项目竣工时的实际情况,图面整洁,文字和线条清晰,纸张无破损。

(2)使用施工图编制竣工图。

①用施工图编制竣工图的,应使用新图纸,白图或蓝图均可,但不得使用复印的白图和拼接图编制竣工图。

②按施工图施工没有变更的,由竣工图编制单位在施工图上逐张加盖并签署竣工图章。

③一般性图纸变更且能在原施工图上修改补充的,可直接在原图上修改,并加盖竣工图章。修改处应注明修改依据文件的名称、编号和条款号,无法用图形、数据表达或标注清楚的,应在标题栏上方或左边用文字简练说明。

(3)重新绘制竣工图。

①有下述情形之一的均应重新绘制竣工图:

a. 涉及结构形式、工艺、平面布置、项目等重大改变。

b. 图面变更面积超过 20%。

c. 合同约定对所有变更均需重绘或变更面积超过合同约定比例。

②重新绘制竣工图按原图编号,图号末尾加注“竣”字,或在新图标题栏内注明“竣工阶段”。重新绘制竣工图图幅、比例和文字字号及字体应与原施工图一致。

③施工单位重新绘制的竣工图,标题栏应包含施工单位名称、图纸名称、编制人、审核人、图号、比例尺、编制日期等标识项,并逐张加盖监理单位相关责任人审核签字的竣工图审核章。

归档的项目文件应为原件。因故使用复制件归档时，应加盖复制件提供单位公章或档案证明章，确保与原件一致，并在备案表中备注原件缺失原因。

2. 档案验收与移交

项目档案验收是水利工程建设项目竣工验收的重要内容，大中型水利工程建设项目在竣工验收前要进行档案专项验收，其他水利工程建设项目档案验收应与竣工验收同步进行。

项目档案专项验收一般由水行政主管部门主持，会同档案主管部门开展验收。地方对项目档案专项验收有相关规定的从其规定。档案专项验收前，验收主持单位或其委托的单位应根据实际情况开展验收前检查评估工作，落实验收条件是否具备，针对检查发现的问题提出整改要求，问题整改完成后方可组织验收。

项目法人在项目档案专项验收前，应组织参建单位对项目文件的收集、整理、归档与档案保管、利用等进行自检，并形成档案自检报告。自检达到验收标准后，向验收主持单位提出档案专项验收申请。自检报告应包括：工程概况，档案管理情况，项目文件的收集、整理、归档与档案保管、利用等情况，竣工图的编制与整理情况，档案自检工作的组织情况，对自检或以往阶段验收发现问题的整改情况，档案完整性、准确性、系统性、规范性和安全性的自我评价等内容。

监理单位在项目档案专项验收前，应组织对所监理项目档案整理情况进行审核，并形成专项审核报告。专项审核报告应包括：工程概况，监理单位履行审核责任的组织情况，审核所监理项目档案（含监理和施工）的范围、数量及竣工图编制质量情况，审核中发现的主要问题及整改情况，对档案整理质量的综合评价，以及审核结果等内容。

项目档案专项验收按照水利部《水利工程建设项目档案验收管理办法》执行。凡是档案内容与质量达不到要求的水利工程建设项目，不得通过档案验收；未通过档案验收或档案验收不合格的，不得进行或通过竣工验收。

参建单位应在所承担项目合同验收后 3 个月内向项目法人办理档案移交，并配合项目法人完成项目档案专项验收工作；项目法人应在水利工程建设项目竣工验收后半年内向运行管理单位及其他有关单位办理档案移交。项目档案移交时，应填写《水利工程建设项目档案交接单》，编制档案交接清册，包括档案移交的内容、数量、图纸张数等，经双方清点无误后办理交接手续。

停、缓建的水利工程建设项目，项目档案由项目法人负责保存。项目法人撤销的，应向项目主管部门或有关档案机构办理档案移交。

2F320100　水利水电工程施工监理

一、水利工程施工监理

为加强对水利工程施工监理单位和监理人员施工监理活动的管理，规范监理工作，提高监理服务水平，依据有关法律、法规和规章，制定《水利工程施工监理规范》。

（一）基本规定

监理单位应按照国务院水行政主管部门批准的资质等级许可的范围承揽监理业务，并接受各级水行政主管部门的监督和管理。

依法必须实行监理的水利工程，应按照水利工程招标投标管理有关规定，确定具有相应资质的施工监理单位。监理业务委托应执行国家规定的工程监理收费标准。

监理单位应遵守国家法律、法规和规章以及有关技术标准，独立、公正、诚信、科学地开展监理工作，履行监理合同约定的义务。

监理机构应按照监理合同和施工合同约定，开展水利工程施工质量、进度、资金的控制活动，以及施工安全和文明施工的监理工作，加强信息管理，协调施工合同有关各方之间的关系。

（二）监理组织

1. 监理单位

监理单位开展监理工作，应遵守下列规定：

(1)严格遵守国家法律、法规和规章，维护国家利益、社会公共利益和工程建设各方合法权益。

(2)不得与承包人以及原材料、中间产品和工程设备供应单位有隶属关系或者其他利害关系。

(3)不得转让、违法分包监理业务。

(4)不得聘用无相应资格的人员从事监理业务。

(5)不得允许其他单位或者个人以本单位名义承揽监理业务。

(6)不得采取不正当竞争手段承揽监理业务。

监理单位应依照监理合同约定，组建监理机构，配置满足监理工作需要的监理人员，并根据工程进展情况及时调整。更换总监理工程师和其他主要监理人员应符合监理合同约定。

两个或两个以上监理单位可组成监理联合体，共同承揽监理业务。联合体各方应签订协议，明确各方拟承担的工作和责任。联合体的资质等级应按同一专业资质等级较低的一方确定。联合体各方应共同与发包人签订监理合同，就中标项目向发包人承担连带责任。

2. 监理机构

监理机构应在监理合同授权范围内行使职权。发包人不得擅自做出有悖于监理机构在合同授权范围内所发指示的决定、指示和通知。

监理机构应制定与监理工作内容相适应的工作制度。监理机构应将总监理工程师和其他主要监理人员的姓名、监理业务分工和授权范围报送发包人，并通知承包人。

3. 监理人员

水利工程施工监理人员应按有关规定持证上岗。

水利工程施工监理实行总监理工程师负责制。总监理工程师应负责全面履行监理合同约定的监理单位的义务。

总监理工程师可书面授权副总监理工程师或监理工程师履行其部分职责，但《水利工程施工监理规范》中规定的相关工作除外。

监理工程师应按照职责权限开展监理工作，是所实施监理工作的直接责任人，并对总监理工程师负责。

（三）施工监理工作程序、方法和制度

1. 基本工作程序

(1)依据监理合同组建监理机构，选派总监理工程师、监理工程师、监理员和其他工作人员。

(2)熟悉工程建设有关法律、法规、规章以及技术标准,熟悉工程设计文件、施工合同文件和监理合同文件。

(3)编制监理规划。

(4)进行监理工作交底。

(5)编制监理实施细则。

(6)实施施工监理工作。

(7)整理监理工作档案资料。

(8)参加工程验收工作;参加发包人与承包人的工程交接和档案资料移交。

(9)按合同约定实施缺陷责任期的监理工作。

(10)结清监理报酬。

(11)向发包人提交有关监理档案资料、监理工作报告。

(12)向发包人移交其所提供的文件资料和设施设备。

2. 主要工作方法

下面以典型例题的形式对监理的主要工作方法进行讲解。

典型例题

【单选题】根据《水利工程施工监理规范》,监理单位对承包人检验结果进行复核时可采用的工作方法是(　　)。

A. 平行检测　　B. 交叉检测

C. 第三方检测　　D. 强制性检测

A。【解析】平行检测是指承包人对原材料、中间产品和工程质量自检的同时,监理机构按照监理合同约定独立进行抽样检测,核验承包人的检测结果。平行检测费用由发包人承担。除平行检测外,监理的工作方法还包括:(1)现场记录。监理机构记录每日施工现场的人员、原材料、中间产品、工程设备、施工设备、天气、施工环境、施工作业内容、存在的问题及其处理情况等。(2)发布文件。监理机构采用通知、指示、批复、确认等书面文件开展施工监理工作。(3)旁站监理。监理机构按照监理合同约定和监理工作需要,在施工现场对工程重要部位和关键工序的施工作业实施连续性的全过程监督、检查和记录。(4)巡视检查。监理机构对所监理工程的施工进行的定期或不定期的监督与检查。(5)跟踪检测。监理机构对承包人在质量检测中的取样和送样进行监督。跟踪检测费用由承包人承担。(6)协调。监理机构依据合同约定对施工合同双方之间的关系以及工程施工过程中出现的问题和争议进行的沟通、协商和调解。

3. 主要工作制度

(1)技术文件核查、审核和审批制度。根据施工合同约定由发包人或承包人提供的施工图纸、技术文件以及承包人提交的开工申请、施工组织设计、施工措施计划、施工进度计划、专项施工方案、安全技术措施、度汛方案和灾害应急预案等文件,均应经监理机构核查、审核或审批后方可实施。

(2)原材料、中间产品和工程设备报验制度。监理机构应对发包人或承包人提供的原材料、中间产品和工程设备进行核验或验收。不合格的原材料、中间产品和工程设备不得投入使用,其处置方式和措施应得到监理机构的批准或确认。

(3)工程质量报验制度。承包人每完成一道工序或一个单元工程,都应经过自检。承包人自检合格后方可报监理机构进行复核。上道工序或上一单元工程未经复核或复核不合格,不得进行下道工序或下一单元工程施工。

(4)工程计量付款签证制度。所有申请付款的工程量、工作均应进行计量并经监理机构确认。未经监理机构签证的付款申请,发包人不得付款。

(5)会议制度。监理机构应建立会议制度,包括第一次监理工地会议、监理例会和监理专题会议。会议由总监理工程师或其授权的监理工程师主持,工程建设有关各方应派员参加。

(6)紧急情况报告制度。当施工现场发生紧急情况时,监理机构应立即指示承包人采取有效紧急处理措施,并向发包人报告。

(7)工程建设标准强制性条文(水利工程部分)符合性审核制度。监理机构在审核施工组织设计、施工措施计划、专项施工方案、安全技术措施、度汛方案和灾害应急预案等文件时,应对其与工程建设标准强制性条文(水利工程部分)的符合性进行审核。

(8)监理报告制度。监理机构应及时向发包人提交监理月报、监理专题报告;在工程验收时,应提交工程建设监理工作报告。

(9)工程验收制度。在承包人提交验收申请后,监理机构应对其是否具备验收条件进行审核,并根据有关水利工程验收规程或合同约定,参与或主持工程验收。

(四)施工准备的监理工作

1. 监理机构的准备工作

(1)依据监理合同约定,进场后及时设立监理机构,配置监理人员,并进行必要的岗前培训。

(2)建立监理工作制度。

(3)提请发包人提供工程设计及批复文件、合同文件及相关资料。收集并熟悉工程建设法律、法规、规章和技术标准等。

(4)依据监理合同约定接收由发包人提供的交通、通信、办公设施和食宿条件等;完善办公和生活条件。

(5)组织编制监理规划,在约定的期限内报送发包人。

(6)依据监理规划和工程进展,结合批准的施工措施计划,及时编制监理实施细则。

2. 施工准备的监理工作

(1)检查开工前发包人应提供的施工条件是否满足开工要求,应包括下列内容:

①首批开工项目施工图纸的提供。

②测量基准点的移交。

③施工用地的提供。

④施工合同约定应由发包人负责的道路、供电、供水、通信及其他条件和资源的提供情况。

(2)检查开工前承包人的施工准备情况是否满足开工要求。

(3)监理机构应参加、主持或与发包人联合主持召开设计交底会议,由设计单位进行设计文件的技术交底。

(4)施工图纸的核查与签发应符合《水利工程施工监理规范》的相关规定。

(5)参与发包人组织的工程质量评定项目划分。

(五)施工实施阶段的监理工作

1. 开工条件的控制

(1)合同工程开工。

(2)分部工程开工。分部工程开工前,承包人应向监理机构报送分部工程开工申请表,经监理机构批准后方可开工。

(3)单元工程开工。第一个单元工程应在分部工程开工批准后开工,后续单元工程凭监理工程师签认的上一单元工程施工质量合格文件方可开工。

(4)混凝土浇筑开仓。监理机构应对承包人报送的混凝土浇筑开仓报审表进行审批。符合开仓条件后,方可签发。

2. 工程质量控制

(1)监理机构应按照监理工作制度和监理实施细则开展工程质量控制工作,并不断改进和完善。

(2)监理机构应监督承包人的质量保证体系的实施和改进。

(3)监理机构应按照《工程建设标准强制性条文(水利工程部分)》、有关技术标准和施工合同约定,对施工质量及与质量活动相关的人员、原材料、中间产品、工程设备、施工设备、工艺方法和施工环境等质量要素进行监督和控制。

(4)原材料、中间产品和工程设备的检验或验收,施工设备的检查,施工测量控制,现场工艺试验,施工过程质量控制,旁站监理,工程质量检验等应符合《水利工程施工监理规范》的相关规定。

(5)跟踪检测应符合下列规定:

①实施跟踪检测的监理人员应监督承包人的取样、送样以及试样的标记和记录,并与承包人送样人员共同在送样记录上签字。发现承包人在取样方法、取样代表性、试样包装或送样过程中存在错误时,应及时要求予以改正。

②跟踪检测的项目和数量(比例)应在监理合同中约定。其中,混凝土试样应不少于承包人检测数量的7%,土方试样应不少于承包人检测数量的10%。施工过程中,监理机构可根据工程质量控制工作需要和工程质量状况等确定跟踪检测的频次分布,但应对所有见证取样进行跟踪。

(6)平行检测应符合下列规定:

①监理机构可采用现场测量手段进行平行检测。

②需要通过实验室进行检测的项目,监理机构应按照监理合同约定通知发包人委托或认可的具有相应资质的工程质量检测机构进行检测试验。

③平行检测的项目和数量(比例)应在监理合同中约定。其中,混凝土试样应不少于承包人检测数量的3%,重要部位每种标号的混凝土至少取样1组;土方试样应不少于承包人检测数量的5%,重要部位至少取样3组。施工过程中,监理机构可根据工程质量控制工作需要和工程质量状况等确定平行检测的频次分布。根据施工质量情况需要增加平行检测项目、数量时,监理机构可向发包人提出建议,经发包人同意增加的平行检测费用由发包人承担。

④当平行检测试验结果与承包人的自检试验结果不一致时,监理机构应组织承包人及

有关各方进行原因分析，提出处理意见。

提示

以往考试中经常考查跟踪检测、平行检测的项目和数量(比例)，需对比记忆。

(7)监理机构应接受质量监督机构的监督，主要包括：

①按要求参加质量监督机构的现场监督活动，并提供相关监理文件。

②质量监督机构要求监理机构整改的，应按要求及时整改并提交整改报告。

③质量监督机构对施工质量保证体系和施工行为要求整改的，或者对工程实体质量问题要求处理的，应督促承包人进行整改、处理。

3. 工程进度控制

(1)施工进度的检查应符合下列规定：

①监理机构应检查承包人是否按照批准的施工进度计划组织施工，资源的投入是否满足施工需要。

②监理机构应跟踪检查施工进度，分析实际施工进度与施工进度计划的偏差，重点分析关键路线的进展情况和进度延误的影响因素，并采取相应的监理措施。

(2)施工进度计划的调整应符合下列规定：

①监理机构在检查中发现实际施工进度与施工进度计划发生了实质性偏离时，应指示承包人分析进度偏差原因、修订施工进度计划报监理机构审批。

②当变更影响施工进度时，监理机构应指示承包人编制变更后的施工进度计划，并按施工合同约定处理变更引起的工期调整事宜。

③施工进度计划的调整涉及总工期目标、阶段目标改变，或者资金使用有较大的变化时，监理机构应提出审查意见报发包人批准。

4. 工程资金控制

(1)监理机构应审核承包人提交的资金流计划，并协助发包人编制合同工程付款计划。

(2)监理机构应建立合同工程付款台账，对付款情况进行记录。根据工程实际进展情况，对合同工程付款情况进行分析，必要时提出合同工程付款计划调整建议。

(3)工程计量、预付款支付、工程进度付款、变更款支付、计日工支付、完工付款、最终结清等应符合《水利工程施工监理规范》的相关规定。

5. 施工安全监理

(1)根据施工现场监理工作需要，监理机构应为现场监理人员配备必要的安全防护用具。

(2)监理机构应审查承包人编制的施工组织设计中的安全技术措施、施工现场临时用电方案，以及灾害应急预案、危险性较大的分部工程或单元工程专项施工方案是否符合《工程建设标准强制性条文(水利工程部分)》及相关规定的要求。

6. 文明施工监理

(1)监理机构应依据有关文明施工规定和施工合同约定，审核承包人的文明施工组织机构和措施。

(2)监理机构应检查承包人文明施工的执行情况，并监督承包人通过自查和改进，完善文明施工管理。

7. 合同管理的其他工作

变更管理、索赔管理、违约管理、工程保险监理工作、工程分包管理、化石和文物保护监理工作、争议的解决、清场与撤离等应符合相关规定。

8. 信息管理

监理文件，通知与联络，书面文件的传递，监理日志、报告与会议纪要，档案资料管理等应符合相关规定。

9. 工程质量评定与验收

监理机构应按有关规定进行工程质量评定、组织或参加工程验收。

（六）缺陷责任期的监理工作

监理机构应监督承包人按计划完成尾工项目，协助发包人验收尾工项目，并按合同约定办理付款签证。

监理机构应监督承包人对已完工程项目中所存在的施工质量缺陷进行修复。在承包人未能执行监理机构的指示或未能在合理时间内完成修复工作时，监理机构可建议发包人雇用他人完成施工质量缺陷修复工作，按合同约定确定责任及费用的分担。

二、水电工程施工监理

为规范水电水利工程施工质量、工程进度、施工安全与施工环境保护、合同工程费用、工程项目合同验收管理，规范水电水利工程监理行为，特制定《水电水利工程施工监理规范》。

（一）基本规定

监理人员应遵守“守法、诚信、公正、科学”的职业准则，严格履行监理合同，正确运用业主授权和监理技能，督促业主和承建单位履行工程承建合同义务，维护双方的合同权益，认真为工程建设提供服务。

监理单位应当依照法律、法规及有关技术标准、设计文件和工程承建合同，对承建单位在施工质量、施工安全、合同工期和合同费用使用等方面，代表业主实施监督管理，并承担相应的监理责任。

（二）监理工作准备

1. 监理机构建立

监理机构应按监理合同约定配备满足监理工作要求的办公、通信和交通设备。

监理机构应具备符合监理合同约定，能进行施工质量检查和施工测量检查的手段与技能。如果监理单位自身不具备必需的检测资质，监理机构的平行检测应委托具备独立法人资格及相应检测资质的单位进行。接受委托的检测单位须对检测结果承担责任。

2. 监理工作体系文件编制

监理机构进场后，应依据工程监理合同、工程承建合同规定，针对监理项目特点、工程监理任务与工作范围，完成工程项目监理规划的编制，并报业主批准。

监理工作体系文件应包括监理机构内部管理制度、监理工作实施细则、监理工作计划文件、工程监理工作用表。

3. 合同工程开工准备及开工条件检查

工程项目划分中，水电水利工程施工项目管理宜按单位工程、分部工程、分项工程、单元工程四级划分和进行。

业主的开工准备和提供条件检查，承建单位履约体系检查，施工控制测量成果验收，合同工程项目施工组织设计批准与首批开工项目施工措施计划申报，进场施工资源检查等应符合相关规定。

监理机构应按合同规定或业主指示及时发布合同工程开工通知，并在合同工程开工通知发布后，督促承建单位进行各项施工准备、首批工程项目开工申报。

（三）工程施工质量控制

1. 施工质量控制依据与标准

施工质量控制依据：法律、行政法规与部门规章；国家或政府部门颁发的技术规程、规范、质量检查标准；工程承建合同及其技术条款；工程勘察设计图纸与设计技术要求。

施工质量检查标准：

（1）施工质量检查应按国家和行业颁布的技术标准、合同技术条款和设计技术要求进行。

（2）合同工程实施过程中，若国家或政府部门颁发新的技术标准代替了原技术标准，则从新标准生效之日起依据新标准执行。

（3）当合同规定的技术标准低于国家或政府部门颁发的强制性技术标准时，应按国家或政府部门颁发的强制性技术标准执行。

（4）当合同规定的技术标准高于国家或政府部门颁发的技术标准（包括推荐性标准和强制性标准）时，应按合同技术标准执行。

（5）工程施工实施过程中，监理机构应根据工程施工所揭示的实际地质情况和施工条件，依照工程承建合同规定，提请业主对合同技术标准与质量检验方法进行补充、修改与调整。

2. 工程项目开工申报审查

工程项目开工申报审查包括单位工程项目开工申报审查、分部（分项）工程项目开工申报审查、单元工程开工检查、总价承包项目开工申报审查，其审查均应符合相关规定。

3. 分部（分项）工程开工前准备工作

工程项目开工前，监理机构应通过对监理工程项目特点、施工条件和影响工程质量因素的分析与预控措施的研究，明确工程质量管理点，制定工程质量控制流程，编制相应分部（分项）工程监理工作实施细则。

设计文件检查与签发，设计技术交底，施工人员培训与作业队伍组织，施工生产性试验与施工工艺评审等应符合相关规定。

4. 施工过程检查与监督

进场材料质量检查，施工设备设施检查与技术工种人员资格检查，施工过程质量检查，停工与复工管理，施工质量问题处理，施工质量记录等应符合相关规定。

5. 施工质量检查

工程质量检查按单元工程、分部工程、单位工程逐级进行。大型复杂工程，应对重要分项工程进行工程质量检查。重要单元工程还应对施工工序进行施工质量检查。

6. 机电设备及金属结构驻厂监造

驻厂监造工程师应采取重要部件、关键制造加工工序旁站监督和一般部件、一般工序巡视检查相结合的工作方式，对一般工序进行文件见证；对关键零部件和关键工序，应进行现场见证或旁站见证。

7. 机电设备及金属结构安装质量检查

到货交接验收可分到货验收和开箱验收进行。

在设备开始安装前，监理机构应会同承建单位检查安装现场是否达到安装条件要求，确认影响安装环境、安装作业安全和安装质量的因素得到有效控制后方可准许开工。

8. 施工质量事故处理

施工质量事故发生后，监理机构应立即向业主报告，同时督促承建单位按规定及时提出事故报告。监理机构应按国家法律法规和工程承建合同规定，参加事故的调查与处理。

（四）工程进度控制

1. 工程进度控制基本工作

监理单位一般工作内容、施工总进度计划管理、施工进度管理等应符合相关规定。

2. 施工进度计划

单位、分部（分项）工程项目开工前或工程项目施工过程中，监理机构应督促承建单位依据报经批准的施工总进度计划、工程阶段目标、现场施工条件，优化施工布置与施工方案，按承建单位应具备的施工水平与能力等完成工程项目施工进度计划的编制。

3. 施工过程检查

监理机构应以实现合同工期的有效控制为目标，结合工程施工进展和施工条件对施工进度计划进行检查和监督。

4. 合同工期管理

因承建单位的原因，导致对施工进度计划进行修改的情况下，监理机构应拒绝承建单位为此提出的工期顺延和额外支付要求。

（五）合同商务管理

合同商务管理包括工程变更、合同索赔、违约处理、分包、保险等内容。以下重点介绍工程变更。

工程变更依据其性质与对工程项目的影响程度，分为重大工程变更、较大工程变更、一般工程变更和常规设计变更四类。

链接

根据《水电水利工程施工监理规范》，水电工程施工监理除上述规定外，还包括施工安全与施工环境保护监督、合同工程费用管理、工程信息管理、监理协调等，此部分内容在历年考试中不属于重点考查范围，可参照规范进行了解。

2F330000 水利水电工程项目施工相关法规与标准

2F331000 水利水电工程项目施工相关法律规定

2F331010 水工程实施保护和建设许可的相关规定

该部分内容在以往考试中主要围绕《中华人民共和国水法》进行考查，下面主要讲解《中华人民共和国水法》中的相关规定。

为了合理开发、利用、节约和保护水资源，防治水害，实现水资源的可持续利用，适应国民经济和社会发展的需要，制定《中华人民共和国水法》。

一、水资源规划

国家制定全国水资源战略规划。开发、利用、节约、保护水资源和防治水害，应当按照流域、区域统一制定规划。规划分为流域规划和区域规划。流域规划包括流域综合规划和流域专业规划；区域规划包括区域综合规划和区域专业规划。所称综合规划，是指根据经济社会发展需要和水资源开发利用现状编制的开发、利用、节约、保护水资源和防治水害的总体部署。所称专业规划，是指防洪、治涝、灌溉、航运、供水、水力发电、竹木流放、渔业、水资源保护、水土保持、防沙治沙、节约用水等规划。

专家解读

根据以上规定，水资源规划按层次分为全国战略规划、流域规划、区域规划。

流域范围内的区域规划应当服从流域规划，专业规划应当服从综合规划。流域综合规划和区域综合规划以及与土地利用关系密切的专业规划，应当与国民经济和社会发展规划以及土地利用总体规划、城市总体规划和环境保护规划相协调，兼顾各地区、各行业的需要。

规划一经批准，必须严格执行。经批准的规划需要修改时，必须按照规划编制程序经原批准机关批准。

建设水工程，必须符合流域综合规划。在国家确定的重要江河、湖泊和跨省、自治区、直辖市的江河、湖泊上建设水工程，未取得有关流域管理机构签署的符合流域综合规划要求的规划同意书的，建设单位不得开工建设；在其他江河、湖泊上建设水工程，未取得县级以上地方人民政府水行政主管部门按照管理权限签署的符合流域综合规划要求的规划同意书的，建设单位不得开工建设。水工程建设涉及防洪的，依照防洪法的有关规定执行；涉及其他地区和行业的，建设单位应当事先征求有关地区和部门的意见。

链接

以往考试中考查过河长体系。根据《关于全面推行河长制的意见》，我国全面建立省、市、县、乡四级河长体系。各省（自治区、直辖市）设立总河长，由党委或政府主要负责同志担任；各省（自治区、直辖市）行政区域内主要河湖设立河长，由省级负责同志担任；各河湖所在市、县、乡均分级分段设立河长，由同级负责同志担任。

二、水资源开发利用

开发、利用水资源，应当坚持兴利与除害相结合，兼顾上下游、左右岸和有关地区之间的利益，充分发挥水资源的综合效益，并服从防洪的总体安排。

开发、利用水资源，应当首先满足城乡居民生活用水，并兼顾农业、工业、生态环境用水以及航运等需要。在干旱和半干旱地区开发、利用水资源，应当充分考虑生态环境用水需要。

三、水资源、水域和水工程的保护

国家建立饮用水水源保护区制度。省、自治区、直辖市人民政府应当划定饮用水水源保护区，并采取措施，防止水源枯竭和水体污染，保证城乡居民饮用水安全。

禁止在饮用水水源保护区内设置排污口。在江河、湖泊新建、改建或者扩大排污口，应当经过有管辖权的水行政主管部门或者流域管理机构同意，由生态环境行政主管部门负责对该建设项目的环境影响报告书进行审批。

禁止在江河、湖泊、水库、运河、渠道内弃置、堆放阻碍行洪的物体和种植阻碍行洪的林木及高秆作物。禁止在河道管理范围内建设妨碍行洪的建筑物、构筑物以及从事影响河势稳定、危害河岸堤防安全和其他妨碍河道行洪的活动。

禁止围湖造地。已经围垦的，应当按照国家规定的防洪标准有计划地退地还湖。禁止围垦河道。确需围垦的，应当经过科学论证，经省、自治区、直辖市人民政府水行政主管部门或者国务院水行政主管部门同意后，报本级人民政府批准。

提示

上述规定属于禁止性规定。

在河道管理范围内建设桥梁、码头和其他拦河、跨河、临河建筑物、构筑物，铺设跨河管道、电缆，应当符合国家规定的防洪标准和其他有关的技术要求，工程建设方案应当依照防洪法的有关规定报经有关水行政主管部门审查同意。因建设前款工程设施，需要扩建、改建、拆除或者损坏原有水工程设施的，建设单位应当负担扩建、改建的费用和损失补偿。但是，原有工程设施属于违法工程的除外。

提示

上述规定属于限制性规定。

单位和个人有保护水工程的义务，不得侵占、毁坏堤防、护岸、防汛、水文监测、水文地质监测等工程设施。

国家对水工程实施保护。国家所有的水工程应当按照国务院的规定划定工程管理和保护范围。国务院水行政主管部门或者流域管理机构管理的水工程，由主管部门或者流域管理机构商有关省、自治区、直辖市人民政府划定工程管理和保护范围。上述规定以外的其他水工程，应当按照省、自治区、直辖市人民政府的规定，划定工程保护范围和保护职责。在水工程保护范围内，禁止从事影响水工程运行和危害水工程安全的爆破、打井、采石、取土等活动。

专家解读

以往考试中考查过"水工程""管理范围"和"保护范围"的概念。《中华人民共和国水法》所称水工程，是指在江河、湖泊和地下水源上开发、利用、控制、调配和保护水资源的各类工程；管理范围一般认为是水工程设施的组成部分；保护范围是为工程安全需要划定的范围。

2F331020　防洪的相关规定

该部分内容在以往考试中主要围绕《中华人民共和国防洪法》和《中华人民共和国防汛条例》进行考查，下面主要讲解《中华人民共和国防洪法》和《中华人民共和国防汛条例》中的相关规定。

一、《中华人民共和国防洪法》中的相关规定

为了防治洪水，防御、减轻洪涝灾害，维护人民的生命和财产安全，保障社会主义现代化建设顺利进行，制定《中华人民共和国防洪法》。

（一）总则

防洪工作实行全面规划、统筹兼顾、预防为主、综合治理、局部利益服从全局利益的原则。

开发利用和保护水资源，应当服从防洪总体安排，实行兴利与除害相结合的原则。江河、湖泊治理以及防洪工程设施建设，应当符合流域综合规划，与流域水资源的综合开发相结合。

防洪工作按照流域或者区域实行统一规划、分级实施和流域管理与行政区域管理相结合的制度。

任何单位和个人都有保护防洪工程设施和依法参加防汛抗洪的义务。

（二）防洪规划

防洪规划是指为防治某一流域、河段或者区域的洪涝灾害而制定的总体部署，包括国家确定的重要江河、湖泊的流域防洪规划，其他江河、河段、湖泊的防洪规划以及区域防洪规划。防洪规划应当服从所在流域、区域的综合规划；区域防洪规划应当服从所在流域的流域防洪规划。防洪规划是江河、湖泊治理和防洪工程设施建设的基本依据。

在江河、湖泊上建设防洪工程和其他水工程、水电站等，应当符合防洪规划的要求；水库应当按照防洪规划的要求留足防洪库容。前款规定的防洪工程和其他水工程、水电站未取得有关水行政主管部门签署的符合防洪规划要求的规划同意书的，建设单位不得开工建设。

（三）治理与防护

河道、湖泊管理实行按水系统一管理和分级管理相结合的原则，加强防护，确保畅通。

河道、湖泊管理范围内的土地和岸线的利用，应当符合行洪、输水的要求。禁止在河道、湖泊管理范围内建设妨碍行洪的建筑物、构筑物，倾倒垃圾、渣土，从事影响河势稳定、危害河岸堤防安全和其他妨碍河道行洪的活动。禁止在行洪河道内种植阻碍行洪的林木和高秆作物。在船舶航行可能危及堤岸安全的河段，应当限定航速。限定航速的标志，由交通主管部门与水行政主管部门商定后设置。

对居住在行洪河道内的居民，当地人民政府应当有计划地组织外迁。

建设跨河、穿河、穿堤、临河的桥梁、码头、道路、渡口、管道、缆线、取水、排水等工程设施，应当符合防洪标准、岸线规划、航运要求和其他技术要求，不得危害堤防安全、影响河势稳定、妨碍行洪畅通；其工程建设方案未经有关水行政主管部门根据前述防洪要求审查同意的，建设单位不得开工建设。上述工程设施需要占用河道、湖泊管理范围内土地，跨越河道、湖泊空间或者穿越河床的，建设单位应当经有关水行政主管部门对该工程设施建设的位置和界限审查批准后，方可依法办理开工手续；安排施工时，应当按照水行政主管部门审查批准的位置和界限进行。

（四）防洪区和防洪工程设施的管理

防洪区是指洪水泛滥可能淹及的地区，分为洪泛区、蓄滞洪区和防洪保护区。洪泛区是指尚无工程设施保护的洪水泛滥所及的地区。蓄滞洪区是指包括分洪口在内的河堤背水面以外临时贮存洪水的低洼地区及湖泊等。防洪保护区是指在防洪标准内受防洪工程设施保护的地区。洪泛区、蓄滞洪区和防洪保护区的范围，在防洪规划或者防御洪水方案中划定，并报请省级以上人民政府按照国务院规定的权限批准后予以公告。

各级人民政府应当按照防洪规划对防洪区内的土地利用实行分区管理。

在洪泛区、蓄滞洪区内建设非防洪建设项目，应当就洪水对建设项目可能产生的影响和建设项目对防洪可能产生的影响作出评价，编制洪水影响评价报告，提出防御措施。洪水影响评价报告未经有关水行政主管部门审查批准的，建设单位不得开工建设。在蓄滞洪区内建设的油田、铁路、公路、矿山、电厂、电信设施和管道，其洪水影响评价报告应当包括建设单位自行安排的防洪避洪方案。建设项目投入生产或者使用时，其防洪工程设施应当经水行政主管部门验收。在蓄滞洪区内建造房屋应当采用平顶式结构。

（五）防汛抗洪

防汛抗洪工作实行各级人民政府行政首长负责制，统一指挥、分级分部门负责。

国务院设立国家防汛指挥机构，负责领导、组织全国的防汛抗洪工作，其办事机构设在国务院水行政主管部门。在国家确定的重要江河、湖泊可以设立由有关省、自治区、直辖市人民政府和该江河、湖泊的流域管理机构负责人等组成的防汛指挥机构，指挥所管辖范围内的防汛抗洪工作，其办事机构设在流域管理机构。有防汛抗洪任务的县级以上地方人民政府设立由有关部门、当地驻军、人民武装部负责人等组成的防汛指挥机构，在上级防汛指挥机构和本级人民政府的领导下，指挥本地区的防汛抗洪工作，其办事机构设在同级水行政主管部门；必要时，经城市人民政府决定，防汛指挥机构也可以在建设行政主管部门设城市市区办事机构，在防汛指挥机构的统一领导下，负责城市市区的防汛抗洪日常工作。

有防汛抗洪任务的县级以上地方人民政府根据流域综合规划、防洪工程实际状况和国家规定的防洪标准，制定防御洪水方案（包括对特大洪水的处置措施）。长江、黄河、淮河、海河的防御洪水方案，由国家防汛指挥机构制定，报国务院批准；跨省、自治区、直辖市的其他江河的防御洪水方案，由有关流域管理机构会同有关省、自治区、直辖市人民政府制定，报国务院或者国务院授权的有关部门批准。防御洪水方案经批准后，有关地方人民政府必须执行。各级防汛指挥机构和承担防汛抗洪任务的部门和单位，必须根据防御洪水方案做好防汛抗洪准备工作。

二、《中华人民共和国防汛条例》中的相关规定

为了做好防汛抗洪工作，保障人民生命财产安全和经济建设的顺利进行，根据《中华人民共和国水法》，制定《中华人民共和国防汛条例》。

（一）总则

防汛工作实行“安全第一，常备不懈，以防为主，全力抢险”的方针，遵循团结协作和局部利益服从全局利益的原则。

防汛工作实行各级人民政府行政首长负责制，实行统一指挥，分级分部门负责。各有关部门实行防汛岗位责任制。

任何单位和个人都有参加防汛抗洪的义务。中国人民解放军和武装警察部队是防汛抗洪的重要力量。

（二）防汛组织

国务院设立国家防汛总指挥部，负责组织领导全国的防汛抗洪工作，其办事机构设在国务院水行政主管部门。长江和黄河，可以设立由有关省、自治区、直辖市人民政府和该江河的流域管理机构（以下简称流域机构）负责人等组成的防汛指挥机构，负责指挥所管辖范围的防汛抗洪工作，其办事机构设在流域机构。长江和黄河的重大防汛抗洪事项须经国家防汛总指挥部批准后执行。国务院水行政主管部门所属的淮河、海河、珠江、松花江、辽河、太湖等流域机构，设立防汛办事机构，负责协调本流域的防汛日常工作。

有防汛任务的县级以上地方人民政府设立防汛指挥部，由有关部门、当地驻军、人民武装部负责人组成，由各级人民政府首长担任指挥。各级人民政府防汛指挥部在上级人民政府防汛指挥部和同级人民政府的领导下，执行上级防汛指令，制定各项防汛抗洪措施，统一指挥本地区的防汛抗洪工作。各级人民政府防汛指挥部办事机构设在同级水行政主管部

门;城市市区的防汛指挥部办事机构也可以设在城建主管部门,负责管理所辖范围的防汛日常工作。

石油、电力、邮电、铁路、公路、航运、工矿以及商业、物资等有防汛任务的部门和单位,汛期应当设立防汛机构,在有管辖权的人民政府防汛指挥部统一领导下,负责做好本行业和本单位的防汛工作。

河道管理机构、水利水电工程管理单位和江河沿岸在建工程的建设单位,必须加强对所辖水工程设施的管理维护,保证其安全正常运行,组织和参加防汛抗洪工作。

有防汛任务的地方人民政府应当组织以民兵为骨干的群众性防汛队伍,并责成有关部门将防汛队伍组成人员登记造册,明确各自的任务和责任。河道管理机构和其他防洪工程管理单位可以结合平时的管理任务,组织本单位的防汛抢险队伍,作为紧急抢险的骨干力量。

(三)防汛准备

有防汛任务的县级以上人民政府,应当根据流域综合规划、防洪工程实际状况和国家规定的防洪标准,制定防御洪水方案(包括对特大洪水的处置措施)。长江、黄河、淮河、海河的防御洪水方案,由国家防汛总指挥部制定,报国务院批准后施行;跨省、自治区、直辖市的其他江河的防御洪水方案,有关省、自治区、直辖市人民政府制定后,经有管辖权的流域机构审查同意,由省、自治区、直辖市人民政府报国务院或其授权的机构批准后施行。有防汛抗洪任务的城市人民政府,应当根据流域综合规划和江河的防御洪水方案,制定本城市的防御洪水方案,报上级人民政府或其授权的机构批准后施行。防御洪水方案经批准后,有关地方人民政府必须执行。

有防汛任务的地方,应当根据经批准的防御洪水方案制定洪水调度方案。长江、黄河、淮河、海河(海河流域的永定河、大清河、漳卫南运河和北三河)、松花江、辽河、珠江和太湖流域的洪水调度方案,由有关流域机构会同有关省、自治区、直辖市人民政府制定,报国家防汛总指挥部批准。跨省、自治区、直辖市的其他江河的洪水调度方案,由有关流域机构会同有关省、自治区、直辖市人民政府制定,报流域防汛指挥机构批准;没有设立流域防汛指挥机构的,报国家防汛总指挥部批准。其他江河的洪水调度方案,由有管辖权的水行政主管部门会同有关地方人民政府制定,报有管辖权的防汛指挥机构批准。洪水调度方案经批准后,有关地方人民政府必须执行。修改洪水调度方案,应当报经原批准机关批准。

有防汛抗洪任务的企业应当根据所在流域或者地区经批准的防御洪水方案和洪水调度方案,规定本企业的防汛抗洪措施,在征得其所在地县级人民政府水行政主管部门同意后,由有管辖权的防汛指挥机构监督实施。

水库、水电站、拦河闸坝等工程的管理部门,应当根据工程规划设计、经批准的防御洪水方案和洪水调度方案以及工程实际状况,在兴利服从防洪,保证安全的前提下,制定汛期调度运用计划,经上级主管部门审查批准后,报有管辖权的人民政府防汛指挥部备案,并接受其监督。经国家防汛总指挥部认定的对防汛抗洪关系重大的水电站,其防洪库容的汛期调度运用计划经上级主管部门审查同意后,须经有管辖权的人民政府防汛指挥部批准。汛期调度运用计划经批准后,由水库、水电站、拦河闸坝等工程的管理部门负责执行。有防凌任务的江河,其上游水库在凌汛期间的下泄水量,必须征得有管辖权的人民政府防汛指挥部的同意,并接受其监督。

各级防汛指挥部应当在汛前对各类防洪设施组织检查,发现影响防洪安全的问题,责成责任单位在规定的期限内处理,不得贻误防汛抗洪工作。各有关部门和单位按照防汛指挥部的统一部署,对所管辖的防洪工程设施进行汛前检查后,必须将影响防洪安全的问题和处理措施报有管辖权的防汛指挥部和上级主管部门,并按照该防汛指挥部的要求予以处理。

蓄滞洪区所在地的省级人民政府应当按照国务院的有关规定,组织有关部门和市、县,制定所管辖的蓄滞洪区的安全与建设规划,并予实施。各级地方人民政府必须对所管辖的蓄滞洪区的通信、预报警报、避洪、撤退道路等安全设施,以及紧急撤离和救生的准备工作进行汛前检查,发现影响安全的问题,及时处理。

有防汛任务的地方人民政府应当建设和完善江河堤防、水库、蓄滞洪区等防洪设施,以及该地区的防汛通信、预报警报系统。

(四)防汛与抢险

省级人民政府防汛指挥部,可以根据当地的洪水规律,规定汛期起止日期。当江河、湖泊、水库的水情接近保证水位或者安全流量时,或者防洪工程设施发生重大险情,情况紧急时,县级以上地方人民政府可以宣布进入紧急防汛期,并报告上级人民政府防汛指挥部。

在汛期,河道、水库、闸坝、水运设施等水工程管理单位及其主管部门在执行汛期调度运用计划时,必须服从有管辖权的人民政府防汛指挥部的统一调度指挥或者监督。

在汛期,河道、水库、水电站、闸坝等水工程管理单位必须按照规定对水工程进行巡查,发现险情,必须立即采取抢护措施,并及时向防汛指挥部和上级主管部门报告。其他任何单位和个人发现水工程设施出现险情,应当立即向防汛指挥部和水工程管理单位报告。

在汛期,公路、铁路、航运、民航等部门应当及时运送防汛抢险人员和物资;电力部门应当保证防汛用电。

在紧急防汛期,地方人民政府防汛指挥部必须由人民政府负责人主持工作,组织动员本地区各有关单位和个人投入抗洪抢险。所有单位和个人必须听从指挥,承担人民政府防汛指挥部分配的抗洪抢险任务。

在紧急防汛期,公安部门应当按照人民政府防汛指挥部的要求,加强治安管理和安全保卫工作。必要时须由有关部门依法实行陆地和水面交通管制。

在紧急防汛期,为了防汛抢险需要,防汛指挥部有权在其管辖范围内,调用物资、设备、交通运输工具和人力,事后应当及时归还或者给予适当补偿。因抢险需要取土占地、砍伐林木、清除阻水障碍物的,任何单位和个人不得阻拦。

2F331030 与工程建设有关的水土保持规定

该部分内容在以往考试中主要围绕《中华人民共和国水土保持法》进行考查,下面主要讲解《中华人民共和国水土保持法》中的相关规定。

为了预防和治理水土流失,保护和合理利用水土资源,减轻水、旱、风沙灾害,改善生态环境,保障经济社会可持续发展,制定《中华人民共和国水土保持法》。

《中华人民共和国水土保持法》中的相关规定

（一）总则

水土保持工作实行预防为主、保护优先、全面规划、综合治理、因地制宜、突出重点、科学管理、注重效益的方针。

县级以上人民政府应当加强对水土保持工作的统一领导，将水土保持工作纳入本级国民经济和社会发展规划，对水土保持规划确定的任务，安排专项资金，并组织实施。国家在水土流失重点预防区和重点治理区，实行地方各级人民政府水土保持目标责任制和考核奖惩制度。

（二）规划

水土保持规划的内容应当包括水土流失状况、水土流失类型区划分、水土流失防治目标、任务和措施等。水土保持规划包括对流域或者区域预防和治理水土流失、保护和合理利用水土资源作出的整体部署，以及根据整体部署对水土保持专项工作或者特定区域预防和治理水土流失作出的专项部署。水土保持规划应当与土地利用总体规划、水资源规划、城乡规划和环境保护规划等相协调。编制水土保持规划，应当征求专家和公众的意见。

县级以上人民政府水行政主管部门会同同级人民政府有关部门编制水土保持规划，报本级人民政府或者其授权的部门批准后，由水行政主管部门组织实施。水土保持规划一经批准，应当严格执行；经批准的规划根据实际情况需要修改的，应当按照规划编制程序报原批准机关批准。

（三）预防

地方各级人民政府应当按照水土保持规划，采取封育保护、自然修复等措施，组织单位和个人植树种草，扩大林草覆盖面积，涵养水源，预防和减轻水土流失。

地方各级人民政府应当加强对取土、挖砂、采石等活动的管理，预防和减轻水土流失。禁止在崩塌、滑坡危险区和泥石流易发区从事取土、挖砂、采石等可能造成水土流失的活动。崩塌、滑坡危险区和泥石流易发区的范围，由县级以上地方人民政府划定并公告。崩塌、滑坡危险区和泥石流易发区的划定，应当与地质灾害防治规划确定的地质灾害易发区、重点防治区相衔接。

水土流失严重、生态脆弱的地区，应当限制或者禁止可能造成水土流失的生产建设活动，严格保护植物、沙壳、结皮、地衣等。在侵蚀沟的沟坡和沟岸、河流的两岸以及湖泊和水库的周边，土地所有权人、使用权人或者有关管理单位应当营造植物保护带。禁止开垦、开发植物保护带。

禁止在25°以上陡坡地开垦种植农作物。在25°以上陡坡地种植经济林的，应当科学选择树种，合理确定规模，采取水土保持措施，防止造成水土流失。省、自治区、直辖市根据本行政区域的实际情况，可以规定小于25°的禁止开垦坡度。禁止开垦的陡坡地的范围由当地县级人民政府划定并公告。

禁止毁林、毁草开垦和采集发菜。禁止在水土流失重点预防区和重点治理区铲草皮、挖树兜或者滥挖虫草、甘草、麻黄等。

在5°以上坡地植树造林、抚育幼林、种植中药材等，应当采取水土保持措施。在禁止开垦坡度以下、5°以上的荒坡地开垦种植农作物,应当采取水土保持措施。具体办法由省、自治区、直辖市根据本行政区域的实际情况规定。

生产建设项目选址、选线应当避让水土流失重点预防区和重点治理区;无法避让的,应当提高防治标准,优化施工工艺,减少地表扰动和植被损坏范围,有效控制可能造成的水土流失。

在山区、丘陵区、风沙区以及水土保持规划确定的容易发生水土流失的其他区域开办可能造成水土流失的生产建设项目,生产建设单位应当编制水土保持方案,报县级以上人民政府水行政主管部门审批,并按照经批准的水土保持方案,采取水土流失预防和治理措施。没有能力编制水土保持方案的,应当委托具备相应技术条件的机构编制。水土保持方案应当包括水土流失预防和治理的范围、目标、措施和投资等内容。水土保持方案经批准后,生产建设项目的地点、规模发生重大变化的,应当补充或者修改水土保持方案并报原审批机关批准。水土保持方案实施过程中,水土保持措施需要作出重大变更的,应当经原审批机关批准。生产建设项目水土保持方案的编制和审批办法,由国务院水行政主管部门制定。

依法应当编制水土保持方案的生产建设项目,生产建设单位未编制水土保持方案或者水土保持方案未经水行政主管部门批准的,生产建设项目不得开工建设。

依法应当编制水土保持方案的生产建设项目中的水土保持设施,应当与主体工程同时设计、同时施工、同时投产使用;生产建设项目竣工验收,应当验收水土保持设施;水土保持设施未经验收或者验收不合格的,生产建设项目不得投产使用。

依法应当编制水土保持方案的生产建设项目,其生产建设活动中排弃的砂、石、土、矸石、尾矿、废渣等应当综合利用;不能综合利用,确需废弃的,应当堆放在水土保持方案确定的专门存放地,并采取措施保证不产生新的危害。

县级以上人民政府水行政主管部门、流域管理机构,应当对生产建设项目水土保持方案的实施情况进行跟踪检查,发现问题及时处理。

(四)治理

国家加强水土流失重点预防区和重点治理区的坡耕地改梯田、淤地坝等水土保持重点工程建设,加大生态修复力度。县级以上人民政府水行政主管部门应当加强对水土保持重点工程的建设管理,建立和完善运行管护制度。

开办生产建设项目或者从事其他生产建设活动造成水土流失的,应当进行治理。在山区、丘陵区、风沙区以及水土保持规划确定的容易发生水土流失的其他区域开办生产建设项目或者从事其他生产建设活动,损坏水土保持设施、地貌植被,不能恢复原有水土保持功能的,应当缴纳水土保持补偿费,专项用于水土流失预防和治理。专项水土流失预防和治理由水行政主管部门负责组织实施。

对生产建设活动所占用土地的地表土应当进行分层剥离、保存和利用,做到土石方挖填平衡,减少地表扰动范围;对废弃的砂、石、土、矸石、尾矿、废渣等存放地,应当采取拦挡、坡面防护、防洪排导等措施。生产建设活动结束后,应当及时在取土场、开挖面和存放地的裸露土地上植树种草、恢复植被,对闭库的尾矿库进行复垦。在干旱缺水地区从事生产建设活动,应当采取防止风力侵蚀措施,设置降水蓄渗设施,充分利用降水资源。

链接

以往考试中考查过水土流失防治标准指标。根据《生产建设项目水土流失防治标准》，生产建设项目水土流失防治标准等级应分为一级、二级、三级。水土流失防治标准指标应包括水土流失治理度、土壤流失控制比、渣土防护率、表土保护率、林草植被恢复率、林草覆盖率。生产建设项目水土流失防治标准等级应根据项目所处地区水土保持敏感程度和水土流失影响程度确定，并应符合下列规定：

(1)项目位于各级人民政府和相关机构确定的水土流失重点预防区和重点治理区、饮用水水源保护区、水功能一级区的保护区和保留区、自然保护区、世界文化和自然遗产地、风景名胜区、地质公园、森林公园、重要湿地，且不能避让的，以及位于县级及以上城市区域的，应执行一级标准。

(2)项目位于湖泊和已建成水库周边、四级以上河道两岸 3 km 汇流范围内，或项目周边 500 m 范围内有乡镇、居民点的，且不在一级标准区域的应执行二级标准。

(3)项目位于一级、二级标准区域以外的，应执行三级标准。

2F332000　水利水电工程建设强制性标准

2F332010　水利工程施工的强制性标准

一、水利工程建设标准体系框架

(一)水利技术标准体系结构框图

根据《水利技术标准体系表》，水利技术标准体系结构框图如图 3-1 所示。

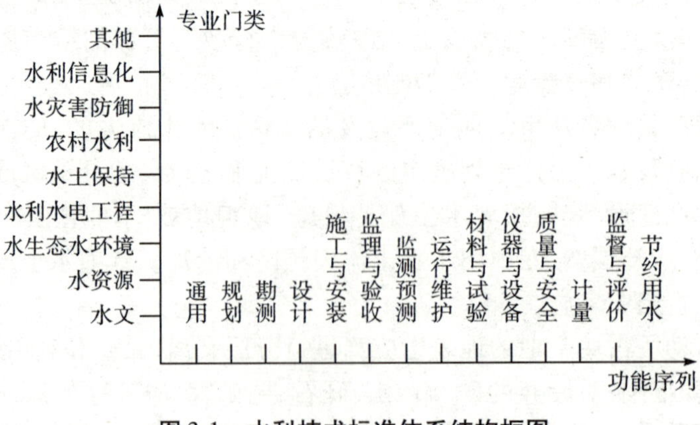

图 3-1　水利技术标准体系结构框图

(二)水利标准的分类

根据《水利标准化工作管理办法》，水利标准包括国家标准、行业标准、地方标准和团体标准、企业标准。国家标准分为强制性标准、推荐性标准。行业标准一般为推荐性标准，工程建设类可以制定强制性标准。

（三）水利标准的制定

根据《水利标准化工作管理办法》，标准制定分为起草、征求意见、审查和报批四个阶段。等同采用或修改采用国际标准时，采用征求意见、审查和报批三个阶段。标准的局部修订采用审查和报批两个阶段。标准制定周期原则上不超过 2 年，修订周期原则上不超过 1 年。

标准制定过程实行重大变更报告制度。标准名称、主要内容、主编单位、参编单位、主要起草人、制定进度等发生变更时，主编单位应提交水利标准项目重大变更申请表，经主持机构审核同意后，报送主管机构审批。涉及经费执行变更的事项应按照财务有关规定执行。

（四）水利标准的实施

根据《水利标准化工作管理办法》，强制性标准必须执行，相关业务主管部门应履行强制性标准实施与监督管理职责。

强制性标准文本应免费向社会公开。推动推荐性标准文本免费向社会公开。鼓励社会团体、企业通过标准信息公共服务平台向社会公开团体标准、企业标准。

建立标准实施信息反馈和跟踪评估机制。根据反馈和跟踪评估情况，按照水利标准复审有关规定对标准进行复审。复审周期一般不超过 5 年，复审结论应作为修订、废止相关标准的依据。

鼓励参与制定和科学借鉴国际标准，将我国具有技术优势的水利标准转化为国际标准，将适用于我国国情的国际标准转化为国家标准或行业标准，推进我国水利标准与国外标准间的转化运用。

二、水利工程施工的强制性标准内容

《水利工程建设标准强制性条文》中的水利工程施工，分为“土石方工程”“混凝土工程”“灌浆工程”三大部分。

（一）土石方工程

“土石方工程”又分“开挖”“锚固与支护”“疏浚与吹填”三个部分。下面只列举“开挖”的强制性条文内容，更多内容需结合 2F310000 的内容进行学习。

《水工建筑物地下开挖工程施工规范》中关于“开挖”的强制性条文如下：

（1）地下洞室洞口削坡应自上而下分层进行，严禁上下垂直作业。进洞前，应做好开挖及其影响范围内的危石清理和坡顶排水，按设计要求进行边坡加固。

（2）当特大断面洞室设有拱座，采用先拱后墙法开挖时，应注意保护和加固拱座岩体。拱脚下部的岩体开挖，应符合下列条件：

①拱脚下部开挖面至拱脚线最低点的距离不应小于 1.5 m。

②顶拱混凝土衬砌强度不应低于设计强度的 75%。

（3）对存在有害气体、高温等作业区，必须做专项通风设计，并设置监测装置。

（4）洞内供电线路的布设应符合的规定：电力起爆主线应与照明及动力线分两侧架设。

（5）洞内电、气焊作业区，应设有防火设施和消防设备。

(6)当相向开挖的两个工作面相距小于 30 m 或 5 倍洞径距离爆破时,双方人员均应撤离工作面;相距 15 m 时,应停止一方工作,单向开挖贯通。

(7)竖井或斜井单向自下而上开挖,距贯通面 5 m 时,应自上而下贯通。

(8)采用电力起爆方法,装炮时距工作面 30 m 以内应断开电源,可在 30 m 以外用投光灯或矿灯照明。

(二)混凝土工程

《水工建筑物滑动模板施工技术规范》中的强制性条文如下:

(1)对首次采用的树种,应先进行试验,达到要求后方可使用。

(2)人员进出滑模的通道应安全可靠。

(3)千斤顶和支承杆的最少数量,应符合下列规定:

①计算提升力时取规定条款之和的最大值。

②千斤顶、支承杆的允许承载力及其最少数量计算方法应符合相关规定。

(4)混凝土面板堆石坝面板滑模设计应符合的规定:混凝土面板堆石坝滑动模板应具有制动保险装置;采用卷扬机牵引时,卷扬机应设置安全可靠的地锚。

(5)所有滑模安装都应符合的规定:当滑模安装高度达到或超过 2.0 m 时,对安装人员必须采取高空作业保护措施。

(6)陡坡上的滑模施工,应具有保证安全的措施。当牵引机具为卷扬机时,卷扬机应设置安全可靠的地锚;对滑模应设置除牵引钢丝绳以外的防止其自由下滑的保险器具。

(7)每滑升 1 ~3 m,应对建筑物的轴线、尺寸、形状、位置及标高进行测量检查,并做好记录。

(8)在滑模施工中应及时掌握当地气象情况,遇到雷雨、6 级和 6 级以上大风时,露天的滑模应停止施工,采取停滑措施。全部人员撤离后,应立即切断通向操作平台的供电电源。

(9)在施工的建(构)筑物周围应划出施工危险警戒区,警戒线至建(构)筑物外边线的距离应不小于施工对象高度的 1/10,且不小于 10 m。警戒线应设置围栏和明显的警戒标志,施工区出入口应设专人看守。

(10)危险警戒区内的建筑物出入口、地面通道及机械操作场所,应搭设高度不小于 2.5 m的安全防护棚。

(11)当滑模施工进行立体交叉作业时,在上、下工作面之间应搭设安全隔离棚。

(12)操作平台及悬挂脚手架上的铺板应严密、平整、固定可靠并防滑;操作平台上的孔洞应设盖板或防护栏杆,操作平台上孔洞盖板的打开与关闭应是可控和可靠的。

(13)操作平台及悬挂脚手架边缘应设防护栏杆,其高度应不小于 120 cm,横档间距应不大于 35 cm,底部应设高度不小于 30 cm 的挡板且应封闭密实。在防护栏杆外侧应挂安全网封闭。

(14)施工升降机应有可靠的安全保护装置,运输人员的提升设备的钢丝绳的安全系数不应小于 12,同时,应设置两套互相独立的防坠落保护装置,形成并联的保险。极限开关也应设置两套。

(15)人货两用的施工升降机在使用时,严禁人货混装。

(16)滑模施工现场的场地和操作平台上应分别设置配电装置。附着在操作平台上的垂直运输设备应有上下两套紧急断电装置。总开关和集中控制开关应有明显标志。

（17）露天施工，滑模应有可靠的防雷接地装置，防雷接地应单独设置，不应与保护接地混合。

（18）拆除滑膜时，应采取防止操作人员坠落的措施，对空心筒类构筑物，应在顶端设置安全行走平台。

（三）灌浆工程

《水工建筑物水泥灌浆施工技术规范》中的强制性条文如下：接缝灌浆应在库水位低于灌区底部高程的条件下进行。蓄水前应完成蓄水初期最低库水位以下各灌区的接缝灌浆及其验收工作。

2F332020　电力工程施工的强制性标准

《工程建设标准强制性条文（电力工程部分）》中的水力发电工程，关于地质与开挖的标准有《水力发电工程地质勘察规范》《水工建筑物地下工程开挖施工技术规范》《水电工程施工地质规程》《水电水利工程爆破施工技术规范》等。下面只列举《水电水利工程爆破施工技术规范》中的部分强制性条文内容。

（1）爆破后人员进入工作面检查等待时间应按下列规定执行：

①明挖爆破时，应在爆破后 5 min 进入工作面；当不能确认有无盲炮时，应在爆破后 15 min进入工作面。

②地下洞室爆破应在爆破后 15 min，并经检查确认洞室内空气合格后，方可准许人员进入工作面。

③拆除爆破应等待倒塌建（构）筑物和保留建（构）筑物稳定之后，方可准许人员进入现场。

（2）保护层及邻近保护层的爆破孔不得使用散装流态炸药。

（3）装药完成后，应将剩余爆破器材及时撤出现场，退回爆破器材库。

（4）相向掘进的两个工作面，两端施工应统一指挥。在相距 5 倍洞径或 30 m 爆破时，双方人员均须撤离工作面；相距 15 m 时，必须采用一个工作面爆破，直至贯通。

（5）在间距小于 20 m 的两个及以上平行洞室中的一个工作面需进行爆破时，必须通知相邻洞室工作面的作业人员撤离到安全地点。

2F333000　二级建造师（水利水电工程）注册执业管理规定及相关要求

一、二级建造师（水利水电工程）注册执业工程规模标准

大中型工程施工项目负责人必须由本专业注册建造师担任。一级注册建造师可担任

大、中、小型工程施工项目负责人，二级注册建造师可以承担中、小型工程施工项目负责人。各专业大、中、小型工程分类标准按《关于印发〈注册建造师执业工程规模标准〉（试行）的通知》执行。

一级注册建造师可在全国范围内以一级注册建造师名义执业。通过二级建造师资格考核认定，或参加全国统考取得二级建造师资格证书并经注册人员，可在全国范围内以二级注册建造师名义执业。工程所在地各级建设主管部门和有关部门不得增设或者变相设置跨地区承揽工程项目职业准入条件。

关于注册建造师执业工程规模标准的具体规定可扫描右侧二维码获取。下面以典型例题的形式对注册建造师执业工程规模标准进行讲解。

码上看内容

典型例题

【单选题】某大坝工程级别为 5 级，对应注册建造师执业工程规模标准为（　　）。

A. 大型　　B. 中型

C. 小(1)型　　D. 小(2)型

B。【解析】根据《注册建造师执业工程规模标准（试行）》（水利水电工程），主要建筑物工程（包括大坝、隧洞、溢洪道、电站厂房、船闸等）中，当工程级别为 1，2 级时，工程规模为大型；当工程级别为 3，4，5 级时，工程规模为中型。

【单选题】根据注册建造师执业工程规模标准，4 级堤防的堤身护坡工程，其注册建造师执业工程规模标准为（　　）。

A. 大型　　B. 中型

C. 小(1)型　　D. 小(2)型

B。【解析】根据《注册建造师执业工程规模标准（试行）》（水利水电工程），堤防工程包括堤基处理及防渗工程，堤身填筑（含戗台、压渗平台）及护坡工程，交叉连接建筑物工程（含金属结构与机电设备安装），填塘固基工程，堤顶道路（含坡道）工程，堤岸防护工程。其中，3 级、4 级堤防的堤身防护工程，其注册建造师执业工程规模标准为中型。

二、二级建造师（水利水电工程）注册执业工程范围

注册建造师应当在其注册证书所注明的专业范围内从事建设工程施工管理活动，具体执业按照表 3-1 规定执行。未列入或新增工程范围由国务院建设主管部门会同国务院有关部门另行规定。

表 3-1　注册建造师执业工程范围

注册专业	工程范围
水利水电工程	水利水电，土石方、地基与基础、预拌商品混凝土、混凝土预制构件、钢结构、建筑防水、消防设施、起重设备安装、爆破与拆除、水工建筑物基础处理、水利水电金属结构制作与安装、水利水电机电设备安装、河湖整治、堤防、水工大坝、水工隧洞、送变电、管道、无损检测、特种专业

三、二级建造师（水利水电工程）施工管理签章文件目录

水利水电工程中，水库工程（蓄水枢纽工程）的施工管理签章文件目录见表3-2。

表3-2　水库工程（蓄水枢纽工程）的施工管理签章文件目录

工程类别	文件类别	文件名称
水库工程（蓄水枢纽工程）	施工组织管理	施工组织设计报审表、现场组织机构及主要人员报审表
	施工进度管理	施工进度计划报审表、暂停施工申请表、复工申请表、施工进度计划调整报审表、延长工期报审表
	合同管理	合同项目开工申请表、合同项目开工令、变更申请表、变更项目价格签认单、费用索赔签认单、报告单、回复单、施工月报、整改通知单、施工分包报审表、索赔意向通知单、索赔通知单
	质量管理	施工技术方案报审表、联合测量通知单、施工质量缺陷处理措施报审表、质量缺陷备案表、单位工程施工质量评定表
	安全及环保管理	施工安全措施文件报审表、事故报告单、施工环境保护措施文件报审表
	成本费用管理	工程预付款申请表、工程材料预付款申请表、工程价款月支付申请表、完工/最终付款申请表
	验收管理	验收申请报告、法人验收质量结论、施工管理工作报告、代表施工单位参加工程验收人员名单确认表

链接

以往考试中经常考查水库工程（蓄水枢纽工程）的施工管理签章文件的类别及其名称，需注意区分并重点掌握。

典型例题

【单选题】下列文件中，不属于水利水电工程注册建造师施工管理签章文件的是（　　）。

A. 施工技术方案报审表　　B. 联合测量通知单

C. 监理通知签收单　　D. 合同项目开工令

C。【解析】选项A，B属于质量管理文件；选项D属于合同管理文件。

四、注册建造师执业管理规定

注册建造师不得同时担任两个及以上建设工程施工项目负责人。发生下列情形之一的除外：

（1）同一工程相邻分段发包或分期施工的。

（2）合同约定的工程验收合格的。

(3)因非承包方原因致使工程项目停工超过120天(含),经建设单位同意的。

注册建造师担任施工项目负责人期间原则上不得更换。如发生下列情形之一的,应当办理书面交接手续后更换施工项目负责人:

(1)发包方与注册建造师受聘企业已解除承包合同的。

(2)发包方同意更换项目负责人的。

(3)因不可抗力等特殊情况必须更换项目负责人的。

建设工程合同履行期间变更项目负责人的,企业应当于项目负责人变更5个工作日内报建设行政主管部门和有关部门及时进行网上变更。

注册建造师担任施工项目负责人,在其承建的建设工程项目竣工验收或移交项目手续办结前,除第十条规定的情形外,不得变更注册至另一企业。